Arno Meyna

ZUVERLÄSSIGKEITSBEWERTUNG ZUKUNFTSORIENTIERTER TECHNOLOGIEN

Qualitäts- und Zuverlässigkeitsmanagement
herausgegeben von Franz J. Brunner

Arno Meyna

ZUVERLÄSSIGKEITSBEWERTUNG ZUKUNFTSORIENTIERTER TECHNOLOGIEN

Mit 130 Bildern

Qualitäts- und Zuverlässigkeitsmanagement
Exposés oder Manuskripte zu dieser Reihe werden zur Beratung erbeten
unter der Adresse: Verlag Vieweg, Postfach 58 29, D- 65048 Wiesbaden

Herausgeber:
Univ.-Doz. Dipl.-Ing. Dr. techn. Franz J. Brunner, Direktor i.R.,
Qualität und Zuverlässigkeit der IVECO,
Dozent für Qualitäts- und Zuverlässigkeitsmanagement an
der TU Wien und FH Ulm.

Autor:
Univ.-Prof. Dr.-Ing. Arno Meyna
Sicherheitstheorie und Verkehrstechnik
Bergische Universität
Gesamthochschule Wuppertal

Alle Rechte vorbehalten
© Springer Fachmedien Wiesbaden 1994
Ursprünglich erschienen bei Friedr. Vieweg & Sohn Verlagsgesellschaft mbH,
Braunschweig/Wiesbaden, 1994

Gedruckt auf säurefreiem Papier

ISBN 978-3-322-93974-6   ISBN 978-3-322-93973-9 (eBook)
DOI 10.1007/978-3-322-93973-9

Vorwort

Die *Zuverlässigkeitstheorie* bzw. das Fach *Technische Zuverlässigkeit* als eigenständige ingenieurwissenschaftliche Disziplin hat sich in den letzten zwanzig Jahren stetig weiterentwickelt. So gibt es mittlerweile zahlreiche, auch deutschsprachige, gute Bücher zu dieser Thematik (siehe Literaturverzeichnis).
Im Bereich der universitären Lehre ist das Fach *Technische Zuverlässigkeit* in Deutschland, im Gegensatz zum Ausland, stark unterrepräsentiert. So ist dieses Fach als Pflichtfach, nach Untersuchungen des VDI-Ausschusses *Technische Zuverlässigkeit*, lediglich im Studiengang Sicherheitstechnik der Bergischen Universität-Gesamthochschule Wuppertal verbindlich vorgesehen.

Ungeachtet dessen, werden heute verstärkt probabilistische Zuverlässigkeits- und Sicherheitsanalysen – ausgehend von dem traditionellen Bereich der Luft- und Raumfahrt und der Kerntechnik – in anderen industriellen Bereichen, wie der Automobilindustrie (einschließlich der Zulieferindustrie), der Medizintechnik, der Automatisierungstechnik u.a., wenn auch noch relativ verhalten, mit Erfolg angewandt.
Dies mag zum einen daran liegen, daß die Zuverlässigkeitstheorie aufgrund der stochastischen Betrachtungsweise und infolge des mathematischen Aufwandes nicht leicht zugänglich ist und zum anderen, daß die Umsetzung in konkrete praktische Anwendungsbereiche oft als schwierig angesehen wird.

Der Zielsetzung des Herausgebers der Reihe "Qualitäts- und Zuverlässigkeitsmanagement" entsprechend, soll dieses Buch relevante Teile der Zuverlässigkeitstheorie, anhand von praktischen Anwendungen, umsetzen und darstellen. Ich habe deshalb auf zahlreiche in der Industrie durchgeführte Abschlußarbeiten und einige Forschungsarbeiten, die im Literaturverzeichnis aufgeführt sind, zurückgegriffen. Um den Umfang des Buches in Grenzen zu halten, konnten allerdings nur einige, aber ich meine, wichtige Bereiche in Theorie und Praxis angesprochen werden.

Bei der Erstellung des Buches habe ich tatkräftige Unterstützung von den Studierenden, Frau cand. ing. Kirsten Bischoff, Frau Nicole Richardson und Herrn cand. ing. Axel Bonow, erhalten. Insbesondere gilt mein Dank aber Herrn Dr.-Ing. Uwe Rakowsky.

Nicht zuletzt danke ich dem Herausgeber der Reihe "Qualitäts- und Zuverlässigkeitsmanagement", Herrn Univ. Doz. Dipl.-Ing. Dr. techn. habil. Franz J. Brunner, für die Aufnahme dieses Buches und die zahlreichen konstruktiven Hinweise.

Möge dieses Buch dazu beitragen, die *Technische Zuverlässigkeit* in der Praxis weiter zu verbreiten und insbesondere zur Verbesserung der Qualität technischer Produkte anregen.

Arno Meyna

Wuppertal, im Februar 1994

Inhalt

1 Einleitung – Grundlagen der Zuverlässigkeitsbetrachtung

Die Entwicklung der Zuverlässigkeits- und Sicherheitstechnik zu einer eigenständigen Fachdisziplin ist eng mit der Entwicklung der Technik selbst verknüpft.

Seit den Anfängen der Technik gilt es, diese zuverlässig und sicher zu gestalten. Versagen der Technik beinhaltet schon seit früher Zeit eine entsprechende Haftpflichtregelung.

Der Codex des Hammurabi (um 1700 v. Chr.), hier ein Auszug:

➤ Wenn ein Baumeister ein Haus baut für einen Mann und macht seine Konstruktion nicht stark, so daß es einstürzt und verursacht den Tod des Bauherrn; dieser Baumeister soll getötet werden.

➤ Wird beim Einsturz Eigentum zerstört, so stelle der Baumeister wieder her, was zerstört wurde; weil er das Haus nicht fest genug baute, baut er es auf eigene Kosten wieder auf.

➤ Wenn ein Baumeister ein Haus baut und macht die Konstruktion nicht stark genug, so daß eine Wand einstürzt, dann soll er sie auf eigene Kosten verstärkt wieder aufbauen.

Auch die Bibel (5. Moses 22/8) enthält Haftpflichtregelungen und Unfallverhütungsvorschriften.

Die moderne, probabilistische Zuverlässigkeits- und Sicherheitstechnik ist hingegen mit der Entwicklung des Flugkörpers "F 103" in Peenemünde (1943) verbunden. Infolge der Komplexibilität und Unübersichtlichkeit des Systems gelang es nicht, die Zuverlässigkeit, insbesondere unter dem Gesichtspunkt des unvorhersehbaren häufigen Versagens jeweils anderer Teile, entscheidend zu verbessern. Die wissenschaftliche Deutung des Phänomens wurde erstmals durch die Projektmanager Robert Lusser und den Chefmathematiker Erich Pieruschka durch Anwendung der Wahrscheinlichkeitsrechnung (Multiplikationssatz) vorgenommen (Bild 1-1). Das heißt, es wurden erstmalig

wahrscheinlichkeitstheoretische und statistische Überlegungen im ingenieur-
wissenschaftlichen Bereich – als Systemdenken – ähnlich zu Beginn unseres
Jahrhunderts im physikalischen Bereich – eingeführt.

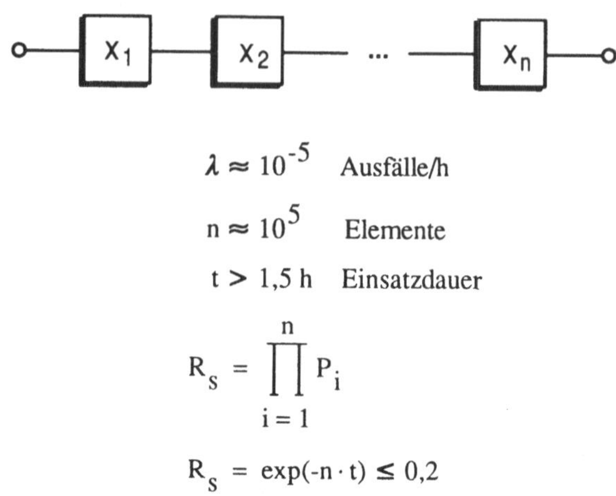

$$\lambda \approx 10^{-5} \quad \text{Ausfälle/h}$$

$$n \approx 10^{5} \quad \text{Elemente}$$

$$t > 1,5\,h \quad \text{Einsatzdauer}$$

$$R_S = \prod_{i=1}^{n} P_i$$

$$R_S = \exp(-n \cdot t) \leq 0,2$$

Bild 1-1   Das Zuverlässigkeitsmodell des Flugkörpers "F 103" Peenemünde, 1943

Weitere Entwicklungsschritte waren (nach O.H. Peters erweitert):

1948	Lusser nach USA (Redstone Arsenal, Alabama)
1950	Erster Zuverlässigkeitsbericht (T.R 75: A study of methods for...)
1952	Komitee AGREE gegründet (Advisory Group on the Reliability of Electronic Equipment) in USA
1953	Korea Krieg: Elektronik sehr komplex geworden Folge: Standzeiten groß, Kosten hoch, geringe Verfügbarkeit.
1954	November: 1. National Symposium on Reliability and Quality Control der IEEE in den USA, welches seitdem jährlich durchgeführt wird.
1958	R. Lusser kehrt nach Deutschland zurück (zu Messerschmitt), Direktor "Entwicklungsring Süd" (Beginn des Starfighter F-1o4G Lizenzbaus). WGL-Tagung: Referat von R. Lusser über Zuverlässigkeitsprobleme
1961	1. Tagung über Zuverlässigkeit in Deutschland, Nürnberg (NTG: Zuverlässigkeit von Bauelementen), danach alle zwei Jahre regelmäßig
1962 – 1970	Reliability & Maintainability Tagungen ASME, SAE, AIAA
1963	ASQ (Arbeitsgemeinschaft Statistische Qualitätskontrolle), jetzt: Deutsche Gesellschaft für Qualität gründet den Fachausschuß: Zuverlässigkeit
1964	Auf Veranlassung von Ludwig Bölkow wird beim VDI der Ausschuß "Zuverlässigkeit und Qualitätskontrolle" gegründet.

1968	Die IEC (International Electrical Commission) gründet einen Fachausschuß TC 56 (Reliability and Maintainability).
1973	Ausschuß "Technische Zuverlässigkeit" beim VDI. Es werden VDI-Richtlinien erarbeitet (9 Arbeitsgruppen erarbeiten ein VDI-Handbuch "Technische Zuverlässigkeit", in gewisser Weise 1987 abgeschlossen, VDI 4001 bis 4010).
1983	Gründung der ESRA (European Safety and Reliability Association) innerhalb der EG
1986	VDI-Ausschuß "Technische Zuverlässigkeit" wird in den VDI-Gemeinschaftsausschuß "Industrielle Systemtechnik" integriert.
1993	Die Richtlinie IEC 300 "Zuverlässigkeitsmanagement" wird in die internationale Qualitätsmanagementnorm ISO/DIN 9000 als Teil 4 integriert.

Ausgehend aus dem Bereich der Luft- und Raumfahrt fanden die Methoden und Verfahren der Zuverlässigkeits-Systemtheorie in den letzten 20 Jahren Eingang in fast alle technischen Fachsparten. Dies kommt auch dadurch zum Ausdruck, daß heute an ein technisches System Anforderungen gestellt werden, die über die ökonomischen hinausgehen und mit den klassischen Methoden der Ingenieur- und Wirtschaftswissenschaften nicht mehr zufriedenstellend gelöst werden können (Bild 1-2).

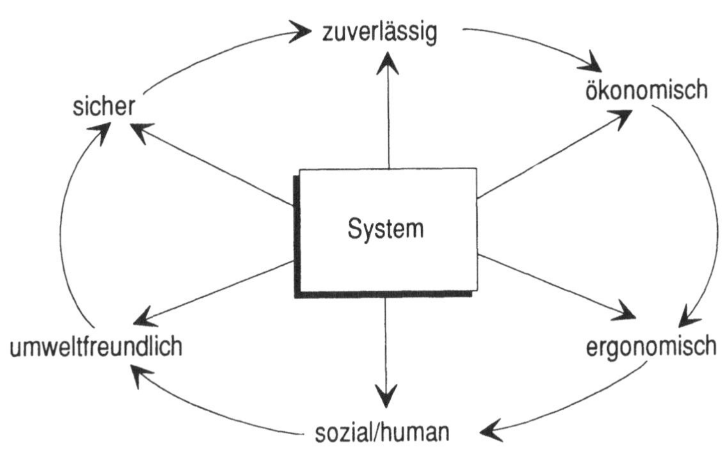

Bild 1-2   Anforderungen an ein technisches System

Die Fähigkeit, eine große Anzahl von Funktionen zu erfüllen und die Zuverlässigkeit, sind zwei diametral entgegengesetzte Eigenschaften von technischen Systemen. Je vollkommener ein System im Hinblick auf seine Funktionen wird, desto komplizierter, umfangreicher und – bei gleichbleibender Zuverlässigkeit seiner Bestandteile – zunächst unzuverlässiger wird es, da die
Zuverlässigkeit (reliability) R in erster Näherung mit wachsender Zahl der
Bauelemente x_n abnimmt (siehe Bild 1-3).

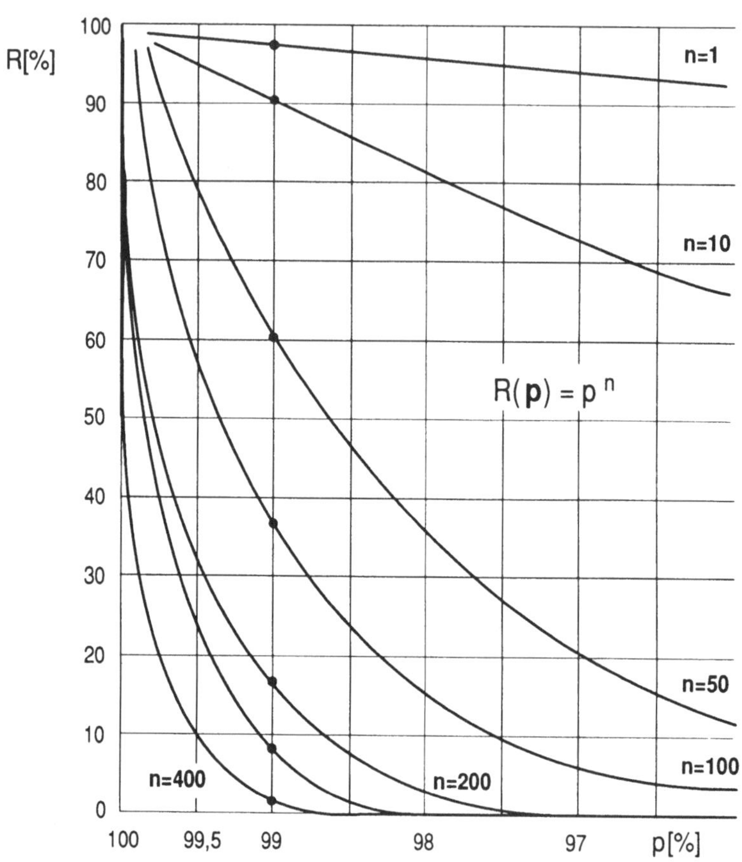

Bild 1-3   Einfluß der Komplexität n auf die Systemzuverlässigkeit R mit p = Überlebenswahrscheinlichkeit (Zuverlässigkeit) einer Komponente

Daß die Vielfalt an Funktionen keine unüberwindliche Barriere hinsichtlich der Zuverlässigkeit darstellt, beweist die Natur an Beispielen von komplizierten lebenden Organismen. Diese Organismen sind so beschaffen, daß eine begrenzte Anzahl von Ausfällen überlebt werden kann. Auch bei technischen Systemen werden derartige – mit Redundanz bezeichnete – Eigenschaften verwirklicht. Die Zuverlässigkeit solcher Systeme kann dadurch beträchtlich gesteigert werden.

Die einem System durch seine Struktur innewohnende Zuverlässigkeit, die sich als Überlebenswahrscheinlichkeit zahlenmäßig ausdrücken läßt, wird als inhärente Zuverlässigkeit bezeichnet. Durch Mängel in der Fertigung, Handhabung und durch unzulässige Belastung wird die inhärente Zuverlässigkeit im Betrieb sinken. Sie kann aber generell durch noch so verfeinerte Prüf- und Testverfahren nicht verbessert werden.

Allgemein kann man beobachten, daß die Zuverlässigkeit R(t) eines Systems in der Technik normalerweise eine Funktion der Erfahrung, also der Zeit, ist (Bild 1-4). Aufgabe der Zuverlässigkeitsplanung und -berechnung ist es, diese Zeit wenn möglich abzukürzen, beziehungsweise schon im Stadium der Planung und des Entwurfs die zu erwartende Zuverlässigkeit des Gerätes den Forderungen der Verwendung anzupassen. "Zuverlässigkeit ist Qualität auf Zeit" und kann letztendlich immer nur für eine bestimmte Zeit – als Wahrscheinlichkeitsgröße – garantiert werden.

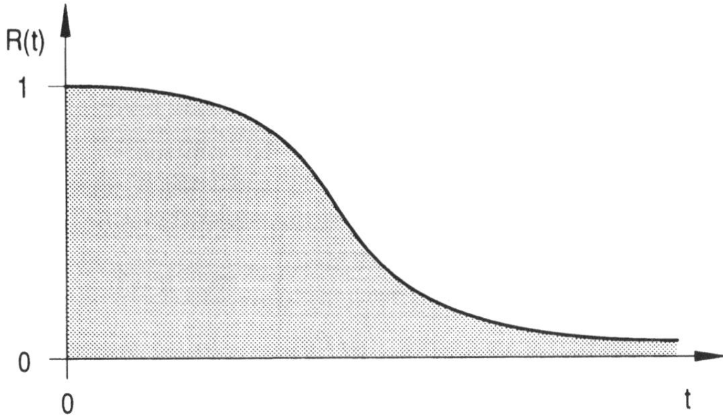

Bild 1-4   Möglicher Verlauf der Zuverlässigkeit R über die Zeit t

Ein weiterer Grund für die Abnahme der Zuverlässigkeit liegt in dem Auftreten u.U. höherer Umweltbelastungen (Beanspruchung) "stress" auf die Fe-
stigkeit "strength" (Bild 1-5). Diesem Einfluß wird in der Regel durch Ermittlung der Belastungsverteilungen und die Simulation von extremen Umwelt-
einflüssen – bei der Bauelementenprüfung – Rechnung getragen.

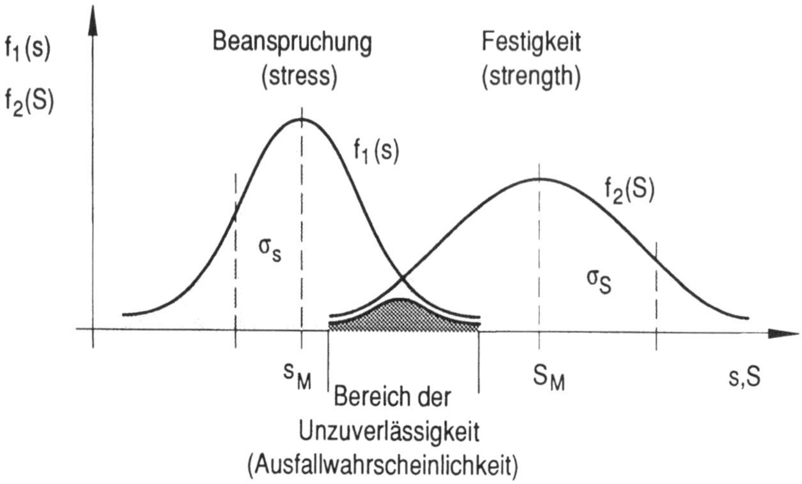

Bild 1-5   Ausfalldichteverteilung für eine Beanspruchungs f$_1$(s) – Festigkeitsverteilung
f$_2$(S) (S$_M$, s$_M$ = Mittelwerte; σ_S, σ_s = Standardabweichungen)

Die vorstehend aufgeführten wesentlichen Einflußfaktoren lassen sich als
Grenzwerte der Zuverlässigkeit R, quantifizieren.

$$R\left(x_n, t, \frac{S}{s}\right) = \left\{ \begin{array}{c} \lim_{n \to \infty} R(x_n) \\[2ex] \lim_{t \to \infty} R(t) \\[2ex] \lim_{s \to \infty} R\left(\frac{S}{s}\right) \end{array} \right\} \quad \Rightarrow \quad R \to 0$$

Bemühungen zur Berechnung der Zuverlässigkeit eines technischen Systems haben primär folgende Gründe:

a) Schwierigkeit signifikanter Tests

Durch die ständig wachsende Kompliziertheit und die dadurch entstehenden Kosten eines, aus vielen Bauelementen zusammengesetzten, Systems wie z.B. eines Flugzeuges, Kraftfahrzeuges, Kraftwerkes kann eine Lebensdauer-Prüfung zur Ermittlung der Zuverlässigkeit des Gesamtsystems als 100%-Prüfung oder auch nur als Stichprobenprüfung am fertigen System oder Gerät kaum mehr mit der notwendigen Signifikanz vorgenommen werden. Da aber Aussagen über voraussichtliche Ausfälle und die Wahrscheinlichkeit einer Missionserfüllung benötigt werden, wird versucht, mit Hilfe der Statistik und der Wahrscheinlichkeitstheorie aus den Daten (Ausfallraten, Reparaturraten usw.) der einzelnen Bauelemente dieses Gerätes, die sich entweder durch Lebensdauer-Prüfungen oder Feldausfälle haben ermitteln lassen, eine quantitative Aussage über das zuverlässigkeitstechnische Verhalten des gesamten komplexen Systems zu bekommen.

b) Vergleich von Systementwürfen

Durch Anwendung gleichartiger analysierender Betrachtungen mit Hilfe der Zuverlässigkeitstheorie auf zwei oder mehrere verschiedene Systeme oder Gerätetypen, kann, wenn z.B. für die einzelnen Bauelemente der verschiedenen Geräte Gleichartigkeit vorausgesetzt wird, eine quantitative, vergleichende Aussage über die inhärente Zuverlässigkeit dieser Geräte gemacht werden. Es ist damit ein Kriterium zur zuverlässigkeitstechnischen Beurteilung gegeben. Der absolute Wert der quantitativen Aussage einer derartigen Berechnung wird häufig aufgrund der Datenunsicherheit angezweifelt, der Wert der vergleichenden Analyse dürfte jedoch unbestritten sein.

c) Ermittlung von Schwachstellen

Zur sogenannten Zuverlässigkeitssicherung und Ermittlung von Schwachstellen bedient man sich in der Regel analytischer (z.B. Beanspruchungsanalyse), prüfender (z.B. Fertigkeitsuntersuchungen) oder organisatorischer (z.B. Zuverlässigkeitsmanagement Programm) Verfahren.

d) Quantitativer Sicherheitsnachweis

Ist die Zuverlässigkeit eines Systems ein Sicherheitskriterium, so kann eine Sicherheitsanalyse mit entsprechender Quantifizierung des Risikos als Entscheidungsprozeß zur Annahme bzw. Verwerfung eines technischen Systems führen.

2 Probabilistische Verfahren zur quantitativen Zuverlässigkeitsbewertung – Fehlerbaumanalyse

2.1 Allgemeine Übersicht

Die Notwendigkeit, die Zuverlässigkeit und Sicherheit mehr oder weniger komplexer technischer Systeme zu berechnen bzw. abzuschätzen, führte insbesondere in den letzten zwanzig Jahren zur Entwicklung einer ganzen Reihe von quantitativen allgemeingültigen Analyseverfahren und -methoden. Diese können gleichermaßen historisch bedingt zur Zuverlässigkeitsberechnung aber auch in neuerer Zeit zur Sicherheitsanalyse herangezogen werden.

Es ist nicht beabsichtigt im Rahmen dieses Kapitels möglichst alle Analyseverfahren in ihrer Tiefe darzustellen, sondern – aufgrund ihrer praktischen Bedeutung – lediglich anhand von Beispielen die **Fehlerbaumanalyse** als sogenannte deduktive Analyse.

Eine grobe Übersicht über die heute zur Verfügung stehenden zuverlässigkeitstheoretischen Analyseverfahren zeigt Bild 2-1. Besondere Bedeutung kommt hierbei den Verfahren zu, die auf der Grundlage Boolescher Modellbildung arbeiten, insbesondere den deduktiven Analyseverfahren, da diese sich besonders gut zur Entwicklung rechnergestützter Verfahren eignen, die eine Berechnung großer, komplexer Systeme ermöglichen, und eine übersichtliche Darstellung gestatten. Bei Systemen bis zu ca. 300 Komponenten werden gegenwärtig auch Analysen mit Hilfe Markoffscher Modelle herangezogen, jedoch fast ausschließlich für spezielle Untersuchungen. Eine weitere Entwicklung dieser Methoden und Verfahren, unter anderem auch die Inklusion graphentheoretischer Verfahren, ist in absehbarer Zeit zu erwarten.

Eine Einbeziehung von Common-Mode-Fehlern und Human-Error in diese Analysen ist, falls entsprechende Fehlerraten existieren, ohne weiteres mög-

aufgeführten quantitativen Analyseverfahren sind insbesondere zur Identifizierung bestimmter Gefahren und Handlungen qualitative Analysen (management-bezogen), die in der Regel mit Hilfe bestimmter Formblätter (Formblattanalyse) durchgeführt werden, üblich.
Hierzu gehören:

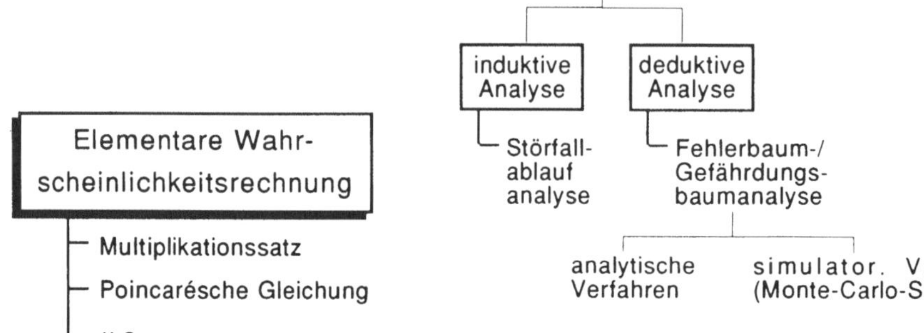

Zuverlässigkeitstheoretische

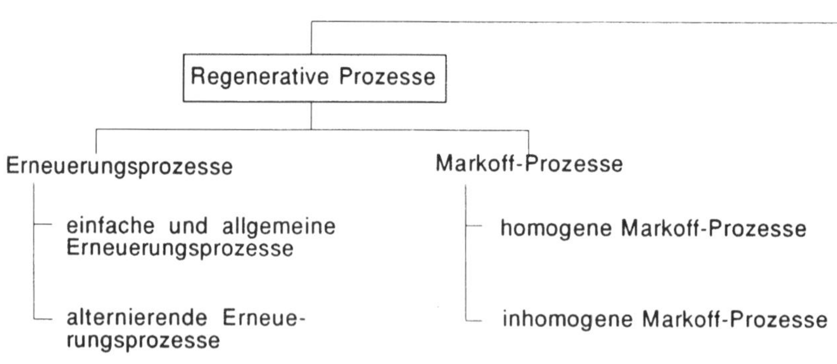

Bild 2-1   Übersicht zuverlässigkeitstheoretischer Analyseverfahren

> **Ausfallart- und Fehlereffektanalyse** (Failure Mode- and Effect Analysis *FMEA*) untersucht und legt die Ausfallart und ihre Auswirkungen auf Systeme fest.

> **Gefahrenanalyse** (Preliminary Hazard Analysis, *PHA*) untersucht und legt die Gefährdungspotentiale eines Systems fest.

> **Ausfallgefahrenanalyse** (Fault Hazard Analysis, *FHA*) untersucht die Ursachen für die Ausfallarten und die Auswirkungen.

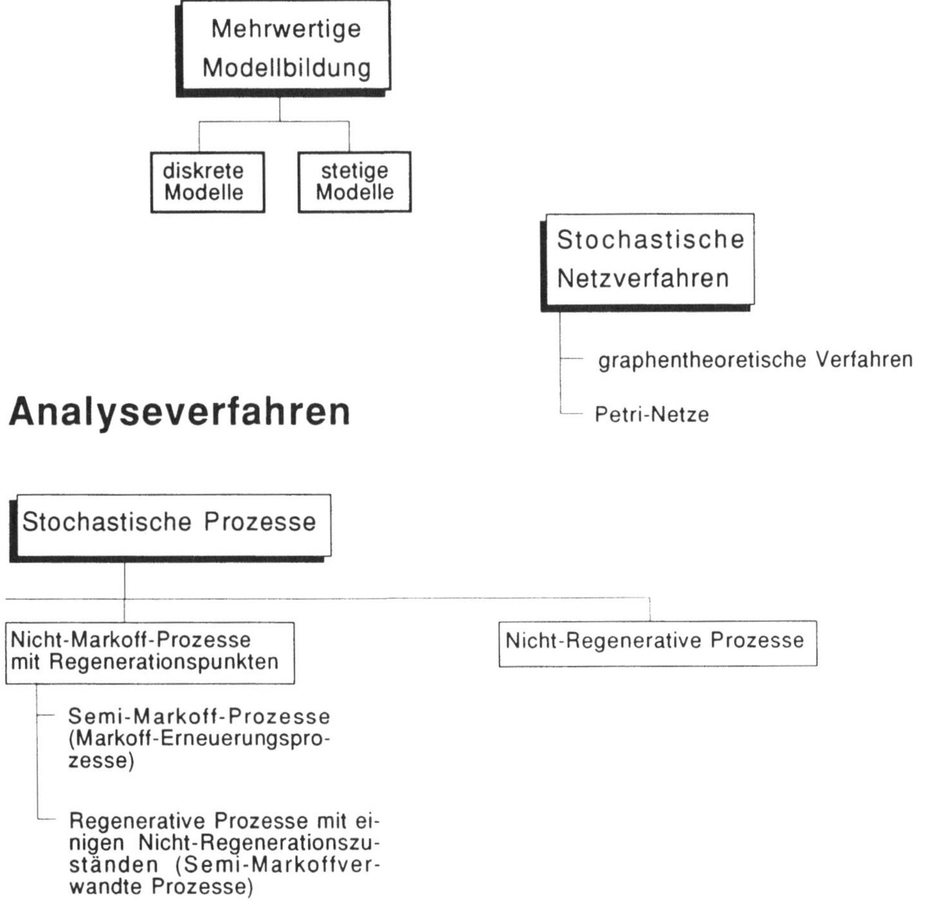

➤ **Bedienungsgefahrenanalyse** (Operating Hazard Analysis, *OHA*) legt die Gefahren, die durch Bedienung, Wartung und Reparatur entstehen können, fest.

➤ **Menschliche Fehlerart- und Fehlereffektanalyse** (Human Error Mode- and Effect Analysis, *HEMEA*) untersucht und legt Fehlerarten und ihre Auswirkungen, hervorgerufen durch menschliches Fehlverhalten, fest.

➤ **Informationsfehler- und Effektanalyse** (Information Error Mode- and Effect Analysis, *IEMEA*) untersucht die Bedienungs-, Wartungs-, Reparaturfehler und ihre Auswirkungen aufgrund falscher (irriger) Anweisungen und Informationen.

2.2 Bewertungskenngrößen

2.2.1 Zuverlässigkeitskenngrößen nicht reparierbarer Systeme

Die Lebensdauer T technischer Komponenten und Systeme ist eine reelle Zufallsgröße mit der Verteilungsfunktion

$$F(t) = \Pr\{T \le t\} \ . \tag{2-1}$$

Sie heißt **Ausfallwahrscheinlichkeit** F(t) mit der Eigenschaft

$$F(t) = \Pr\{T \le t\} = 0 \quad \text{für} \quad t \le 0 \tag{2-2}$$

und

$$F(t) = \Pr\{T \le t\} = 1 \quad \text{für} \quad t = \infty \ . \tag{2-3}$$

Anschaulich gesprochen heißt dies, daß eine Komponente zum Zeitpunkt t=0 funktionsfähig und nach unendlich langer Zeit ausgefallen sein wird. Als Komplement der Ausfallwahrscheinlichkeit ist die **Überlebenswahrscheinlichkeit**, auch **Zuverlässigkeitsfunktion** R(t) genannt, definiert:

$$R(t) = \Pr\{T > t\} = 1 - \Pr\{T \le t\} \tag{2-4}$$

bzw.

$$R(t) = 1 - F(t) \;. \tag{2-5}$$

Im Gegensatz zu F(t) ist R(t) also eine monoton fallende Funktion mit der Eigenschaft R(0) = 1 und R(∞) = 0. Die Wahrscheinlichkeitsdichte f(x) heißt bei Lebensdauerbetrachtungen **Ausfalldichte** f(t). Im stetigen Fall folgt

$$f(t) = \frac{d\,F(t)}{dt} \tag{2-6}$$

mit der Eigenschaft

$$f(t) = 0 \quad \text{für} \quad t < 0 \quad \text{und} \quad f(t) \ge 0 \quad \text{für} \quad t \ge 0 \tag{2-7}$$

sowie

$$\int_0^{\infty} f(t)\,dt = 1 \;. \tag{2-8}$$

Weiterhin gilt dann

$$F(t) = \int_0^{t} f(\tau)\,d\tau \tag{2-9}$$

und

$$R(t) = \int_t^{\infty} f(\tau)\,d\tau \;. \tag{2-10}$$

Als weitere wichtige Kenngröße, die die verschiedenen Lebensdauer-Verteilungen besonders treffend charakterisiert, ist die **Ausfallrate** h(t) definiert. Fragt man nach der Wahrscheinlichkeit, daß eine Komponente, die bis zum Zeitpunkt t überlebt hat, im Intervall (t , t+dt) ausfallen wird, so gilt

$$h(t) \cdot dt = Pr\{t < T \leq t+dt \mid T > t\} \ . \tag{2-11}$$

Der Ausdruck auf der rechten Seite der Gleichung (2-11) läßt sich mit Hilfe der Gleichung für die bedingte Wahrscheinlichkeit weiter behandeln.
Es folgt

$$Pr\{t < T \leq t+dt \mid T > t\} = \frac{Pr\{(t < T \leq t+dt) \cap T > t\}}{Pr\{T > t\}} \tag{2-12}$$

und für unabhängige Ereignisse

$$Pr\{t < T \leq t+dt \mid T > t\} = \frac{Pr\{t < T \leq t+dt\}}{Pr\{T > t\}} \tag{2-13}$$

$$Pr\{t < T \leq t+dt \mid T > t\} = \frac{F(t+dt) - F(t)}{1-F(t)} \cdot \frac{dt}{dt} \tag{2-14}$$

$$Pr\{t < T \leq t+dt \mid T > t\} = \frac{F'(t)}{1 - F(t)} \cdot dt = \frac{f(t)}{1 - F(t)} \cdot dt \ . \tag{2-15}$$

In Gleichung (2-11) eingesetzt folgt schließlich

$$h(t) = \frac{f(t)}{1 - F(t)} = \frac{f(t)}{R(t)} = - \frac{1}{R(t)} \cdot \frac{d\,R(t)}{dt} = - \frac{d\,\ln R(t)}{dt} \ . \tag{2-16}$$

Weiter folgt aus (2-16)

$$h(t) \cdot dt = - \frac{1}{R(t)} \cdot d\,R(t) \ , \tag{2-17}$$

$$\ln(R(t)) = - \int_{0}^{t} h(\tau)\, d\tau + C \ , \tag{2-18}$$

$$R(t) = \exp\left(-\int_0^t h(\tau)\, d\tau + C \right) \qquad (2\text{-}19)$$

mit der Randbedingung $R(0) = 1 \Rightarrow C = 0$ schließlich

$$R(t) = \exp\left(-\int_0^t h(\tau)\, d\tau \right) . \qquad (2\text{-}20)$$

Es ist zu beachten, daß $_0\!\int^\infty h(t)dt \longrightarrow \infty$ strebt. In der nachfolgenden Tabelle 2-1 ist noch einmal der formelmäßige Zusammenhang zwischen den Zuverlässigkeitskenngrößen aufgeführt.

Neben den vorstehend aufgeführten Zuverlässigkeitskenngrößen sind Kenngrößen wie der Erwartungswert E(T), die sogenannte "mittlere Lebensdauer" (Moment 1. Ordnung) und die Varianz σ^2 (zentrales Moment 2. Ordnung) von Bedeutung. Diese sind im stetigen Fall durch die Gleichungen

$$\begin{aligned}
E(T) &= \int_0^\infty t \cdot f(t)\, dt \\[2mm]
&= -\int_0^\infty t \cdot \frac{d\,R(t)}{dt}\, dt \\[2mm]
&= \left[-t \cdot R(t) \right]_0^\infty + \int_0^\infty R(t)\, dt
\end{aligned} \qquad (2\text{-}21)$$

und unter Berücksichtigung der Regel von de L'Hospital

$$E(T) = \int_0^\infty R(t)\, dt \qquad (2\text{-}22)$$

und

$$\sigma^2(T) = \int\limits_0^\infty (t - E(T))^2 \cdot f(t)\, dt = E(T^2) - (E(T))^2 \tag{2-23}$$

gegeben. Hingegen kann die **bedingte Lebenserwartung** bzw. **Restlebensdauer** E(t) über

$$E(t) = \frac{1}{R(t)} \cdot \int\limits_t^\infty R(\tau)\, d\tau \tag{2-24}$$

berechnet werden. Für E(t=0) entspricht diese der mittleren Lebensdauer E(T) der Gleichung (2-22).

	Ausfall- dichte **f(t)**	Ausfallrate **h(t)**	Überlebens- wahrschein- lichkeit **R(t)**	Ausfall- wahrschein- lichkeit **F(t)**
f(t)		$h(t) \cdot \exp\left(-\int\limits_0^t h(\tau)\, d\tau\right)$	$-\dfrac{d\,R(t)}{dt}$	$\dfrac{d\,F(t)}{dt}$
h(t)	$\dfrac{f(t)}{\int\limits_t^\infty f(\tau)\, d\tau}$		$-\dfrac{1}{R(t)} \cdot \dfrac{d\,R(t)}{dt}$	$\dfrac{1}{1-F(t)} \cdot \dfrac{d\,F(t)}{dt}$
R(t)	$\int\limits_t^\infty f(\tau)\, d\tau$	$\exp\left(-\int\limits_0^t h(\tau)\, d\tau\right)$		$1-F(t)$
F(t)	$\int\limits_0^t f(\tau)\, d\tau$	$1 - \exp\left(-\int\limits_0^t h(\tau)\, d\tau\right)$	$1-R(t)$	

Tabelle 2-1   Formelmäßiger Zusammenhang zwischen den Zuverlässigkeitskenngrößen

2.2.2 Empirische Zuverlässigkeitskenngrößen

Ist N_0 die (hinreichend große) Anzahl gleicher Einheiten einer Grundgesamtheit und N_a die Anzahl der nach einem Test bzw. einer Betriebsdauer ausgefallenen Einheiten, dann gilt für die Anzahl der nicht ausgefallenen (betriebsbereiten) Einheiten N_b

$$N_b(t) = N_0 - N_a(t) \ .$$

(2-25)

Aufgrund der Häufigkeitsinterpretation gilt dann für die empirische Überlebenswahrscheinlichkeit $\tilde{R}(t)$

$$\tilde{R}(t) = \frac{N_b(t)}{N_0}$$

(2-26)

und

$$\tilde{F}(t) = \frac{N_a(t)}{N_0}$$

(2-27)

für die empirische Ausfallwahrscheinlichkeit. Die Ausfallrate kann dann als die Anzahl der in einem Zeitintervall dt ausgefallenen Einheiten dN_a, bezogen auf die zu Beginn des Zeitintervalls noch funktionsfähigen Einheiten N_b, interpretiert werden.

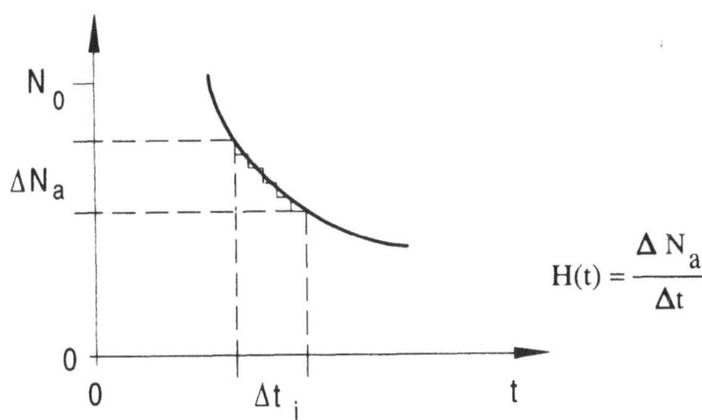

Bild 2-2   Darstellung der Ausfallhäufigkeit H(t)

Es gilt dann

$$\tilde{h}(t) = \frac{1}{N_b(t)} \cdot \frac{dN_{a,i}}{dt} \ . \qquad\qquad (2\text{-}28)$$

Die empirische Ausfalldichte läßt sich mit Hilfe der Gleichung

$$\tilde{f}(t) = \frac{1}{N_0} \cdot \frac{dN_{a,i}}{dt} \qquad\qquad (2\text{-}29)$$

ermitteln.

Beispiel 2-1

In einer Fertigungsstraße wurden 316 Störungen erfaßt. Die einzelnen Störungen in den Zeitintervallen ergeben sich aus der folgenden Tabelle.

a) Berechnen Sie die empirischen Zuverlässigkeitskenngrößen $\tilde{R}(t)$, $\tilde{f}(t)$, $\tilde{h}(t)$. Beachte: Die Klassenbreite der Klassen 1 bis 11 beträgt 2 min, die der Klasse 12 beträgt 65 min.

b) Stellen Sie die Kenngrößen graphisch dar.

Lösung

*)	**)	N_a	$\tilde{F} = \dfrac{N_a}{N_0}$	$\tilde{F}$	N_b	$\tilde{R} = \dfrac{N_b}{N_0}$	$\dfrac{\Delta N_{a,i}}{\Delta t}$	$\tilde{f} = \dfrac{(\ldots)}{N_0}$	$\tilde{h} = \dfrac{(\ldots)}{N_b}$
0-2	82	82	0,2592	26%	243	0,7405	41	0,1297	0,1752
2-4	22	104	0,3291	32%	212	0,6709	11	0,0348	0,0519
4-6	24	128	0,4051	41%	188	0,5949	12	0,0380	0,0638
6-8	20	148	0,4684	47%	168	0,5316	10	0,0316	0,0595
8-10	23	171	0,5411	54%	145	0,4589	11,5	0,0364	0,0793
10-12	32	203	0,6424	64%	113	0,3576	16	0,0506	0,1419
12-14	25	228	0,7215	72%	88	0,2785	12,5	0,0396	0,1420
14-16	27	255	0,8070	81%	61	0,1930	13,5	0,0427	0,2213
16-18	20	275	0,8703	87%	41	0,1297	10	0,0316	0,2439
18-20	15	290	0,9177	92%	26	0,0823	7,5	0,0237	0,2885
20-22	10	300	0,9494	95%	16	0,0506	5	0,0158	0,3125
22-87	16	316	1	100%	0	0	0,222	0,0007	∞

Tabelle 2-2   Lösung a) Empirische Zuverlässigkeitskenngrößen
                    *) Klasse: Zeitintervall in min, **) $\Delta N_{a,i}$

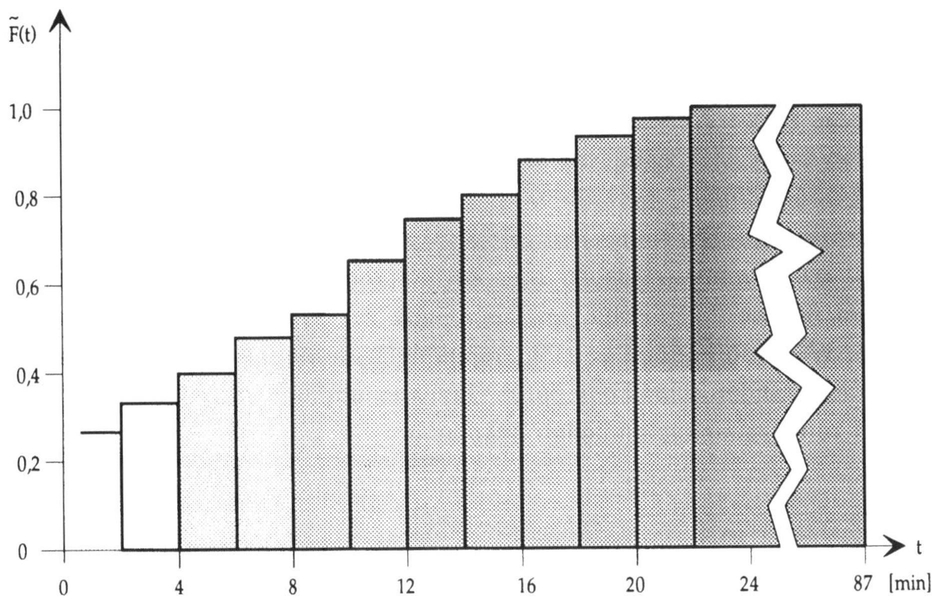

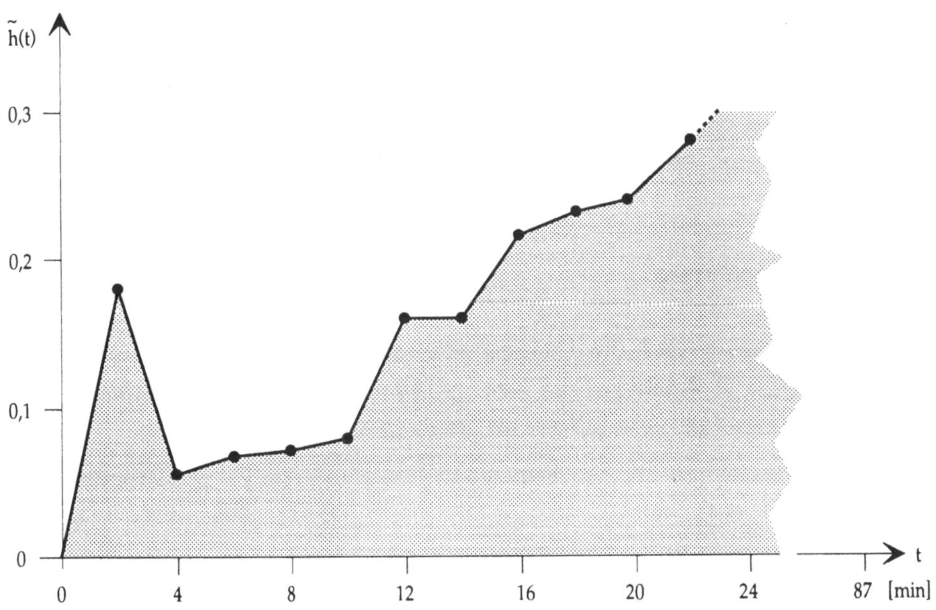

Bild 2-3   Lösung b) Graphische Darstellung

2.2.3 Zuverlässigkeitskenngrößen reparierbarer Systeme, Instandhaltung

Die unter Punkt 2.2.1 und 2.2.2 eingeführten Zuverlässigkeitskenngrößen behalten auch bei reparierbaren Systemen ihre Gültigkeit. Nachfolgende Kenngrößen stellen deshalb eine Erweiterung der bisher eingeführten Kenngrößen dar. Die **Reparatur** (Instandsetzung) eines technischen Gerätes bewirkt die Wiederherstellung des Sollzustandes nach einem störungsbedingtem Ausfall und erfolgt, im Gegensatz zur Wartung, außerplanmäßig. Bei der **Wartung** handelt es sich sinngemäß um Maßnahmen zur Erhaltung des Sollzustandes. Dies kann durch Überwachung und vorhergehenden Austausch von Systembestandteilen geschehen.

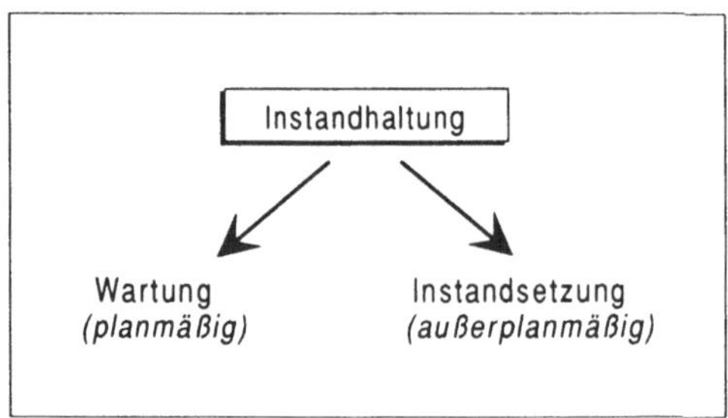

Bild 2-4   Instandhaltung

Wird vorausgesetzt, daß die Instandhaltungsdauer T_S eine Zufallsvariable ist, so läßt sich in Analogie zur Kenngröße Ausfallwahrscheinlichkeit eine **Instandsetzungswahrscheinlichkeit** (maintainability) M(t) durch

$$M(t) = Pr\ \{T_S \le t\}\qquad\qquad (2\text{-}30)$$

definieren (siehe Bild 2.5).

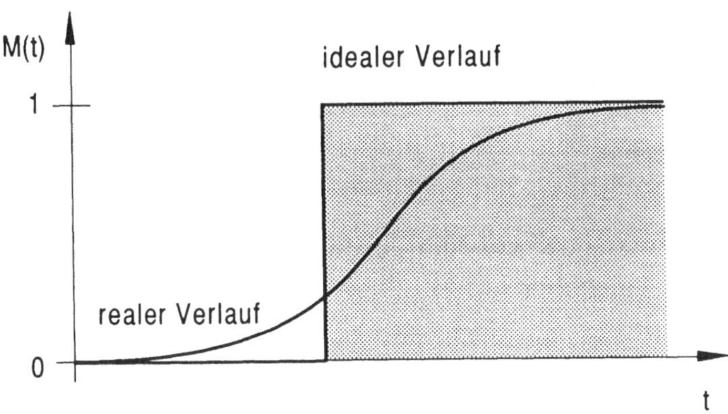

Bild 2-5   Instandsetzungswahrscheinlichkeit

Die zugehörige Dichte heißt **Instandsetzungsdichte** m(t) bzw. Wartbarkeits-
dichte und ist in Analogie zur Ausfalldichte, im stetigen Fall, durch

$$m(t) = \frac{d\,M(t)}{dt} \tag{2-31}$$

definiert.

In Analogie zur Ausfallrate läßt sich eine **Instandsetzungsrate** $\mu(t)$, auch
Reparaturrate genannt, definieren. Es folgt

$$\mu(t) = \frac{1}{1 - M(t)} \cdot \frac{d\,M(t)}{dt} \tag{2-32}$$

und hieraus die wichtige Beziehung

$$M(t) = 1 - \exp\left(- \int_0^t \mu(\tau)\, d\tau \right). \tag{2-33}$$

Für den Spezialfall $\mu(t)$ = konstant, der in der Praxis äußerst selten vorkommt, erhält man dann aus Gleichung (2-33)

$$M(t) = 1 - e^{-\mu t}. \tag{2-34}$$

Der Erwartungswert der Instandsetzungsdauer $E(T_S)$ läßt sich in Analogie zur Gleichung (2-21) definieren. D.h.:

$$E(T_S) = \int_0^\infty t \cdot m(t)\, dt \ . \tag{2-35}$$

Im Fall einer exponentiell verteilten Instandsetzungsdauer, d.h.
$\mu(t)$ = konstant, ergibt sich

$$E(T_S) = \int_0^\infty t \cdot \mu e^{-\mu t}\, dt = \frac{1}{\mu} = \text{MTTR} \tag{2-36}$$

mit **MTTR** = mean time to repair.
Neben den vorstehend eingeführten Kenngrößen wird in der Praxis zur Charakterisierung der Wartungsfreundlichkeit eines Systems ein sogenannter **Wartungsfaktor** W verwendet.

$$W = \frac{T_N - T_{pl}}{T_N} \tag{2-37}$$

mit T_N = *Nennzeitraum (Betrachtungszeitraum)* und

$$T_N = \sum_{i=1}^n t_{pl_i} = \textit{Gesamtdauer der planmäßigen Wartungen in } T_N \ .$$

Bei reparierbaren Systemen charakterisiert die Wahrscheinlichkeit, daß sich ein System (bzw. Systemkomponente) zur Zeit t im funktionsfähigen Zustand befindet, also verfügbar ist, die Qualität (Wirtschaftlichkeit) eines Systems. Diese Wahrscheinlichkeit wird mit **Verfügbarkeit** (availability) V(t) bezeichnet.

$$V(t) = \text{Pr}\ \{\text{System ist funktionsfähig zum Zeitpunkt t}\} \tag{2-38}$$

Die komplementäre Größe wird **Nichtverfügbarkeit** $\overline{V}(t)$ bzw. **Unverfügbarkeit** U(t) genannt.

$$V(t) = 1 - \overline{V}(t) = 1 - U(t) \; . \tag{2-39}$$

Die Verfügbarkeit läßt sich gleichermaßen über eine Boolsche- bzw. Markoffsche-Modellbildung ermitteln. Sie geht im Fall nicht-reparierbarer Systeme, d.h. bei absorbierenden Systemzuständen in

$$V(t) \Big|_{\mu = 0} = R(t) \tag{2-40}$$

über. Bei reparierbaren Systemen ist V(t) stets größer als R(t).

2.2.4 Sicherheitskenngrößen

Die nachfolgend dargestellten Sicherheitskenngrößen sind in Analogie zu den Zuverlässigkeitskenngrößen definiert. Allerdings werden hier nicht die Ausfälle als solche in den Mittelpunkt der Betrachtungen gestellt, sondern die sicherheitsrelevante Teilmenge dieser Ereignisse, die eine Gefährdung bewirkt. Sicherheitskenngrößen sind im Gegensatz zu den Zuverlässigkeitskenngrößen noch nicht einheitlich genormt. Zwar bemühen sich seit einiger Zeit einige Normenausschüsse (wie DIN, VDI/VDE-Ausschüsse) um eine notwendige Vereinheitlichung der Kenngrößen, aber infolge der geschichtlichen Entwicklung der Sicherheitstechnik in den einzelnen Disziplinen treten bereits bei den qualitativen Definitionen erhebliche Interpretationsschwierigkeiten auf, wenn diese möglichst umfassend und für alle relevanten technischen Bereiche zutreffend sein sollen.

Für Automatisierungssysteme sind in VDI/VDE 3542 Blatt 1 qualitative Begriffe und in Blatt 2 quantitative Begriffe definiert.

Nachfolgend werden Sicherheitskenngrößen vorgeschlagen, die ihrem Wesen nach stochastische Größen und auf eine sicherheitsrelevante Teilmenge M_g (Ausfälle/Fehlhandlungen mit gefährlichen Auswirkungen) definiert sind. Wird davon ausgegangen, daß sich die Menge M aller Ausfallzustände eines Systems bzw. die Menge aller Fehlhandlungen eines Menschen in Ausfallzustände/Fehlhandlungen mit gefährlichen Auswirkungen M_g und Ausfallzustände/Fehlhandlungen mit ungefährlichen Auswirkungen M_u einteilen läßt, so ist leicht einzusehen, daß für die Sicherheit lediglich die Menge M_g von Bedeutung ist. Für die Berechnung der Zuverlässigkeit (Überlebenswahrscheinlichkeit) müssen jedoch alle Ausfallzustände/Fehlhandlungen berücksichtigt werden.

Es läßt sich ein weiterer interessanter Sachverhalt verifizieren:

1., daß ein System ohne gefährliche Ausfallzustände $M_g = 0$ eine absolute Sicherheit (Sicherheitswahrscheinlichkeit $S(t) = 1$) hat. Die Zuverlässigkeit (Überlebenswahrscheinlichkeit) $R(t)$ kann dagegen immer noch sehr schlecht sein, besonders dann, wenn die Teilmenge $M_g \ll M_u$ (praktisch oft gegeben) ist. D.h. weitere Maßnahmen zur Erhöhung der Sicherheit müssen nicht zwangsläufig zu einer Erhöhung der Zuverlässigkeit führen. Oft wird diese schlechter, besonders dann, wenn zur Sicherheitssteigerung zusätzlich die Menge der ungefährlichen Systemzustände stark ansteigt.

2., daß ein System mit einer hohen Zuverlässigkeit, d.h. M sehr klein, durchaus im Vergleich mit anderen Systemen mit der gleichen, hohen Zuverlässigkeit eine geringere Sicherheit aufweisen kann ($M_1 = M_2$ und $M_{1,g} > M_{2,g}$).

Nachfolgend werden für die sicherheitsrelevante Teilmenge M_g Sicherheitskenngrößen, in Analogie zu den Zuverlässigkeitskenngrößen, als Bewertungsgrößen vorgeschlagen (Tabelle 2-3).

Neben den vorstehend vorgeschlagenen Sicherheitskenngrößen werden bei komplexen Systemen, deren Ausfälle gefährliche Auswirkungen haben können (z.B. Kernkraftwerke, Chemieanlagen, Luftverkehrsmittel etc.), Risikoabschätzungen durchgeführt.

Als Risiko $\Re$ werden üblicherweise die Auswirkungen oder Ausfallfolgen eines unerwünschten Ereignisses pro Zeiteinheit definiert. Es sind als Bezugsgrößen jedoch auch andere Normierungen üblich, z.B. Passagierkilometer o.ä.

Kenngröße	Formel-zeichen	Kenngröße	Formel-zeichen
Überlebenswahrschein-lichkeit	$R(t)$	Sicherheitswahrscheinlichkeit	$S(t)$
Ausfallwahrscheinlichkeit	$F(t)$	Gefährdungswahrscheinlichkeit	$G(t)$
Ausfalldichte	$f(t)$	Gefährdungsdichte	$g(t)$
Ausfallrate	$h(t)$	Gefährdungsrate	$\delta(t)$
Reparaturrate	$\mu(t)$	Sicherheitsrestitutionsrate	$v(t)$
Instandsetzungswahr-scheinlichkeit	$M(t)$	Sicherheitswiederherstellungs-wahrscheinlichkeit	$W(t)$
Instandsetzungsdichte	$m(t)$	Sicherheitswiederherstellungs-dichte	$w(t)$
Verfügbarkeit	$V(t)$	Sicherheitsverfügbarkeit (Schutzgüte)	$V_s(t)$

Tabelle 2-3: Gegenüberstellung zuverlässigkeits- und sicherheitstechnischer Grundgrößen einer nicht reparierbaren und einer reparierbaren Einheit /25/

Es läßt sich somit ein einfaches mathematisches Modell entwickeln:

$$\Re = H \cdot A \quad \text{mit}$$

$$H = \text{Häufigkeit} \left(\frac{\text{Mittlere Anzahl der Ereignisse E}}{\text{Zeiteinheit}} \right),$$

$$A = \text{Ausfallfolgen} \left(\frac{\text{Auswirkungen}}{\text{Ereignis}} \right).$$

$$(2-41)$$

Für das Risiko des i-ten Ereignisses folgt dann

$$\Re_i = h_i \cdot a_i \tag{2-42}$$

mit h_i = Häufigkeit des i-ten Ereignisses ; a_i = Ausfallfolgen des i-ten Ereignisses und schließlich unter Zugrundelegung n möglicher disjunkter Ereignisse

$$\mathfrak{R} = \sum_{i=1}^{n} h_i \cdot a_i \leq \mathfrak{R}_{ak} \qquad\qquad (2\text{-}43)$$

mit $\mathfrak{R}_{ak}$ = vorgegebenes akzeptiertes Risiko eines Systems.

Die Darstellung des Risikos in der Ebene mit H als Ordinate und A als
Abszisse wird als Farmer-Diagramm bezeichnet. Jeder Punkt dieser Ebene
stellt ein diskretes Risiko dar. Durch Logarithmieren und Umrechnung zu
einer Geradengleichung kann diese Gleichung im doppelt logarithmischen
Papier dargestellt werden. Es ergeben sich so Geraden gleichen Risikos mit
der Steigung -1, siehe Bild 2-6.

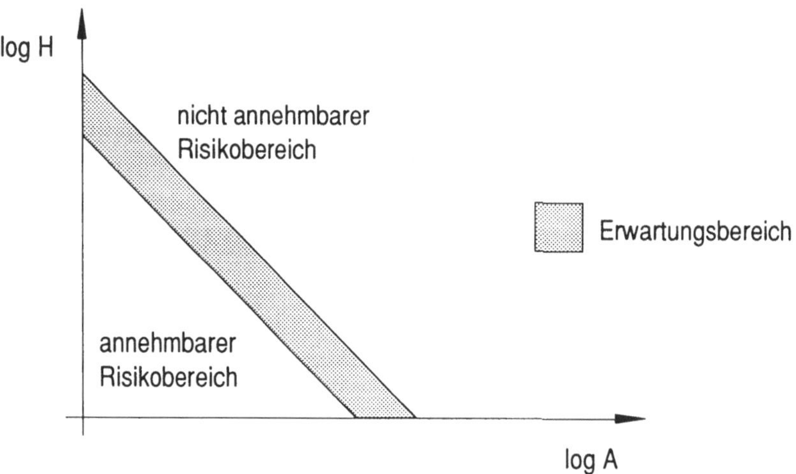

Bild 2-6   Farmer-Diagramm

Zu einer stetigen Darstellung des Risikos $\mathfrak{R}$ = f(a,h) gelangt man durch
folgenden Ansatz: Ist d N(a) die Anzahl der Ereignisse pro Zeiteinheit
zwischen den Auswirkungen a und a+da, dann folgt

$$d\ N(a) = h(a) \cdot da \qquad\qquad (2\text{-}44)$$

und für die Anzahl der Ereignisse pro Zeiteinheit zwischen den Auswirkungen a_1 und a_2

$$N(a_2) - N(a_1) = \int\limits_{a_1}^{a_2} h(a)\, da \ . \tag{2-45}$$

Ist nun z.B. N_t die gesamte (totale) Anzahl Ereignisse/Jahr, dann errechnet sich das stetige Risiko zu

$$\Re = \int\limits_{a_{min}}^{a_{max}} a \cdot h(a)\, da \ . \tag{2-46}$$

In der Praxis ist die Funktion $h(a)$ in der Regel nicht gegeben. Deshalb wird bei gegenwärtigen Risikoermittlungen die Summendarstellung des Risikos fast ausschließlich verwendet. Der prinzipielle Arbeitsablauf einer Risikoanalyse geht aus Bild 2-7 hervor.

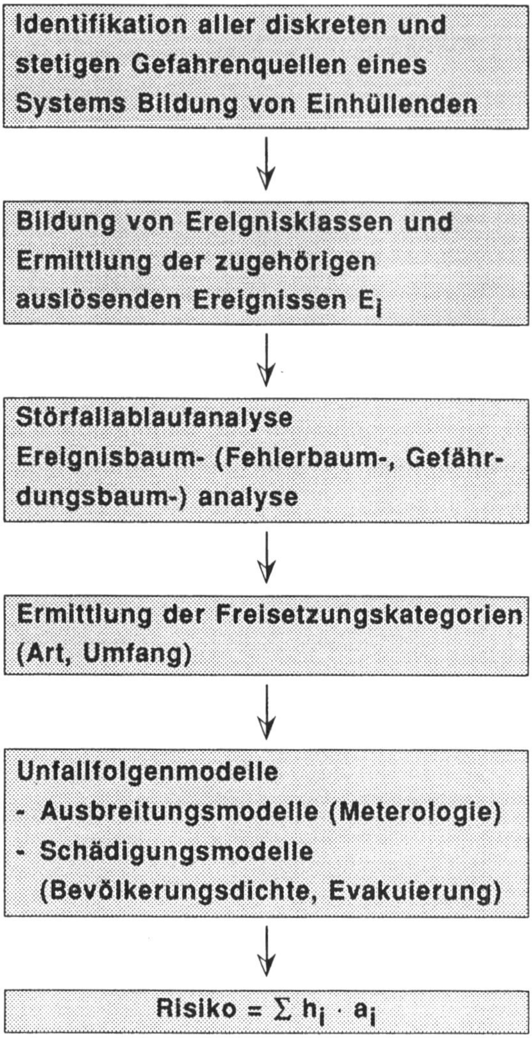

Identifikation aller diskreten und stetigen Gefahrenquellen eines Systems Bildung von Einhüllenden

Bildung von Ereignisklassen und Ermittlung der zugehörigen auslösenden Ereignissen E_i

Störfallablaufanalyse Ereignisbaum- (Fehlerbaum-, Gefährdungsbaum-) analyse

Ermittlung der Freisetzungskategorien (Art, Umfang)

Unfallfolgenmodelle
- Ausbreitungsmodelle (Meterologie)
- Schädigungsmodelle
  (Bevölkerungsdichte, Evakuierung)

Risiko $= \sum h_i \cdot a_i$

Bild 2-7   Prinzipieller Ablauf einer Risikoanalyse

2.3 Boolesche Modellbildung (Georg Boole, 1815 – 1864)

Geht man davon aus, daß ein technisches System entweder funktionsfähig oder ausgefallen – in Abhängigkeit von den Komponenten, die sich ebenfalls im funktionsfähigen oder ausgefallenen Zustand befinden können – ist, so läßt sich dieses Verhalten offensichtlich mit Hilfe der Booleschen Algebra beschreiben.

2.3.1 Begriffe und Regeln der Booleschen Algebra

2.3.1.1 Die Boolesche Funktion

Boolesche Funktion

Die Zuordnung B zwischen einer abhängigen Variablen y und unabhängigen Variablen $x_1, x_2, ..., x_n$ mit dem Wert $x_i = 0$ oder 1

$$y = B(x_1, x_2, ..., x_n) = B(\underline{x}) \tag{2-47}$$

wird **Boolesche Funktion** genannt.

Eine Boolesche Funktion ist durch ihre binären Werte auf den 2^n verschiedenen n-Tupeln und da auf jedem der 2^n n-Tupel der Funktionswert 0 oder 1 sein kann, gibt es $(2^2)^n$ verschiedene Boolesche Funktionen.

So können zum Beispiel bei einer einzigen Variablen x bereits vier Funktionen

$$y = B(x) = 0 \quad , \quad y = B(x) = x \quad ,$$
$$y = B(x) = 1 \quad , \quad y = B(x) = \overline{x} \quad ,$$

bzw. in einer anderen Darstellung (Tabelle 2-4), gebildet werden.

x	0	1	Ergebnisse	Operation
1.	0	0	0	Nullfunktion
2.	0	1	x	Identität
3.	1	0	$\bar{x}$	Negation
4.	1	1	1	Einsfunktion

Tabelle 2-4   Verknüpfungsarten mit einer Booleschen Variablen

Für zwei Variablen x_1, x_2 ergeben sich $(2^2)^2 = 16$ mögliche unterschiedliche Funktionen, siehe Tabelle 2-5.

Erläuterung der Symbole bzw. Operatoren

- $-$ (/)   nicht

- $\wedge$ (·)   und ; sowohl als auch

- $\vee$ (+)   oder ; oder / und

- $\oplus$ ($\neq$)   oder ; entweder - oder

- $\equiv$ ($\leftrightarrow$)   genau dann - wenn ; dann und nur dann - wenn

- $\rightarrow$ wenn dann

- $*$ ($\downarrow$)   weder noch

Man beachte, daß eine exakte Beschreibung wegen der ungenauen und falschen Anwendung dieser Kopula im Sinne des Aussagenkalküls nicht möglich ist.

x_1	0	1	0	1	Boolesche	Symbol/	Bezeichnung/
x_2	0	0	1	1	Gleichung	Operator	Verknüpfung
1.	0	0	0	0	$y_1 = 0$	0	Nullfunktion
2.	0	0	0	1	$y_2 = x_1 \wedge x_2$	bzw. $\wedge$	Konjunktion
3.	0	0	1	0	$y_3 = \bar{x}_1 \cdot x_2$		
4.	0	0	1	1	$y_4 = x_2$		Identität
5.	0	1	0	0	$y_5 = x_1 \cdot \bar{x}_2$		
6.	0	1	0	1	$y_6 = x_1$		Identität
7.	0	1	1	0	$y_7 = x_1 \oplus x_2$	+ bzw. $\neq$	Disvalenz (exklusiv-oder)
8.	0	1	1	1	$y_8 = x_1 \vee x_2$	$\vee$ bzw. +	Disjunktion
9.	1	0	0	0	$y_9 = x_1 * x_2$	$*$ bzw. $\downarrow$	Peirce-Funktion (NOR)
10.	1	0	0	1	$y_{10} = x_1 \equiv x_2$	$\equiv$	Äquivalenz
11.	1	0	1	0	$y_{11} = \bar{x}_1$	-	Negation
12.	1	0	1	1	$y_{12} = \bar{x}_1 \vee x_2$ $= x_1 \rightarrow x_2$	$\rightarrow$	Implikation/Konditional
13.	1	1	0	0	$y_{13} = \bar{x}_2$	-	Negation
14.	1	1	0	1	$y_{14} = x_1 \vee \bar{x}_2$ $= x_1 \leftarrow x_2$	$\leftarrow$	Implikation/Konditional
15.	1	1	1	0	$y_{15} = x_1 / x_2$	/	Sheffer-Funktion (NAND)
16.	1	1	1	1	$y_{16} = 1$	1	Einsfunktion

Tabelle 2-5   Verknüpfungsarten zweier Boolescher Variablen

2.3.1.2   Die Grundverknüpfungen

Aus Tabelle 2-5 geht hervor, daß sich durch die Verknüpfung Negation, Disjunktion und Konjunktion alle anderen Verknüpfungen (Operationen) realisieren lassen. Sie werden deshalb als Boolesche Grundverknüpfung bzw. Boolesche Operatoren bezeichnet.

Negation

Hat eine Boolesche Variable den Wert 1, dann ist die negierte Variable 0 und umgekehrt (Tabelle 2-6).

$$y = \bar{x} \tag{2-48}$$

Name	andere Bezeichnung	Boolesche Gleichung	Funktions-tabelle	Symbole
Negation	nicht Negator Inverter Phasendreher	$y=\bar{x}$	x | y 0 | 1 1 | 0	

Tabelle 2-6   Grundverknüpfung Negation

Disjunktion

Eine **Disjunktion** für zwei binäre Variablen ist gegeben, wenn x_1 **oder** x_2 gleich 1 sowie x_1 und x_2 gleich 1 und $y = 1$ ist. In diesem Fall spricht man von einem inklusiven oder (lat. vel) Tabelle 2-7.

$$y = x_1 \vee x_2 \tag{2-49}$$

Aus Gleichung 2-49 und der Funktionstabelle in Tabelle 2-7 folgt, daß weiter

$$x \vee 1 = 1 \quad ; \quad x \vee x = x$$
$$x \vee 0 = x \quad ; \quad x \vee \bar{x} = 1 \tag{2-50}$$

Name	andere Bezeichnung	Boolesche Gleichung	Operator	Funtionstabelle
Disjunktion	oder or	$y = x_1 \vee x_2$	$\vee$, +	$\begin{array}{cc\|c} x_1 & x_2 & y \\ 0 & 0 & 0 \\ 1 & 0 & 1 \\ 0 & 1 & 1 \\ 1 & 1 & 1 \end{array}$
Symbole				DIN 25424

Tabelle 2-7   Grundverknüpfung Disjunktion

und

$$x_1 \vee x_2 = x_2 \vee x_1 \quad \text{(Kommutativgesetz)} \tag{2-51}$$

sein muß. Für die Disjunktion n unabhängiger Variablen gilt

$$y = x_1 \vee x_2 \vee \ldots \vee x_n = \bigvee_{i=1}^{n} x_i \quad \text{mit}$$

$$y = \begin{cases} 0 & \text{für alle } x_i = 0 \\ 1 & \text{sonst} \end{cases} . \tag{2-52}$$

Maxterm

Ist eine Boolesche Funktion durch n binäre Variablen, die alle disjunktiv miteinander verknüpft sind, gegeben, so bezeichnet man diese Funktion als Vollfunktion oder **Maxterm**. Bei n binären Variablen gibt es 2^n Maxterme (siehe hierzu Punkt 2.3.1.5 Normalformen).

Konjunktion

Eine **Konjunktion** für zwei binäre Variablen ist gegeben, wenn x_1 **und** x_2 gleich 1 und $y = 1$ ist (Tabelle 2-8).

$$y = x_1 \wedge x_2 = x_1 \cdot x_2 = x_1 x_2 \tag{2-53}$$

In der Praxis wird in der Regel der Operator $\wedge$ vernachlässigt.

Name	andere Bezeichnung	Boolesche Gleichung	Operator	Funtions-tabelle
Konjunktion	und and	$y = x_1 \wedge x_2$ $= x_1 \cdot x_2$ $= x_1 x_2$ $= x_1 \& x_2$	$\wedge$ $\cdot$ $\&$	$\begin{array}{cc\|c} x_1 & x_2 & y \\ 0 & 0 & 0 \\ 1 & 0 & 0 \\ 0 & 1 & 0 \\ 1 & 1 & 1 \end{array}$
Symbole				DIN 25424

Tabelle 2-8   Grundverknüpfung Konjunktion

Aus Gleichung 2-53 und der Funktionstabelle in Tabelle 2-8 geht hervor, daß weiter

$$\begin{aligned} x \wedge 0 = 0 \quad &; \quad x \wedge x = x \\ x \wedge 1 = x \quad &; \quad x \wedge \bar{x} = 0 \end{aligned} \tag{2-54}$$

und

$$x_1 \wedge x_2 = x_2 \wedge x_1 \quad \text{(Kommutativgesetz)} \tag{2-55}$$

gilt. Für die Konjunktion n binärer unabhängiger Variablen gilt

$$y = x_1 \wedge x_2 \wedge \dots \wedge x_n = \bigwedge_{i=1}^{n} x_i \quad \text{mit}$$

$$y = \begin{cases} 1 & \text{für alle } x_i = 1 \\ 0 & \text{sonst} \end{cases} . \tag{2-56}$$

Minterm

Ist eine Boolesche Funktion durch n binäre Variablen, die alle konjunktiv miteinander verknüpft sind, gegeben, so bezeichnet man die Funktion als Vollfunktion oder **Minterm**. Bei n Variablen gibt es 2^n Minterme (siehe hierzu Punkt 2.3.1.5 Normalformen).

Aus den Funktionstabellen für die Disjunktion und Konjunktion geht hervor, daß diese dual zueinander sind, da durch Vertauschen von 0 und 1 bezüglich ihrer Definition diese ineinander übergehen.
Desweiteren ist $*$ dual zu / und $\equiv$ zu $\not\equiv$ sowie $-$ dual zu $=$
(siehe Tabelle 2-5).
Sind zwei Boolesche Ausdrücke äquivalent zueinander (z.B. x = 1 und
x = 0), dann sind es auch ihre dualen, was die Beweisführung in der Booleschen Algebra erleichtert. Erwähnt sei noch, daß die sogenannten invertierten Grundverknüpfungen NAND und NOR in der Schaltalgebra von Bedeutung sind.

Venn-Diagramme

Die Booleschen Grundverknüpfungen aber auch die anderen Operatoren wie zum Beispiel die nach Tabelle 2-5 lassen sich geometrisch durch sogenannte **Venn-Diagramme** auch Euler-Venn-Diagramme genannt, geometrisch veranschaulichen.
Dabei werden alle Möglichkeiten Ω durch ein Rechteck, die "wahre Möglichkeit" durch einen gestrichelten Kreis dargestellt (Bild 2-8).

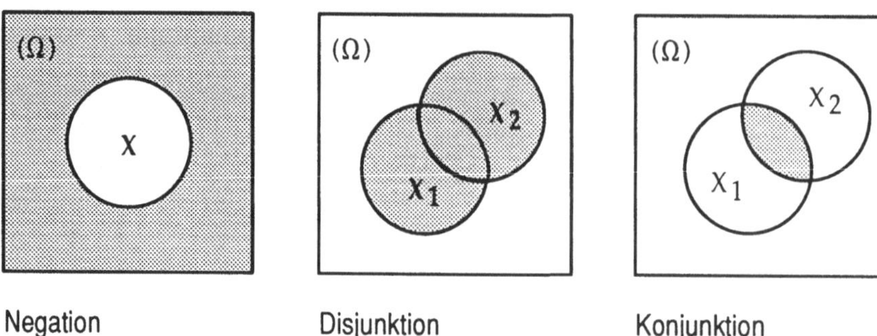

Bild 2-8   Venn-Diagramme der Grundverknüpfungen

2.3.1.3   Axiome der Booleschen Algebra

Mit Hilfe der nachfolgend definierten Axiome der Booleschen Algebra ist es
möglich, Boolesche Ausdrücke so umzuwandeln, daß sie durch einfachere
ersetzt werden können (Aufgabe der Schaltalgebra). Bei Anwendung der
Booleschen Algebra in der Zuverlässigkeitstheorie wird oft der umgekehrte
Weg beschritten.

1.   **Das Kommutativgesetz** (Vertauschungsgesetz)

$$x_1 \vee x_2 = x_2 \vee x_1$$

$$x_1 \wedge x_2 = x_2 \wedge x_1 \tag{2-57}$$

2.   **Das Assoziativgesetz** (Anreihungsregel)

$$x_1 \vee (x_2 \vee x_3) = (x_1 \vee x_2) \vee x_3$$

$$x_1 \wedge (x_2 \wedge x_3) = (x_1 \wedge x_2) \wedge x_3 \tag{2-58}$$

3.   **Das Distributivgesetz** (Mischungsregel)

$$x_1 \vee (x_2 \wedge x_3) = (x_1 \vee x_2) \wedge (x_1 \vee x_3)$$

$$x_1 \wedge (x_2 \vee x_3) = (x_1 \wedge x_2) \vee (x_1 \wedge x_3) \tag{2-59}$$

4. Postulate

Existens eines 0- und 1-Elements

$$x \vee 0 = x \quad ,$$

$$x \wedge 1 = x \quad . \tag{2-60}$$

Existens eines Komplements

$$x \wedge \bar{x} = 0 \quad ,$$

$$x \vee \bar{x} = 1 \quad . \tag{2-61}$$

Besondere Bedeutung kommt dem Distributivgesetz zu, da mit diesem Umwandlungen und Vereinfachungen von Booleschen Funktionen möglich sind. Wie in der gewöhnlichen Algebra können gemischte Klammern ausmultipliziert und "ausaddiert" werden. Letztere Beziehung ist jedoch in der gewöhnlichen Algebra unbekannt, wenn man *und* als Gegenstück zu *mal* und *oder* als Gegenstück zu *plus* ansieht.

Selbstverständlich gibt es in der Booleschen Algebra keine Umkehroperationen für *und* und *oder*. Das heißt, Division und Subtraktion und umgekehrt, in der gewöhnlichen Algebra, nicht die Operation Komplement.

Weitere wichtige Sätze der Booleschen Algebra

Idempotenzgesetz

$$x \vee x = x$$

$$x \wedge x = x \tag{2-62}$$

Absorptionsgesetz

$$x_1 \vee (x_1 \wedge x_2) = x_1$$

$$x_1 \wedge (x_1 \vee x_2) = x_1 \tag{2-63}$$

De Morgansches Gesetz

$$\overline{x_1 \vee x_2} = \bar{x}_1 \wedge \bar{x}_2$$

$$\overline{x_1 \wedge x_2} = \bar{x}_1 \vee \bar{x}_2 \tag{2-64}$$

allgemein

$$\overline{\bigvee_{i=1}^{n} x_i} = \bigwedge_{i=1}^{n} \overline{x}_i$$

$$\overline{\bigwedge_{i=1}^{n} x_i} = \bigvee_{i=1}^{n} \overline{x}_i \; , \qquad\qquad (2\text{-}65)$$

weiter gilt

$$\overline{\overline{x}} = x$$

$$x \vee 1 = 1 \qquad\qquad (2\text{-}66)$$

$$x \wedge 0 = 0 \; .$$

In der Zuverlässigkeitstheorie sind das De Morgansche Gesetz für Fehler-
und Funktionsbäume (bzw. umgekehrt) und das Idempotenz- und Absorb-
tionsgesetz von fundamentaler Bedeutung.
Vorstehende Sätze lassen sich sehr leicht mit Hilfe von Funktionstabellen
u.a. beweisen.

2.3.1.4   Das Karnaugh-Veitch-Diagramm

Neben dem Venn-Diagramm werden, insbesondere zur Darstellung und Verknüpfung Boolescher Funktionen, sogenannte Karnaugh-Veitch-Diagramme
verwendet. Entsprechend der Anzahl der unabhängigen binären Variablen
entsteht ein Karnaugh-Veitch-Diagramm durch wiederholtes Spiegeln (Um-
klappen) von quadratischen Feldern, das heißt, beginnend mit zwei Quadra-
ten für eine Variable, vier für zwei usw. Dabei wird für jede hinzukommende
Variable ein neues quadratisches Feld definiert, in dem die Variable den
Wert 1 hat (Bild 2-9).

Wie aus Bild 2-9 ersichtlich, stellen die quadratischen Felder die sogenann-
ten Minterme dar; zum Beispiel für zwei Variablen sind dies $2^2 = 4$, d.h. die
Minterme $x_1 x_2$, $\overline{x}_1 x_2$, $x_1 \overline{x}_2$, $\overline{x}_1 \overline{x}_2$. Jedem Minterm ordnet man eine 1 des
Funktionswertes zu.

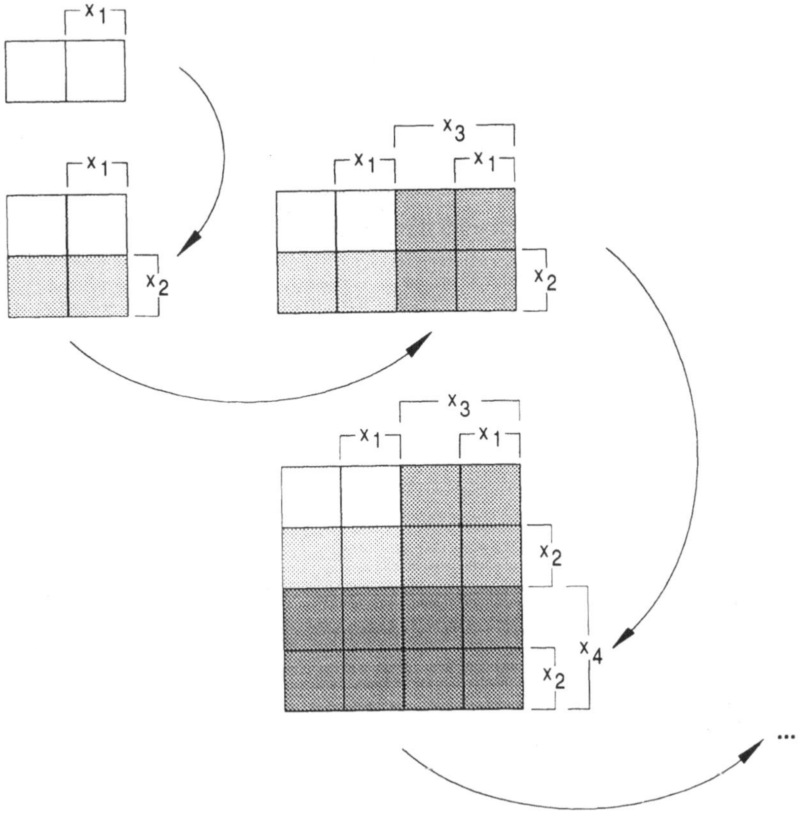

Bild 2-9   Entwicklung eines Karnaugh-Veitch-Diagramms

Beispiel 2.3.1.4-1 2v3-System

Ein 2v3-System ist ein redundantes System (Majoritätsredundanz) bei dem mindestens zwei Komponenten funktionieren müssen, damit das Gesamtsystem funktionsfähig bleibt. Die Boolesche Gleichung in sogenannter ausgezeichneter disjunktiver Normalform (siehe Punkt 2.3.1.5) bzw. disjunkter Form, die das Funktionieren des Systems beschreibt, ist durch

$$y = \bar{x}_1 x_2 x_3 \vee x_1 \bar{x}_2 x_3 \vee x_1 x_2 \bar{x}_3 \vee x_1 x_2 x_3$$

gegeben. Das zugehörige Karnaugh-Veitch-Diagramm geht aus Abbildung 2-10 hervor.

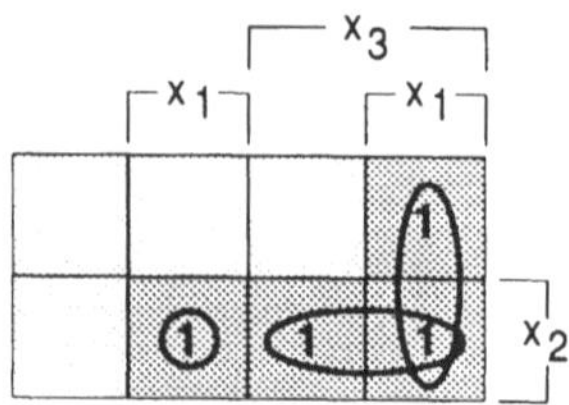

Bild 2-10   Karnaugh-Veitch-Diagramm des Beispiels 2.3.1.4-1

Zur Vereinfachung faßt man nun möglichst viele durch eine 1 gekennzeich-
nete Felder, die gleichzeitig durch Konjunktionen mit möglichst wenigen Variablen gekennzeichnet sind, zusammen (siehe eingekreiste Einsen im Karnaugh-Veitch-Diagramm). Man erhält so die vereinfachte Boolesche Gleichung
der Form

$$y = x_1 x_2 \vee x_1 x_3 \vee x_2 x_3$$

(Funktionsgleichung im Sinne der Zuverlässigkeitstheorie). Dieses in der
Anwendung der Booleschen Algebra d.h. der Schaltalgebra typisches einfache und anschauliche Minimierungsverfahren ist, aufgrund der Praktikabili-
tät, auf relativ wenige unabhängige binäre Variablen beschränkt. In der Zuverlässigkeitstheorie ist unter anderem ein umgekehrtes Vorgehen erforderlich, d.h. eine gegebene Boolesche Gleichung wie im obigen Beispiel

$$y = x_1 x_2 \vee x_1 x_3 \vee x_2 x_3$$

ist derart zu erweitern, daß die einzelen Terme gegeneinander disjunkt werden (Ausgangsgleichung des Beispiels), wobei man bestrebt ist, die Anzahl
der disjunkten Terme und die Anzahl der diesen Termen charakterisierenden
unabhängigen Variablen so klein wie möglich zu machen.

2.3.1.5 Kanonische Darstellung von Booleschen Funktionen

Nachfolgend werden einige besonders übersichtliche Darstellungsformen
Boolescher Funktionen, die es im allgemeinen ermöglichen, aus einer Funktionstabelle eine äquivalente Boolesche Gleichung zu entwickeln, behandelt.

Dieses sind die

- ➤ disjunktive Normalform (DN),
- ➤ konjunktive Normalform (KN),
- ➤ ausgezeichnete disjunktive Normalform (ADN),
- ➤ ausgezeichnete konjunktive Normalform (AKN).

In der Literatur wird oft nur zwischen ADN und AKN unterschieden, die dann mit DN und KN bezeichnet werden.

Disjunktive Normalform (DN)

Definition

Die disjunktive Normalform ist ein Boolescher Ausdruck der Form

$$y(\underline{x}) = K_1(\underline{x}) \vee K_2(\underline{x}) \vee \ldots \vee K_n(\underline{x}) = \bigvee_{i=1}^{n} K_i(\underline{x}) \tag{2-67}$$

mit den Konjunktionstermen $K_i(\underline{x})$, die aus einfachen oder negierten voneinander unabhängigen Booleschen Variablen bestehen. Solch ein Term wird auch Implikant (Primimplikant, wenn aus dem Implikant keine Variable mehr entfernt werden kann) genannt; er impliziert die Boolesche Funktion $y(\underline{x})$. D.h., ist $K_i(\underline{x}) = 1$ so ist auch $y(\underline{x}) = 1$.

Beispiel 2.3.1.5-1 2v3-System

$$y(\underline{x}) = x_1 x_2 \vee x_1 x_3 \vee x_2 x_3$$

Jede eindeutig definierte Boolesche Gleichung läßt sich in disjunktiver Normalform entwickeln (Anwendung der De Morganschen Regel und des Distributivgesetzes; Gleichung (2-59)). Dabei hat die Konjunktion Priorität gegenüber der Disjunktion. Der duale Ausdruck ist die nachfolgend definierte konjunktive Normalform.

Konjunktive Normalform (KN)

Definition

Die konjunktive Normalform ist ein Boolescher Ausdruck der Form

$$y(\underline{x}) = D_1(\underline{x}) \wedge D_2(\underline{x}) \wedge \ldots \wedge D_n(\underline{x}) = \bigwedge_{i=1}^{n} D_i(\underline{x}) \qquad (2\text{-}68)$$

mit den Disjunktionstermen $D_i(\underline{x})$, die aus einfachen oder negierten voneinander unabhängigen binären Variablen bestehen.

Jede eindeutig definierte Boolesche Gleichung läßt sich in konjunktiver Normalform entwickeln (Anwendung der De Morganschen Regel und des Distributivgesetzes; Gleichung (2-59)). Dabei hat die Disjunktion Priorität gegenüber der Konjunktion. Desweiteren läßt sich eine konjunktive Normalform durch "Ausmultiplizieren" (Anwendung des Distributivgesetzes; Gleichung (2-59)) in eine disjunktive und umgekehrt eine disjunktive Normalform durch "Ausaddieren" (Anwendung des Distributivgesetzes; Gleichung (2-59)) umwandeln.

Beispiel 2.3.1.5-2 2v3-System

$$y(\underline{x}) = x_1 x_2 \vee x_1 x_3 \vee x_2 x_3 \qquad \text{DN}$$

$$y(\underline{x}) = (x_1 \vee x_1 \vee x_2)(x_1 \vee x_3 \vee x_3)(x_2 \vee x_1 \vee x_2)(x_2 \vee x_3 \vee x_3)$$

Aufgrund des Idempotenzgesetzes (Gleichung (2-62)) folgt

$$y(\underline{x}) = (x_1 \vee x_2)(x_1 \vee x_3)(x_2 \vee x_3) \qquad \text{KN}$$

Die Darstellung als Funktionstabelle zeigt Tabelle 2-9 und die Gegenüberstellung der disjunktiven und konjunktiven Normalform Tabelle 2-10.

x_1	x_2	x_3	$x_1 x_2$	$x_1 x_3$	$x_2 x_3$	y	$x_1 \vee x_2$	$x_1 \vee x_3$	$x_2 \vee x_3$	y
0	0	0	0	0	0	0	0	0	0	0
1	0	0	0	0	0	0	1	1	0	0
0	1	0	0	0	0	0	1	0	1	0
1	1	0	1	0	0	1	1	1	1	1
0	0	1	0	0	0	0	0	1	1	0
1	0	1	0	1	0	1	1	1	1	1
0	1	1	0	0	1	1	1	1	1	1
1	1	1	1	1	1	1	1	1	1	1

Tabelle 2-9 Darstellung eines 2v3-Systems in DN und KN

x_1	0	1	0	1	0	1	0	1	x_1	0	1	0	1	0	1	0	1
x_2	0	0	1	1	0	0	1	1	x_2	0	0	1	1	0	0	1	1
x_3	0	0	0	0	1	1	1	1	x_3	0	0	0	0	1	1	1	1
$x_1 x_2$	0	0	0	1	0	0	0	1	$x_1 \vee x_2$	0	1	1	1	0	1	1	1
$x_1 x_3$	0	0	0	0	0	1	0	1	$x_1 \vee x_3$	0	1	0	1	1	1	1	1
$x_2 x_3$	0	0	0	0	0	0	1	1	$x_2 \vee x_3$	0	0	1	1	1	1	1	1
$\bigvee\limits_{i=1}^{3} K_i$	0	0	0	1	0	1	1	1	$\bigwedge\limits_{i=1}^{3} D_i$	0	0	0	1	0	1	1	1

Tabelle 2-10 Gegenüberstellung der konjunktiven und disjunktiven Normalform für ein
2v3-System

Es ist leicht verifizierbar, daß es zu einer bestimmten DN auch andere DN
und zu einer bestimmten KN andere KN gibt. Allerdings kann jede DN bzw.
KN zu einer sogenannten kanonischen Normalform, die mit ausgezeichneter
Normalform bezeichnet wird, entwickelt werden.

Ausgezeichnete disjunktive Normalform (ADN)

Definition

Eine disjunktive Normalform heißt ausgezeichnete disjunktive Normalform, wenn in jedem Konjunktionsterm K_i jede Boolesche Variable x_i einer Booleschen Funktion genau einmal in einfacher oder negierter Form auftritt. Dabei stellt ein Konjunktionsterm einen Minterm dar, der einer 1 des Funktionswertes entspricht. Es gilt

$$y(\underline{x}) = \bigvee_{i=1}^{n} K_i(\underline{x}) \cdot c_i \qquad (2\text{-}69)$$

c_i ist der zugeordnete Funktionswert 1. Es gelten die beiden Eigenschaften

$$K_i(\underline{x}) \wedge K_j(\underline{x}) = 1 \quad \text{für} \quad i \neq j \ ,$$

$$K_j(\underline{x}) = \overline{D}_j(\underline{x}) \ .$$

Durch Erweiterung mit $x_i \vee \overline{x}_i = 1$ für alle nicht in einem Konjunktionsterm auftretenden Booleschen Variablen und Anwendung des Distributivgesetzes, siehe Gleichung (2-59), sowie des Idempotenzgesetzes, läßt sich jede DN in eine ADN überführen.

Beispiel 2.3.1.5-3 2v3-System

Die Funktionsgleichung im zuverlässigkeitstechnischem Sinne ist – wie schon formuliert – durch

$$y = x_1 x_2 \vee x_1 x_3 \vee x_2 x_3 \qquad \text{DN}$$

gegeben. Durch Erweiterung folgt:

$$y = x_1 x_2 (x_3 \vee \overline{x}_3) \vee x_1 (x_2 \vee \overline{x}_2) x_3 \vee (x_1 \vee \overline{x}_1) x_2 x_3$$

$$y = x_1 x_2 x_3 \vee x_1 x_2 \overline{x}_3 \vee x_1 x_2 x_3 \vee x_1 \overline{x}_2 x_3 \vee x_1 x_2 x_3 \vee \overline{x}_1 x_2 x_3$$

$$y = x_1 x_2 x_3 \vee \overline{x}_1 x_2 x_3 \vee x_1 \overline{x}_2 x_3 \vee x_1 x_2 \overline{x}_3 \qquad \text{ADN}$$

siehe Beispiel 2.3.1.4, mit den Mintermen

$$K_1 = x_1 x_2 x_3 \quad , \quad K_2 = \bar{x}_1 x_2 x_3 \quad \text{usw..}$$

Die zugehörige Funktionstabelle mit den Mintermen zeigt Tabelle 2-11.

x_1	x_2	x_3	$y(\underline{x})$	c_i	Minterme
0	0	0	0	$c_1 = 0$	$K_1 = \bar{x}_1 \bar{x}_2 \bar{x}_3$
1	0	0	0	$c_2 = 0$	$K_2 = x_1 \bar{x}_2 \bar{x}_3$
0	1	0	0	$c_3 = 0$	$K_3 = \bar{x}_1 x_2 \bar{x}_3$
1	1	0	1	$c_4 = 1$	$K_4 = x_1 x_2 \bar{x}_3$
0	0	1	0	$c_5 = 0$	$K_5 = \bar{x}_1 \bar{x}_2 x_3$
1	0	1	1	$c_6 = 1$	$K_6 = x_1 \bar{x}_2 x_3$
0	1	1	1	$c_7 = 1$	$K_7 = \bar{x}_1 x_2 x_3$
1	1	1	1	$c_8 = 1$	$K_8 = x_1 x_2 x_3$

Tabelle 2-11   Minterme des 2v3-Systems

Mit Gleichung (2-69) und der Funktionstabelle Tabelle 2-9 folgt

$$y(\underline{x}) = \bigvee_{i=1}^{8} K_i(\underline{x}) \cdot c_i$$

$$y(\underline{x}) = K_1 \cdot 0 \vee K_2 \cdot 0 \vee K_3 \cdot 0 \vee K_4 \cdot 1 \vee K_5 \cdot 0 \vee K_6 \cdot 1 \vee K_7 \cdot 1 \vee K_8 \cdot 1$$

$$= K_4 \vee K_6 \vee K_7 \vee K_8$$

$$y(\underline{x}) = x_1 x_2 x_3 \vee \bar{x}_1 x_2 x_3 \vee x_1 \bar{x}_2 x_3 \vee x_1 x_2 \bar{x}_3$$

Entsprechend Tabelle 2-9 wird jedem Minterm eine 1 des Funktionswertes zugeordnet. Im Karnaugh-Veitch-Diagramm charakterisiert jeder Minterm eine minimale Fläche (Bild 2-11).

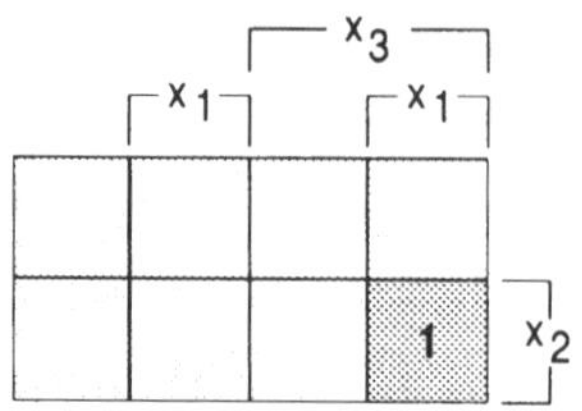

Bild 2-11   Darstellung des Mintermes $K_1 = x_1 x_2 x_3$

Ausgezeichnete konjunktive Normalform (AKN)

Definition

Eine konjunktive Normalform heißt ausgezeichnete konjunktive Normalform, wenn in jedem Disjunktionsterm D_i jede Boolesche Variable x_i
einer Booleschen Funktion genau einmal in einfacher oder negierter
Form auftritt. Dabei stellt ein Disjunktionsterm einen Maxterm dar, der
einer 0 des Funktionswertes entspricht.

$$y(\underline{x}) = \bigwedge_{i=1}^{n} (D_i(\underline{x}) \vee c_i) \qquad (2\text{-}70)$$

c_i ist der zugeordnete Funktionswert 0. Es gelten die beiden Eigenschaften

$$D_i(\underline{x}) \wedge D_j(\underline{x}) = 0 \quad \text{für} \quad i \neq j$$

$$D_j(\underline{x}) = \overline{K}_j(\underline{x})$$

Durch Erweiterung mit $x_i \cdot \overline{x}_i = 0$ für alle nicht in einem Disjunktionsterm
auftretenden Booleschen Variablen und Anwendung des distributiven Geset-
zes (Gleichung (2-59)) ("ausaddieren") sowie des Idempotenzgesetzes, läßt
sich jede KN in eine AKN überführen.

Beispiel 2.3.1.5-4 2v3-System
Ein 2v3-System in konjunktiver Normalform ist durch die Gleichung

$$y(\underline{x}) = (x_1 \vee x_2)\,(x_1 \vee x_3)\,(x_2 \vee x_3)$$

gegeben, siehe auch Beispiel 2.3.1.5-2. Durch Erweiterung folgt:

$$y(\underline{x}) = (x_1 \vee x_2 \vee x_3 \overline{x}_3)(x_1 \vee x_3 \vee x_2 \overline{x}_2)(x_2 \vee x_3 \vee x_1 \overline{x}_1)$$

$$y(\underline{x}) = (x_1 \vee x_2 \vee x_3)(x_1 \vee x_2 \vee \overline{x}_3)(x_1 \vee x_2 \vee x_3)(x_1 \vee \overline{x}_2 \vee x_3)$$

$$(x_1 \vee x_2 \vee x_3)(\overline{x}_1 \vee x_2 \vee x_3)$$

$$y(\underline{x}) = (x_1 \vee x_2 \vee x_3)(\overline{x}_1 \vee x_2 \vee x_3)(x_1 \vee \overline{x}_2 \vee x_3)(x_1 \vee x_2 \vee \overline{x}_3) \quad \text{AKN} \quad,$$

mit den Maxtermen

$$D_1 = (x_1 \vee x_2 \vee x_3) \quad, \quad D_2 = (\overline{x}_1 \vee x_2 \vee x_3) \quad \text{usw..}$$

Die zugehörige Funktionstabelle mit den Maxtermen zeigt Tabelle 2-12.

x_1	x_2	x_3	$y(\underline{x})$	c_i	Maxterme
0	0	0	0	$c_1 = 0$	$D_1 = x_1 \vee x_2 \vee x_3$
1	0	0	0	$c_2 = 0$	$D_2 = \overline{x}_1 \vee x_2 \vee x_3$
0	1	0	0	$c_3 = 0$	$D_3 = x_1 \vee \overline{x}_2 \vee x_3$
1	1	0	1	$c_4 = 1$	$D_4 = \overline{x}_1 \vee \overline{x}_2 \vee x_3$
0	0	1	0	$c_5 = 0$	$D_5 = x_1 \vee x_2 \vee \overline{x}_3$
1	0	1	1	$c_6 = 1$	$D_6 = \overline{x}_1 \vee x_2 \vee \overline{x}_3$
0	1	1	1	$c_7 = 1$	$D_7 = x_1 \vee \overline{x}_2 \vee \overline{x}_3$
1	1	1	1	$c_8 = 1$	$D_8 = \overline{x}_1 \vee \overline{x}_2 \vee \overline{x}_3$

Tabelle 2-12   Maxterme des 2v3-Systems

Mit Gleichung (2-70) und der Funktionstabelle Tabelle 2-12 folgt

$$y(\underline{x}) = \bigwedge_{i=1}^{8} D_i(\underline{x}) \vee c_i$$

$$= (D_1 \vee 0)\,(D_2 \vee 0)\,(D_3 \vee 0)\,(D_4 \vee 1)\,(D_5 \vee 0)\,(D_6 \vee 1)\,(D_7 \vee 1)\,(D_8 \vee 1)$$

$$= D_1 \cdot D_2 \cdot D_3 \cdot D_5$$

$$y(\underline{x}) = (x_1 \vee x_2 \vee x_3)\,(\overline{x}_1 \vee x_2 \vee x_3)\,(x_1 \vee \overline{x}_2 \vee x_3)\,(x_1 \vee x_2 \vee \overline{x}_3)$$

Entsprechend Tabelle 2-11 wird jedem Maxterm eine 0 des Funktionswertes zugeordnet. Im Karnaugh-Veitch-Diagramm entsteht dadurch eine maximale Fläche (Bild 2-12).

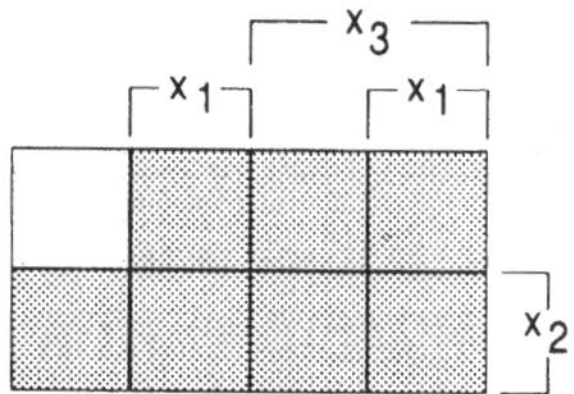

Bild 2-12   Darstellung des Maxterms $D_1 = x_1 \vee x_2 \vee x_3$

Abschließend zeigt Tabelle 2-13 in Gegenüberstellung die ausgezeichnete disjunktive und konjunktive Normalform für das betrachtete 2v3-System.

In der Praxis wird allgemein die disjunktive bzw. ausgezeichnete disjunktive Normalform mit der Funktionswertzuordnung 1, aufgrund der besseren Vorstellung und übersichtlicheren Darstellung, bevorzugt.

x_1	0	1	0	1	0	1	0	1	x_1	0	1	0	1	0	1	0	1
x_2	0	0	1	1	0	0	1	1	x_2	0	0	1	1	0	0	1	1
x_3	0	0	0	0	1	1	1	1	x_3	0	0	0	0	1	1	1	1
$x_1 x_2 x_3$	0	0	0	0	0	0	0	1	$x_1 \vee x_2 \vee x_3$	0	1	1	1	1	1	1	1
$\bar{x}_1 x_2 x_3$	0	0	0	0	0	0	1	0	$\bar{x}_1 \vee x_2 \vee x_3$	1	0	1	1	1	1	1	1
$x_1 \bar{x}_2 x_3$	0	0	0	0	0	1	0	0	$x_1 \vee \bar{x}_2 \vee x_3$	1	1	0	1	1	1	1	1
$x_1 x_2 \bar{x}_3$	0	0	0	1	0	0	0	0	$x_1 \vee x_2 \vee \bar{x}_3$	1	1	1	1	0	1	1	1
$\displaystyle\bigvee_{i=1}^{4} K_i(\underline{x})$	0	0	0	1	0	1	1	1	$\displaystyle\bigwedge_{i=1}^{4} D_i(\underline{x})$	0	0	0	1	0	1	1	1

Tabelle 2-13   Gegenüberstellung der ausgezeichneten disjunktiven und konjunktiven Normalform

2.3.1.6 Shannonsche Zerlegung

In der Booleschen Algebra (Schaltalgebra), aber auch in der Zuverlässigkeitstheorie (wie noch gezeigt werden wird), spielt der sogenannte Entwicklungssatz von Shannon eine wichtige Rolle, da dieser die Separation einer Booleschen Funktion ermöglicht.

Definition

Werden die Minterme, die x_i enthalten und die, die $\bar{x}_i$ enthalten bei einer disjunktiven Normalform zusammengefaßt, dann gilt entsprechend Gleichung (2-61)

$$y(\underline{x}) = y(\underline{x})\Big|_{x_i = 1} \cdot x_i \vee y(\underline{x})\Big|_{x_i = 0} \cdot \bar{x}_i \qquad (2\text{-}71)$$

mit $y(\underline{x})\Big|_{x_i = 1}$ gleich Boolesche Funktionsgleichung unter der Berücksichtigung, daß die Variable $x_i = 1$ gesetzt wird;

mit $y(\underline{x})\ \big|_{x_i=0}$ gleich Boolesche Funktionsgleichung unter der Berücksichtigung, daß die Variable $x_i = 0$ gesetzt wird.

Man beachte, daß die beiden Terme

$$y(\underline{x})\ \big|_{x_i=1} \cdot x_i \quad \text{und} \quad y(\underline{x})\ \big|_{x_i=0} \cdot \bar{x}_i$$

disjunkt sind, was für probabilistische Betrachtungen von größter Wichtigkeit ist. Gleichung (2-71) läßt sich auch wie folgt darstellen:

$$y(\underline{x}) = x_i \cdot y(1_i, \underline{x}) \vee \bar{x}_i \cdot y(0_i, \underline{x})\ ,$$

mit

$$(1_i, \underline{x}) \equiv (x_1, ..., x_{i-1}, 1, x_{i+1}, ..., x_n)$$

$$(0_i, \underline{x}) \equiv (x_1, ..., x_{i-1}, 0, x_{i+1}, ..., x_n)\ . \tag{2-72}$$

Bei gegebener konjunktiver Normalform ist Gleichung (2-71) bzw. (2-72) dual darzustellen. Es gilt

$$y(\underline{x}) = \left(y(\underline{x})\ \big|_{x_i=1} \vee \bar{x}_i \right) \cdot \left(y(\underline{x})\ \big|_{x_i=0} \vee x_i \right)\ , \tag{2-73}$$

$$y(\underline{x}) = \left(\bar{x}_i \vee y(1_i, \underline{x}) \right)\left(x_i \vee y(0_i, \underline{x}) \right)\ . \tag{2-74}$$

Beispiel 2.3.1.6-1 2v3-System
Die Funktionsgleichung

$$y(\underline{x}) = x_1 x_2 \vee x_1 x_3 \vee x_2 x_3$$

soll nach x_1 separiert werden.

$$y(\underline{x}) = x_1 x_2 \vee x_1 x_3 \vee (x_1 \vee \bar{x}_1) x_2 x_3 \;;$$

$$y(\underline{x}) = x_1 x_2 \vee x_1 x_3 \vee x_1 x_2 x_3 \vee \bar{x}_1 x_2 x_3 \;;$$

$$y(\underline{x}) = x_1 x_2 \vee x_1 x_3 \vee \bar{x}_1 x_2 x_3 \;;$$

$$y(\underline{x}) = x_1 (x_2 \vee x_3) \vee \bar{x}_1 x_2 x_3 \;;$$

mit

$$y(\underline{x})\Big|_{x_i = 1} = x_2 \vee x_3 \;;\quad y(\underline{x})\Big|_{x_i = 0} = x_2 x_3$$

gilt

$$y(\underline{x}) = x_1 \cdot y(\underline{x})\Big|_{x_i = 1} \vee \bar{x}_1 \cdot y(\underline{x})\Big|_{x_i = 0} \;.$$

Man beachte, daß die einzelnen Terme noch nicht disjunkt (gegenseitig einander ausschließend) sind. Zu einer disjunkten Form der Funktionsgleichung gelangt man wie folgt: Wir hatten

$$y(\underline{x}) = x_1 (x_2 \vee x_3) \vee \bar{x}_1 x_2 x_3 \;.$$

Mit

$$(x_i \bar{x}_j) \vee x_j = x_i \vee x_j$$

folgt

$$y(\underline{x}) = x_1 (x_2 \vee \bar{x}_2 x_3) \vee \bar{x}_1 x_2 x_3$$

und schließlich

$$y(\underline{x}) = x_1 x_2 \vee x_1 \bar{x}_2 x_3 \vee \bar{x}_1 x_2 x_3 \;.$$

Wie man leicht verifizieren kann, sind die einzelnen Konjunktionsterme in vorstehender Gleichung gegeneinander disjunkt.

Beispiel 2.3.1.6-2 Brückenkonfiguration

Für eine Brückenkonfiguration läßt sich die Boolesche Gleichung hinsichtlich des *"Funktionierens der Brücke"* leicht aufstellen.

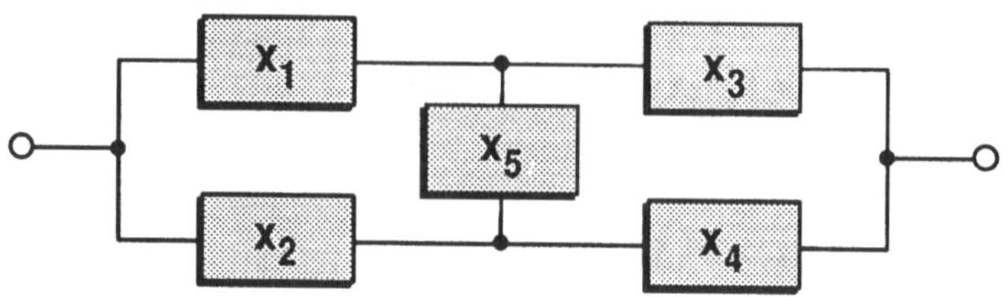

Es folgt:

$$y(\underline{x}) = x_1 x_3 \vee x_2 x_4 \vee x_1 x_4 x_5 \vee x_2 x_3 x_5$$

Die Shannonsche Zerlegung hinsichtlich der Komponente x_5 liefert

$$y(\underline{x}) = x_5(x_1 x_3 \vee x_1 x_4 \vee x_2 x_3 \vee x_2 x_4) \vee \bar{x}_5(x_1 x_3 \vee x_2 x_4) \ .$$

Man beachte, daß die Wahl der Separationskomponente (hier x_5) und die Beurteilung ob die nach der Zerlegung entstandenen Booleschen Funktionen disjunkt sind (was für probabilistisch Auswertungen wichtig ist), von entscheidender Bedeutung für eine Algorithmisierung durch ein entsprechendes Computerprogramm ist.

In diesem Zusammenhang sei auf den Abraham-Algorithmus, Heidtmann-Algorithmus, Schneeweiss-Algorithmus /3/ u.a. verwiesen. Zielsetzung dieser Algorithmen ist es, die Anzahl der disjunkten Therme zu minimieren. Große komplexe Systeme (Fehlerbäume) lassen sich mit diesen Algorithmen nicht auswerten.

2.3.1.7   Die Boolesche Funktion mit reellen Variablen

Definition

Jede Boolesche Gleichung läßt sich in einen Ausdruck mit reellen Variablen überführen, wenn

a)   lediglich die reellen Zahlen 0 und 1 verwendet werden und

b)   alle Variablen linear auftreten (Multilinearform).

Für die in Tabelle 2-5 dargestellten sechzehn unterschiedlichen Anordnungen für zwei Variablen ergeben sich dann die in Tabelle 8.1.7-1 formulierten algebraischen Ausdrücke. Alle anderen Gesetze und Regeln behalten ebenfalls ihren Gültigkeit.

x_1	0	1	0	1	Boolesche Gleichung in
x_2	0	0	1	1	algebraischer Form
1.	0	0	0	0	$y_1 = 0$
2.	0	0	0	1	$y_2 = x_1 \cdot x_2$
3.	0	0	1	0	$y_3 = x_2 - x_1 \cdot x_2$
4.	0	0	1	1	$y_4 = x_2$
5.	0	1	0	0	$y_5 = x_1 - x_1 \cdot x_2$
6.	0	1	0	1	$y_6 = x_1$
7.	0	1	1	0	$y_7 = x_1 + x_2 - 2 \cdot x_1 \cdot x_2$
8.	0	1	1	1	$y_8 = x_1 + x_2 - x_1 \cdot x_2$
9.	1	0	0	0	$y_9 = 1 - x_1 - x_2 + x_1 \cdot x_2$
10.	1	0	0	1	$y_{10} = 1 - x_1 - x_2 + 2 \cdot x_1 \cdot x_2$
11.	1	0	1	0	$y_{11} = 1 - x_1$
12.	1	0	1	1	$y_{12} = 1 - x_1 + x_1 \cdot x_2$
13.	1	1	0	0	$y_{13} = 1 - x_2$
14.	1	1	0	1	$y_{14} = 1 - x_2 + x_1 \cdot x_2$
15.	1	1	1	0	$y_{15} = 1 - x_1 \cdot x_2$
16.	1	1	1	1	$y_{16} = 1$

Tabelle 2-14   Boolesche Gleichungen für zwei Boolesche Variablen

Für die wichtigen Grundverknüpfungen folgt allgemein:

Negation

$$y(\underline{x}) = \bar{x} = 1 - x \quad , \tag{2-75}$$

Disjunktion

$$y(\underline{x}) = \bigvee_{i=1}^{n} x_i = 1 - \prod_{i=1}^{n} (1 - x_i) \quad , \tag{2-76}$$

Konjunktion

$$y(\underline{x}) = \bigwedge_{i=1}^{n} x_i = \prod_{i=1}^{n} x_i \quad . \tag{2-77}$$

Man beachte, daß die Gleichungen (2-76) und (2-77) linear in allen Variablen sein müssen (Multilinearform). D.h., in der Regel ist das Idempotenzgesetz und das Absorptionsgesetz zu berücksichtigen.

Die vorstehend formulierten reellen Ausdrücke erlauben es, über die im nachfolgenden Punkt definierte Systemfunktion leicht zu probabilistischen Formulierungen überzugehen.

Beispiel 2.3.1.7-1 2v3-System

Die Boolesche Gleichung hinsichtlich des Funktionierens des 2v3-Systems ist in disjunktiver Normalform – wie schon häufig dargelegt – durch

$$y(\underline{x}) = x_1 x_2 \vee x_1 x_3 \vee x_2 x_3$$

gegeben. Den zugehörigen algebraischen Ausdruck findet man durch Anwendung von Gleichung (2-77) und (2-76). Es folgt

$$y(\underline{x}) = 1 - (1 - x_1 x_2)(1 - x_1 x_3)(1 - x_2 x_3) \quad ;$$

$$y(\underline{x}) = x_1 x_2 + x_1 x_3 + x_2 x_3 - x_1^2 x_2 x_3 - x_1 x_2^2 x_3 - x_1 x_2 x_3^2 + x_1^2 x_2^2 x_3^2 \quad .$$

Aufgrund des Idempotenzgesetzes folgt schließlich

$$y(\underline{x}) = x_1 x_2 + x_1 x_3 + x_2 x_3 - 2 x_1 x_2 x_3 \quad .$$

2.3.2   Die Systemfunktion

Wie bereits dargelegt, läßt sich ein technisches System in Abhängigkeit von den Zuständen seiner Komponenten mit Hilfe der Booleschen Algebra beschreiben, wenn man dem System und den Komponenten lediglich die zwei

Zustände funktionsfähig und ausgefallen zuordnet. Betrachtet man ein System bestehend aus zwei Komponenten, d.h., zwei linearen Booleschen Variablen, so sind für die Beschreibung des Systemverhaltens von den sechzehn möglichen Verknüpfungen (siehe Tabelle 2-5) lediglich die Verknüpfungen $y_2 = x_1 \wedge x_2$ und $y_8 = x_1 \vee x_2$, d.h., die Konjunktion und die Disjunktion, von Interesse. Die im zuverlässigkeitstechnischen Sinne relevanten Booleschen Funktionen werden mit **Systemfunktion** ϕ bzw. **Strukturfunktion** bezeichnet.

Definition

Eine Boolesche Funktion heißt Systemfunktion $\phi(\underline{x})$ mit

$$\phi(\underline{x}) = \begin{cases} 1 & \text{System ist funktionsfähig} \\ 0 & \text{System ist ausgefallen} \end{cases}, \qquad (2\text{-}78)$$

für alle Variablen $\underline{x} = (x_1, x_2, ..., x_n)$ mit

$$x_j = \begin{cases} 1 & \text{Komponente } x_j \text{ ist funktionsfähig} \\ 0 & \text{Komponente } x_j \text{ ist ausgefallen} \end{cases}, \qquad (2\text{-}79)$$

unter den Voraussetzungen:

a)$\quad \phi(x_1, x_2, ..., x_j{=}0, ..., x_n)^* \leq \phi(x_1, x_2, ..., x_j{=}1, ..., x_n) \quad \forall \ x_j^* \leq x_j$, $\quad(2\text{-}80)$

b)$\quad \phi(\underline{x}) = 0$, wenn $\underline{x} = (0,0,...,0)$, $\qquad(2\text{-}81)$

c)$\quad \phi(\underline{x}) = 1$, wenn $\underline{x} = (1,1,...,1)$. $\qquad(2\text{-}82)$

Die Eigenschaft a) wird mit **Monotonieeigenschaft** bezeichnet und besagt, daß ein durch den Ausfall einer bestimmten Komponente ausgefallenes System durch den Ausfall einer weiteren Komponente *nicht* funktionsfähig wird. Umgekehrt gilt natürlich auch, daß ein funktionsfähiges System durch die erfolgreiche Reparatur einer ausgefallenen Komponente nicht ausfallen wird. D.h., von den Booleschen Funktionen sind lediglich die monoton abnehmenden von Interesse.
Die Eigenschaft b) besagt, daß ein System ausgefallen ist, wenn alle seine Komponenten ausgefallen sind und umgekehrt (Eigenschaft c)) ein System

funktionsfähig ist, wenn alle seine Komponenten funktionsfähig sind. Da eine Systemfunktion den Spezialfall einer Booleschen Funktion darstellt und diese isomorph ist, gelten die in Punkt 2.3.1 behandelten Regeln und Gesetze der Booleschen Algebra.

Beispiel 2.3.2-1

Gegeben sei eine Boolesche Funktion

$$y(\underline{x}) = x_1 \bar{x}_2 \vee \bar{x}_1 x_2 \quad \text{(Exklusiv-Oder)}.$$

x_1	x_2	$y(\underline{x})$
0	0	0
0	1	1
1	0	1
1	1	0

Tabelle 2-15   Funktionswertetabelle der Booleschen Funktion y

Anhand der Funktionstabelle 2-15 läßt sich leicht verifizieren, daß es sich hierbei offensichtlich nicht um eine Systemfunktion handelt.
Denn der Vektor $[1,0]^*$ majorisiert nicht $[1,1]$, da $[1,0]^* < [1,1]$. Hieraus folgt jedoch $\phi(\underline{x})^* > \phi(\underline{x})$, womit die Monotonie-Eigenschaft verletzt ist, was im Widerspruch zur Definition steht. Man beachte, daß die Monotonie-Eigenschaft auf einer Teilordnung beruht.

Vorstehender Definition der Systemfunktion liegt die **Positivlogik** zugrunde. Bei Anwendung im Bereich der Sicherheitstechnik (Fehlerbaumanalyse) wird in der Regel die **Negativlogik** zugrunde gelegt (Punkt 2.3.4.2). Für die wichtigen Grundverknüpfungen folgt in Analogie zu den Gleichungen (2-75) bis (2-77):

Negation

$$\phi(\underline{x}) = \bar{x} = 1 - x \quad , \tag{2-83}$$

Disjunktion

$$\phi(\underline{x}) = \bigvee_{i=1}^{n} x_i = 1 - \prod_{i=1}^{n} (1 - x_i) \quad , \tag{2-84}$$

Konjunktion

$$\phi(\underline{x}) = \bigwedge_{i=1}^{n} x_i = \prod_{i=1}^{n} x_i \quad . \tag{2-85}$$

Nachfolgend zeigen Tabelle 2-16 und Tabelle 2-17 einige typische Grundstrukturen und deren Entwicklung zu Systemfunktionen.

Systemstruktur	Reihenanordnung	Parallelanordnung
Blockschaltbild		
Funktionsbaum		
Boolesche Funkt.	$y = x_1 \wedge x_2 ... \wedge x_n = \bigwedge_{i=1}^{n} x_i$	$y = x_1 \vee x_2 ... \vee x_n = \bigvee_{i=1}^{n} x_i$
Systemfunktion	$\phi(\underline{x}) = \prod_{i=1}^{n} x_i$	$\phi(\underline{x}) = 1 - \prod_{i=1}^{n} (1 - x_i)$

Tabelle 2-16   Systemstrukturen und deren Entwicklung zur Systemfunktion (Positivlogik)

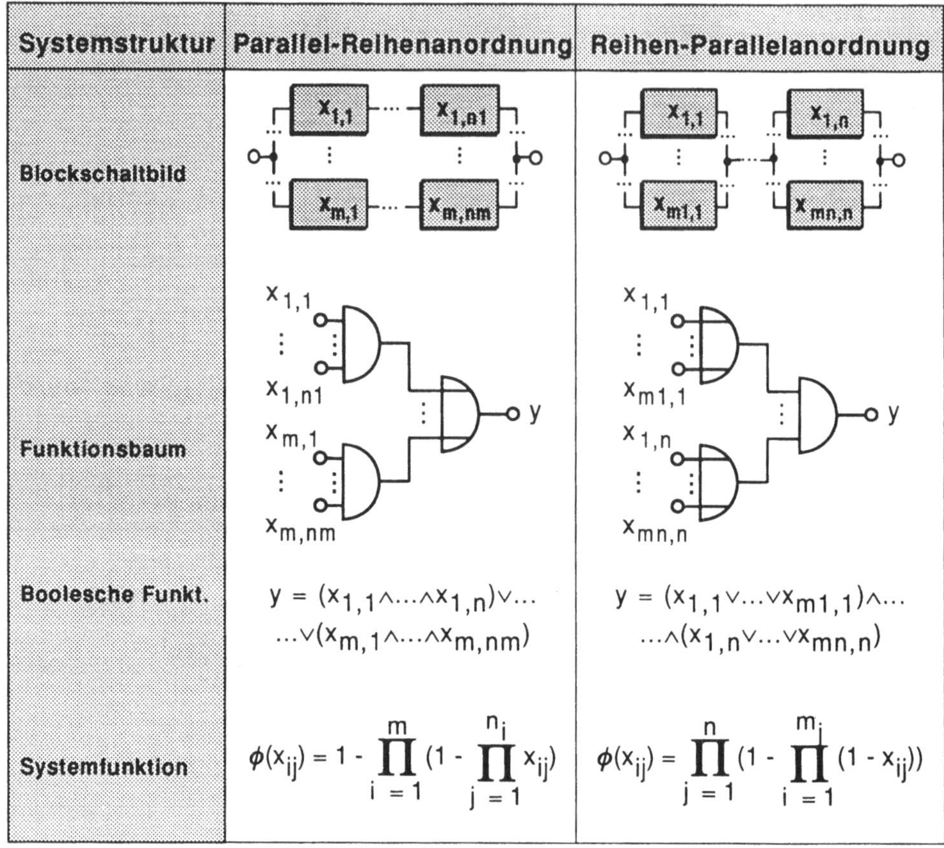

Tabelle 2-17   Systemstrukturen und deren Entwicklung zur Systemfunktion
(Positivlogik)

Für die Shannonsche Zerlegung (Entwicklungssatz) folgt (siehe Gleichung
(2-72)) ebenfalls in Analogie

$$\phi(\underline{x}) = x_i\,\phi(1_i, \underline{x}) + (1 - x_i)\,\phi(0_i, \underline{x}) \quad . \tag{2-86}$$

2.3.3   Einführung von Wahrscheinlichkeiten

Wie in Punkt 2.3.2 dargelegt, läßt sich das Verhalten (funktionsfähig, ausgefallen) eines technischen Systems in Abhängigkeit von dem Zustand (funktionsfähig, ausgefallen) der Komponenten x_i mit Hilfe der Systemfunktion
$\phi(\underline{x})$ beschreiben.
Aufgrund der binären Zuordnung bezeichnet man x_i und $\phi(\underline{x})$ auch als Indi-
katorvariable. Es handelt sich hierbei um eine diskrete Null-Eins-Verteilung
(Spezialfall der Binomialverteilung).

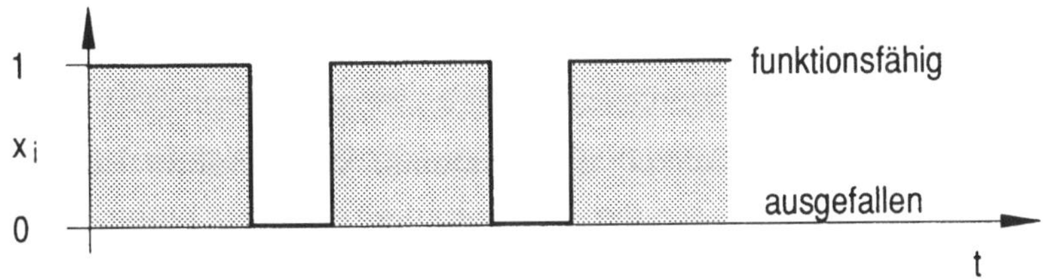

Bild 2-13   Verhalten eines technischen Systems

Für den Erwartungswert der Booleschen Variablen x_i folgt

$$E\{x_i\} = 1 \cdot Pr\{x_i = 1\} + 0 \cdot Pr\{x_i = 0\}$$
$$E\{x_i\} = Pr\{x_i = 1\} \quad . \tag{2-87}$$

Weiter gilt

$$Pr\{x_i = 1\} = p_i \tag{2-88}$$

mit p_i = Überlebenswahrscheinlichkeit einer Komponente x_i und

$$Pr\{x_i = 0\} = q_i \tag{2-89}$$

mit q_i = Ausfallwahrscheinlichkeit einer Komponente x_i.
In Analogie folgt

$$E\{\phi(\underline{x})\} = 1 \cdot Pr\{\phi(\underline{x}) = 1\} + 0 \cdot Pr\{\phi(\underline{x}) = 0\}$$

$$E\{\phi(\underline{x})\} = Pr\{\phi(\underline{x}) = 1\} \qquad (2\text{-}90)$$

mit

$$Pr\{\phi(\underline{x}) = 1\} = R(p) \qquad (2\text{-}91)$$

$R(p)$ = Überlebenswahrscheinlichkeit des Systems und

$$Pr\{\phi(\underline{x}) = 0\} = F(q) \qquad (2\text{-}92)$$

$F(q)$ = Ausfallwahrscheinlichkeit des Systems. Vorstehende Betrachtungen können auch in Analogie für die Verfügbarkeit $V(t)$ zu einem bestimmten Zeitpunkt t bzw. Unverfügbarkeit $\overline{V}(t)$ auf System- und Komponentenebene durchgeführt werden und ermöglichen es nun, aus einer Systemfunktion direkt zur Wahrscheinlichkeitsbetrachtung überzugehen. Es ist lediglich

$$x_i := p_i(t)$$

$$\overline{x}_i := 1 - p_i(t)$$

$$\phi(\underline{x}) := R(t) \qquad (2\text{-}93)$$

$$\overline{\phi}(\underline{x}) := F(t) = 1 - R(t)$$

zu ersetzen. Voraussetzung ist allerdings, daß die Systemfunktion in Multilinearform vorliegt. D.h., es ist generell – wenn erforderlich – das Idempotenzgesetz $x_i^n = x_i$ für alle $i = 1, 2, \ldots, n$ zu beachten! Für ein logisches Seriensystem mit n stochastisch unabhängigen Komponenten gilt dann beispielsweise

$$\phi(\underline{x}) = \bigwedge_{i=1}^{n} x_i = \prod_{i=1}^{n} x_i = \prod_{i=1}^{n} E\{x_i\} \qquad (2\text{-}94)$$

mit

$$E\{x_1 \cdot x_2 \cdot \ldots \cdot x_n\} = E\{x_1\} \cdot E\{x_2\} \cdot \ldots \cdot E\{x_n\}$$

ergibt sich

$$R(\underline{p}) = \prod_{i=1}^{n} p_i \qquad (2\text{-}95)$$

und für ein logisches Parallelsystem

$$\phi(\underline{x}) = \bigvee_{i=1}^{n} x_i = 1 - \prod_{i=1}^{n} (1 - x_i) = 1 - \prod_{i=1}^{n} (1 - E\{x_i\}) \qquad (2\text{-}96)$$

$$R(\underline{p}) = 1 - \prod_{i=1}^{n} (1 - p_i) \quad . \qquad (2\text{-}97)$$

Ebenso läßt sich nun die wichtige Shannonsche Zerlegung, Gleichung
(2-86), in die Form

$$R(\underline{p}) = p_i \cdot R(1_i, \underline{p}) + (1 - p_i) \cdot R(0_i, \underline{p}) \qquad (2\text{-}98)$$

überführen.

2.3.4   Die Fehlerbaumanalyse

2.3.4.1   Einführung

Die Fehlerbaumanalyse (engl.: fault tree analysis, FTA) kann zur Sicherheits- und Zuverlässigkeitsanalyse für Anlagen und Systeme aller Art, einschließlich gemeinsam verursachter Ausfälle (common mode failure) und menschlicher Fehler (human error), herangezogen werden. Es handelt sich hierbei um eine, auf der Grundlage der Booleschen Algebra basierende, deduktive Analyse. Es werden die logischen Verknüpfungen von Komponenten- oder Teilsystemausfällen ermittelt, die zu einem unerwünschten Ereignis führen. Die Ergebnisse der Analysen ermöglichen eine Systembeurteilung im Hinblick auf Zuverlässigkeit, Verfügbarkeit und Sicherheit.

Die Ziele der Fehlerbaumanalyse sind im einzelnen:
- Die systematische Identifizierung aller möglichen Ausfallursachen und Ausfallkombinationen, die zu einem unerwünschten Ereignis führen.
- Die Ermittlung von Zuverlässigkeitskenngrößen, (z.B. Eintrittshäufigkeiten der Ausfallkombinationen, Eintrittshäufigkeit des unerwünschten Ereignisses oder Nichtverfügbarkeit des Systems bei Anforderung).
- Die Erstellung einer graphischen Darstellung in einer Art Baumstruktur (logisches Schaltnetz) mit Eingangs- und Ausgangsvariablen.
- Durch probabilistische Zuverlässigkeits- und Sicherheitsvorhersagen verschiedener Entwurfsvorschläge zu vergleichen, Schwachstellen aufzuzeigen, geforderte Zuverlässigkeits- und Sicherheitsanforderungen analytisch nachzuweisen.

Die Fehlerbaumanalyse eignet sich besonders gut zur zuverlässigkeits- und sicherheitsrelevanten Darstellung und Analyse großer komplexer Systeme, die in der Regel aus tausenden von Minimalschnitten (dies sind Ereigniskombinationen, die zum unerwünschten TOP-Ereignis führen) bestehen können. Die Erstellung und Auswertung erfolgt dementsprechend rechnergestützt. Die wesentlichen Schritte einer Sicherheitsanalyse, unter Zugrundelegung der Fehlerbaumanalyse, zeigt Bild 2-14.

Grundlegende Begriffe und Zielsetzung der Fehlerbaumanalyse

Die Schritte zur Erstellung eines Fehlerbaumes sind in der DIN 25 424 festgelegt. Die folgenden Erklärungen der Begriffe und Bildzeichen, die für eine Fehlerbaumanalyse notwendig sind, sind dieser Norm entnommen.

System

Ein System ist eine Zusammenfassung von technisch-organisatorischen Mitteln zur autonomen Erfüllung eines Aufgabenkomplexes (DIN 40 042, DIN 25 424, Teil 1). So ist zum Beispiel ein Antiblockiersystem als ein technisches System aufzufassen, das sich in Funktionssysteme untergliedert. Eine wesentliche Unterscheidung von Funktionssystemkomplexen besteht in der Zuordnung von Hardware und Software.

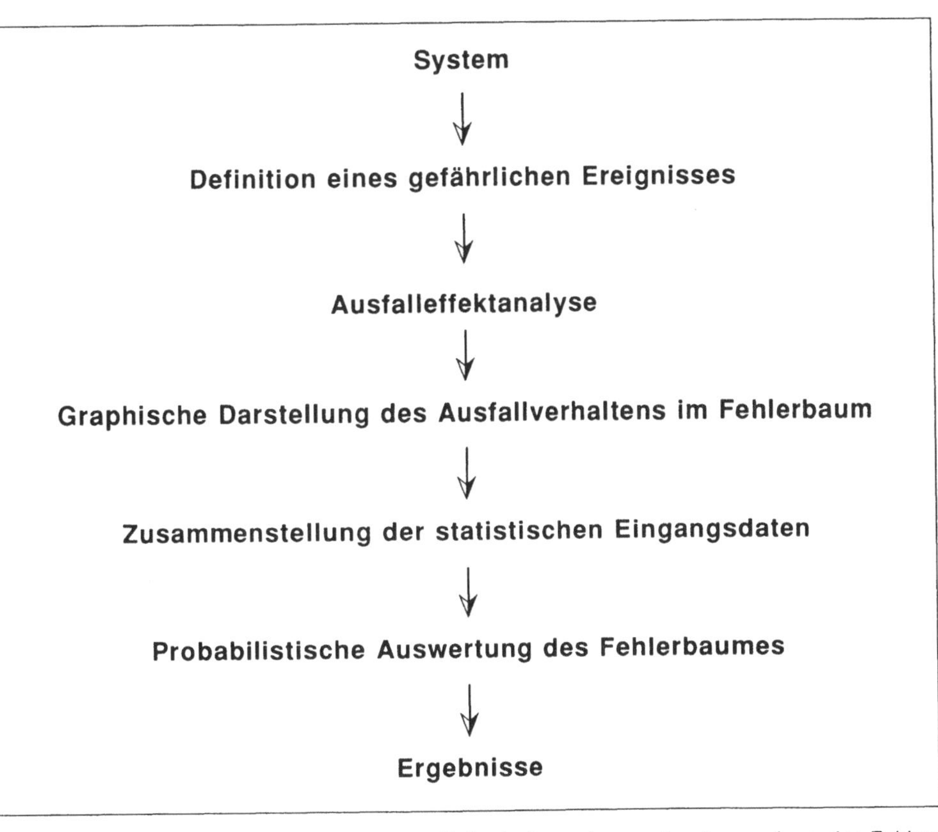

Bild 2-14   Schematischer Ablauf einer Sicherheitsanalyse unter Anwendung der Fehlerbaummethode

Teilsystem

Ein technisches Teilsystem ist eine Kombination von Komponenten, um zusammenhängende Aufgaben innerhalb eines technischen Systems zu lösen.

Komponente

Eine Komponente ist die unterste Betrachtungseinheit eines technischen Systems, für die eine Zuverlässigkeitsangabe gemacht wird. Jeder Komponente sind ein oder mehrere Funktionselemente zugehörig (z.B. verschiedene Bauteile einer Komponente).

Funktionselement

Ein Funktionselement ist die unterste Betrachtungseinheit eines Funktionssystems.

Systemanalyse

Eine Systemanalyse ist die Untersuchung eines technischen Systems nach folgenden Gesichtspunkten:
- ➤ Ermittlung der Systemfunktion,
- ➤ Untersuchung der vom System nicht beeinflußbaren Umgebungsbedingungen,
- ➤ Untersuchung der Hilfsquellen des Systems (z.B. Energieversorgung),
- ➤ Aufschlüsselung der Komponenten,
- ➤ Verhalten des Systems.

Ausfall eines Systems

Der Ausfall einer Betrachtungseinheit wird als Abweichung vom Leistungsziel definiert. Man unterscheidet zwischen primärem, sekundärem und kommandiertem Ausfall. Ein primärer Ausfall ist der Ausfall einer Komponente. Ein sekundärer Ausfall entsteht als Folgeschaden eines Primärunfalls. Ein kommandierter Ausfall ergibt sich aus falscher bzw. fehlender Anregung oder Ausfall einer Hilfsquelle.

Ausfallart

Die Ausfallarten sind die verschiedenen Ausfallmöglichkeiten einer Komponente oder mehrerer Komponenten.

Unerwünschtes Ereignis

Das unerwünschte Ereignis ist der Ausfall eines Funktionssystems.

Fehlerbaum

Der Fehlerbaum ist eine graphische Darstellung der logischen Zusammenhänge zwischen den Fehlerbaumeingängen, die zu einem vorgegebenen unerwünschten Ereignis führen.

Bildzeichen

Allen Eingängen und Verknüpfungen sind Bildzeichen zugeordnet. Die gebräuchlichen Zeichen sind nachfolgend aufgeführt /DIN 25 424, Teil 1/.

Standardeingang

Das Bildzeichen steht für einen Funktionselementausfall, wenn primäres Versagen möglich ist. Dem Bildzeichen sind die Kenngrößen für den Primärausfall und jene für die Ausfallzeit des Funktionselementes zugeordnet.

NICHT-Verknüpfung

Die NICHT-Verknüpfung steht für die Negation. Ist der Eingang x der Verknüpfung "0", so ist der Ausgang y "1" und umgekehrt.

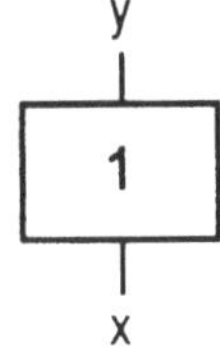

ODER-Verknüpfung

Die ODER-Verknüpfung steht für die logische Vereinigung.

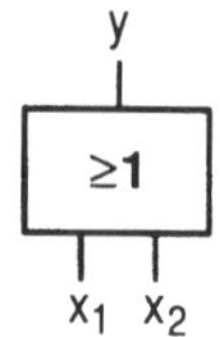

UND-Verknüpfung

Die UND-Verknüpfung steht für den logischen Durchschnitt.

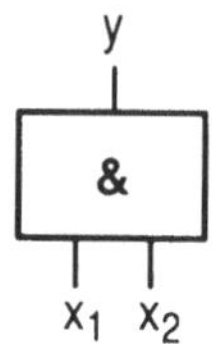

Kommentar

Beschreibungen von Eingängen bzw. Ausgängen von Verknüpfungen werden in Rechtecke eingetragen.

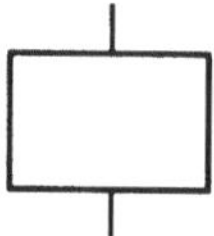

Übertragungs-Eingang und -Ausgang

Mit einem Übertragungsbildzeichen wird der Fehlerbaum abgebrochen bzw. an anderer Stelle fortgesetzt.

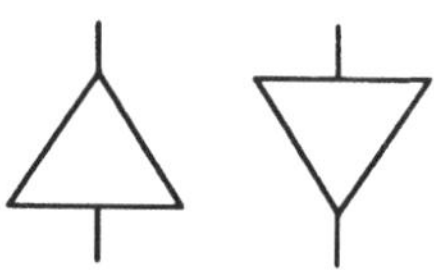

2.3.4.2 Darstellung monotoner Strukturen durch Minimalpfade und Minimalschnitte

Im Kapitel 2.3.2 und 2.3.3 wurde dargelegt, daß sich das zuverlässigkeits-technische Verhalten eines technischen Systems in Abhängigkeit von den Komponentenzuständen, mit Hilfe der Systemfunktion formulieren und probabilistisch auswerten läßt.

Aufgrund der verwendeten Positivlogik charakterisiert die Systemfunktion das "Funktionieren" eines Systems. In graphischer Darstellung ergibt sich ein Funktionsbaum (Erfolgsbaum, siehe Tabelle 2-16 und Tabelle 2-17), darge-stellt durch sogenannte "Halbmonde".

In der zuverlässigkeits- und sicherheitstechnischen Praxis hat sich, wie bereits dargelegt, die Fehlerbaumdarstellung, die eine duale Darstellung des Funktionsbaumes ist (aus jedem UND-Gatter wird ein ODER-Gatter und aus jedem ODER-Gatter ein UND-Gatter bei Invertierung der Eingangs- und der Ausgangsvariablen), durchgesetzt. D.h., man verwendet die Negativlogik. Entsprechend zur Definition der Systemfunktion läßt sich eine Ausfallfunkti-on $\overline{\phi}(\underline{x})$ definieren:

Definition

Eine Boolesche Funktion heißt Ausfallfunktion $\overline{\phi}(\underline{x})$ mit

$$\overline{\phi}(\underline{x}) = \begin{cases} 1 & \text{System ist ausgefallen} \\ 0 & \text{System ist funktionsfähig} \end{cases} \tag{2-99}$$

für alle Variablen $\underline{x} = (\overline{x}_1, \overline{x}_2, ..., \overline{x}_n)$

$$\overline{x}_j = \begin{cases} 1 & \text{Komponente } \overline{x}_j \text{ ist ausgefallen} \\ 0 & \text{Komponente } \overline{x}_j \text{ ist funktionsfähig} \end{cases} \tag{2-100}$$

Bei einer Betrachtung der Ausfallfunktion bleiben selbstverständlich alle bisher in diesem Kapitel betrachteten Gesetzmäßigkeiten und Eigenschaften erhalten; es ist lediglich eine Invertierung entsprechend der oben genannten Definition vorzunehmen.

Neben der in Kapitel 2.3.2 betrachteten Darstellungsformen der Systemfunk-tion, die auch bei einer Zugrundelegung der Ausfallfunktion ihre Gültigkeit besitzen, läßt sich eine Systemfunktion bzw. Ausfallfunktion durch Minimalpfade (minimal path sets) oder Minimalschnitte (minimal cut sets) darstellen. Bei nachfolgenden Definitionen (VDI 4008, Blatt 7) wird von einer Ausfallfunktion ausgegangen.

Definition

a)   Es sei $M = \{K_1, \ldots, K_n\}$ die Menge der Komponenten und Pf von M die Teilmenge der funktionsfähigen Komponenten derart, daß das System funktioniert. Dann heißt Pf von M "Pfad des Systems".
Ein Pfad heißt minimal, wenn er keine anderen Pfade als echte Teilmengen enthält. Jedem j-ten Minimalpfad Pf_j kann man eine Ausfallfunktion der Art

$$H_j(\underline{x}) = \bigvee_{K_i \in Pf_j} \bar{x}_i = 1 - \prod_{K_i \in Pf_j} (1 - \bar{x}_i)$$

(2-101)

$$\bar{\phi}(\underline{x}) = \prod_j H_j(\underline{x})$$

(2-102)

zuordnen.

Beispiel 2.3.4.2-1 Brückenanordnung

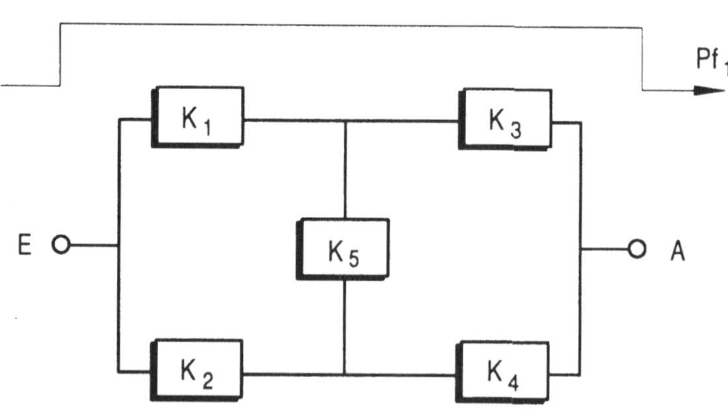

Bild 2-15   Brückenanordnung mit Pfad

Es sei $M = \{K_1, \ldots, K_5\}$. Die Minimalpfade sind:

$$Pf_1 = \{K_1, K_3\} \quad , \quad Pf_2 = \{K_2, K_4\}$$

$$Pf_3 = \{K_1, K_4, K_5\} \quad , \quad Pf_4 = \{K_2, K_3, K_5\} \quad .$$

Den Minimalpfaden kann man nun folgende Ausfallfunktionen zuordnen:

$$H_1(\underline{\bar{x}}) = \bar{x}_1 \vee \bar{x}_3 = 1 - (1 - \bar{x}_1)(1 - \bar{x}_3)$$

$$H_2(\underline{\bar{x}}) = \bar{x}_2 \vee \bar{x}_4 = 1 - (1 - \bar{x}_2)(1 - \bar{x}_4)$$

$$H_3(\underline{\bar{x}}) = \bar{x}_1 \vee \bar{x}_4 \vee \bar{x}_5 = 1 - (1 - \bar{x}_1)(1 - \bar{x}_4)(1 - \bar{x}_5)$$

$$H_4(\underline{\bar{x}}) = \bar{x}_2 \vee \bar{x}_3 \vee \bar{x}_5 = 1 - (1 - \bar{x}_2)(1 - \bar{x}_3)(1 - \bar{x}_5) \quad .$$

Das System ist funktionsfähig, wenn wenigstens ein Minimalpfad funktionsfähig ist. Für die Ausfallfunktion folgt

$$\bar{\phi}(\underline{x}) = \prod_j H_j(\underline{x}) = (1 - (1 - \bar{x}_1)(1 - \bar{x}_3))(1 - (1 - \bar{x}_2)(1 - \bar{x}_4))$$

$$(1 - (1 - \bar{x}_1)(1 - \bar{x}_4)(1 - \bar{x}_5))(1 - (1 - \bar{x}_2)(1 - \bar{x}_3)(1 - \bar{x}_5)) \quad .$$

Ist wenigstens ein $H_j(\underline{\bar{x}}) = 0$, so ist $\bar{\phi}(\underline{x}) = 0$, d.h., das System ist funktionsfähig.

b)   Es sei $M = (K_1, \ldots, K_n)$ die Menge der Komponenten und C von M
     die Teilmenge der ausgefallenen Komponenten derart, daß das System
     ausgefallen ist. Dann heißt C von M "Schnitt des Systems". Ein Schnitt
     heißt minimal, wenn er keine anderen Schnitte als echte Teilmenge
     enthält. Jedem j-ten Minimalschnitt C_j kann eine Ausfallfunktion der Art

$$\delta_j(\underline{\bar{x}}) = \bigwedge_{K_i \in C_j} \bar{x}_i = \prod_{K_i \in C_j} \bar{x}_i \qquad \text{und} \qquad \text{(2-103)}$$

$$\bar{\phi}(\underline{x}) = 1 - \prod_j (1 - \delta_j(\underline{x})) \qquad \qquad \text{(2-104)}$$

zugeordnet werden.

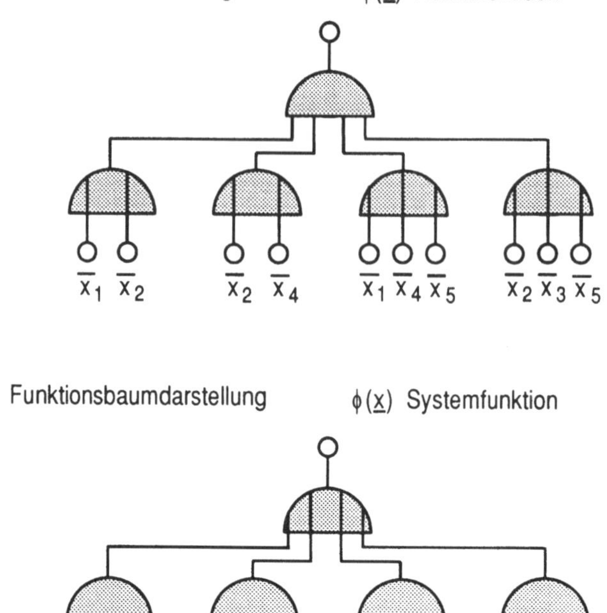

Bild 2-16   Darstellungsform einer Brückenanordnung

Beispiel 2.3.4.2-2 Brückenanordnung

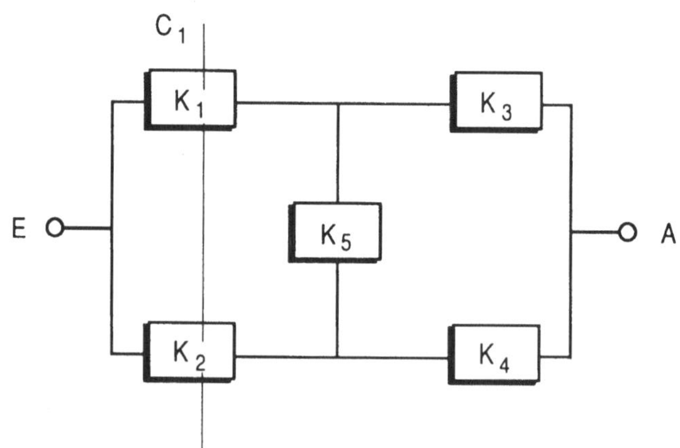

Bild 2-17   Brückenanordnung mit Schnitt

$$C_1 = \{K_1, K_2\}$$

$$C_2 = \{K_3, K_4\}$$

$$C_3 = \{K_1, K_4, K_5\}$$

$$C_4 = \{K_2, K_3, K_5\} \quad .$$

Den Minimalschnitten kann man nun folgende Ausfallfunktionen zuordnen:

$$\delta_1(\underline{x}) = \bar{x}_1 \wedge \bar{x}_2 = \bar{x}_1 \, \bar{x}_2$$

$$\delta_2(\underline{x}) = \bar{x}_3 \wedge \bar{x}_4 = \bar{x}_3 \, \bar{x}_4$$

$$\delta_3(\underline{x}) = \bar{x}_1 \wedge \bar{x}_4 \wedge \bar{x}_5 = \bar{x}_1 \, \bar{x}_4 \, \bar{x}_5$$

$$\delta_4(\underline{x}) = \bar{x}_2 \wedge \bar{x}_3 \wedge \bar{x}_5 = \bar{x}_2 \, \bar{x}_3 \, \bar{x}_5 \quad .$$

Das System ist ausgefallen, wenn wenigstens ein Minimalschnitt ausgefallen ist.

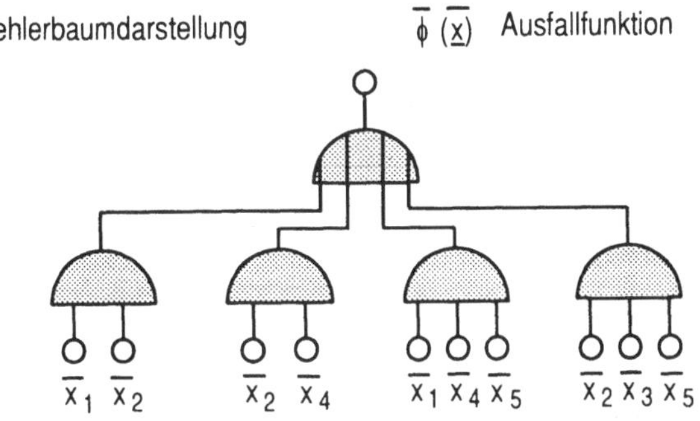

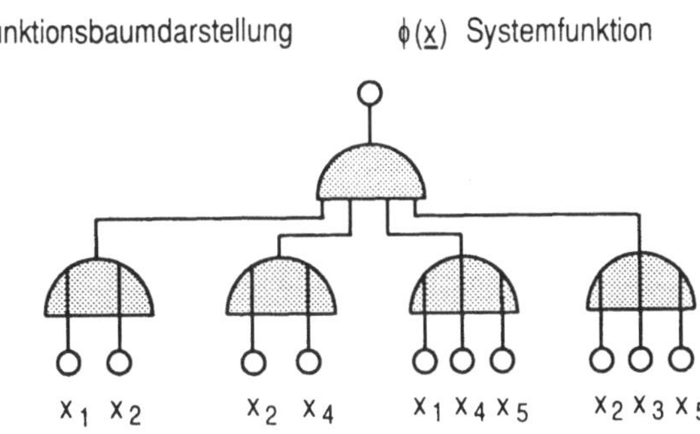

Bild 2-18   Darstellungsform einer Brückenanordnung

Für die Ausfallfunktion folgt

$$\overline{\phi}(\overline{x}) = 1 - (1 - \overline{x}_1\,\overline{x}_2)\,(1 - \overline{x}_3\,\overline{x}_4)\,(1 - \overline{x}_1\,\overline{x}_4\,\overline{x}_5)\,(1 - \overline{x}_2\,\overline{x}_3\,\overline{x}_5)\ .$$

Ist wenigstens ein $\delta_j(\overline{x}) = 1$, so ist $\overline{\phi}(\overline{x}) = 1$, d.h., das System ist ausgefallen.

2.3.4.3   Quantitative Fehlerbaumauswertung

Kleine Fehlerbäume lassen sich über die Ausfallfunktion, dargestellt in einer der Grundformen des Kapitels 2.3 bzw. als Schnittdarstellung, unter Berücksichtigung des Idempotenzgesetzes von Hand auswerten (siehe Beispiel 2.3.4.3-1).

Beispiel 2.3.4.3-1

Gegeben sei nachfolgend der Teilfehlerbaum für den Ausfall der "Zugsteuerung in beiden A-Wagen" aus einer Studie zur Zuverlässigkeit der elektrischen Zugausrüstung des "Metro Shanghai Rolling Stock" /130/,
siehe Bild 2-19.

a)   Stellen Sie die Boolesche Gleichung für das TOP-Ereignis in disjunktiver Normalform auf.

b)   Ermitteln Sie die Ausfallfunktion $\overline{\phi}(\overline{x})$ und die Ausfallwahrscheinlichkeit $F(\underline{q})$.

Lösung

a)

$$\overline{y} = \overline{x}_1\,\overline{x}_2 \vee \overline{x}_3\,\overline{x}_5 \vee \overline{x}_3\,\overline{x}_6 \vee \overline{x}_4\,\overline{x}_5 \vee \overline{x}_4\,\overline{x}_6 \vee \overline{x}_7\,\overline{x}_8$$

b)

$$\overline{\phi}(\overline{x}) = 1 - (1 - \overline{x}_1\,\overline{x}_2)\,(1 - \overline{x}_3\,\overline{x}_5)\,(1 - \overline{x}_3\,\overline{x}_6)\,(1 - \overline{x}_4\,\overline{x}_5)\,(1 - \overline{x}_4\,\overline{x}_6)\,(1 - \overline{x}_7\,\overline{x}_8)$$

$$= 1 - (1 - \overline{x}_1\,\overline{x}_2 - \overline{x}_3\,\overline{x}_5 + \overline{x}_1\,\overline{x}_2\,\overline{x}_3\,\overline{x}_5)\,(1 - \overline{x}_3\,\overline{x}_6 - \overline{x}_4\,\overline{x}_5 + \overline{x}_3\,\overline{x}_4\,\overline{x}_5\,\overline{x}_6)$$

$$(1 - \overline{x}_4\,\overline{x}_6 - \overline{x}_7\,\overline{x}_8 + \overline{x}_4\,\overline{x}_6\,\overline{x}_7\,\overline{x}_8)$$

mit $F(\underline{q}) := \overline{\phi}(\overline{x})$ und $\overline{x}_i := \overline{q}_i$

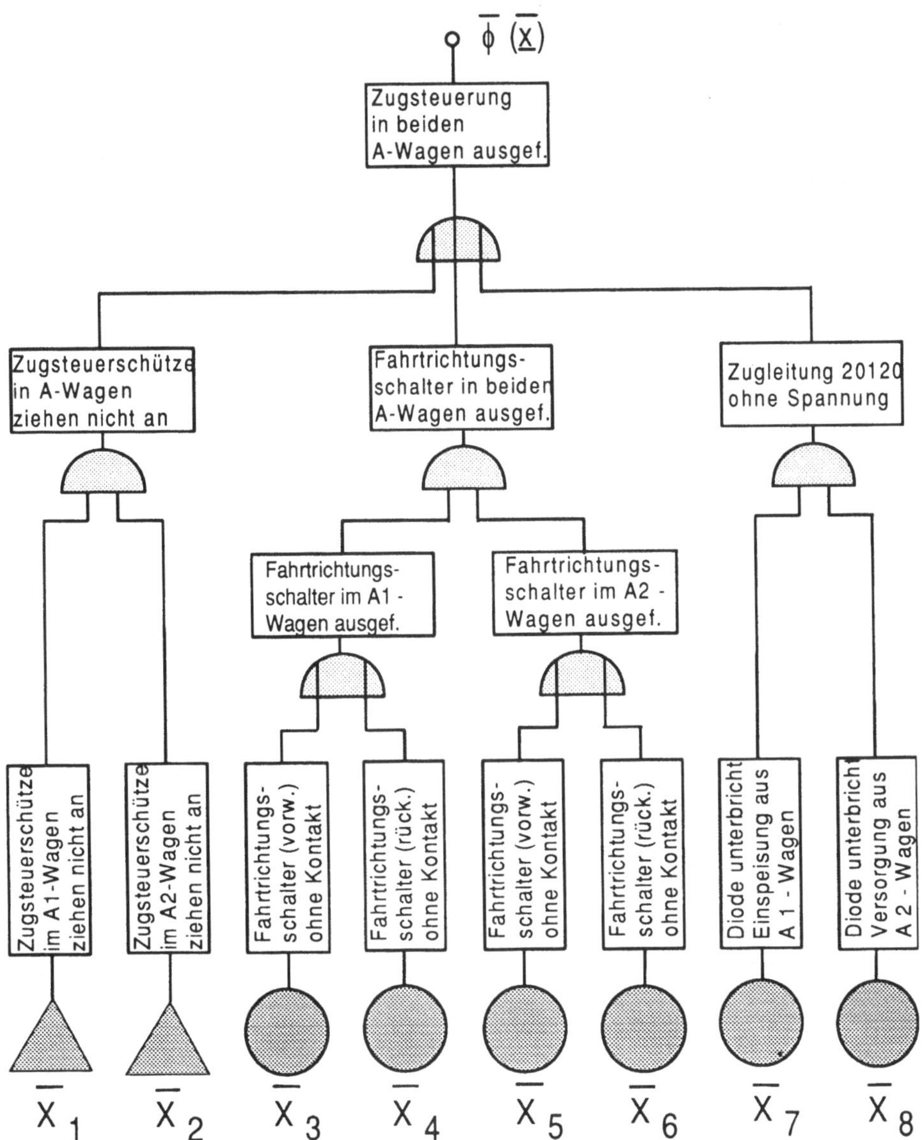

Bild 2-19   Teilfehlerbaum für den Ausfall der "Zugsteuerung in beiden A-Wagen"

Größere, komplexere Fehlerbäume mit mehreren tausend Schnitten können nur noch rechnergestützt ausgewertet werden.

In der Praxis haben sich simulative (Monte-Carlo-Simulation) Verfahren für sehr komplexe Systeme und analytische Verfahren, die besonders bei kleinen Ausfallwahrscheinlichkeiten bzw. Unverfügbarkeiten von Vorteil sind, durchgesetzt.

Nachfolgend wird beispielhaft der **Poincarésche Algorithmus** (Inklusions-Exklusions-Methode) sowie der **TOP-DOWN-Algorithmus** zur Ermittlung der minimalen Schnittmenge dargestellt.

Poincaréscher Algorithmus (Inklusions-Exklusions-Methode)

Zu einer Algorithmisierung der Minimalschnitte gelangt man wie folgt:

Es sei $A(C_j)$ das Ereignis, daß ein Minimalschnitt $C_j (j = 1, \ldots, n$ Minimalschnitte vorausgesetzt) eine Ausfall bewirkt, dann folgt für die Ausfallwahrscheinlichkeit bzw. Unverfügbarkeit des Minimalschnittes

$$\Pr\{A(C_j)\} = E\{ \bigwedge_{K_i \in C_j} x_i \} = \prod_{K_i \in C_j} q_i \ .$$

(2-105)

Für die Ausfallwahrscheinlichkeit bzw. Unverfügbarkeit des Systems folgt dann nach der Poincaréschen Gleichung hier erweitert für minimale Schnittmengen,

$$F(q) = \Pr\{A(C_1) \vee A(C_2) \vee \ldots \vee A(C_n)\}$$

$$= \sum_{j=1}^{n} \Pr\{A(C_j)\} - \sum_{i=1}^{n-1} \sum_{j=i+1}^{n} \Pr\{A(C_i) \wedge A(C_j)\} \wedge \ldots$$

$$\ldots \wedge (-1)^{n+1} \Pr\{A(C_1) \wedge A(C_2) \wedge \ldots \wedge A(C_n)\} \ .$$

(2-106)

Damit läßt sich F(q), d.h., die Ausfallwahrscheinlichkeit (bzw. Unverfügbarkeit), abschätzen durch

$$\sum_{i=1}^{n} \Pr\{A(C_i)\} - \sum_{i=1}^{n-1} \sum_{j=i+1}^{n} \Pr\{A(C_i) \wedge A(C_j)\} \leq F(q) \ ,$$

$$F(q) \leq \sum_{i=1}^{n} \Pr\{A(C_i)\} \ .$$

(2-107)

Eine entsprechende Darstellung mit Minimalpfaden ist ebenfalls möglich, jedoch nicht üblich. Bei den meisten analytischen Programmen beschränkt man sich auf die Ermittlung der oberen Schranke, da man davon ausgehen kann, daß es in der Praxis nicht zum gleichzeitigen Ausfall zweier Minimalschnitte kommt.

Bei allen Durchschnittsbildungen $A(C_i) \wedge A(C_j)$ ist das Idempotenzgesetz anzuwenden.

Beispiel 2.3.4.3-2

Zu diskutieren sei die in Bild 2-20 wiedergegebene Brückenkonfiguration.

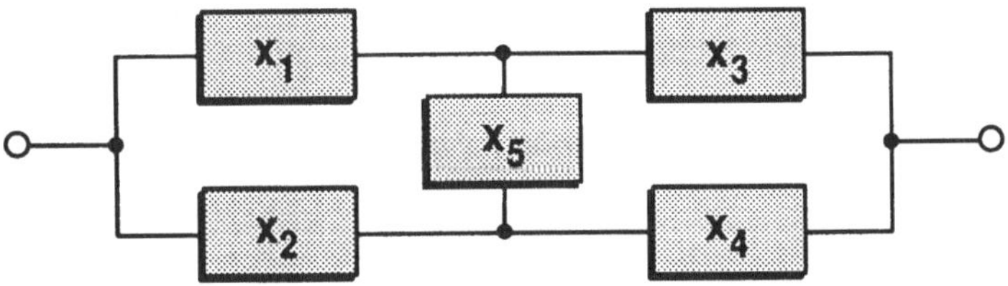

Bild 2-20   Brückenkonfiguration

Mit Gleichung (2-106) folgt

Step 1   die Minimalschnitte des Systems $\sum_{i=1}^{4} \Pr\{A(C_i)\}$

I	$\Pr\{A(C_i)\}$
1	$q_1 q_2$
2	$q_3 q_4$
3	$q_1 q_4 q_5$
4	$q_2 q_3 q_5$

Step 2
$$\sum_{i=1}^{3} \sum_{j=i+1}^{4} \Pr\{A(C_i) \wedge A(C_j)\}$$

i	i<j	$\Pr\{A(C_i)\}$
1	$1\wedge2, 1\wedge3, 1\wedge4$	$q_1q_2q_3q_4,\ q_1q_2q_4q_5,\ q_1q_2q_3q_5$
2	$2\wedge3, 2\wedge4$	$q_1q_3q_4q_5,\ q_2q_3q_4q_5$
3	$3\wedge4$	$q_1q_2q_3q_4q_5$

Step 3
$$\sum_{i=1}^{2} \sum_{j=i+1}^{3} \sum_{k=j+1}^{4} \Pr\{A(C_i) \wedge A(C_j) \wedge A(C_k)\}$$

i	i<j<k	$\Pr\{A(C_i)\}$
1	$1\wedge2\wedge3, 1\wedge2\wedge4, 1\wedge3\wedge4$	$q_1q_2q_3q_4q_5,\ q_1q_2q_3q_4q_5,$ $q_1q_2q_3q_4q_5$
2	$2\wedge3\wedge4$	$q_1q_2q_3q_4q_5$

Step 4 $(-1)^5 \cdot \Pr\{A(C_1) \wedge A(C_2) \wedge A(C_3) \wedge A(C_4)\} = -\,q_1q_2q_3q_4q_5$

Es folgt schließlich

$$\begin{aligned}
F(q) &= q_1q_2 + q_3q_4 + q_1q_4q_5 + q_2q_3q_5 - (q_1q_2q_3q_4 + q_1q_2q_4q_5 + \\
&\quad q_1q_2q_3q_5 + q_1q_3q_4q_5 + q_2q_3q_4q_5 + q_1q_2q_3q_4q_5) + \\
&\quad 4 \cdot q_1q_2q_3q_4q_5 - q_1q_2q_3q_4q_5 \\
&= q_1q_2 + q_3q_4 + q_1q_4q_5 + q_2q_3q_5 - q_1q_2q_3q_4 - q_1q_2q_4q_5 - \\
&\quad q_1q_2q_3q_5 - q_1q_3q_4q_5 - q_2q_3q_4q_5 + 2 \cdot q_1q_2q_3q_4q_5 \ .
\end{aligned}$$

Als Näherungslösung ergibt sich die Abschätzung

$$\begin{aligned}
& q_1q_2 + q_3q_4 + q_1q_4q_5 + q_2q_3q_5 - q_1q_2q_3q_4 - q_1q_2q_4q_5 - q_1q_2q_3q_5 \\
& - q_1q_3q_4q_5 - q_2q_3q_4q_5 + 2 \cdot q_1q_2q_3q_4q_5 \leq F(q) \leq q_1q_2 + q_3q_4 + \\
& q_1q_4q_5 + q_2q_3q_5 \ .
\end{aligned}$$

Algorithmus zur Bestimmung von Minimalschnitten

Unter einem Schnitt eines Systems versteht man – wie bereits gezeigt wurde – eine Gruppierung von Basis-Ereignissen, deren gemeinsames Auftreten das vorgegebene TOP-Ereignis bewirkt.

Ein System ist also dann ausgefallen, wenn alle in einem Schnitt enthaltenen Komponenten bzw. Basis-Ereignisse ausgefallen und alle nicht in diesem Schnitt enthaltenen Komponenten funktionsfähig sind.

Minimal ist ein Schnitt dann, wenn er nicht mehr derart reduziert werden kann, daß er noch das Auftreten des TOP-Ereignisses sichert.

In der als Minimalschnitt vorliegenden Ausfallkombination kommt also keine andere Ausfallkombination als echte Teilmenge vor.

Ein Verfahren zur Bestimmung der Minimalschnitte einer gegebenen Struktur, die im Normalfall als Fehlerbaum vorliegt, ist der **TOP-DOWN-Algorithmus** /72/. Des weiteren sind BOTTOM-UP-Algorithmen bekannt.

Beim BOTTOM-UP-Algorithmus beginnt man die Auswertung mit den Gattern auf der untersten Ebene des Fehlerbaumes und ersetzt diese durch entsprechend Schnitte. Dieses Verfahren wird solange durchgeführt, bis das TOP-Ereignis erreicht ist.

Ein Vergleich beider Algorithmen wurde in /214/ durchgeführt.

Beim TOP-DOWN-Algorithmus wird ein Fehlerbaum ausgehend vom TOP-Ereignis bis hinunter zu den Basis-Ereignissen "logisch ausmultipliziert". Ausgehend vom TOP-Gatter ersetzt man alle logischen Gatter des Fehlerbaums durch ihre Eingänge. Die Eingänge von ODER-Gattern trägt man in gesonderte Zeilen einer listenförmigen Matrix ein, die Eingänge von UND-Gattern nebeneinander in die erste Zeile einer Matrix (seperate Spalte). Dieses Verfahren wird solange wiederholt, bis alle Elemente der entstehenden Matrix Basiselemente sind, wobei die Zeilen der Matrix dann die Schnitte darstellen.

Wie ersichtlich, stellt ein UND-Gatter eine Erhöhung des Redundanzgrades des Systems dar. Die Minimalschnitte des Systems erhält man aus den ermittelten Schnitten unter Berücksichtigung des Idempotenz- und Absorptionsgesetzes.

Beispiel 2.3.4.3-3

Gegeben sei nachfolgend der Teilfehlerbaum "Ventilrelais funktioniert nicht"
eines ABS-Steuergerätes, mit den Basis-Ereignissen A1 bis A9.

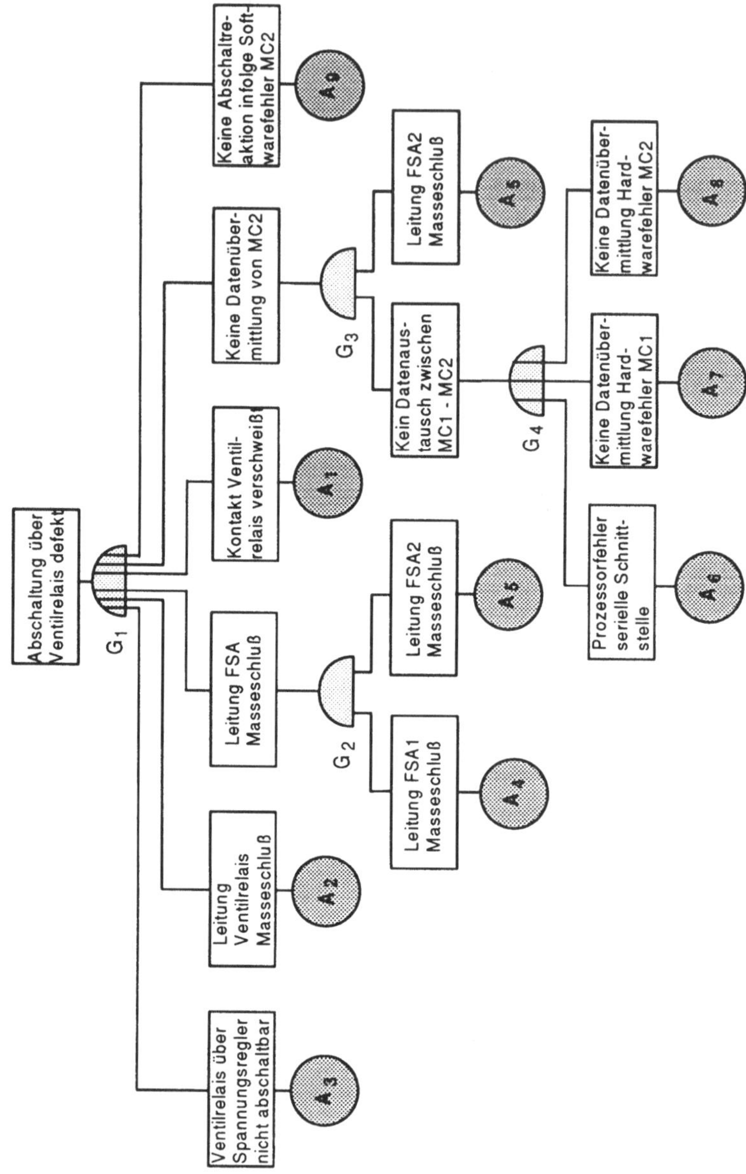

Bild 2-21   Teilfehlerbaum "Ventilrelais funktioniert nicht" /159/

Das Gatter unter dem TOP-Ereignis ist ein ODER-Gatter. Wir bezeichnen es
mit **G1** und schreiben seine Eingänge untereinander in gesonderte Zeilen
einer listenförmigen Matrix.

    G1- A3
         A2
         G2
         A1
         G3
         A9

Die Gatter **G2** und **G3** sind UND-Gatter. Ihre Eingänge werden als Spalten-
elemente der ersten Matrixzeile notiert.

         A3
         A2
         A4, A5
         A1
         A5, **G4**
         A9

Im nächsten Schritt ist das ODER-Gatter **G4** durch seine Eingänge zu ersetzen.

         A3
         A2
         A4, A5
         A1
         A5, A6
              A7
              A8
         A9

Man erhält folgende Schnitte:

{A3}, {A2}, {A4,A5}, {A1}, {A5, A6}, {A5, A7}, {A5, A8}, {A9}.

Da weder in einem Schnitt das gleiche Basis-Ereignis mehrmals vorkommt (Idempotenzgesetz) noch ein Schnitt einen anderen enthält (Absorptionsgesetz), sind die dargestellten Schnitte minimal.

Sie geben also diejenigen Kombinationen von Komponentenausfällen an, die dazu führen, daß die Abschaltung über das Ventilrelais nicht funktioniert. Da Fehlerbäume komplexer technischer Systeme oft Tausende bis mehrere Millionen Minimalschnitte haben können, ist es auch bei der rechnergestützten Auswertung von Fehlerbäumen notwendig, Verfahren zur Rechenzeitersparnis anzuwenden.

Bei Abschneideprozeduren werden Minimalschnitte, deren Einfluß auf das System nicht signifikant ist, erkannt und eliminiert. Die Signifikanz eines Schnittes wird anhand definierter Abschneidekriterien quantitativ bewertet. Die relevanten Kenngrößen, wie z.B. die Ausfallwahrscheinlichkeit bzw. die Unverfügbarkeit, werden während des Rechenlaufes auch für die nicht relevanten Schnitte berechnet. So können auch die abgeschnittenen Fehlerbäume quantitativ bewertet werden.

Durch Zusammenfassen unabhängiger Teile eines Fehlerbaumes zu Modulen läßt sich die Rechenzeit weiter optimieren. Die Ausfallwahrscheinlichkeit bzw. Unverfügbarkeit eines Minimalschnittes ergibt sich mit Gleichung (2-105) als Produkt der Ausfallwahrscheinlichkeiten bzw. Unverfügbarkeiten der Komponenten (Basis-Ereignissen) des Schnittes zu

$$F_j(t) = \prod_{j=1}^{k} q_{i_j}(t) \quad . \tag{2-108}$$

Dabei bedeuten $q_{ij}(t)$ die Ausfallwahrscheinlichkeit der Komponente (Basis-Ereignisse) K_j und k die Anzahl der Komponenten (Basis-Ereignisse) des Schnittes.

Fortsetzung Beispiel 2.3.4.3-3

Nach Vorliegen der Minimalschnitte des Teilfehlerbaums "Ventilrelais funktioniert nicht" ist es notwendig, die Ausfallwahrscheinlichkeit bzw. Unverfügbarkeit der Komponenten (Basis-Ereignisse) als Eingangsgröße eines Fehlerbaumes zu bestimmen. Diese lassen sich über die Ausfallrate, aufgrund von statistischen Auswertungen von Feldausfällen und internen Qualitätstatistiken bzw., wenn nicht anders möglich, unter Verwendung des MIL-HDBK 217 /170/, ermitteln.

Setzt man eine konstante Ausfallrate voraus, so läßt sich die Ausfallwahrscheinlichkeit für das i-te Basis-Ereignis über $F_i(t) = 1 - \exp(-\lambda \cdot t)$ berechnen. Legt man als Betrachtungszeitraum eine Kraftfahrzeugbetriebszeit von 3000h (Nutzungsdauer 10 Jahre) zugrunde, so erhält man die in Tabelle 2-18 aufgelisteten Ausfallwahrscheinlichkeiten für die verschiedenen Ausfallarten als Basis-Ereignisse eines ABS-Steuergerätes.

Art des Fehlers	Ausfallart	Ausfallwahrscheinlichkt. für 3000h	
		Erfahrungswert	MIL-HDBK 217 E
Kontakte des Ventilrelais verschweißt	A1	$1,000 \cdot 10^{-04}$	-
Lötverbindung auf der Leiterplatte defekt	A2,A4,A5,A13 A18-A21 A29-A44 A48-A55	$3,000 \cdot 10^{-07}$	$1,201 \cdot 10^{-06}$
Steckerfehler	A24	$1,020 \cdot 10^{-05}$	$4,336 \cdot 10^{-05}$
Spannungsreglerbaustein def.	A3	$6,818 \cdot 10^{-06}$	$1,423 \cdot 10^{-05}$
Hardwarefehler Microcontroller	A7-A10 A25,A26	$1,154 \cdot 10^{-05}$	$1,221 \cdot 10^{-05}$
Prozessorfehler serielle Schnittstelle	A6	$1,331 \cdot 10^{-10}$	$1,480 \cdot 10^{-10}$
Softwarefehler Microcontroller	A11,A12,A22 A23,A27,A28	$3,000 \cdot 10^{-06}$	-
Treiberbaustein defekt	A14-A17 A45,A46	$2,045 \cdot 10^{-05}$	$2,449 \cdot 10^{-05}$
Endstufentransistor durchlegiert	A47	$9,000 \cdot 10^{-05}$	$1,429 \cdot 10^{-04}$

Tabelle 2-18   Ausfallwahrscheinlichkeiten für das ABS-Steuergerät aus Erfahrungswerten und nach MIL-HDBK 217 /159/

Die Ausfallwahrscheinlichkeiten der Minimalschnitte (Gleichung (2-108)) errechnen sich dann zu:

$$
\begin{array}{lll}
C1 = A1 & F_1 = 1{,}000 \cdot 10^{-04} \\
C2 = A3 & F_2 = 6{,}818 \cdot 10^{-06} \\
C3 = A9 & F_3 = 3{,}000 \cdot 10^{-06} \\
C4 = A2 & F_4 = 3{,}000 \cdot 10^{-07} \\
C5 = A5, A7 & F_5 = 3{,}462 \cdot 10^{-12} \\
C6 = A5, A8 & F_6 = 3{,}462 \cdot 10^{-12} \\
C7 = A4, A5 & F_7 = 9{,}000 \cdot 10^{-14} \\
C8 = A5, A6 & F_8 = 3{,}993 \cdot 10^{-17}
\end{array}
$$

Mit Gleichung (2-106) läßt sich nun die Ausfallwahrscheinlichkeit des Teil-
fehlerbaumes berechnen. Es folgt

$$
\begin{aligned}
F(q) =\ & (q_1 + q_3 + \dots + q_5 q_8) - (q_1 q_3 + q_1 q_9 + \dots + q_4 q_5 q_6) \\
& + (q_1 q_3 q_9 + q_1 q_2 q_3 + \dots + q_4 q_5 q_6 q_8) \\
& - (q_1 q_2 q_3 q_9 + q_1 q_3 q_5 q_7 q_9 + \dots + q_4 q_5 q_6 q_7 q_8) \\
& + (q_1 q_2 q_3 q_5 q_7 q_9 + q_1 q_2 q_3 q_5 q_8 q_9 + \dots + q_2 q_4 q_5 q_6 q_7 q_8) \\
& - (q_1 q_2 q_3 q_5 q_7 q_8 q_9 + q_1 q_2 q_3 q_4 q_5 q_7 q_9 + \dots + q_2 q_4 q_5 q_6 q_7 q_8 q_9) \\
& + (q_1 q_2 q_3 q_4 q_5 q_7 q_8 q_9 + q_1 q_2 q_3 q_5 q_6 q_7 q_8 q_9 + \dots + q_2 q_3 q_4 q_5 q_6 q_7 q_8 q_9) \\
& - q_1 q_2 q_3 q_4 q_5 q_6 q_7 q_8 q_9
\end{aligned}
$$

Wie schon oben erläutert, ist im allgemeinen bei technischen Systemen nicht
damit zu rechnen, daß ein Systemausfall durch den gleichzeitigen Ausfall
mehrerer Minimalschnitte verursacht wird.
Aus diesem Grunde sind bei der Berechnung der Ausfallwahrscheinlichkeit
(oder Unverfügbarkeit) die Terme höherer Ordnung vernachlässigbar.
Somit ergibt sich die Systemausfallwahrscheinlichkeit im Hinblick auf praktische Belange als Summe der Ausfallwahrscheinlichkeiten der Minimalschnitte erster Ordnung nach der Gleichung (2-107)

$$
F(q) \le \sum_{i=1}^{n} \Pr\{A(C_i)\} = q_1 + q_2 + q_3 + q_9 + q_4 q_5 + q_5 q_6 + q_5 q_7 + q_5 q_8
$$

$$
F(q) \le 1{,}10118 \cdot 10^{-0{,}4} \ .
$$

2.3.5   Importanzkenngrößen

In der zuverlässigkeitstechnischen Praxis steht man oft vor der Fragestellung, welchen Einfluß bestimmte Systemkomponenten auf die Zuverlässigkeit bzw. Sicherheit eines technischen Systems ausüben.
Sind diese Einflüsse bekannt, so lassen sich Fragestellungen hinsichtlich einer Systemoptimierung, Schwachstellenanalyse, Fehlererkennung, Diagnose, Wartungsstrategien u.a. objektivieren und quantifizieren.
Als Bewertungsgrößen wurden sogenannte **Importanzkenngrößen** (engl. *importance*) eingeführt. Die gebräuchlichsten werden nachfolgend erläutert.

2.3.5.1   Die strukturelle Importanz

Es ist leicht einzusehen, daß die logische Anordnung einer Komponente in einer bestimmten Struktur für das Funktionieren eines Systems von größter Wichtigkeit ist.
So ist zum Beispiel eine seriell angeordnete Komponente in der Regel wichtiger als eine parallel angeordnete, redundante Komponente, da die serielle Komponente bei Ausfall sofort zu einem Systemausfall führt.
Die strukturelle Importanz ist ein Maß für die Wichtigkeit einer Komponente aufgrund ihrer logischen Anordnung.

Definition

Die strukturelle Importanz $I_{\overline{\phi}}(i)$ ist durch den Quotienten aus der Anzahl der kritischen Vektoren $(\cdot, \underline{x})$ der Komponente i und der Gesamtzahl der Vektoren 2^{n-1} definiert.

$$I_{\overline{\phi}}(i) = \frac{1}{2^{n-1}} \sum_{(\cdot, \underline{x})} \left(\overline{\phi}(0_i, \underline{x}) - \overline{\phi}(1_i, \underline{x}) \right)$$

mit   (2-109)

$$\sum_i I_{\overline{\phi}}(i) \geq 1 \quad .$$

D.h., $I_{\overline{\phi}}(i)$ ist keine Wahrscheinlichkeitsgröße.

Erläuterung

Bekanntlich gibt es für ein System bestehend aus n Komponenten bei einer Booleschen Betrachtung 2^n unterschiedliche Zustandsvektoren $\underline{x}$, Gleichung (2-47), sogenannte n-Tupel. Für alle möglichen Vektoren $(\cdot,\underline{x})$ gibt es dann die Relation

$$\overline{\phi}(1_i,\underline{x}) - \overline{\phi}(0_i,\underline{x}) \overset{!}{=} 1 \quad , \qquad\qquad (2\text{-}110)$$

die einen sogenannten **kritischen Vektor** der Komponente i charakterisiert (man beachte, daß immer ein Komponente 0 oder 1 gesetzt wird und deshalb nicht mehr 2^n Zustände möglich sind). Wie schon erläutert, bedeutet die Relation $\overline{\phi}(1_i, \underline{x}) = 1$, daß das System aufgrund eines Ausfalls der Komponente i ausgefallen ist ($\overline{x}_i=1$) und funktionsfähig bleibt, wenn $\overline{\phi}(0_i, \underline{x}) = 0$, d.h., wenn die Komponente i ($\overline{x}_i=0$) funktionsfähig ist (Negativ-Logik). Gilt dagegen

$$\overline{\phi}(1_i,\underline{x}) = \overline{\phi}(0_i,\underline{x}) = 1 \text{ bzw. } 0 \quad ,$$

so hat die Komponente i keinen Einfluß auf das System.

Beispiel 2.3.5.1-1

Die Ausfallfunktion eines Seriensystems bestehend aus n-Komponenten ist durch

$$\overline{\phi}(\underline{x}) = 1 - \prod_{j=1}^{n}(1 - \overline{x}_j)$$

gegeben. Mit Gleichung (2-110) folgt

$$\overline{\phi}(1_i,\underline{x}) - \overline{\phi}(0_i,\underline{x}) = 1 - \left(1 - \prod_{j=1;\, j\neq i}^{n}(1 - \overline{x}_j) \right)$$

$$= \prod_{j=1;\, j\neq i}^{n}(1 - \overline{x}_j) \overset{!}{=} 1 \quad .$$

Diese Beziehung läßt sich durch einen Vektor $(\cdot, \underline{x})$, d.h.,

$$\overline{x}_1 = \overline{x}_2 = \dots = \overline{x}_{i-1} = \overline{x}_{i+1} = \dots = \overline{x}_n = 0$$

erfüllen. Für die strukturelle Importanz folgt mit Gleichung (2-124)

$$I_{\overline{\phi}}(1) = I_{\overline{\phi}}(2) = \dots = I_{\overline{\phi}}(n) = \frac{1}{2^{n-1}} \cdot 1 = 2^{1-n} \; .$$

Beispiel 2.3.5.1-2
Gegeben sei nachfolgende einfache Netzstruktur eines technischen Systems.

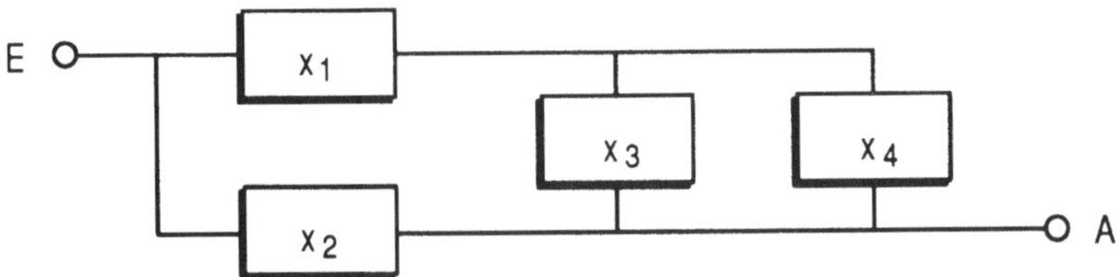

Bild 2-22   Netzstruktur eines technischen Systems

Die Schnittmenge sei $\{\overline{x}_1, \overline{x}_2\}, \{\overline{x}_2, \overline{x}_3, \overline{x}_4\}$. Hieraus ergibt sich die Ausfallfunktion

$$\overline{\phi}(\underline{\overline{x}}) = \overline{x}_1 \overline{x}_2 + \overline{x}_2 \overline{x}_3 \overline{x}_4 - \overline{x}_1 \overline{x}_2 \overline{x}_3 \overline{x}_4$$

Man bestimme die strukturelle Importanz für die Komponenten x_1 bis x_4.
a)   Komponente x_1

$$\overline{\phi}(1_1, \underline{\overline{x}}) = \overline{x}_2 + \overline{x}_2 \overline{x}_3 \overline{x}_4 - \overline{x}_2 \overline{x}_3 \overline{x}_4 = \overline{x}_2$$

$$\overline{\phi}(0_1, \underline{\overline{x}}) = \overline{x}_2 \overline{x}_3 \overline{x}_4$$

$$\overline{\phi}(1_1, \underline{\overline{x}}) - \overline{\phi}(0_1, \underline{\overline{x}}) = \overline{x}_2 - \overline{x}_2 \overline{x}_3 \overline{x}_4 = \overline{x}_2 (1 - \overline{x}_3 \overline{x}_4) \overset{!}{=} 1$$

Vorstehende Beziehung ist durch die kritischen Vektoren

$$(\bar{x}_2 = 1, \bar{x}_3 = 0, \bar{x}_4 = 0) \ ,$$

$$(\bar{x}_2 = 1, \bar{x}_3 = 1, \bar{x}_4 = 0) \ ,$$

$$(\bar{x}_2 = 1, \bar{x}_3 = 0, \bar{x}_4 = 1)$$

erfüllt. Es folgt:

$$I_{\bar{\phi}}(1) = \frac{1}{2^3} \cdot 3 = \frac{3}{8} \ .$$

b)   Komponente x_2

$$\bar{\phi}(1_2, \underline{\bar{x}}) - \bar{\phi}(0_2, \underline{\bar{x}}) = \bar{x}_1 + \bar{x}_3 \bar{x}_4 - \bar{x}_1 \bar{x}_3 \bar{x}_4 = \bar{x}_1 + \bar{x}_3 \bar{x}_4 (1 - \bar{x}_1) \overset{!}{=} 1$$

Kritische Vektoren sind:

$$(\bar{x}_1 = 1, \bar{x}_3 = 0, \bar{x}_4 = 0) \ ,$$

$$(\bar{x}_1 = 1, \bar{x}_3 = 1, \bar{x}_4 = 0) \ ,$$

$$(\bar{x}_1 = 1, \bar{x}_3 = 0, \bar{x}_4 = 1) \ ,$$

$$(\bar{x}_1 = 0, \bar{x}_3 = 1, \bar{x}_4 = 1) \ ,$$

$$(\bar{x}_1 = 1, \bar{x}_3 = 1, \bar{x}_4 = 1) \ .$$

Damit folgt:

$$I_{\bar{\phi}}(2) = \frac{1}{2^3} \cdot 5 = \frac{5}{8} \ .$$

c)   Komponente x_3

$$\bar{\phi}(1_3, \underline{\bar{x}}) - \bar{\phi}(0_3, \underline{\bar{x}}) = \bar{x}_2 \bar{x}_4 - \bar{x}_1 \bar{x}_2 \bar{x}_4 = \bar{x}_2 \bar{x}_4 (1 - \bar{x}_1) \overset{!}{=} 1$$

ist durch den kritischen Vektor

$$(\overline{x}_1 = 0 , \overline{x}_2 = 1 , \overline{x}_4 = 0)$$

erfüllt. Damit folgt:

$$I_{\overline{\phi}}(3) = \frac{1}{2^3} \cdot 1 = \frac{1}{8} \quad .$$

d)   Komponente x_4

$$\overline{\phi}(1_4, \underline{\overline{x}}) - \overline{\phi}(0_4, \underline{\overline{x}}) = \overline{x}_2 \overline{x}_3 - \overline{x}_1 \overline{x}_2 \overline{x}_3 = \overline{x}_2 \overline{x}_3 (1 - \overline{x}_1) \stackrel{!}{=} 1$$

ist durch den kritischen Vektor

$$(\overline{x}_1 = 0 , \overline{x}_2 = 1 , \overline{x}_3 = 1)$$

erfüllt. Für die strukturelle Importanz ergibt sich

$$I_{\overline{\phi}}(4) = \frac{1}{2^3} \cdot 1 = \frac{1}{8} \quad .$$

Ergebnis

Da $I_\phi(2) > I_\phi(1) > I_\phi(3) = I_\phi(4)$ ist die Komponente x_2 die wichtigste. Danach x_1 und gleich wichtig die Komponenten x_3 und x_4.

2.3.5.2   Die marginale Importanz

Die marginale Importanz, auch Birnbaum-Importanz genannt, berücksichtigt neben dem strukturellen auch den probabilistischen Einfluß, den eine Komponente i auf die System-Ausfallwahrscheinlichkeit (Unverfügbarkeit) ausübt.

Definition

Die marginale Importanz $I_m(i)$ der Komponente i bezüglich der Ausfallwahrscheinlichkeit ist durch die partielle Ableitung

$$I_m(i) = \frac{\partial F(\underline{q})}{\partial q_i} \quad i = 1, 2, \ldots, n$$

mit

$$0 \leq I_m(i) \leq 1$$

als Wahrscheinlichkeitsgröße definiert.

$$(2\text{-}111)$$

Bei einer Betrachtung der Unverfügbarkeit ist die Ausfallwahrscheinlichkeit durch diese zu ersetzen. Weiter folgt über die schon behandelte Shannonsche Zerlegung (Gleichung (2-86))

$$I_m(i) = \frac{\partial}{\partial q_i} \left(q_i \cdot F(1_i, \underline{q}) + (1 - q_i) \cdot F(0_i, \underline{q}) \right) \tag{2-112}$$

$$I_m(i) = F(1_i, \underline{q}) - F(0_i, \underline{q}) \quad . \tag{2-113}$$

Aus der expliziten Darstellung

$$I_m(i) = E\{\overline{\phi}(1_i, \underline{x})\} - E\{\overline{\phi}(0_i, \underline{x})\} = \Pr\{\overline{\phi}(1_i, \underline{x}) - \overline{\phi}(0_i, \underline{x}) = 1\} \tag{2-114}$$

wird der strukturelle Einfluß entsprechend Punkt 2.3.5.1 einer Komponente i deutlich. Interessiert man sich für den Einfluß der Komponenten-Ausfallwahrscheinlichkeit auf die System-Ausfallwahrscheinlichkeit $F_s(\underline{q}(t))$, d.h. den Zuwachs der Funktion $F_s(\underline{q}(t))$, so läßt sich dieser – wie bei klassischen Funktionen auch – über das vollständige Differential (Anwendung der Kettenregel) gewinnen. Es gilt

$$d\,F_s(q(t)) = \sum_{i=1}^{n} \frac{\partial F(\underline{q}(t))}{\partial q_i(t)} \cdot d\,q_i(t) = \sum_{i=1}^{n} I_m(i) \cdot d\,q_i(t) \tag{2-115}$$

bzw. als Näherungsgleichung

$$\Delta F_s(q(t)) \approx \sum_{i=1}^{n} I_m(i) \cdot \Delta q_i(t) \quad . \tag{2-116}$$

Untersucht man den Einfluß einer Komponente i so gilt

$$\Delta F_s(q(t)) \approx I_m(i) \cdot \Delta q_i(t) \quad . \tag{2-117}$$

Vorstehende Beziehungen gelten auch bei einer Betrachtung der Unverfügbarkeit.
Für $q_j = 1/2$ mit $j = 1, 2, \ldots , n$ $(j \neq i)$ läßt sich verifizieren, daß

$$I_{\overline{\phi}}(i) \equiv I_m(i) \tag{2-118}$$

ist. D.h., die strukturelle Importanz läßt sich falls erforderlich aus der marginalen Importanz – was rechentechnisch vorteilhaft ist – ermitteln.

Beispiel 2.3.5.2-1
Fortsetzung Beispiel 2.3.5.1-2: Bestimmung der marginalen Importanzen. Aus
der Ausfallfunktion folgt für die Ausfallwahrscheinlichkeit

$$F(q) = q_1 \, q_2 + q_2 \, q_3 \, q_4 - q_1 \, q_2 \, q_3 \, q_4 \quad .$$

Die marginalen Importanzen errechnen sich zu:

$$I_m(1) = \frac{\partial F(q)}{\partial q_1} = q_2 - q_2 \, q_3 \, q_4 = q_2 \, (1 - q_3 \, q_4) \quad ,$$

$$I_m(2) = \frac{\partial F(q)}{\partial q_2} = q_1 + q_3 \, q_4 - q_1 \, q_3 \, q_4 = q_1 + q_3 \, q_4 \, (1 - q_1) \quad ,$$

$$I_m(3) = \frac{\partial F(q)}{\partial q_3} = q_2 \, q_4 - q_1 \, q_2 \, q_4 = q_2 \, q_4 \, (1 - q_1) \quad ,$$

$$I_m(4) = \frac{\partial F(q)}{\partial q_4} = q_2 \, q_3 - q_1 \, q_2 \, q_3 = q_2 \, q_3 \, (1 - q_1) \quad .$$

Aufgrund der Beziehung (2-118) gilt

$$I_m(1) \Big|_{q_1 = \frac{1}{2}} = \frac{3}{8} = I_{\overline{\phi}}(1) \quad ,$$

$$I_m(2) \Big|_{q_2 = \frac{1}{2}} = \frac{5}{8} = I_{\overline{\phi}}(2) \quad ,$$

$$I_m(3) \Big|_{q_3 = \frac{1}{2}} = \frac{1}{8} = I_{\overline{\phi}}(3) \quad ,$$

$$I_m(4) \Big|_{q_4 = \frac{1}{2}} = \frac{1}{8} = I_{\overline{\phi}}(4) \quad .$$

Man vergleiche hierzu die Ergebnisse von Beispiel 2.3.5.1-1.

Beispiel 2.3.5.2-2

Fortsetzung Beispiel 2.3.4.3-3:

Bestimmung der marginalen Importanzen. Für den Teilfehlerbaum Bild 2-21 "Ventilrelais funktioniert nicht", ergeben sich folgende Importanzen:

Basis-Ereignis

A1: $I_m(A1) = 1$

A2: $I_m(A2) = 1$

A3: $I_m(A3) = 1$

A4: $I_m(A4) = 3{,}000 \cdot 10^{-07}$

A5: $I_m(A5) = 2{,}338 \cdot 10^{-05}$

A6: $I_m(A6) = 3{,}000 \cdot 10^{-07}$

A7: $I_m(A7) = 3{,}000 \cdot 10^{-07}$

A8: $I_m(A8) = 3{,}000 \cdot 10^{-07}$

A9: $I_m(A9) = 1$

Man erkennt, daß in Abhängigkeit von der Systemstruktur die marginalen Importanzen derjenigen Komponenten (Basis-Ereignisse) am größten sind, deren alleiniger Ausfall zum TOP-Ereignis führt.

2.3.5.3 Die fraktionale Importanz

Die fraktionale Importanz als Bewertungskenngröße identifiziert diejenige Komponente, deren relative Änderung der Ausfallwahrscheinlichkeit (Unverfügbarkeit) den größten Einfluß auf das System hat.

Definition

Die fraktionale Importanz $I_f(i)$ der Komponente i bezüglich ihrer Ausfallwahrscheinlichkeit ist durch das Produkt

$$I_f(i) = I_m(i) \cdot q_i \qquad (2\text{-}119)$$

definiert.

Beispiel 2.3.5.3-1

Fortsetzung Beispiel 2.3.4.3-3:

Teilfehlerbaum "Ventilrelais funktioniert nicht". Es ergeben sich für die einzelnen Basis-Ereignisse folgende fraktionale Importanzen:

Basis-Ereignis

A1: $\quad I_f(A1) = 1{,}000 \cdot 10^{-04}$

A2: $\quad I_f(A2) = 3{,}000 \cdot 10^{-07}$

A3: $\quad I_f(A3) = 6{,}818 \cdot 10^{-06}$

A4: $\quad I_f(A4) = 9{,}000 \cdot 10^{-14}$

A5: $\quad I_f(A5) = 7{,}014 \cdot 10^{-12}$

A6: $\quad I_f(A6) = 3{,}993 \cdot 10^{-17}$

A7: $\quad I_f(A7) = 3{,}462 \cdot 10^{-12}$

A8: $\quad I_f(A8) = 3{,}462 \cdot 10^{-12}$

A9: $\quad I_f(A9) = 3{,}000 \cdot 10^{-06}$

Man erkennt, daß in Abhängigkeit von der Systemstruktur die fraktionalen Importanzen derjenigen Komponenten am größten sind, deren Produkt aus marginaler Importanz und Ausfallwahrscheinlichkeit den größten Wert annimmt.

2.3.5.4   Die Barlow-Proschan-Importanz

Die Barlow-Proschan-Importanz, auch sequentielle kompetitive Importanz genannt, ermöglicht es, die Komponenten eines technischen Systems hinsichtlich ihrer **Wichtigkeit** (Bedeutung) **für einen Systemausfall** zu bewerten.
D.h., es läßt sich die wichtige praktische Frage beantworten, mit welcher
Wahrscheinlichkeit eine Komponente i zu einem bestimmten Zeitpunkt t einen
Systemausfall verursachen wird, falls das System zu diesem Zeitpunkt (0,t)
ausfällt.

Definition

Die Barlow-Proschan-Importanz $I_{BP}(i)$ einer Komponente i ist durch den
Quotienten

$$I_{BP}(i) = \frac{\displaystyle\int_0^t I_m(i) \cdot f_i(\tau)\, d\tau}{\displaystyle\sum_{j=1}^{n} \int_0^t I_m(j) \cdot f_j(\tau)\, d\tau} \qquad (2\text{-}120)$$

mit der Eigenschaft

$$0 \le I_{BP}(i) \le 1 \qquad (2\text{-}121)$$

und

$$\sum_{i=1}^{n} I_{BP}(i) = 1 \qquad (2\text{-}122)$$

definiert.

Dabei gibt der Zähler von Gleichung (2-120) an, mit welcher Wahrscheinlichkeit (Ausfallwahrscheinlichkeit) eine Komponente i innerhalb (0,t) einen Systemausfall verursachen wird. Der Nenner gibt die Ausfallwahrscheinlichkeit des gesamten Systems bestehend aus n Komponenten an.

Die BP-Importanz gibt also an, mit welcher Wahrscheinlichkeit ein im Intervall (0,t) erfolgter Systemausfall durch den Ausfall der Komponente i hervorgerufen wurde.

Für stationäre Verhältnisse – die für praktische Untersuchungen oft ausreichend sind – gilt

$$I_{BP_{St}}(i) = \lim_{t \to \infty} I_{BP}(i) \qquad (2\text{-}123)$$

Führt man die Grenzwertbetrachtung bei Gleichung (2-120) durch, so strebt der Nenner gegen eins. Damit folgt

$$I_{BP_{St}}(i) = \int_0^\infty I_m(i) \cdot f_i(t)\, dt \qquad (2\text{-}124)$$

Beispiel 2.3.5.4-1

Fortsetzung Beispiel 2.3.5.1-2:

Unter der Voraussetzung exponentiell verteilter Lebensdauern der Komponenten x_1 bis x_4 soll nunmehr die stationäre BP-Importanz berechnet werden.

Für die Komponente x_1 folgt

$$I_{BP_{St}}(1) = \int_0^\infty I_m(1) \cdot f_1(t)\, dt \quad ,$$

mit $I_m(1)$ von Beispiel 2.3.5.2-1 und $f_1 = \lambda_1 \cdot \exp(-\lambda_1 t)$ ergibt sich

$$I_{BP_{St}}(1) = \int_0^\infty (\exp(-\lambda_3 t) + \exp(-\lambda_4 t) - \exp(-(\lambda_2 + \lambda_3)\, t)$$

$$- \exp(-(\lambda_2 + \lambda_4)\, t) - \exp(-(\lambda_3 + \lambda_4)\, t)$$

$$+ \exp(-(\lambda_2 + \lambda 3 + \lambda_4)\, t)) \cdot \lambda_1 \cdot \exp(-\lambda_4 t)\, dt \quad ,$$

$$I_{BP_{St}}^{(1)} = \lambda_1 \left(\frac{1}{\lambda_1+\lambda_3} + \frac{1}{\lambda_1+\lambda_4} - \frac{1}{\lambda_1+\lambda_2+\lambda_3} \right.$$

$$\left. - \frac{1}{\lambda_1+\lambda_2+\lambda_4} - \frac{1}{\lambda_1+\lambda_3+\lambda_4} + \frac{1}{\lambda_1+\lambda_2+\lambda_3+\lambda_4} \right) \quad .$$

Die Berechnung der stationären BP-Importanz für die Komponenten x_2 bis x_4 gestaltet sich analog.

3 Die Fehler-Möglichkeits- und Einflußanalyse (FMEA) als qualitatives Verfahren zur Zuverlässigkeitsbewertung

3.1 Einführung

Die Fehler-Möglichkeits- und Einflußanalyse (FMEA), im Englischen mit *Failure, Mode, and Effect Analysis*, bei sicherheitsrelevanter Anwendung auch mit *Failure, Mode, Effect, and Criticality Analysis* (FMECA) bezeichnet, ist eine Methode zur frühzeitigen Untersuchung von Ausfallursachen und -modes von Komponenten und Prozessen, sowie deren Auswirkungen auf das System bzw. den Kunden.

Der FMEA liegt die Norm Ausfalleffektanalyse (DIN 25448) zugrunde. Die FMEA ist ein wichtiger Bestandteil und eine etablierte Methode des sogenannten Value Engineering (VE) zur Fehlerkorrektur und -prävention, Auffinden von Schwachstellen, Vermeidung und qualitative Bewertung von Risiken im Rahmen des Integrierten Methoden-Systems (IMS) der präventiven Qualitätssicherung. Durch eine präventive FMEA als "off-line-Methode" soll verhindert werden, daß in der Produktionsphase fehlerhafte Produkte entstehen, da der Änderungsaufwand mit hohen Kosten verbunden ist (Bild 3-1).

Der Anwendungsbereich der FMEA-Methode ist breit gefächert, z.B. bei der Neuentwicklung bzw. Änderung von Produkten und Prozessen, Einsatz geänderter Stoffe oder Einsatzbedingungen u.a. Einzelne Fehler sollen dennoch bereits während der Produkt- und Prozeßentwicklungsphase erkannt und vermieden werden.

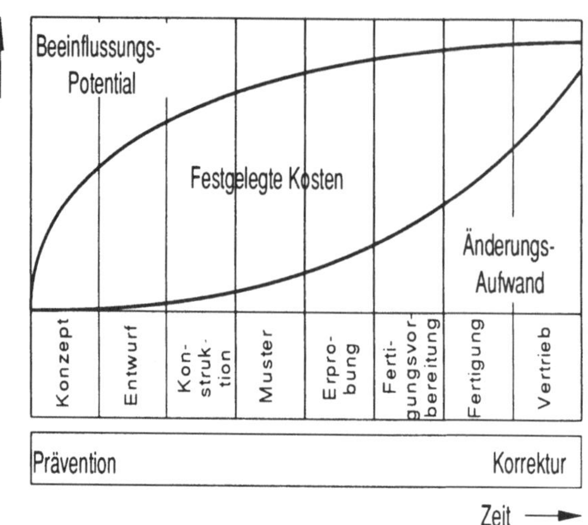

Bild 3-1   Änderungspotential und -aufwand sowie Kostenfestlegung in Abhängigkeit vom Entwicklungsstand /121/

Die Einbindung der FMEA in ein mögliches IMS zur Beeinflussung der Produktqualität sowie der Kosten und Entwicklungszeiten als Engineering Methode der Qualitätssicherung zeigt Bild 3-2.

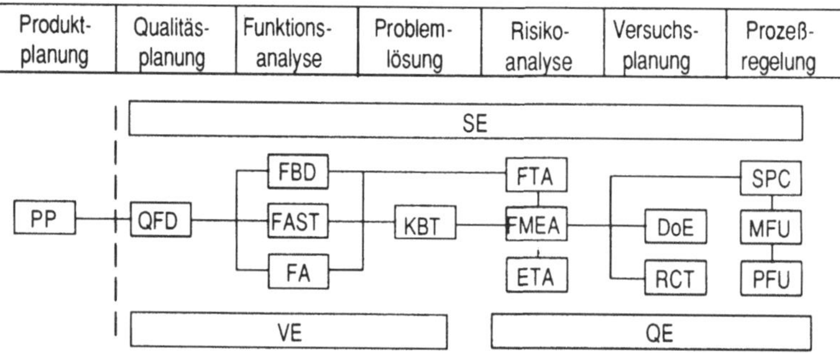

Bild 3-2   Das Integrierte Methoden-System (IMS) /121/; SE - Simultaneous Engineering, VE - Value Engineering, QE - Quality Engineering, PP - Produktplanung, QFD - Quality Function Deployment, FAST - Function Analysis System Technique, FA - Funktionsanalyse (hierarchisch), FBD - Funktionsblockdiagramm, KBT - Kreativitäts-/Bewertungs-Technik, FTA - Fault Tree Analysis, FMEA - Failure Mode and Effects Analysis, ETA - Event Tree Analysis, DoE - Design of Experiments, RCT - Reliability Conformance Testing, SPC - Statistical Process Control, MFU - Maschinenfähigkeitsuntersuchung, PFU - Prozeßfähigkeitsuntersuchung

Wie aus Bild 3-2 hervorgeht, läßt sich das IMS in zwei Hauptabschnitte, das **Value Engineering** (VE) mit der Qualitätsplanung, Funktionsanalyse, Problemlösung und das **Quality Engineering** (QE) mit den Bereichen Risikoanalyse, Versuchsplanung, Prüfplanung unterteilen.

3.2   Die Listen-FMEA

Als "Listen-FMEA" sei hier das klassische FMEA-Formularblatt (Tabelle 3-1) benannt, wie es in der Automobilindustrie, der Luft- und Raumfahrt, Kerntechnik u.s.w. zur Überprüfung eines Entwurfs als **Konstruktions-FMEA**, Analyse eines Prozesses als **Prozeß-FMEA** bzw. eines Systems als **System-FMEA** angewendet wird. Die prinzipielle Vorgehensweise ist in den drei Anwendungsbereichen ähnlich und läßt sich anhand des Formularblattes leicht nachvollziehen.

In einem ersten Schritt wird eine **Analyse der potentiellen Fehler** (Spalte 1 bis 8, Tabelle 3-1) durchgeführt. Hierzu gehören die Komponentenbestimmung, Funktionen und Merkmale, Fehlerarten, Fehlerursachen und Fehlerauswirkungen sowie Fehlervermeidung und Fehlerentdeckung.

Der zweite Schritt **Risikobewertung** ermittelt die Schwere der Auswirkungen "S" (Tabelle 3-2), die Ausfallwahrscheinlichkeit "A" (Tabelle 3-3) und die Entdeckungswahrscheinlichkeit "E" (Tabelle 3-4). Aus diesen Größen wird dann über die Gleichung

$$RZ = S \cdot A \cdot E \qquad (3\text{-}1)$$

die Risikozahl **Risikoprioritätszahl** "RZ" ermittelt.

⊕ BOSCH QUALITÄTSSICHERUNG	* Erzeugnis: Sach-Nr. :						- F M E A					Seite Abt. FMEA-Nr. Datum	
NR.	KOMPONENTE PROZESS	FUNKTION ZWECK	FEHLER- ART	FEHLER- AUSWIRKUNG	FEHLER- URSACHEN	FEHLER- VERMEIDUNG	FEHLER- ENTDECKUNG	S S	– A	E E	SxE RZ	MASSNAHMEN V:/T:

S = Schwere des Fehlers   A = Auftretenswahrscheinlichkeit   E=Entdeckungswahrscheinlichkeit   Risikozahl RZ = S x A x E
V = Verantwortlichkeit   T = Einführungstermin   Copyright 1991 Robert Bosch GmbH Stuttgart
* System, Konstruktion, Prozeß

Tabelle 3-1   Das FMEA-Formular als Listenformular /Bosch/

Allgemeine Bewertungskriterien	Bewertungs-punkte	Anwendungsspezifische Bewertungskriterien
Äußerst schwerwiegender Fehler, der zum "Liegenbleiben" führt oder möglicherweise die Sicherheit und/oder die Einhaltung gesetzlicher Vorschriften beeinträchtigt.	10	
	9	
Schwerer Fehler, löst Verärgerung des Kunden aufgrund der Art des Fehlers aus, z.B. ein nicht fahrbereites Fahrzeug oder nicht funktionierende Teile der Ausstattung (Radio, Tacho o.ä.). Die Fahrzeugsicherheit oder eine Nichtübereinstimmung mit den Gesetzen ist hier nicht angesprochen.	8	
	7	
	6	
Mittelschwerer Fehler, der Unzufriedenheit beim Kunden auslöst. Der Kunden fühlt sich durch den Fehler belästigt oder ist verärgert. Mittelschwere Fehler sind z.B.: Lautsprecher brummt, hohe Pedalbetätigungskräfte o.ä. Der Kunde wird Beeinträchtigungen des Systems bemerken.	5	
	4	
Der Fehler ist unbedeutend und der Kunde wird nur geringfügig belästigt. Der Kunde wird wahrscheinlich nur eine geringe Beeinträchtigung des Systems bemerken.	3	
	2	
Es ist unwahrscheinlich, daß der Fehler irgendeine wahrnehmbare Auswirkung auf das Verhalten des Fahrzeugs oder Systems haben könnte. Der Kunde wird den Fehler wahrscheinlich nicht bemerken.	1	

Tabelle 3-2   Bewertungsschema der Schwere der Auswirkung "S" /Bosch/

Allgemeine Bewertungskriterien	Mögliche Fehlerrate, bzw. ppm pro LD	Bewertungs-punkte	Anwendungsspezifische Bewertungskriterien
Hoch. Es ist nahezu sicher, daß Fehler in größerem Umfang auftreten werden.	≤ 1/2 ≤ 500 000	10	
	≤ 1/10 ≤ 100 000	9	
Mäßig. Konstruktion entspricht generell Entwürfen, die in der Vergangenheit immer wieder Schwierigkeiten verursachten.	≤ 1/20 ≤ 50 000	8	
	≤ 1/100 ≤ 10 000	7	
Gering. Konstruktion entspricht generell früheren Entwürfen, bei denen gelegentlich, aber nicht in größerem Maße, Fehler auftra-ten.	≤ 1/200 ≤ 5 000	6	
	≤ 1/1 000 ≤ 1 000	5	
	≤ 1/2 000 500	4	
Sehr gering. Konstruktion entspricht generell früheren Entwürfen, für die verhältnismäßig geringe Fehlerzahlen gemeldet wurden.	≤ 1/10 000 ≤ 100	3	
	≤ 1/20 000 50	2	
Unwahrscheinlich. Es ist unwahrscheinlich, daß ein Fehler auftritt	≤ 1/10^6 ≤ 1	1	

Tabelle 3-3   Bewertungsschema der Auftretenswahrscheinlichkeit "A" für Konstruktions-FMEA /Bosch/

Allgemeine Bewertungskriterien	Bewertungs-punkte	Anwendungsspezifische Bewertungskriterien
Unwahrscheinlich. Es ist unmöglich oder unwahrscheinlich, daß ein Fehler durch Prüf- und Untersuchungsmaßnahmen in der Entwicklungsphase entdeckt wird.	10	
Sehr gering.	9	
Gering.	8	
	7	
	6	
Mäßig.	5	
	4	
	3	
Hoch.	2	
Sehr hoch. Es ist sicher, daß ein Fehler durch Prüf- und Untersuchungsmaßnahmen in der Entwicklungsphase entdeckt wird.	1	

Tabelle 3-4   Bewertungsschema der Entdeckungswahrscheinlichkeit "E" für Konstruktions-FMEA /Bosch/

Die Risikoprioritätszahl dient als Auswahlkriterium für die Durchführung von Verbesserungs- und Änderungsmaßnahmen. Liegt die Zahl über einem Wert von RZ $\geq$ 125 (z.B. S = 5 , A = 5 , E = 5), so sind Verbesserungen unbedingt erforderlich. Sie sind aber auch dann notwendig, wenn einer der Faktoren einen Wert von größer oder gleich acht aufweist.

In einem letzten Schritt werden dann in Sitzungen zur **kreativen Ideenfindung** Verbesserungsmaßnahmen erarbeitet und bewertet. Die geeignetsten Maßnahmen werden abschließend in die letzte Formularspalte eingetragen, wobei gleichzeitig ein Einführungstermin und die Verantwortlichkeit dokumentiert wird. Der vorhergehend beschriebene prinzipielle Ablauf einer FMEA ist im Bild 3-4 als "Flow-Chart" visualisiert.

FMEA-Arten und Zusammenhänge

Die FMEA wird derzeit auf drei Ebenen, der **Systemebene**, der **Konstruktionsebene** und der **Prozeßebene**, durchgeführt (Bild 3-3).

FMEA-Art	Komponente Prozeß	Funktion Zweck	Fehler-Auswirkung	Fehler-Art	Fehler-Ursache
System-	Zündverteiler	Spannungs-Impulse verteilen	Kfz-Stillstand	Zündungs-Ausfall	Schaft gerissen
Konstr.-	Zündverteiler-läufer	Preßsitz auf Nockenwelle	Zündungs-Ausfall	Schaft gerissen	Lunker
Prozeß-	Zündverteiler-läufer Spritzgießen	homogenes Gefüge gewährleisten	Schaft gerissen	Lunker	Nachdruck zu gering

Bild 3-3   Methodischer Zusammenhang der FMEA-Arten /119/

Die sogenannte **System-FMEA** wird bei der Konzepterstellung und Entwurfsphase angewendet. Mit einer System-FMEA wird das Zusammenwirken der einzelnen Komponenten hinsichtlich der Funktionstüchtigkeit, die Wechselwirkungen und die Störgrößen untersucht.

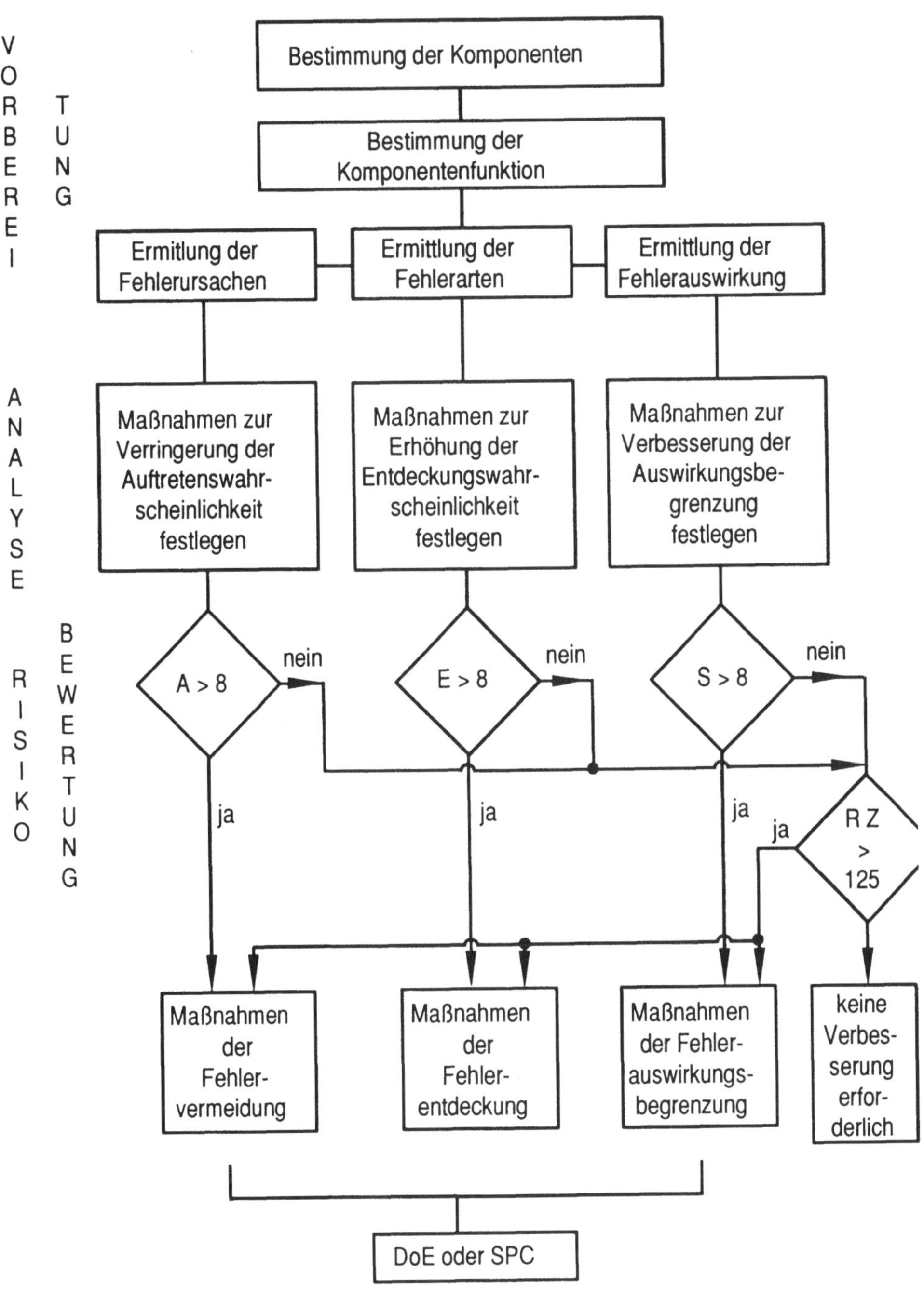

Bild 3-4   "Flow-Chart" für eine FMEA

Die **Konstruktions-FMEA** wird in der Regel parallel mit der Entwicklung eines Produktes durchgeführt und untersucht alle möglichen Auslegungsfehler von Komponenten und Funktionsgruppen in der Konstruktion einschließlich deren Auswirkungen.

Die **Prozeß-FMEA** wird in der Regel bei der Fertigungsvorbereitung sowie der Erprobungsphase durchgeführt und untersucht – aufbauend auf die Konstruktions-FMEA – die Prozeßplanung und -ausführung im Fertigungsprozeß, einschließlich der Vorgaben in Kostenheft, Zeichnungen, Vorschriften u.a.

Die vorstehend beschriebenen drei FMEA-Arten bilden einen hierarchischen Zusammenhang, da in der nächst niederen FMEA-Stufe die Fehlerursache zur Fehlerart und diese zur Fehlerauswirkung von der System- über die Konstruktions- bis hin zur Prozeßebene wird (Bild 3-5).

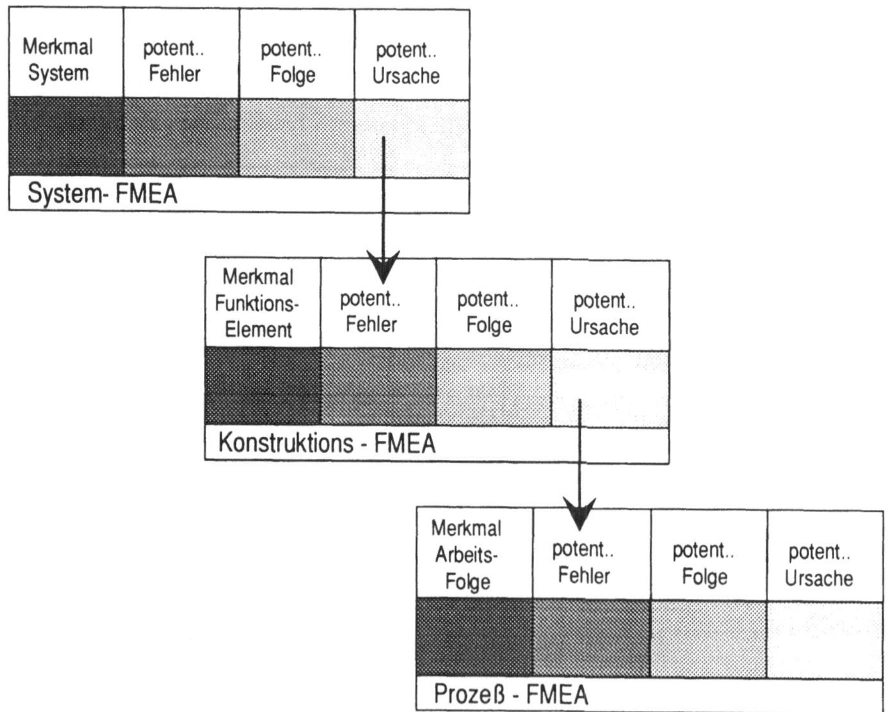

Bild 3-5   Zusammenhang der FMEA-Ebenen /192/

Vor- und Nachteile

Der große Vorteil einer FMEA liegt in der frühzeitigen Aufdeckung von Schwachstellen und der Findung geeigneter Lösungsansätze zu deren Beseitigung sowie in der weitgehenden formalisierten Einheitlichkeit.

Ein weiterer großer Vorteil liegt in der Technik der kreativen Ideenfindung durch Brainstorming. Die Ideenfindung kann ebenfalls durch ein Formular systematisiert werden. Dabei werden von jedem Teilnehmer des Brainstormings ausgehend vom Ist-Zustand Verbesserungsmaßnahmen in das Formular eingetragen und bewertet.

Ein Nachteil dieser Methode ist der immense Arbeitsaufwand, da zu jeder möglichen Fehlerursache die jeweilige Fehlerart wiederholt werden muß, so daß derzeit noch häufig nach der Regel verfahren wird, "eine FMEA muß vom Kunden oder der Geschäftsleitung gefordert werden, sonst wird sie nicht gemacht". Dieses Denken innerhalb der Industrie muß sich grundlegend ändern, denn der Nutzen einer FMEA ist im Vergleich zum Zeit- und Kostenaufwand überproportional /205/.

Ein weiterer Nachteil ist eine ausschließliche Betrachtung von Einzelfehlern, d.h., Doppel- und Mehrfachfehler, die gleichzeitig eintreten, werden im Gegensatz zur Fehlerbaumanalyse (Kapitel 2) nicht berücksichtigt.

3.3 Die Top-Down-FMEA

Die Top-Down-FMEA ist eine neue Art der FMEA-Dokumentation, deren Zielsetzung in der Darstellung sämtlicher Ebenen einer FMEA in einem Formblatt besteht (Tabelle 3-5).

Wie Tabelle 3-5 zu entnehmen ist, ist die Vorgehensweise die gleiche wie bei der Listen-FMEA. Auch hier wird eine Analyse potentieller Fehler durchgeführt. Im Unterschied zum Standard-Formular werden nunmehr jedoch Fehlerauswirkungen, -arten und -ursachen untereinander dargestellt, so daß die hierarchische Struktur der FMEA sichtbar wird. Die Fehlerart steht in der zur jeweiligen FMEA gehörigen Zeile; die Auswirkung wird nach oben und die Ursache nach unten eingetragen. Daher ist leicht die Weitergabe der Informationen von einer höheren zur nächst niederen FMEA ersichtlich (Tabellen 3-6 und 3-7).

INTEGRIERTES METHODEN-SYSTEM										
Systematik des Integrierten-Methoden-Systems			* FW = Fehlerauswirkung　FB = Fehlerauswirkungsbegrenzung FA = Fehlerart　FE = Fehlerentdeckung FU = Fehlerursache　FV = Fehlervermeidung							
Method. Elemente FMEA-Art	Betrachtungs- einheit (BE)	Funktion (FU)	Fehler *　FW FA FU	Derzeitige　FB Maß-　FE nahmen *　FV	Risikobe- wertung S | E | A | RZ				Einzuführende Maßnahmen	Bemerkungen
System-/ Produkt	Gerät	Kunden- Forderung Funktion	LV-Nichter- füllung / Beeinträch- tigung							
Konstruktion	Bauteil	Teile- Merkmal	KM- Abweichung Versagensart							
Prozeß	Arbeitsschritt	Teile- Merkmal	TM- Abweichung							
Produktion	Teile- Merkmal	Prozeß- Merkmal	PM- Abweichung							
			Fehler 5M-Einfluß- größen							

Tabelle 3-5　　Das Formular der TOP-DOWN-FMEA /120/

INTEGRIERTES METHODEN-SYSTEM

Systematik des Integrierten-Methoden-Systems

* FW = Fehlerauswirkung   FB = Fehlerauswirkungsbegrenzung
  FA = Fehlerart   FE = Fehlerentdeckung
  FU = Fehlerursache   FV = Fehlervermeidung

Method. Elemente / FMEA-Art	Betrachtungs-einheit (BE)	Funktion (FU)	Fehler * / FW FA FU	Derzeitige Maß-nahmen * / FB FE FV	Risikobewertung S	E	A	RZ	Einzuführende Maßnahmen	Bemerkungen
Produkt-Entwicklung										
Bauteil-Konstruktion										
Prozeß-Planung										
Produktions-Vorbereitung (s. Zink Seite 272)										

Tabelle 3-6   Konstruktions-FMEA im Top-Down-Formular /120/

INTEGRIERTES METHODEN-SYSTEM

Systematik des Integrierten-Methoden-Systems

* FW = Fehlerauswirkung   FB = Fehlerauswirkungsbegrenzung
   FA = Fehlerart   FE = Fehlerentdeckung
   FU = Fehlerursache   FV = Fehlervermeidung

Method. Elemente FMEA-Art	Betrachtungseinheit (BE)	Funktion (FU)	Fehler * FW FA FU	Derzeitige Maßnahmen * FB FE FV	Risikobewertung S	E	A	RZ	Einzuführende Maßnahmen	Bemerkungen
Produkt-Entwicklung										
Bauteil-Konstruktion										
Prozeß-Planung										
Produktions-Vorbereitung (s. Zink Seite 272)										

Tabelle 3-7   Prozeß-FMEA im Top-Down-Formular /120/

Das TOP-DOWN-Formular zeigt im Gegensatz zum bisherigen Verständnis der FMEA-Ebenen eine vierte Ebene, die Ebene der Produktions-Vorbereitung. Einen Auszug über alle vier Ebenen findet sich in Tabelle 3-8.

Vor- und Nachteile
Der große Vorteil dieser Art der FMEA-Dokumentation besteht in der Transparenz. Das Formular bietet die Möglichkeit, alle Ebenen auf einem Blatt darzustellen. Mit dieser Vorgehensweise ist gewährleistet, daß die Prozeß-FMEA auf der Konstruktions-FMEA logisch aufbauen kann, da alle notwendigen Informationen vorliegen. Zudem kann ein Simultaneous Engineering stattfinden, da für die Anfertigung der nächst niederen FMEA-Stufe Teilauszüge der übergeordneten Stufe frühzeitig weitergegeben werden können.

Leider besitzt diese auf den ersten Blick optimale Art der Durchführung einen nicht zu widerlegenden Nachteil. Für jede Änderung bzw. Ergänzung zur jeweils untersuchten Fehlerkategorie muß ein neues Formular angefertigt werden, wodurch sich der Arbeitsaufwand unverhältnismäßig erhöht. Weiterhin besteht das Problem der Ablage, da solch immense Massen Papier auch gelagert werden müssen, um eine sinnvolle Dokumentation zu gewährleisten.

3.4 Die Matrix-FMEA

Die Matrix-FMEA ist eine weitere Möglichkeit einer geänderten FMEA-Anfertigung. Die Vorgehensweise ist die gleiche wie bei der Standard-FMEA, d.h., die einzelnen FMEA-Ebenen werden weiterhin, im Gegensatz zur Top-Down-FMEA, auf getrennten Ebenen durchgeführt.

Im Unterschied zur Top-Down-FMEA soll mit der Matrix-FMEA jedoch keine vollkommen geänderte FMEA erstellt werden. Sie ist lediglich der Versuch, bestehende Redundanzen zu vermeiden, um so den immensen Arbeitsaufwand der Standard-FMEA zu verringern. Dies geschieht speziell durch die Verknüpfung der einzelnen Spalten der Standard-FMEA in Matrizenform. Eine solche Verknüpfung hat den Vorteil, daß sich z.B. auftretende, gleichartige Fehlerursachen bei unterschiedlichen Fehlerarten nicht mehr wiederholen,

INTEGRIERTES METHODEN-SYSTEM

Systematik des Integrierten-Methoden-Systems

* FW = Fehlerauswirkung FB = Fehlerauswirkungsbegrenzung
FA = Fehlerart FE = Fehlerentdeckung
FU = Fehlerursache FV = Fehlervermeidung

Method. Elemente / FMEA-Art	Betrachtungs-einheit (BE)	Funktion (FU)	Fehler* FW FA FU	Derzeitige Maß-nahmen* FB FE FV	S	E	A	RZ	Einzuführende Maßnahmen	Bemerkungen
	ABS/ASR 2E (BMW)	—	Verminderte Traktion	—	3	—	—	—		
Produkt-Entwicklung	(ASR) Druckbegren-zungsventil	Systemdruck begrenzen	Öffnungsdruck zu niedrig	Hysterese vorgegeben / Hysterese gemessen	10		—	—		
Bauteil-Konstruktion	Dichtbolzen (mit Kugel) (≙Pos. 4)	Ventilsitz abdichten	Ventilsitz undicht	Max. Leckage vorgeschrieben / Leckage überprüft		4	3	90		
Prozeß-Planung	Schweißen Kugel	Rundheit [0 | 0.01]	Kugel unrund (Wärmeverzug)	Rundheit vorgeschrieben / Rundheit überprüft		3	4	48		
Produktions-Vorbereitung (s. Zink Seite 272)	Rundheit [0 | 0.01]	Schweiß-geschwindig-keit	Schweiß-geschwindig-keit zu gering	Schweißgeschw vorgeschrieben / Schweißgeschw überprüft		2	3	27		
			Einstellung zu niedrig (5 M)	MA-Unterweisung			4	24		

Tabelle 3-8 Auszug einer Top-Down-FMEA über vier Ebenen /120/

sondern lediglich einmal aufgeführt und in einer Relationsmatrix verknüpft werden. Diese einmalige Art der Aufführung bezieht sich auf alle redundant auftretenden Fehlerkenngrößen. Es besteht somit mit Hilfe der Matrix-FMEA die Möglichkeit, eine im Normalfall durch zahlreiche Redundanzen umfangreiche FMEA-Dokumentation auf wenige Seiten zu beschränken. Ein Beispiel für die Anfertigung einer Matrix-FMEA zeigt die Tabelle 3-9.

Fehlerarten									
A	B	C	D	E	F	G	H		
	X					X		I	Fehlerauswirkung
	X		X				X	J	
X		X			X			K	
X			X		X			L	
				X	X		X	M	
X				X				N	
		X				X		O	
			X			X		P	
X					X	X		1	Fehlerursache
	X	X				X	X	2	
X	X		X				X	3	
	X		X	X	X			4	
				X		X		5	
X		X			X		X	6	
X		X	X		X	X		7	
	X			X		X	X	8	

Tabelle 3-9   Verknüpfungen der Matrix-FMEA

Vor- und Nachteile

Der große Vorteil der Matrix-FMEA ist die Verhinderung von Redundanzen. D.h., jede Fehlerkenngröße wird lediglich einmal aufgeführt. Diese Größen können in Relationsmatrizen verknüpft werden. Durch solch eine Technik verringert sich der Arbeitsaufwand der FMEA-Dokumentation erheblich. Die Nachteile dieser FMEA-Art sind jedoch ähnlich denen der Standard-FMEA.

Auch die Matrix-FMEA muß mit einer fehlenden Transparenz im Informationsfluß zwischen den unterschiedlichen Ebenen leben. Zudem bewirkt die komplexe Matrix-Verknüpfung eine Unübersichtlichkeit, da die einzelnen Achsen weit auseinander liegen können.

3.5   Design of Experiments

Unter dem Begriff **Design of Experiments** (DoE) zu deutsch **statistische Versuchsplanung** (SVP), sind alle an der Statistik orientierten Verfahren zusammengefaßt, deren Ziel es ist, mit möglichst geringem Aufwand Produkte und Prozesse zu optimieren, d.h. im Rahmen der präventiven Qualitätssicherung **robuste** Konstruktionen und Prozesse zu realisieren. Dabei werden in detailliert erstellten Versuchsplänen die Einflußfaktoren, und deren gezielte Variation, auf die Qualitätsmerkmale bestimmt und der Versuchsaufwand unter dem Aspekt Robustheit, Genauigkeit, möglichst geringe Kosten und Zeitaufwand, optimiert. Die Methoden des DoE sind ausführlich im Band "Versuchsmethoden in Qualitäts-Engineering" (H. Quentin) der Reihe "Qualitäts- und Zuverlässigkeitsmanagement" dargestellt und werden deshalb hier nur kurz behandelt.

Klassische Versuchsplanung

Die sogenannte klassische Versuchsplanung geht auf R.A. Fisher /65/ zurück, der erstmalig zur Auswertung von praktischen Versuchsplänen die Gewichtung der Einflußfaktoren auf Versuchsergebnisse mit der von ihm entwickelten **Varianzanalyse** – die heute neben der **Regressionsanalyse** als eines der allgemeinsten statistischen Prüf- und Analyseverfahren angesehen wird – quantitativ bestimmte.

Bei den klassischen **Versuchsplänen** unterscheidet man zwischen **faktoriellen** (z.B. einfaktoriell, es wird bei jedem Versuchsablauf jeweils **ein** anderer Einflußfaktor verändert; vollfaktoriell, es werden alle Einflußfaktoren variiert oder teilfaktorisiert), **quadratischen** (es werden drei oder maximal vier Einflußfaktoren untersucht) und **deterministischen** (z.B. Gauß-Seidel-Plan mit drei Einflußfaktoren) Plänen.

Die klassische Versuchsplanung verfügt prinzipiell über zwei Werkzeuge, um den Versuchsaufwand, im Gegensatz zum vollständigen Versuch, erheblich zu reduzieren. Dies ist zum einen die Verwendung bestimmter orthogonaler Felder, mit denen wichtige Faktoren bestimmt werden. Hierbei ist zu beachten, daß der Aufwand jeweils der doppelten Anzahl der Zeilen entspricht, da zwei Meßreihen gefahren werden, um die richtige Auswahl der signifikanten Faktoren zu gewährleisten. Zum anderen werden sogenannte Teilfaktoren- pläne verwendet. Diese Methode ist eine "Off-Line"-Methode, d.h. sie ist in der Lage, sowohl Produkte als auch Prozesse zu optimieren.

Die klassische statistische Versuchsplanung zeichnet sich durch eine Viel- zahl von mathematischen Ansätzen und methodischen Vorgehensweisen aus. Als Nachteil wird allgemein der relativ hohe Aufwand angesehen.

Die Taguchi-Methode (Robust Design)

Die von dem japanischen Ingenieur Genichi Taguchi entwickelte Methode (1960) ist eine Abwandlung der klassischen Versuchsplanung mit dem Ziel, eine Aufwandsreduzierung durch Vorauswahlverfahren von sogenannten we- sentlichen Einflußfaktoren bei teilfaktoriellen orthogonalen Versuchsplä- nen, im Vergleich zum Vollversuch, zu erzielen. Die Methode ist ausführlich u.a. in /123/, /148/, /193/, /252/, /253/, /254/ dargestellt.

Taguchi unterscheidet prinzipiell zwischen zwei Einflußgrößen, die **Steuer-** und die **Störgröße**. Steuergrößen sind dabei solche Einflußgrößen, mit de- nen Prozesse gewollt beeinflußt werden können. Störgrößen beeinflussen einen Prozeß ungewollt und sind deshalb kaum zu beherrschen.

Mit seiner Philosophie von der **Verlustfunktion** (Bild 3-6) – der Verlust ist proportional zum Quadrat des Abstandes vom Sollwert – rechtfertigt Taguchi seine Methode und bietet eine grundsätzlich neue Betrachtungsweise für den Begriff "Qualität":

> "Die Qualität eines Produktes ist der (minimale) Verlust, den das Pro- dukt der Gesellschaft verursacht, nachdem es das Werk verlassen hat".

Der gesellschaftliche Verlust besteht dabei aus Garantie (Nutzungsausfall), Schadenersatzkosten, Kundenunzufriedenheit, Verlust von Marktanteilen u.a. Die aus der Qualitätsverlustfunktion hervorgehende analoge, steht der im- mer noch verbreiteten binären Denkweise ("gut", "schlecht") entgegen (Bild

3-7). So werden beispielsweise in Bild 3-7 die Teile A,B als "gut" angesehen, obwohl der Kunde – infolge der Nähe – die Teile B und C als "schlecht" bewerten würde.

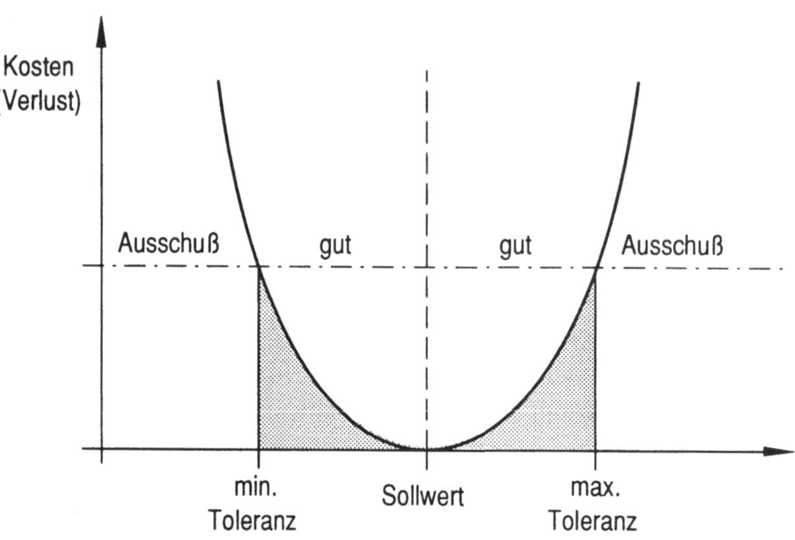

Bild 3-6   Qualitätsverlustfunktion nach Taguchi

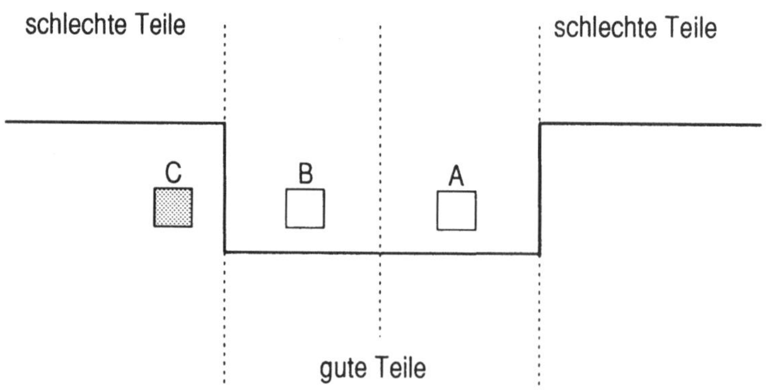

Bild 3-7   Binäre Qualitätsfunktion

Um einen möglichst geringen Qualitätsverlust zu erreichen, verwendet die Taguchi-Methode orthogonale Felder und eine aus der Nachrichtentechnik stammende **Signal-Rausch-Analyse** zur Findung der störungssichersten Parameterkombination. Da durch die Anwendung orthogonaler Felder die Versuchszahl im Verhältnis zum Vollversuch stark eingeschränkt ist, muß zum Ende ein sogenanntes Bestätigungsexperiment durchgeführt werden, um einen Beweis für die Richtigkeit der Annahme der Parametereinstellung zu treffen.

Dieses Bestätigungsexperiment darf nicht vernachlässigt werden, da im Normalfall die günstige Kombination nicht durch den Versuch alleine, sondern durch zusätzliche Interpretation der Einzelergebnisse gefunden wird. Weiterhin ist darauf zu achten, daß Wechselwirkungen zwischen einzelnen Parametern nicht vorhanden oder, wenn doch, zumindest bekannt sind. Als weitere Grundvoraussetzung muß ein Zielwert vorgegeben werden. Es reicht nicht, eine Optimierungsrichtung vorzugeben, da die Methodik auf dem Gedanken beruht, eine möglichst geringe Abweichung von einem bestimmten Wert durch optimale Einstellung zu erreichen.

Der letzte Punkt der Vorbereitung betrifft die Bestimmung signifikanter Einflußgrößen. Dies geschieht mit Hilfe eines "**Brainstormings**". Die Ergebnisse eines solchen "Brainstormings" lassen sich mit Hilfe von "Ishikawa-Diagrammen" zum besseren Verständnis visualisieren. Abschließend sind die gefundenen Einflußgrößen in Steuer- und Störgrößen zu unterteilen, da eine sinnvolle Durchführung nur mit leicht zu beeinflussenden Parametern gegeben ist. Die Steuerparameter können prinzipiell in zwei Kategorien unterteilt werden: in lineare und nicht lineare Parameter. Lineare Parameter lassen lediglich die Einstellung auf einen Nominalwert zu, nicht lineare hingegen besitzen ein Optimum, bei dem eine Abweichung die geringste Streuung besitzt.

Um die Wirkungen der Steuergrößen zu bestimmen, werden Versuche durchgeführt, bei denen die einzelnen Größen über mehrere Stufen variiert werden. Die Versuchspläne, die als Grundlage dienen, nennt man "**orthogonale Felder**".

Nachdem die Versuche anhand des ausgewählten orthogonalen Feldes für die Steuerparameter durchgeführt wurden, läßt sich die Kombination von Parametern finden, die dem vorgegebenen Sollwert am nächsten kommt. Das Flußdiagramm der Taguchi-Methode zeigt Bild 3-8.

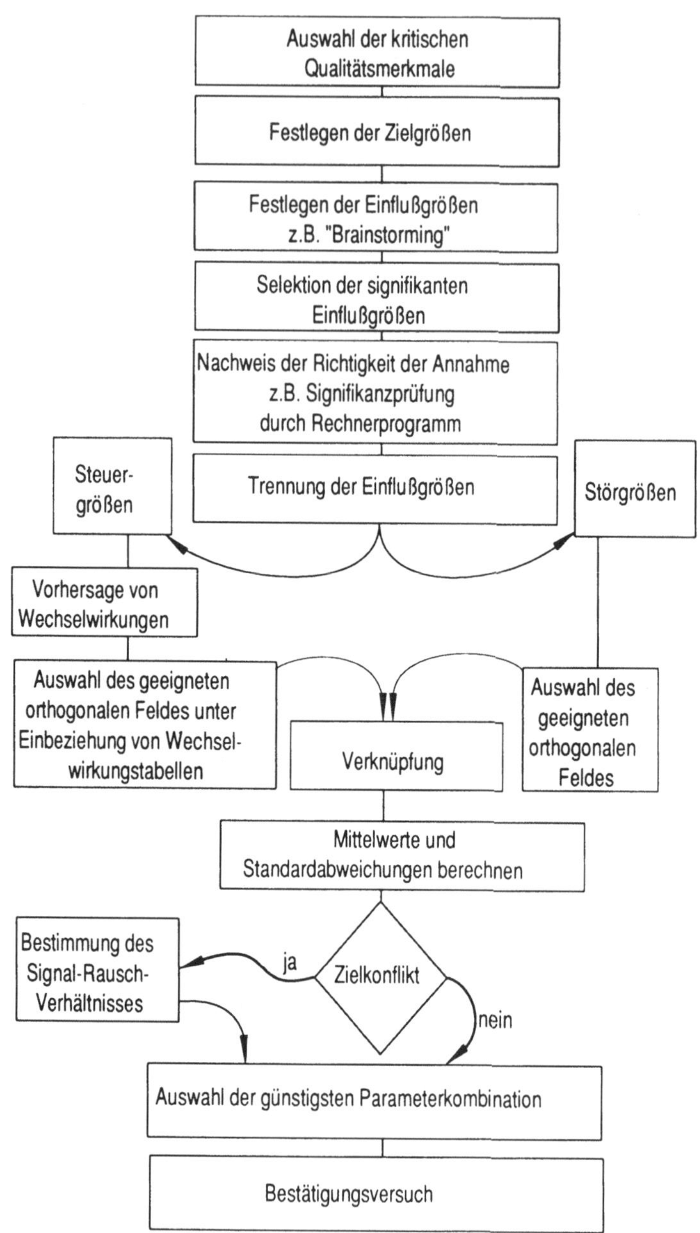

Bild 3-8   "Flow-Chart" für die Taguchi-Methode

Vor- und Nachteile

Der unumstrittene Vorteil der Taguchi-Methode ist die extreme Aufwandsreduzierung durch den Einsatz orthogonaler Felder. Diese Reduzierung gilt bei größeren Feldern auch bei der Verknüpfung von "Inner-" und "Outer-Arrays". Leider besitzt die Taguchi-Methode jedoch eine Vielzahl von Schwachstellen, die teilweise unterdrückt werden können, teilweise aber auch grundlegend sind. Der berechtigte Einwand, ein "Brainstorming" kann zur falschen Wahl signifikanter Einflüsse führen, läßt sich durch den Einsatz von Signifikanzprüfungen, z.B. des Variablenvergleichs von Shainin, neutralisieren. Selbst durch den zusätzlichen Aufwand von z.B. achtzehn Versuchen bei sieben Variablen wäre der Aufwand im Vergleich zum Vollversuch mit 128 Versuchen gering.

Der nicht zu behebende, gravierendste Nachteil dürfte jedoch der sein, daß die Methode nicht dazu in der Lage ist, Wechselwirkungen zwischen den einzelne Parametern zu finden, sondern diese als bekannt bzw. nicht vorhanden voraussetzt. Dadurch ist der konsequente Einsatz der Taguchi-Methode bei komplexen Vorgängen wahrscheinlich zum Scheitern verurteilt.

Die Shainin-Methode

Die von dem amerikanischen Unternehmensberater Dorian Shainin entwickelte Methode des DoE ermöglicht es, mittels gezielt angelegter Vorversuche eine systematische, praktische Isolierung weniger, markanter Einflußparameter, deren Zusammenhänge in einem klassischen Vollversuch untersucht werden, zu ermitteln (siehe u.a. /230/, /201/, /123/).
Die Shainin-Methodik ist eine reine "On-Line"-Methode, d.h. sie findet erst Anwendung, nachdem ein fehlerhaftes Produkt entstanden ist. Da das Produkt also bereits vorhanden sein muß, konzentriert sich Shainin darauf, den Herstellungsprozeß zu optimieren, weil eine Korrektur des Produktes einen immensen Zeit- und Kostenaufwand nach sich ziehen und somit dem Grundgedanken der Philosophie der präventiven Qualitätssicherung zuwiderlaufen würde.
Ein Hauptmerkmal dieser Methode ist die Einbeziehung des sogenannten **"Pareto-Prinzips"**.

> "Ein Phänomen, das theoretisch sehr viele Ursachen haben kann, hat in Wirklichkeit nur sehr wenige Ursachen die relevant sind".

Die Methode von Shainin läßt sich in vier Hauptgruppen unterteilen.

1. **Grobe Selektion:** Hierzu verwendet die Methode die Verfahren Komponententausch, Multi-Vari-Charts oder paarweise Vergleiche. Das Ziel dieser Stufe ist es, die Zahl der Einflußgrößen auf einen Wert von ≤ 20 zu reduzieren.

2. **Feine Selektion:** Als Hilfsmittel dient der Variablenvergleich. Das Ziel ist die Reduzierung signifikanter Einflußgrößen auf eine Wert ≤ 4 .

3. **Bestimmung der günstigsten Parameterkombination:** Shainin verwendet den Vollversuch, um Wechselwirkungen zu berücksichtigen.

4. **Kontrolle und Optimierung:** Hier kommen A-zu-B-Vergleiche und Streudiagramme zur Anwendung, um die Richtigkeit der zuvor gewonnenen Erkenntnisse zu untermauern.

Der Ablauf der Shainin-Methode geht aus Bild 3-9 hervor.

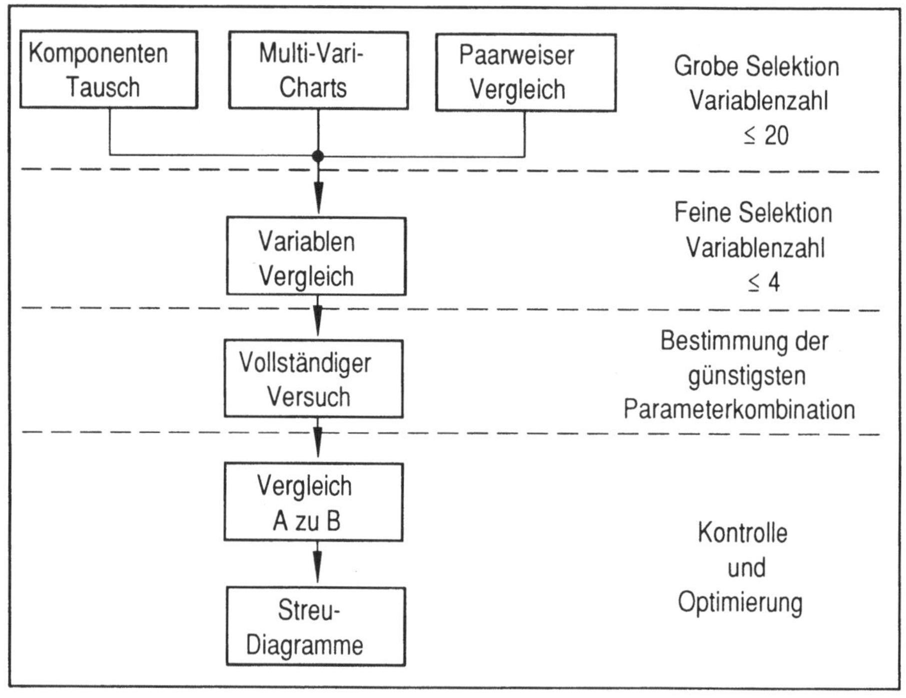

Bild 3-9   "Flow-Chart" für die Shainin-Methode

Vor- und Nachteile

Die Shainin-Methode ist eine "leicht verständliche" Kombination verschiedener Einzelmethoden zur Optimierung bestehender Prozesse. Sie ist durch die versuchsorientierte Auslegung anwenderorientiert. Es werden keine komplexen mathematisch-statistischen Kenntnisse vorausgesetzt und keine Gratwanderungen unternommen, da Wechselwirkungen nicht wie bei Taguchi wegdefiniert werden.

Shainins Vorgehensweise ist im Gegenteil dazu in der Lage, Wechselwirkungen aufzudecken. Daher kann diese Methode auch bei komplexen Prozessen angewendet werden, wobei mit sinnvollen Ergebnissen zu rechnen ist.

Nachteilig ist jedoch, daß sie eine reine "O-L"-Methode ist, d.h. um mit ihr zu arbeiten, müssen fehlerhafte Produkte zumindest in der Vorserie auftreten. Trotzdem kann sie als präventive Qualitätssicherungsmethode angesehen werden, da die gewünschte Fehlerkorrektur nur einmal vorgenommen wird. Mit Hilfe einer Überwachung durch die statistische Prozeßregelung, soll ein stabiler und somit fehlervermeidender Prozeß erreicht werden. Dies zeigt, daß die Shainin-Methode einen präventiven Charakter hat.

Als Schwachpunkt sei die Vorgehensweise bei der Feinselektion erwähnt. Mit Hilfe des Variablenvergleichs kann lediglich die Kombination von Parametern gefunden werden, die ein vorgegebenes Optimum erreicht.

Eine weitere, aber sehr bedeutsame Schwachstelle ist die geringe Zahl der untersuchten Parameter, wodurch einerseits die Zahl der nötigen Versuche zwar erheblich reduziert wird, andererseits aber nur sehr starke Effekte nachgewiesen werden können.

Tabellarischer Vergleich der drei Methoden

Die nachfolgende Tabelle 3-10 charakterisiert im Rahmen einer Kurzübersicht noch einmal die Merkmale und Gemeinsamkeiten der vorstehend kurz erläuterten drei Methoden der statistischen Versuchsplanung.

Fazit

Die Methoden haben – je nach Problemstellung des Anwenders – ihre Stärken und Schwächen und ergänzen sich in gewisser Weise. Lernen kann und sollte man jedoch von allen drei Methoden.

Kriterien	Methoden des DoE		
	Klassische Versuchsplanung	Taguchi	Shainin
Elemente der Durchführung	vollständige Versuche, Einfaktorversuche, Teilfaktorplan, Orth.Feld OF12	unvollständige Versuche mit geeignetem orthogonalen Feld	verschiedene Werkzeuge z.B. Paarweiser Vergleich und Vollversuch
Untersuchungsrahmen	alle Parameterkombinationen, eventuell Selektion	nur bestimmte Kombinationen von Parameterstufen	Selektion über vier Phasen
Aufwand	hoher bis mäßiger Aufwand	mäßiger Aufwand	mäßiger Aufwand
Selektionsprinzip	hohe Selektion durch Brainstorming und Beachtung des Pareto-Prinzips	geringe Selektion durch Brainstorming	hohe Selektion durch Brainstorming u. Anwendung des Pareto-Prinzips
Parametertrennung	keine Trennung	Trennung in Steuer- u. Störparameter	keine Trennung
Mathematischer Aufwand	relativ groß, gute Statistikkenntnisse sind erforderlich	relativ komplexe mathematische Zusammenhänge	geringe statistische Kenntnisse, da versuchsorientiert
Versuchsauswertung	Auswertung statistisch aufwendig	Auswertung statistisch sehr aufwendig	Auswertung relativ einfach
Wechselwirkungen (WW)	WW werden aufgedeckt, Einplanung bis zum zweiten Grad	WW müssen vorhergesagt werden, sollen aber möglichst vernachlässigbar sein	WW werden aufgedeckt und berücksichtigt
Methodenstellung			
- Konstruktion	"Off-Line"-Methode	"Off-Line"-Methode	nicht anwendbar
- Prozeß	"Off-Line"-Methode	gilt als "Off-Line"-Methode, liegt aber an der Grenze	"On-Line"-Methode

Tabelle 3-10   Tabellarischer Vergleich der Methoden des DoE

4 Fehlerbetrachtung, Strukturanalysen und Redundanzprinzipien bei elektronischen Systemen

In vielen Bereichen der Technik haben Elektroniksysteme Funktionen übernommen, die zuvor von mechanischen, pneumatischen oder hydraulischen Bauteilen ausgeführt wurden.

Beim Ersatz einer bewährten Technologie durch eine andere wird gefordert, daß die neuen Komponenten und die daraus aufgebauten Systeme deutliche Vorteile im Vergleich zu den erprobten Ausführungen mit mindestens gleicher Zuverlässigkeit verbinden.

In Anlehnung an /244/ und /104/, die sich zwar beide am Elektronikeinsatz im Kraftfahrzeug orientieren, deren Ausführungen sich jedoch auch auf andere Einsatzbereiche übertragen lassen, stellen sich die **Vorteile** elektronischer Systeme wie folgt dar:

➤ Elektronische Systeme sind klein und leicht. Sie lassen sich also gut in schon bestehende Konzepte integrieren.

➤ Wartungsarbeiten können weitgehend entfallen, da elektronische Systeme keinem unmittelbaren Verschleiß unterliegen.

➤ Die hohe Verarbeitungsgeschwindigkeit elektronischer Schaltungen ermöglicht eine schnellere und zudem präzisere Bearbeitung komplexer Probleme. Weiterhin wird dadurch eine schnellere und sichere Reaktion auf Fehler möglich.

➤ Systeme, die bisher mit den herkömmlichen Techniken nicht verwirklicht werden konnten, sind jetzt durch die Möglichkeiten neuer komplexer Verbindungen realisierbar.

➤ Rechen- und Speicherfunktionen erlauben die Bereitstellung, Verwaltung und Verarbeitung umfassender Datenmengen.

➤ Der sinkende Hardwareanteil ermöglicht in Verbindung mit der Zunahme der Software zur Aufgabenerfüllung die Kompatibilität unter den Systemen. Vorausgesetzt wird dabei die Verwendung gleicher Betriebssysteme.

Den genannten Vorteilen stehen die folgenden **Nachteile** entgegen:

➤ Da an ihnen kein sichtbarer Verschleiß feststellbar ist, fallen elektronische Systeme ohne Vorwarnung aus. Eine präventive Instandhaltung ist also nur durch den Austausch ganzer Systeme oder Systemgruppen möglich.

➤ Die oben erwähnten Gewichtsvorteile gegenüber Systemen herkömmlicher Technik werden teilweise dadurch kompensiert, daß wegen der Sensibilität elektronischer Systeme im Hinblick auf äußere Störeinflüsse oft aufwendige Kapselungen oder Verpackungen nötig sind. Dadurch bedingt ergeben sich ebenfalls Probleme bei der Realisierung der erforderlichen Wärmeabfuhr.

➤ Aktuatoren, d. h. die elektrisch betätigten Stellglieder als periphere Bestandteile des elektronischen Gesamtsystems, die vom Zuverlässigkeitsniveau der Steuergeräte sind, existieren nur in geringem Umfang.

➤ Die Informationslieferanten (Sensoren) und die ausführenden Glieder (Aktuatoren) bilden eine zusätzliche Ausfallquelle und beeinflussen die Geschwindigkeit, mit der das System auf Informationen reagiert.

➤ Da die Funktion eines elektronischen Bauteils nicht sichtbar ist, machen die Diagnose und Reparatur von Fehlern eigene Meßgeräte erforderlich.

➤ Hinsichtlich des Kosten-Nutzen-Aspekts stellt sich die Realisierung elektronischer Systeme als Optimierungsproblem dar, wenn die einzelnen Komponenten vom gleichen technischen Niveau sein sollen.

Im Hinblick auf ihre Effektivität und Sicherheit erfordern elektronische Systeme unter Berücksichtigung ihres speziellen Ausfallverhaltens besondere Schaltungskonzepte, die in Abhängigkeit vom Gefährdungspotential des jeweiligen Prozesses schon in der Phase der Planung zu berücksichtigen sind, um mögliche Fehler im späteren Betrieb zu beherrschen.

4.1 Charakterisierung von Fehlern

Ein Fehler ist nach /VDI VDE 3542/ definiert als die *"Nichterfüllung mindestens einer Anforderung an ein erforderliches Merkmal einer Betrachtungseinheit"*.

Von Fehlern in technischen Systemen spricht man also, wenn der Istzustand eines Betrachtungsmerkmals von dessen Sollzustand, vorgegeben durch seine Aufgabenstellung, abweicht, wobei diese Abweichung unzulässig sein muß. "Als 'unzulässig' kann eine Abweichung aber nur dann bezeichnet werden, wenn es in ihrer Auswirkung nicht mehr möglich ist, das in der Aufgabenstellung festgelegte Systemziel zu erreichen" /71/ .

Für technische Systeme wird gefordert, daß Fehler nicht zu einer Gefährdung führen dürfen. Da die Nichterfüllung einer Funktion sich aber jederzeit gefährlich auswirken kann, müssen Fehler in einem ersten Ansatz vermieden werden, d. h. ihrer Entstehung ist vom Anfang der Entwicklung eines technischen Systems an entgegenzuwirken.

Ist die Fehlervermeidung nicht realisierbar, müssen die entsprechend möglichen Fehler beherrscht werden. Dazu muß sich das System im Falle einer Störung fehlertolerant verhalten, so daß eine Gefährdung vermieden wird.

In Abhängigkeit von der Art und Weise ihrer Entstehung sowie den Maßnahmen, mit denen man ihnen begegnet, unterscheidet man im wesentlichen vier Arten von Fehlern, die nachfolgend erläutert werden sollen.

Systematische Fehler

Systematische Fehler sind bereits von der Phase der Konstruktion und der Fertigung an im System vorhanden und lassen sich im allgemeinen auf Denk- oder Ausführungsfehler zurückführen. Dabei läßt sich ihre Entstehung grundsätzlich rekonstruieren, d. h. der Fehler geht auf eine bestimmbare und reproduzierbare Ursache zurück. Man bezeichnet solche Ursachen auch als deterministisch.

Im Betrieb bleiben systematische Fehler im Regelfall solange unerkannt, bis sie infolge bestimmter Situationen oder Umstände plötzlich auftreten und dabei zu einem Versagen auf der Bauteil- und/oder Systemebene führen.

Nach der Vornorm /DIN V VDE 0801/ sind systematische Fehler "prinzipiell vermeidbar, wenn auch in der Praxis für bestimmte Fehler eine vollständige Vermeidung nur schwer oder nur mit sehr hohem Aufwand zu erreichen ist".

Führen systematische Fehler zu mehreren Abweichungen im System, so bezeichnet man sie auch als Common-Mode-Fehler. Das gleichzeitige, auf einen gemeinsamen Fehler zurückzuführende Versagen mehrerer Komponenten bzw. Teilsysteme faßt man dementsprechend in der Kategorie der Common-Mode-Ausfälle zusammen.

Zufällige Fehler

Alle Fehler, die erst in der Betriebsphase entstehen und die im wesentlichen in Abhängigkeit von der Lebensdauer der verwendeten Bauteile auftreten, bezeichnet man als zufällige Fehler. Es handelt sich hier also um Soll-Ist-Abweichungen, die sich nach der Integration, d. h. nach der Phase der Zusammensetzung der fertigen Einzelteile zum Gesamtsystem sowie nach der Inbetriebnahme selbsttätig und zufällig einstellen.

Ereignen sie sich, ohne daß äußere Einwirkungen zu den auslösenden Bauteilveränderungen geführt haben, so werden die zufälligen Fehler nach /DIN VDE 3542/, /DIN VDE 31000/ als Ausfälle bezeichnet. Entsprechend spricht man von Störungen, wenn äußere Einflüsse verursachend gewirkt haben.

Charakteristisch für Fehler, Ausfälle und Störungen ist in jedem Fall die Abweichung des "Ist" vom "Soll", so daß im folgenden in Übereinstimmung mit den oben erwähnten Normen für solche Abweichungen der Oberbegriff Fehler verwendet wird.

Resultierende zusätzliche Wirkungen und Folgefehler werden als dem Einzelfehler zugehörig angesehen und entsprechend behandelt. Man spricht in diesem Zusammenhang auch von systematischen Mehrfachfehlern als Folgewirkung von Einzelfehlern /DIN V VDE 0801/.

Handhabungsfehler
Unter Handhabungsfehler faßt man alle Fehler zusammen, die in der Betriebs- und Instandhaltungsphase durch unsachgemäßen Umgang mit dem System entstehen.

Fehler, die auf Flüchtigkeit oder Irrtum beruhen, bezeichnet man als unbeabsichtigte Handhabungsfehler. Diese treten insbesondere dann auf, wenn bestimmte Tätigkeiten routinemäßig und dadurch mit verminderter Aufmerksamkeit durchgeführt werden, oder wenn besondere Betriebsumstände mit erhöhter Belastung des Bedienungspersonals vorherrschen.

Werden Fehler beim Umgang mit dem System bewußt, jedoch ohne eine besondere kriminelle Absicht begangen, so handelt es sich um Fehler durch Manipulation, mit denen in der Regel ein persönlicher Vorteil erreicht werden soll.

Sabotage, d. h. Manipulationen, die kriminelle Absichten verfolgen, werden im Rahmen der folgenden Betrachtung nicht berücksichtigt /DIN V VDE 0801/ /DIN V 19250/.

Fehler durch Betriebs- oder Umgebungseinflüsse
Fehler durch Betriebs- oder Umgebungseinflüsse haben ihre Ursache in externen Ereignissen, die auf die Komponenten einwirken. Es können dies z. B. klimatische Einflüsse wie starke Temperaturschwankungen oder die Korrosion begünstigende Feuchtigkeit sein. Zu beachten sind aber auch Beeinflussungen infolge von Schwingungen sowie die besonders im Kraftfahr-

zeugverkehr relevanten leitungsgebundenen Störimpulse, die besonders deshalb problematisch sind, weil sie vielfach nur kurzzeitig und selten auftreten, aber trotzdem zum völligen Zusammenbruch der Systemfunktion führen können /243/.

Trotz sorgfältiger Planung und Fabrikation lassen sich Fehler in technischen Einrichtungen bekanntlich nicht vollständig vermeiden, so daß technische Systeme in der Praxis nicht absolut sicher sind.

"Es ist bekannt, daß bei bestimmten Technologien, insbesondere der höher integrierten elektronischen Schaltungstechnik, auch mit großem Prüfaufwand nicht immer gewährleistet werden kann, daß zu Betriebsbeginn eine Anlage vollkommen fehlerfrei ist" /DIN V 19250/. Beim Betrieb muß also mit möglichen Fehlern gerechnet werden, die sich im Hinblick auf die Vermeidung gefährlicher Zustände nur mit Maßnahmen zur Fehlerbeherrschung kontrollieren lassen.

Im folgenden soll deshalb den entsprechenden Mitteln zur Beherrschung von Fehlern in Systemen mit Sicherheitsverantwortung Priorität zugebilligt werden, wobei natürlich die Grundlagen zur Fehlerbeherrschung schon in der Konzeptphase im Sinne eines fehlertoleranten Ansatzes festzulegen sind.

4.2 Zuverlässigkeit und Sicherheit durch Fehlerbeherrschung und Fehlervermeidung

Maßnahmen zur Steigerung der Zuverlässigkeit sollen allgemein die Ausfallzeiten eines Systems durch Fehlervermeidung und Fehlerbeherrschung verringern. Hier ist gemäß der gesetzlichen Regelungen zum Schadensersatz eine auch für die technischen Verhältnisse gültige klare Unterscheidung nötig zwischen

"Sicherheit als derjenigen Eigenschaft einer Betrachtungseinheit, in vorgegebene Grenzen und vorgegebenen Zeiten keine Gefahren zu erzeugen oder zuzulassen, aus denen Schäden mit Rechtsgutverletzungen bei natürlichen und juristischen Personen entstehen können

und

> Zuverlässigkeit als derjenigen Eigenschaft einer Betrachtungseinheit, in vorgegebenen Grenzen und vorgegebenen Zeiten keine Gefahren zu erzeugen oder zuzulassen, aus denen Schäden (auch ohne Rechtsgutverletzungen) entstehen können" /71/.

Unter Rechtsgutverletzungen versteht man in diesem Zusammenhang nicht nur Personenschäden, sondern alle Schäden im streng juristischen Sinne, "für die eine irgendwie geartete Schadensersatzpflicht nach den Grundsätzen der Gefährdungs- oder Verschuldungshaftung besteht" /71/.
Wenn durch die Maßnahmen zur Steigerung der Zuverlässigkeit die Wahrscheinlichkeit des Auftretens gefährlicher Zustände gesenkt wird, resultiert daraus eine Erhöhung der Sicherheit.

Die zur Erhöhung von Zuverlässigkeit und Sicherheit zu ergreifenden Maßnahmen unterliegen dabei dem Wirtschaftlichkeitsprinzip /220/, d. h. es sollen vorgegebene Zuverlässigkeitsanforderungen mit einem minimalen Aufwand erzielt werden bzw. mit festgelegtem Aufwand ein Maximum an Zuverlässigkeit (Bild 4-1).

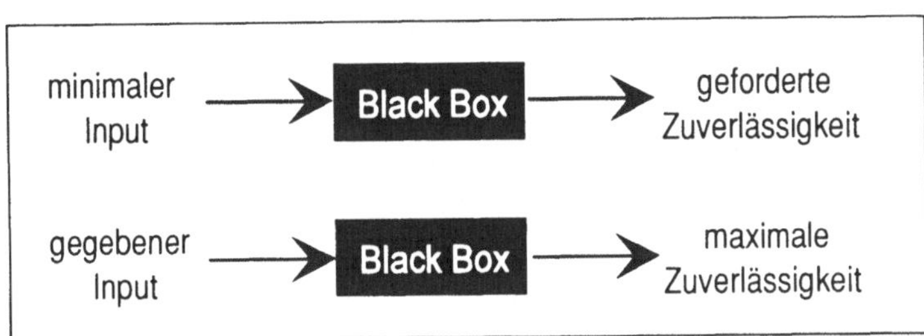

Bild 4-1   Das Wirtschaftlichkeitsprinzip der Zuverlässigkeit

Nach /227/ wäre es ideal, "könnte man für jede Einrichtung ein Sicherheitsniveau vorgeben und könnte man dieses Niveau mit möglichst geringen Kosten gezielt erreichen".
In einigen Bereichen werden heute Anforderungen an bestimmte Größen der Zuverlässigkeit gestellt, die vom Betreiber technischer Systeme zu erfüllen

und bei deren Zulassung nachzuweisen sind (siehe Kapitel 6). Dabei ist gerade der Sicherheitsnachweis zur Zulassung mit großem Aufwand verbunden. Im Sinne der Wirtschaftlichkeit existieren deshalb in vielen Bereichen Grundsätze zur technischen Zulassung von Komponenten und Systemen mit Sicherheitsverantwortung, die u. a. die schaltungstechnische Auslegung vorgeben.

4.2.1   Beherrschung von Fehlern

Fehler in elektronischen Systemen können bis zu einer bestimmten Anzahl an Fehlfunktionen durch fehlertolerierende Systemkonfigurationen ohne einen wichtigen Funktionsverlust verkraftet werden. Die Frage nach dem Einsatz und der Wahl der geeigneten Mittel ist abhängig von der Aufgabe und den Anforderungen an den Einsatzbereich der Elektronik.

Grundlage der Beherrschung von Fehlern ist deren Erkennung. Die Wahl der Mittel zur Fehlererkennung als Basis für die Fehlerbeherrschung wird dabei im wesentlichen vom Verhalten des Systems oder Prozesses im Fehlerfall bestimmt.
Im folgenden werden nur solche Maßnahmen behandelt, die eine Fehlerbeherrschung auf Systemebene ermöglichen. Die in diesem Zusammenhang nach /DIN V VDE 0801/ relevanten Parameter sind in Bild 4-2 dargestellt.

Abhängig von der Fehlersensibilität sind nach /74/ in der Sicherheitstechnik bei der Systemkonzeption zwei Prinzipien zu unterscheiden:

1.   Verträgt ein System den Ausfall einzelner sicherheitsrelevanter Bauteile oder Teilsysteme, ohne daß es zu einem gefährlichen Zustand kommt, so spricht man vom **Fail-Safe-Prinzip**. Hier gilt es, während des Betriebs auftretende Fehler zu beherrschen.

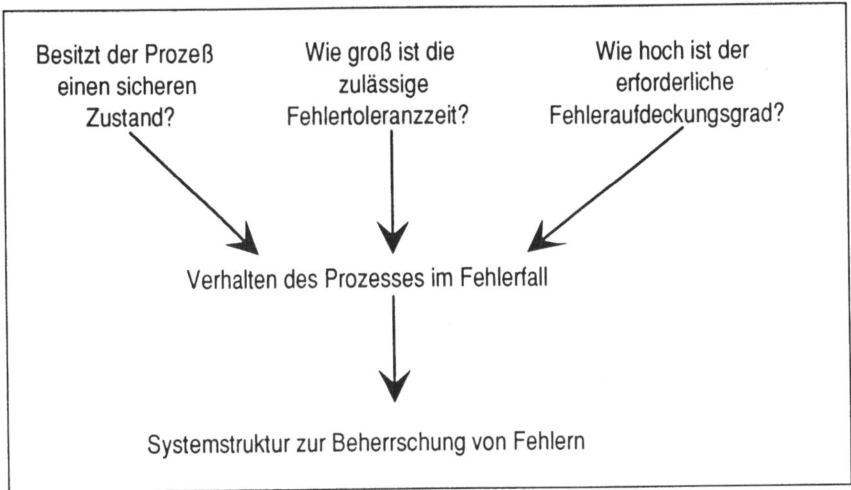

Bild 4-2   Parameter zur Systemgestaltung in Abhängigkeit vom Systemverhalten im Fehlerfall

2. Beim **Safe-Life-Prinzip** darf dagegen in der Betriebsphase kein sicher-
heitsrelevantes Bauteil ausfallen, da sonst ein unerwünschter, gefährlicher Zustand eintritt. Bei der Systemgestaltung geht man deshalb davon aus, daß ein solcher Ausfall nicht vorkommt. Man macht das System
lebensdauersicher.

Die beiden Prinzipien werden nachfolgend bei der Behandlung der Sicherheitsprinzipien im Bereich der Verkehrsluftfahrt (Kapitel 6) und im schienengebundenen Verkehr (Kapitel 7) noch eingehender erläutert. Die einzelnen
Maßnahmen zur Steigerung der Fehlertoleranz gehen aus Bild 4-3 hervor.

Um Fehlzustände eines Systems zu erkennen, Fehlstellen zu lokalisieren
und die Behandlung des Fehlers durchführen zu können, werden Fehlerdia-
gnosen nach folgendem Ablaufschema durchgeführt:

1. **Festlegung eines Fehlerkriteriums bzw. Testspezifikation**
    Durch exakte Charakterisierung des Testaufbaus, der Art des gesuch-
    ten Fehlers und der angestrebten Darstellung des möglichen Fehlers
    sollen dem Test Objektivität, Reliabilität (Genauigkeit des Tests) und
    Validität (Gültigkeit des Tests) vermittelt werden.

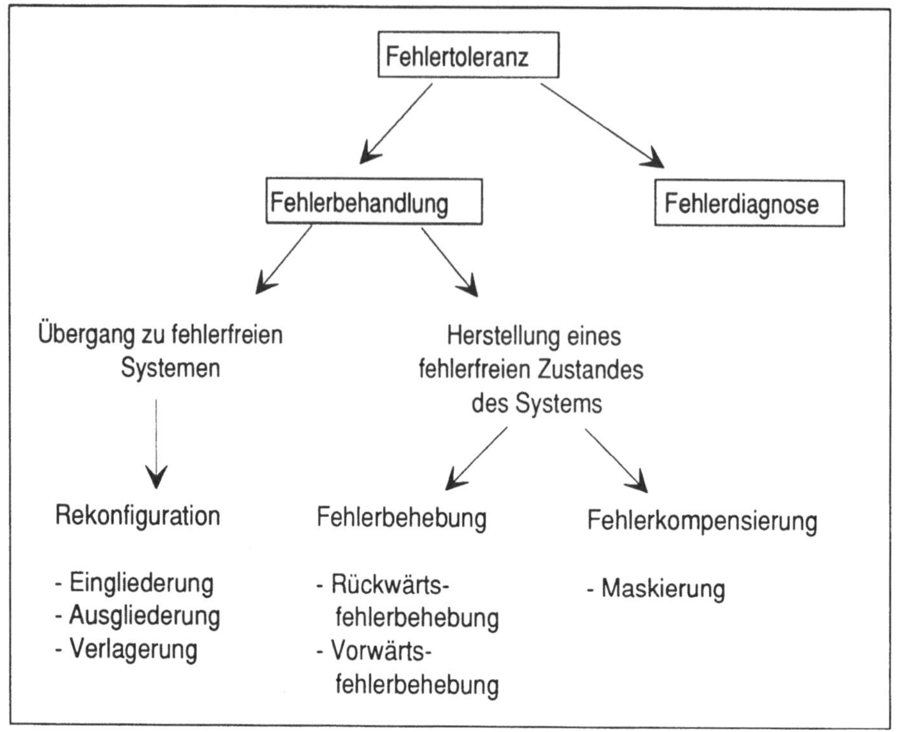

Bild 4-3   Darstellung der Maßnahmen zur Steigerung der Fehlertoleranz /35/

2.   Testausführung

Bei den verwendeten Testarten unterscheidet man Funktionstest und Strukturtest. Kennzeichnung des Funktionstestes ist es, daß angezeigt wird, auf welche Weise eine Funktionsbeeinträchtigung hervorgerufen wird. Im Gegensatz zu einem Strukturtest, der die innere Struktur der Subsysteme auf Fehler untersucht, ist bei einem Funktionstest die Kenntnis über die innere Struktur des überprüften Systems nicht notwendig.

Bei Fehlerdiagnosemaßnahmen ist es, unter dem Aufwand-Nutzen-Aspekt, nicht denkbar, die möglichen Ausfälle zu erkennen und diese anschließend in der Planung zu berücksichtigen. Ein fehlertolerant gestaltetes System besitzt die Möglichkeit, Ausfälle zu erkennen und unter Behandlung des auftretenden Fehlers (Fehlerbehandlung) die angestrebte Aufgabe in vollem oder eingeschränktem Umfang sicher zu Ende zu führen.

Das fehlertolerante System arbeitet dabei nach folgenden Gesichtspunkten:

➤ Fehlererkennung,
➤ Fehlerlokalisierung und anschließende
➤ Fehlerbehandlung.

Als Fehlertoleranzmaßnahme zur Steigerung der Systemzuverlässigkeit bieten sich bei einer Fehlerbehandlung prinzipiell zwei Möglichkeiten an. Zum einen kann man innerhalb des Gesamtsystems auf funktionierende Systeme zurückgreifen. Andererseits ist es möglich, das Gesamtsystem in einen fehlerfreien Zustand zurückzuversetzen. Der systeminterne Umbau auf ein fehlerfreies Gesamtsystem erfolgt durch Rekonfiguration.

Rekonfiguration
Die Systemaufgaben werden neu verteilt, so daß die Funktion der ausgefallenen bzw. fehlerhaften Einheiten durch noch intakte Einheiten übernommen wird. Der Ersatz der fehlerhaften Einheiten kann durch

➤ Ausgliederung der fehlerhaften Einheit vom System,
➤ Eingliederung einer Ersatzeinheit in das System oder
➤ Verlagerung der entsprechenden Teilaufgaben erfolgen.

Zur Herstellung eines fehlerfreien Zustandes werden im allgemeinen zwei Wege beschritten, die Fehlerkompensierung und die Fehlerbehebung.

Die **Fehlerkompensierung** zeichnet sich dadurch aus, daß das System trotz vorhandener Fehler innerhalb eines Subsystems nach außen hin fehlerfreie Ergebnisse liefert.

Maskierung
Durch den Einsatz eines Mehrheitsentscheidungssystems (siehe mehrkanalige Strukturen, Redundanz) werden die fehlerhaften Größen von der Bildung der Ausgangsgröße ausgeschlossen (maskiert).
Das Kennzeichen der **Fehlerbehebung** ist, daß sie das fehlerhafte System in einen funktionierenden Zustand überführt.

Rückwärtsfehlerbehebung

Nach dem Auftreten eines Fehlers wird das System in einen in der Vergangenheit eingenommenen, fehlerfreien Zustand zurückversetzt. Arbeitsgrundlage für dieses Verfahren ist, daß bereits während des Normalbetriebs die Rücksetzpunkte als Zusatzinformationen in anderen Systemen gespeichert werden. Je häufiger ein System aktuelle Rücksetzpunkte bildet, um so schneller und exakter kann ein auf einen Fehler folgender Systemstart erfolgen.

Vorwärtsfehlerbehebung

Bei der Vorwärtsfehlerbehebung nimmt das fehlerbehaftete System einen vorher festgelegten fehlerfreien Zustand ein. Durch Kenntnis des Systemablaufes und der Definition geeigneter Punkte für einen neuen Start kann das betrachtete System aus dem fehlerbehafteten in einen funktionierenden Zustand versetzt werden.

4.2.2   Anforderungsklassen

In Abhängigkeit von ihrem Gefahrenpotential verlangen technische Prozesse unterschiedliche Schutzmaßnahmen. Dabei gilt in der Regel, daß die sicherheitstechnischen Anforderungen um so höher sind, je größer das zu beherrschende Risiko ist. Als Mindestforderung ist das Risiko mindestens auf das sogenannte Grenzrisiko zu reduzieren. Unter Grenzrisiko wird nach /DIN VDE 31000/ das größte noch vertretbare Risiko eines technischen Vorganges oder Zustandes verstanden. Dabei wird das Grenzrisiko sowohl von objektiven als auch von subjektiven Einflußfaktoren bestimmt.

Die nachfolgenden Ausführungen beschränken sich im wesentlichen auf objektivierbare Risikofaktoren.

In /DIN V 19250/ wird ein qualitatives Verfahren zur Risikoabschätzung im Sinne der Festlegung der Sicherheitsanforderungen bei der Verwendung von MSR-Schutzeinrichtungen (MSR = Messen, Steuern, Regeln) beschrieben. Dabei geht es nicht um Risiken, die von einem technischen Gesamtsystem ausgehen, sondern um Einzelereignisse, die aus dem Versagen der MSR-Schutzeinrichtung resultieren. Das Verfahren ist anwendungs- und technologieunabhängig, läßt sich also auch auf die Verwendung elektronischer Komponenten mit MSR-Funktion im Schienen- und Flugverkehr beziehen.

Der Ablauf zur Festlegung der Schutzmaßnahmen bei der Verwendung elektronischer Komponenten zur Übernahme von MSR-Aufgaben ist in Bild 4-4 schematisch dargestellt.

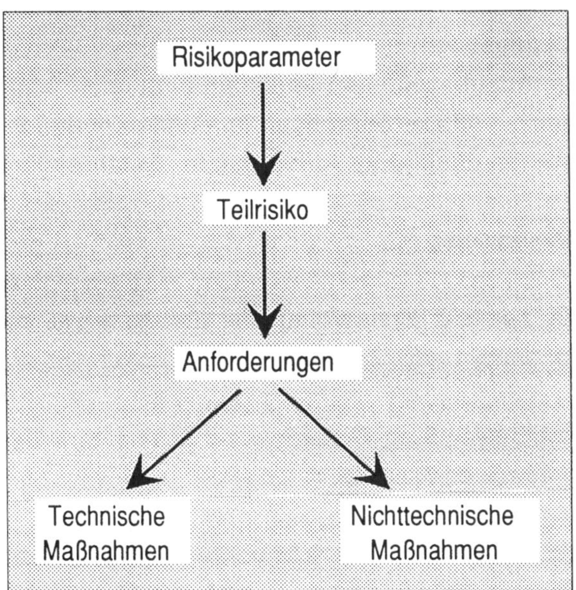

Bild 4-4   Risikoabschätzung zur Festlegung von Schutzmaßnahmen /DIN V 19250/

Zur Vereinfachung der Quantifizierung von Risiken werden in /DIN V 19250/ vier verschiedene Risikoparameter verwendet, "die eine sinnvolle Risikoabstufung gestatten und die wesentlichsten Beurteilungsaspekte beinhalten". Es handelt sich um die folgenden Parameter:

➢ **Schadensausmaß (S)**
  Kriterien sind hier die Art des zu schützenden Rechtsguts, die Höhe des Schadens und die Verletzungsschwere, wobei in der vorliegenden Fassung der DIN V 19250 nur Personenschäden betrachtet werden, "um den (komplexen) Gesamtumfang für eine Erstbetrachtung einzugren-

zen". Für den Parameter Schadensausmaß ergeben sich folgende Ausprägungen:

S1: Leichte Verletzung.

S2: Schwere, irreversible Verletzung von einer oder mehreren Personen oder Tod einer Person.

S3: Tod mehrerer Personen.

S4: Katastrophale Auswirkung mit sehr vielen Toten.

➤ **Aufenthaltsdauer (A)**

Beziffert die Aufenthaltsdauer im Gefahrenbereich. Man unterscheidet:

A 1: Seltener bis öfterer Aufenthalt im Gefahrenbereich.

A 2: Häufiger bis dauernder Aufenthalt im Gefahrenbereich.

➤ **Gefahrenabwendung (G)**

Die Möglichkeit der Gefahrenabwendung wird eingestuft. Der Betriebszustand, die zeitliche Entwicklung der Gefahr sowie die Möglichkeiten zur Gefahrenabwehr sind hier die Einflußfaktoren. Es ergeben sich zwei Klassen:

G 1: Gefahrenabwendung möglich unter bestimmten Bedingungen.

G 2: Gefahrenabwendung kaum möglich.

➤ **Wahrscheinlichkeit des unerwünschten Ereignisses (W)**

Die Eintrittswahrscheinlichkeit des unerwünschten Ereignisses ohne das Vorhandensein von MSR-Schutzeinrichtungen wird bewertet. Die Ausprägungen sind:

W1: Sehr geringe Wahrscheinlichkeit des unerwünschten Ereignisses, d. h. bei dem betrachteten Prozeß sind nur sehr wenige unerwünschte Ereignisse zu erwarten.

W2: Geringe Wahrscheinlichkeit des unerwünschten Ereignisses, d. h. bei dem betrachteten Prozeß sind nur wenige unerwünschte Ereignisse zu erwarten.

W3: Relativ hohe Wahrscheinlichkeit des unerwünschten Ereignisses, d. h. bei dem betrachteten Prozeß sind häufiger unerwünschte Ereignisse zu erwarten.

Die Ausprägungen der einzelnen Risikoparameter werden in einem Risiko-
graphen kombiniert (Bild 4-4).

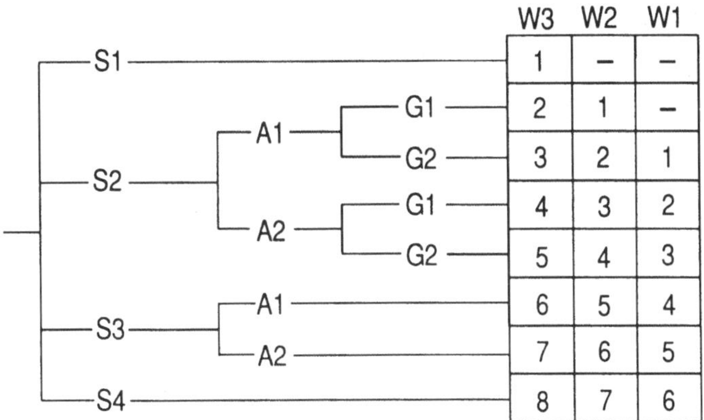

Bild 4-5   Risikograph und Anforderungsklassen /DIN V 19250/

Aufgrund der Dominanz einzelner Risikoparameter, die sich bei einer mo-
dellhaften Überprüfung gezeigt hat, sind acht Kombinationen der Parameter
sinnvoll. Entsprechend ergeben sich acht Anforderungsklassen für MSR-
Schutzeinrichtungen, für die gilt: "Je höher die Ordnungszahl einer Anforderungsklasse, um so größer ist das von der MSR-Schutzeinrichtung zu beherrschende Teil-Risiko und um so höher sind in der Regel die daraus resultierenden Maßnahmen".

In /DIN V 19250/ sind beispielhaft technische und nichttechnische Maßnahmen für die verschiedenen Anforderungsklassen in Abhängigkeit von möglichen Fehlern, Betriebszuständen sowie Betriebs- und Umgebungsbedingungen aufgeführt. Da sich die Betrachtung auf Teilbereiche im Gesamtsystem
bezieht, kann es vorkommen, daß innerhalb eines Prozesses unterschiedliche Anforderungsklassen zu berücksichtigen sind.

4.2.3 Strukturelle Maßnahmen zur Fehlerbeherrschung auf Systemebene

Grundlegend für die Beherrschung von Fehlern ist deren Erkennung. Ist ein Fehler aufgetreten und erkannt worden, so lassen sich dessen gefährliche Auswirkungen durch zwei Arten der Systemstruktur beherrschen.
Ist eine Überführung des Systems in einen sicheren, meist energielosen Zustand möglich, so können bei bestimmten Prozessen niedriger Anforderungsklasse **einkanalige** Strukturen Verwendung finden. Die Fehlererkennung erfolgt hier durch Integration von Testverfahren ins System.

Bei Systemen, die keinen sicheren Ausfallzustand besitzen, sind redundante, d.h. **mehrkanalige** Strukturen vorzusehen. Eine Fehlererkennung und –beherrschung erfolgt hier durch den Vergleich der Ergebnisse der redundanten Kanäle mit Überführung in den sicheren Zustand, falls eine Funktionsübernahme durch Reserveelemente nicht vorgesehen ist /DIN V VDE 0801/.

Die Vornorm /DIN V VDE 0801/ bezieht sich in ihren Ausführungen im Hinblick auf die Anforderungsklassen auf die /DIN V 19250/, unter der Annahme, daß die entsprechende Anforderungsklasse des betrachteten Prozesses bereits festgelegt worden ist. Eine Quantifizierung der relativen Umschreibung "niedrige Anforderungsklasse" erfolgt hier nicht. In /DIN V 19250/ werden im Zusammenhang mit den Anforderungen, die an die Fehlererkennung gestellt werden, die Klassen 1 und 2 sowie unter Umständen die Klasse 3 als niedrige Anforderungsklasse bezeichnet.

a) Einkanalige Strukturen mit Testintegration

Diese Systemauslegung, die nur einen Verarbeitungskanal zur Ausführung einer bestimmten Funktion besitzt, sollte nur dann Verwendung finden, wenn die Anforderungen an das sicherheitsgerechte Verhalten des Systems, basierend auf seinem Gefährdungspotential bei Versagen niedrig sind oder Fehler rechtzeitig vor der Schadensentstehung erkannt und beherrscht werden können. Die Fehlererkennung erfolgt mit Hilfe eines der nachfolgend dargestellten Testverfahren.

Funktionstest

Vor dem Einsatz werden einzelne Systembestandteile auf korrekte Funktionserfüllung überprüft. Dazu werden für die zu bearbeitende Aufgabe typische Funktionswerte in das entsprechende Bauteil eingegeben. Die daraus resultierende Funktion wird mit der bekannten und gewollten Reaktion verglichen und die Übereinstimmung als Indiz für die Fehlerfreiheit des geprüften Bauteils gedeutet.

Dieses Testverfahren wird nur vor dem Einsatz durchgeführt. Da es zudem wegen der Beschränkung auf bestimmte Funktionen keine komplexeren Fehler aufdeckt, ist es für einen Einsatz in Systemen mit Sicherheitsrelevanz nur bedingt geeignet /DIN V VDE 0801/.

Selbsttest

Im Sinne der Eigendiagnose zum Auffinden gestörter Systembestandteile werden für die Untereinheiten eines Systems und dessen Peripherie während des Betriebs zyklische Tests durchgeführt.

Der Selbsttest, der auch als Eigendiagnosesystem bezeichnet wird, ist eine wichtige Voraussetzung, um komplexe elektronische Systeme in der Praxis zu beherrschen. Neben der Unterstützung des Service-Personals dient der Selbsttest folgenden Zielen /224/:

➤ Überwachung aller Ausgangssignale durch Signalrückführung.

➤ Überwachung aller Eingangssignale soweit möglich.

➤ Unterstützung bei der Suche nach Fehlern, indem diese nach ihrer Entdeckung gespeichert werden.

➤ Ermöglichung eines Notbetriebs bei Ausfall einzelner Funktionseinheiten.

➤ Kommunikation mit externen Testgeräten über serielle Standardschnittstellen.

Dazu werden die Bauteile auf ein Über- bzw. Unterschreiten bestimmter vorgegebener Grenzwerte sowie auf Plausibilität der Systemzustände untersucht.

Ein erkannter Fehler soll abgespeichert und angezeigt werden, so daß das System durch externe Beeinflussung in einen sicheren Zustand überführt werden kann.

Probleme bereitet hier die für eine geforderte Ausfallerkennung nötige Anzahl der Testzyklen und die damit verbundene Rechenzeit, die neben der für die eigentliche Funktion gebrauchten Zeit oft nicht zur Verfügung steht.
Oft muß der Selbsttest aus diesem Grund in mehrere Testzyklen unterteilt werden, woraus ein entsprechend großer Zeitbedarf resultiert, der in komplexeren Systemen im Sinne einer schnellen Fehlererkennung nicht tragbar ist /DIN V VDE 0801/.

b) Mehrkanalige Strukturen, Redundanz

Durch mehrfache Auslegung einzelner Bauelemente oder ganzer Verarbeitungskanäle kann die Zuverlässigkeit von Systemen gesteigert werden, indem Reserveelemente bei Ausfall von Komponenten deren Funktion übernehmen oder aber durch Vergleich festgestellte Abweichungen der Verarbeitungsergebnisse eine sicherheitsgerichtete Reaktion bewirken.

Ein Ausfall des Gesamtsystems liegt erst dann vor, wenn sowohl das funktionsbehaftete Element als auch dessen Reserveelement bei zweikanaligen bzw. dessen Reserveelemente bei drei- und mehrkanaligen Strukturen ausgefallen sind.

"Voraussetzung dieser Strukturen ist die Unabhängigkeit der Kanäle gegenüber Fehlerwirkungen zwischen den Kanälen, d. h. Fehlerwirkungen bzw. Fehlerverschleppungen müssen ausgeschlossen werden können." /DIN V VDE 0801/

Redundante Systeme
Unter Redundanz versteht man nach DIN 40 042 das "funktionsbereite Vorhandensein von mehr als für die vorgesehene Funktion notwendigen technischen Mitteln". Der Begriff Redundanz (Weitschweifigkeit, Überfluß) stammt aus der Informationstheorie und wurde von Shannon eingeführt und definiert. Die Redundanz gibt an, um wieviel größer der Informationsgehalt einer Nachricht ist, als es nach dem Entscheidungsgehalt der Quelle sein müßte.

Die Zuverlässigkeit redundanter Strukturen läßt sich durch die Wahl der redundant ausgelegten Komponenten beeinflussen. Sind alle redundant ausgelegten Elemente gleichartig, so spricht man von **homogener Redundanz,** sind sie ungleichartig, z. B. aufgrund der Anwendung unterschiedlicher physikalischer Prinzipien, so handelt es sich um eine **diversitär redundante** Auslegung /DIN 40041/.

Letztere ist von Vorteil, wenn der Ausfall aller redundanten Systembestandteile aufgrund gemeinsamer Fehlfunktionen, ein Common-Mode-Ausfall also, verhindert werden soll.

Hinsichtlich der Anordnung der Komponenten unterscheidet man die **heiße Redundanz** sowie die **kalte Reserve** mit ihren Unterarten **warme** und **gleitende Redundanz.**

Nach VDI 4001 Blatt 4 (siehe auch VDI 4008 Blatt 9) wird prinzipiell zwischen
- **aktiver** (funktionsbeteiligter oder heißer) und
- **passiver** (nicht funktionsbeteiligter oder kalter) **Redundanz**
unterschieden.

Bei der **aktiven Redundanz** sind die zusätzlichen Mittel ständig in Betrieb und an der vorgesehenen Funktion beteiligt. Hierunter fallen die Parallelsysteme und die sogenannten **mvn-Systeme** (Majoritätsredundanz). Wenn die zusätzlichen technischen Mittel unter erleichterten Bedingungen arbeiten, so wird auch von "**warmer**" **Redundanz** gesprochen.

Die **passive Redundanz** ist dadurch gekennzeichnet, daß die zusätzlichen technischen Mittel erst bei Ausfall (Störung) zugeschaltet werden und dann die Funktion der ausgefallenen Elemente übernehmen.
Bei fehlertoleranten Rechnersystemen spricht man auch von **statischer Redundanz** bei mvn- und nvn-Systemen sowie von **aktiver** und **passiver dynamischer Redundanz.**

Die Ergebnisse sogenannter **mvn-Systeme,** auch **Mehrheitsentscheidungssysteme** bzw. **Majoritätsredundanz** genannt, werden von einem Mehrheitsentscheider (Voter) miteinander verglichen und das Ergebnis der Mehrheit auf dem Ausgang übertragen. D. h., es müssen mindestens m Elemente funktionieren, damit das Gesamtsystem funktioniert.

nvn-Systeme werden vorwiegend bei sicherheitsrelevanten Systemen eingesetzt. Hier erfolgt die Abschaltung des Gesamtsystems in einen sicheren Zustand, wenn bereits **ein** Ergebnis von den anderen abweicht.

In der Sicherheitstechnik wird weiter zwischen
➤   einfachen mvn-Systemen
➤   adaptiven mvn-Systemen
unterschieden.

Die Arbeitsweise der **einfachen** mvn-Systeme entspricht prinzipiell der der Majoritätsredundanz. Es muß allerdings sichergestellt sein, daß die Mehrheit der Ergebnisse nicht durch die defekten Teilsysteme gebildet wird. Bei einem **adaptiven** mvn-System wird nicht das Gesamtsystem, sondern lediglich das defekte Teilsystem abgeschaltet.
Der Mehrheitsentscheider muß deshalb mit einer sich den ändernden Mehrheitsverhältnissen anpassenden Logik ausgestattet werden, was allerdings technisch nicht immer leicht realisierbar ist.

Systeme mit aktiver Redundanz
Alle Elemente des Systems sind gleichzeitig an der Erfüllung der geforderten Funktion beteiligt. Bei Ausfall eines Elementes übernimmt ein Reserveelement ohne Zeitverzögerung dessen Funktion. Die Erkennung eines Ausfalls kann hier nur mittels externer Prüfungen erfolgen.

Die Konfiguration der aktiven Redundanz (heiße Reserve) ist identisch mit der eines Parallelsystems. Werden einige Komponenten geringer belastet, so handelt es sich um eine "warme" Redundanz (Bild 4-6).
Die Überlebenswahrscheinlichkeit der aktiven Redundanz ist durch die Gleichung

$$R(t) = 1 - \prod_{i=1}^{n} (1 - p_i(t)) \qquad (4\text{-}1)$$

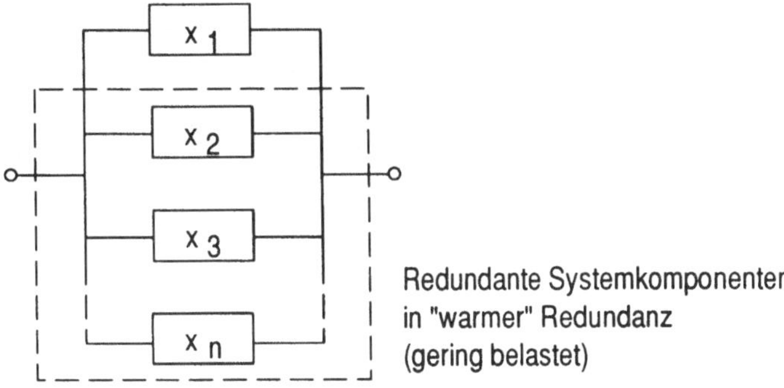

Bild 4-6   Darstellung einer warmen Redundanz mit Hilfe eines Zuverlässigkeits-Block-
schaltbildes

mit p_i = Überlebenswahrscheinlichkeit einer Komponente x_i gegeben.
Für $n \to \infty$ folgt $R(t) \to 1$. D. h., die Überlebenswahrscheinlichkeit eines
Parallelsystems ist immer größer als die der besten Komponente; sie wächst
mit wachsender Komponentenzahl. Es gilt

$$t = \max(E_1, \dots , E_n) \quad ,$$

mit E_i = Erwartungswert der i-ten Komponente und t = Ausfallzeit des
Systems. Für $n \to \infty$ gilt außerdem $t \to \infty$.

Im Gegensatz zum Seriensystem mit

$$R(t) = \prod_{i=1}^{n} p_i(t) \tag{4-2}$$

gilt für $n \to \infty$, $R(t) \to 0$. D.h., die Überlebenswahrscheinlichkeit eines
Seriensystems ist immer kleiner als die der schlechtesten Komponente. "Eine
Kette ist immer schwächer als das schwächste Glied". Es gilt

$$t = \min (E_1, \dots , E_2) \quad ,$$

mit E_i = Erwartungswert der i-ten Komponente und t = Ausfallzeit des
Systems. Für $n \to \infty$ geht $t \to 0$.

Beispiel 4.2.3-1

Gegeben sei ein Parallelsystem bestehend aus zwei Komponenten.

a) Berechnen Sie den Erwartungswert bei exponentiell verteilten Lebens-
    dauern. Verallgemeinern Sie diesen für n Komponenten.

b) Ermitteln Sie die Ausfallrate; wiederum unter der Voraussetzung expo-
    nentiell verteilter Lebensdauern. Geben Sie einen Näherungswert an
    und stellen Sie h(t) graphisch dar.

    Voraussetzung: $\lambda_1 = \lambda_2 = \lambda$ und $e^{-\lambda t} \approx 1 - \lambda t$

Lösung

a) Mit

$$R(t) = \exp(-\lambda_1 \cdot t) + \exp(-\lambda_2 \cdot t) - \exp(-(\lambda_1 + \lambda_2) \cdot t)$$

folgt

$$E(t) = \int_0^\infty R(t)\, dt = \frac{1}{\lambda_1} + \frac{1}{\lambda_2} - \frac{1}{\lambda_1 + \lambda_2} \ .$$

Allgemein läßt sich mit

$$E(t) = \int_0^\infty R(t)\, dt = \int_0^\infty \left(1 - \sum_{i=1}^n (1 - \exp(-\lambda_i \cdot t))\right) dt$$

$$E(t) = \sum_{i=1}^n \frac{1}{\lambda_i} - \sum_{i=1}^{n-1} \sum_{j=i+1}^n \frac{1}{\lambda_i + \lambda_j} + \sum_{i=1}^{n-2} \sum_{j=i+1}^{n-1} \sum_{k=j+1}^n \frac{1}{\lambda_i + \lambda_j + \lambda_k}$$

$$- \ldots + (-1)^{n-1} \cdot \frac{1}{\sum_{i=1}^n \lambda_i}$$

verifizieren. Für identische Komponenten $\lambda_1 = \lambda_2 = \ldots = \lambda$ folgt

$$E(t) = \sum_{k=1}^n \frac{1}{k\lambda} \ .$$

b)

$$h(t) = -\frac{1}{R(t)} \cdot \frac{d\,R(t)}{dt} = \frac{2\lambda\,(1 - e^{-\lambda t})}{2 - e^{-\lambda t}}$$

$$h(t) \approx \frac{2\lambda^2 t}{1 + \lambda t}$$

und mit $\lambda t \ll 1$

$$h(t) \approx 2\lambda^2 t$$

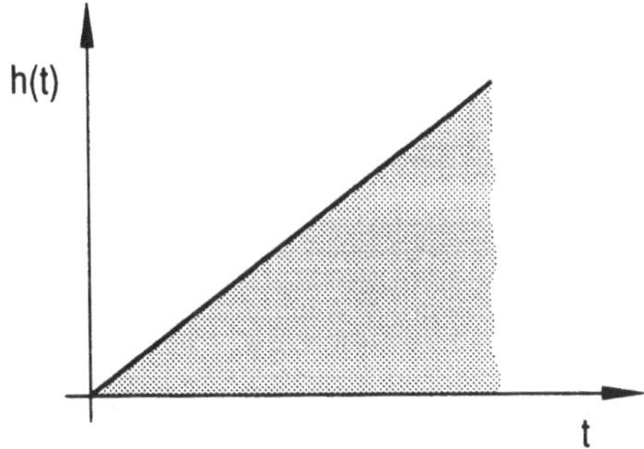

D. h., obwohl die Ausfallraten der Komponenten als konstant (zeitunabhän-
gig) vorausgesetzt wurden, ist die des einfachen Parallelsystems **zeitabhängig**. Man beachte, daß lediglich ein Seriensystem (serielle Anordnung der
Komponenten) eine konstante Systemausfallrate aufweist, wenn die Ausfallrate der Komponenten konstant ist.

Parallel-Seriensystem
Redundante Systeme sind oft auch als sogenannte Parallelseriensysteme
ausgeführt. Eine allgemeine Darstellung zeigt Bild 4-7.

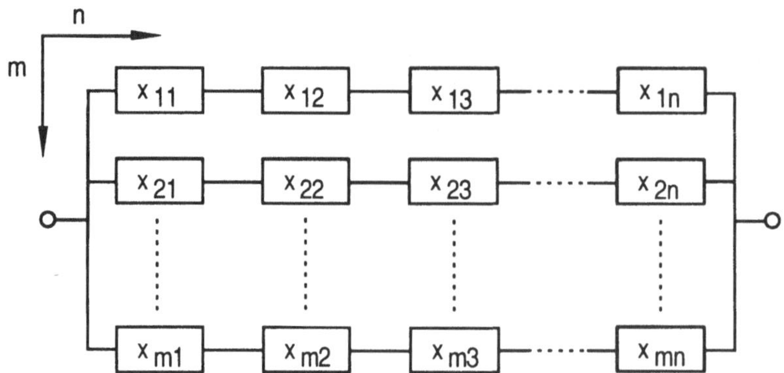

Bild 4-7   Zuverlässigkeits-Blockdiagramm eines Parallel-Seriensystems

Für den i-ten (i = 1, ... , m) Zweig folgt

$$R(t) = 1 - \prod_{i=1}^{m} (1 - R_i(t))$$

(4-3)

mit

$$R_i(t) = \prod_{k=1}^{n} p_{ik}(t)$$

(4-4)

schließlich

$$R(t) = 1 - \prod_{i=1}^{m} (1 - \prod_{k=1}^{n} p_{ik}(t))$$

(4-5)

als Überlebenswahrscheinlichkeit des Parallel-Seriensystems.

Beispiel 4.2.3-2

Gegeben ist folgende serielle Anordnung von Bearbeitungsmaschinen B_i und Puffern P_i (Fertigungsstraße):

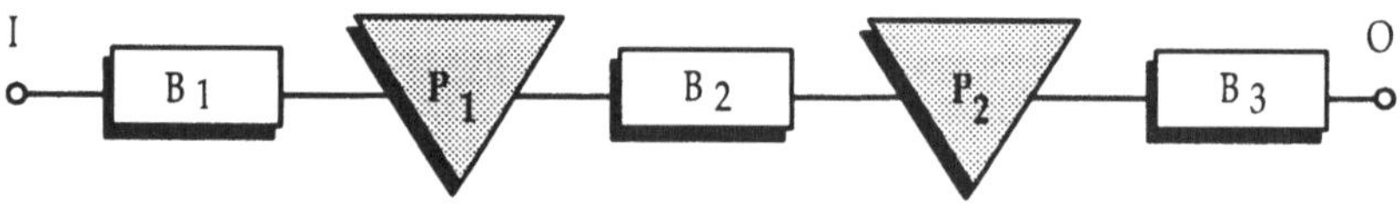

Diese technische Anlage kann durch folgendes Blockschaltbild dargestellt werden:

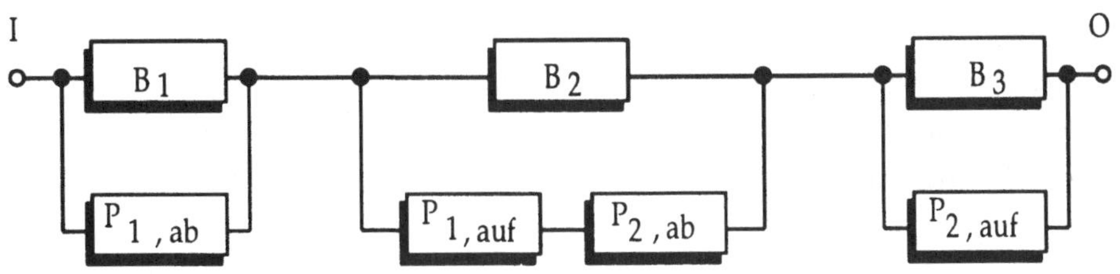

Die Bearbeitungsmaschinen B_i besitzen die konstanten Ausfallraten λ_i mit $i = 1,2,3$. Die Wahrscheinlichkeiten, daß die Puffer i bei Ausfall einer Bearbeitungsmaschine Werkstücke **ab**geben können, $P_{i,ab}$ besitzen einen Wert von 0,8. Die Wahrscheinlichkeiten, daß die Puffer i bei Ausfall einer Bearbeitungsmaschine Werkstücke **auf**nehmen können, $P_{i,auf}$ besitzen einen Wert von 0,9. Berechnen Sie die Überlebenswahrscheinlichkeit der Fertigungsstraße nach einer 10-Stunden-Schicht ($\lambda_1 = \lambda_3 = 0,1$ 1/h , $\lambda_2 = 0,2$ 1/h).

Lösung

$$R(t) = [R_{B1}(t) + P_{1,ab} - R_{B1}(t) \cdot P_{1,ab}]$$
$$\cdot [R_{B2}(t) + P_{1,auf} \cdot P_{2,ab} - R_{B2}(t) \cdot P_{1,auf} \cdot P_{2,ab}]$$
$$\cdot [R_{B3}(t) + P_{2,auf} - R_{B3}(t) \cdot P_{2,auf}]$$

mit $R_{Bi}(t) = \exp(-\lambda_i \cdot t)$, $i = 1,2,3$ folgt für $t = 10h$

$$R(t=10h) = 0,62023 \; .$$

Das mvn-System

Wie schon gesagt wurde, werden mvn-Systeme in **einfacher** und **adaptiver** Bauweise (siehe Bild 4-8) ausgeführt (weitere Anwendungsbeispiele siehe Kapitel 8).

Die Arbeitsweise des einfachen mvn-Systems ist gleich der **Majoritätsredundanz**, d.h. die Ergebnisse der Mehrheit m der Teilsysteme ($X_1...X_2...X_n$) wird auf den Systemausgang übertragen. Bei einer Anwendung als Sicherheitssystem ist zu beachten, daß die Mehrheit der Ergebnisse nicht durch die defekten Teilsysteme gebildet wird. In diesem Falle muß die Abschalteinheit das System zur sicheren Seite hin abschalten.

Das adaptive, abschaltbare mvn-System ist dadurch gekennzeichnet, daß die zusätzlichen Abschalteinheiten nicht das Gesamtsystem bei einer notwendigen Abschaltung abschalten, sondern nur die entsprechenden Teilsysteme, deren Ergebnis nicht mit dem Mehrheitsergebnis übereinstimmen. Dadurch wird die Funktion des Systems weiter aufrechtgehalten. Der Mehrheitsentscheider muß durch eine sich anpassende Logik jedoch weiterhin in der Lage sein, aus den verbleibenden Teilsystemen einen Mehrheitsentscheid durchzuführen, bis lediglich nur noch zwei Teilsysteme funktionieren.

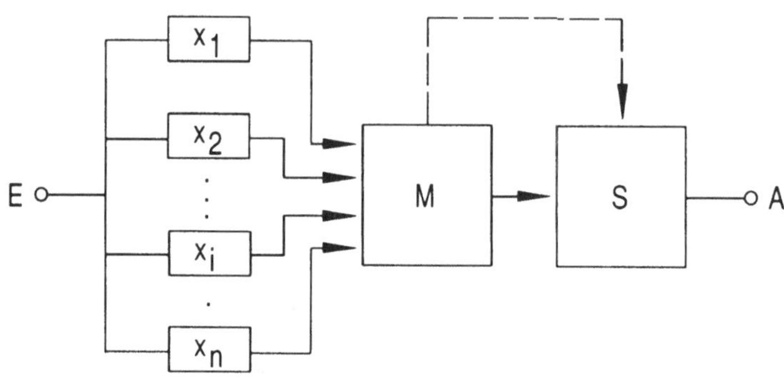

a) einfache

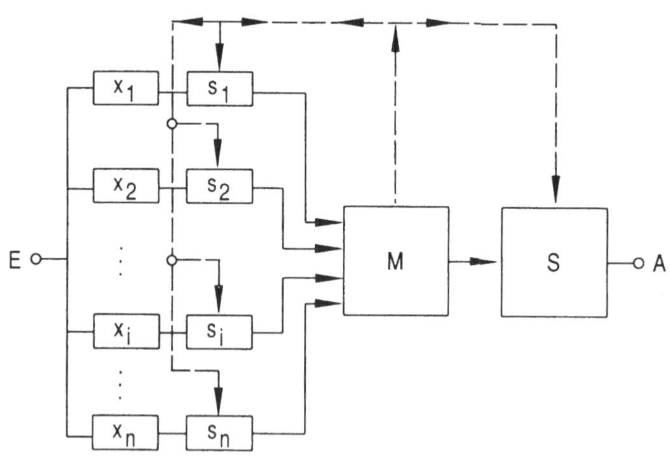

b) adaptive

Bild 4-8   Prinzipschaltbild eines mvn-Systems

Zuverlässigkeitsbetrachtungen
Die Überlebenswahrscheinlichkeit des einfachen mvn-Systems läßt sich bei gleicher Überlebenswahrscheinlichkeit p der Komponenten mit Hilfe der Binomialverteilung berechnen. Es gilt allgemein

$$R_{mvn}(p) = \sum_{k=m}^{n} \binom{n}{k} \cdot p^k \cdot (1-p)^{n-k} \qquad (4\text{-}6)$$

mit

$$\binom{n}{k} = \frac{n!}{k! \cdot (n-k)!} \quad . \qquad (4\text{-}7)$$

Eine in der Zuverlässigkeit häufig angewandte Variante der Majoritätsredundanz ist die 2v3-Redundanz, bei der nach dem Ausfall einer Komponente das System in eine sicherheitsgerichtete 2v2-Vergleicherstruktur überführt wird. Hier werden die zwei Einzelergebnisse miteinander verglichen, und das Gesamtsystem wird, bei Abweichung eines Ergebnisses, zur sicheren Seite hin abgeschaltet.

Mit diesem Schaltungsprinzip können auch nacheinander auftretende Doppelfehler sicherheitstechnisch beherrscht werden.

Beispiel 4.2.3-3
Ein Flugzeug besteht aus vier Propeller-Turbinen-Luftstrahl-Triebwerken (PTL-Triebwerk). Das Flugzeug ist so konstruiert, daß bei Ausfall von zwei PTL-Triebwerken eine sichere Landung noch möglich ist.

a)   Wie groß ist die Überlebenswahrscheinlichkeit des Systems "sichere Landung", wenn die Überlebenswahrscheinlichkeit eines PTL-Triebwerkes p = 0,999 beträgt und alle PTL-Triebwerke die gleiche Überlebenswahrscheinlichkeit aufweisen.

b)   Berechnen Sie den Erwartungswert E(T) (Voraussetzung: $p(t) = e^{-\lambda t}$).

Lösung

a) Mit Gleichung (4-6) folgt

$$R_{2v4} = \binom{4}{2} \cdot p^2 \cdot (1-p)^2 + \binom{4}{3} \cdot p^3 \cdot (1-p)^1 + \binom{4}{4} \cdot p^4 \cdot (1-p)^0$$

$$R_{2v4} = 6p^2 \cdot (1-p)^2 + 4p^3 \cdot (1-p) + p^4$$

$$R_{2v4} = 6p^2 - 8p^3 + 3p^4$$

Als numerischen Wert ergibt sich mit $p = 0{,}999 = 0{,}9_3$

$$R_{2v4} = 0{,}9_86 \quad \text{bzw.} \quad F_{2v3} = 0{,}4 \cdot 10^{-8}$$

b)

$$E(t) = \int_0^\infty \left(3e^{-4\lambda t} - 8e^{-3\lambda t} + 6e^{2\lambda t}\right) dt$$

$$E(t) = \frac{13}{12} \cdot \frac{1}{\lambda}$$

Die passive Redundanz (Standby-Redundanz)

Die zusätzlichen Mittel werden bei der passiven Redundanz erst bei Ausfall aktiver Mittel an der Erfüllung der geforderten Funktion beteiligt.

Zwei grundsätzliche Schaltprinzipien sind denkbar:

1. die nicht durchgeschalteten Komponenten x_2 bis x_n sind ausgeschaltet und die nächste Komponente wird erst beim Umschalten in Betrieb genommen (eigentliches Standby-System),

2. die nicht durchgeschalteten Komponenten sind ständig (Sonderfall der "heißen Redundanz") oder eingeschränkt (Sonderfall der "warmen Redundanz") in Betrieb.

Im nachfolgenden wird von der Version 1. ausgegangen. D. h., die Lebensdauer der nicht durchgeschalteten Komponenten beginnt erst nach Anforderung der Komponenten durch die Fehlererkennungseinheit (Bild 4-9).

Zur Fehlererkennung sind hier der Selbsttest, der Selbsttest mit Überwachungseinrichtung und die gegenseitige Überwachung der einzelnen Kanäle geeignet. Dabei kann die Entscheidung, welcher Kanal fehlerhaft ist z. B. durch unabhängige Selbsttests in den einzelnen Kanälen erfolgen. Die Umschaltung wird nach der Fehlererkennung vom System selbst, oder aber vom Bedienungspersonal nach einer Fehlermeldung vorgenommen /DIN V VDE 0801/.

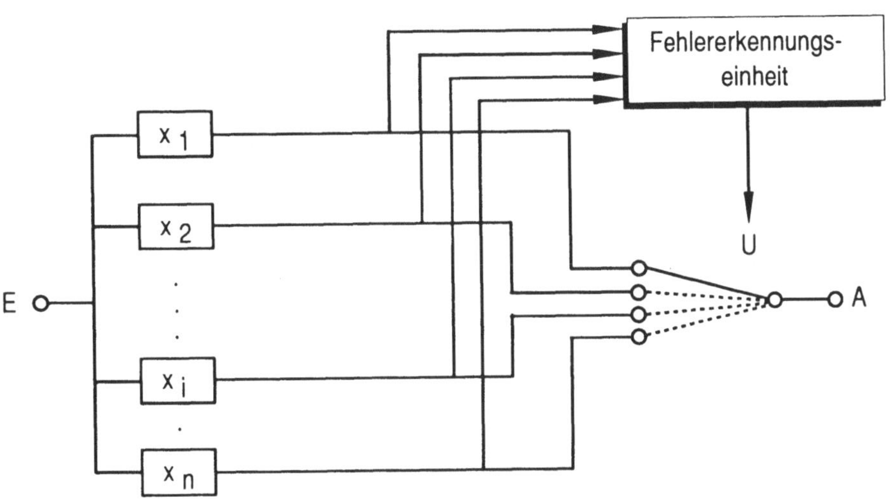

Bild 4-9   Das Standby-System (allgemeines Prinzip)

Zuverlässigkeitsbetrachtung

Wird die Dichte der Lebenszeit T_1 (Teilsystem x_1 arbeitet) mit $f_1(t)$ und die der Lebenszeit T_2 (Teilsystem x_2 arbeitet) mit $f_2(t)$ usw. bezeichnet und sind diese voneinander unabhängig, dann läßt sich die Dichte der Summe

$$T = T_1 + T_2 + ... + T_n \qquad (4\text{-}8)$$

durch die **Faltung**

$$f(t) = f_1(x) * f_2(x) * \ldots * f_n(x) \quad , \tag{4-9}$$

allgemein

$$f(t) = \int_0^t f(x) \cdot g(t - x)\, dx = f(t) * g(t) \quad ,$$

berechnen. Sind die Zufallvariablen T_i positiv, d.h. **Lebensdauerverteilungen**, so folgt mit Hilfe der Laplace-Transformation

$$L\{F(t)\} = f(s) = \int_0^\infty e^{-s\,t} \cdot F(t)\, dt$$

$$f(s) = L\{f_1(t) * f_2(t) * \ldots * f_n(t)\} = \prod_{i=1}^n f_i(s) \quad . \tag{4-10}$$

Sind die Lebenszeiten T_i der Teilsysteme X_i exponentiell verteilt und voneinander unabhängig, so folgt:

$$f_i(t) = \lambda_i \cdot \exp(-\lambda_i \cdot t) \quad , \quad i = 1,2,\ldots,n \tag{4-11}$$

und zum Beispiel für zwei Teilsysteme

$$f_1(s) = \frac{\lambda_1}{s + \lambda_1} \quad ; \quad f_2(s) = \frac{\lambda_2}{s + \lambda_2} \tag{4-12}$$

$$f(s) = \frac{\lambda_1 \cdot \lambda_2}{(s + \lambda_1) \cdot (s + \lambda_2)} \tag{4-13}$$

schließlich nach Rücktransformation

$$f(t) = \frac{\lambda_1 \cdot \lambda_2}{\lambda_1 - \lambda_2} \cdot (\exp(-\lambda_1 \cdot t) - \exp(-\lambda_2 \cdot t)) \quad . \tag{4-14}$$

Für die Überlebenswahrscheinlichkeit erhält man mit

$$R(t) = 1 - \int_0^t f(\tau) \, d\tau \quad , \tag{4-15}$$

$$R(t) = \frac{1}{\lambda_1 - \lambda_2} \cdot (\lambda_1 \cdot \exp(-\lambda_2 \cdot t) - \lambda_2 \cdot \exp(-\lambda_1 \cdot t)) \quad . \tag{4-16}$$

Sind die f_i exponentiell verteilt mit $\lambda_1 = \lambda_2 = \ldots = \lambda_n$, so folgt

$$f(s) = \frac{\lambda^n}{(s + \lambda)^n} \tag{4-17}$$

und nach Rücktransformation

$$f(t) = \frac{\lambda^n \cdot t^{n-1}}{(n-1)!} \cdot \exp(-\lambda \cdot t) \quad . \tag{4-18}$$

Dies ist die Dichte der speziellen Erlang-Verteilung. Aus Gleichung (4-18) folgt dann

$$R(t) = \exp(-\lambda \cdot t) \cdot \sum_{k=0}^{n-1} \frac{(\lambda \cdot t)^k}{k!} \quad , \tag{4-19}$$

bekannt als Poisson-Verteilung, und

$$E(T) = - \frac{d\,f(s)}{ds}\bigg|_{s=0} = \frac{n}{\lambda} \quad . \tag{4-20}$$

Berücksichtigung des Schalters

Setzt man voraus, daß der Umschalter X_S mit einer bestimmten Ausfallwahrscheinlichkeit ausfallen kann, so läßt sich die Überlebenswahrscheinlichkeit des Standby-Systems bei zwei Komponenten durch folgende Überlegung leicht berechnen:

$$R = (\Pr\{\overline{x}_S\} \wedge \Pr\{x_1\}) \vee (\Pr\{x_S\} \wedge \Pr\{x_{Standby}\}) \quad . \tag{4-21}$$

Da sich die Ereignisse gegenseitig ausschließen und voneinander unabhängig sind, folgt

$$R(t) = q_S(t) \cdot p_1(t) + p_S(t) \cdot p_{Standby}(t) \quad . \tag{4-22}$$

Unter der Voraussetzung einer bestimmten Überlebenswahrscheinlichkeit R_S des Umschalters und exponentiell verteilten Lebensdauern der Komponenten x_1 und x_2 folgt mit Gleichung (4-16) für $P_{Standby}(t)$

$$R(t) = (1 - R_S) \cdot \exp(-\lambda_1 \cdot t)$$

$$+ R_S \cdot \frac{1}{\lambda_1 - \lambda_2} \cdot (\lambda_1 \cdot \exp(-\lambda_2 \cdot t) - \lambda_2 \cdot \exp(-\lambda_1 \cdot t)) \tag{4-23}$$

und nach kurzer Rechnung

$$R(t) = \exp(-\lambda_1 \cdot t) + R_S \frac{\lambda_1}{\lambda_1 - \lambda_2} \cdot (\exp(-\lambda_2 \cdot t) - \exp(-\lambda_1 \cdot t)) \quad . \tag{4-24}$$

Beispiel 4.3.2-4

Zur Sicherstellung der Stromversorgung in einem Krankenhaus sind zwei gleiche Generatoren als Standby-System installiert (Schalter absolut zuverlässig).

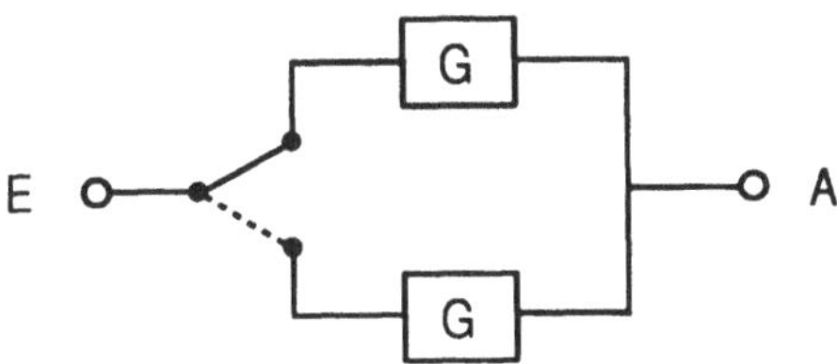

Die Ausfallrate eines Generators sei $\lambda = 10^{-4}$ 1/h.

a) Nach welcher Zeit müssen die Generatoren gewartet werden (Generatoren sind dann wieder "wie neu"), um eine Überlebenswahrscheinlichkeit des Gesamtsystems von $R = 0,999$ zu garantieren? Hinweis: Verwenden Sie die Näherung $e^X \approx 1 + x$.

b) Berechnen Sie wieder unter Verwendung der Näherung $e^X \approx 1 + x$, die Ausfallrate des Gesamtsystems.

Lösung

a) Für zwei Einheiten folgt aus Gleichung (4-19)

$$R(t) = e^{-\lambda t} \cdot \left(1 + \frac{\lambda t}{1!} \right) \quad .$$

Mit der Näherung $e^X \approx 1 + x$ folgt

$$R(t) \approx 1 - \lambda^2 \cdot t^2$$

$$t \approx \frac{\sqrt{1 - R(t)}}{\lambda}$$

$$t \approx 316,2 \text{h} \quad .$$

b)

$$h(t) = -\frac{1}{R(t)} \cdot \frac{d\,R(t)}{dt}$$

$$h(t) \approx -\frac{1}{1 - \lambda^2 \cdot t^2} \cdot (-2\lambda^2 \cdot t) = \frac{2\lambda^2 \cdot t}{1 - \lambda^2 \cdot t^2}$$

4.3   Schaltungskonzepte von Rechnerstrukturen

Da Ausfälle von Elektronikkomponenten auch bei gesteigerter Bauteilzuverlässigkeit nicht ausgeschlossen werden können, ist bei der Verwendung von Elektroniksystemen mit Sicherheitsrelevanz ein redundanter Aufbau der Systeme unabdingbar.

Darüber hinaus muß durch zusätzlichen Aufwand dafür Sorge getragen werden, daß Fehler frühzeitig entdeckt und geeignete Schutzmaßnahmen eingeleitet werden.

Wo die Fehlervermeidung nicht in ausreichendem Maße möglich ist, müssen Fehler im Betrieb beherrscht werden. Bei ihrem Auftreten muß der Prozeß sicherheitsgerecht beeinflußt werden. Die entsprechende Reaktion richtet sich dabei nach der Funktion des Systems, dem Verhalten des Prozesses im Fehlerfall und der Geschwindigkeit der Signalverarbeitung.

Es existieren deshalb Sicherheitskonzepte mit entsprechenden Sicherheitsschaltungen, die die sichere Funktion der Systeme überwachen, Fehler aufdecken und notwendige Schutzmaßnahmen einleiten.

Zentrale Bedeutung hat in diesem Zusammenhang die Schnelligkeit der Ausfallerkennung. Der Zeitraum zwischen dem Auftreten eines Fehlers, der Fehlererkennung und dem Wirksamwerden von Schutzmaßnahmen muß so klein sein, daß in der Zwischenzeit keine gefährliche Fehlfunktion des Systems eintreten kann.

Es muß also ein sinnvolles Verhältnis bestehen zwischen der Ausfallreaktionszeit und der Schnelligkeit des Prozesses, d. h. der korrigierende Vorgang muß eingeleitet und abgeschlossen sein, bevor es zu einem gefährlichen Zustand kommen kann. In Bild 4-10 ist der zeitliche Ausfallablauf graphisch dargestellt.

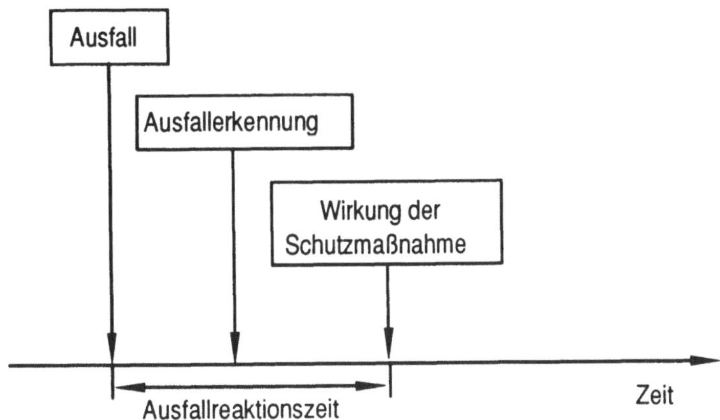

Bild 4-10   Zeitlicher Ausfallablauf /243/

Es ist ersichtlich, daß der gefährliche Systemzustand erst nach Ablauf der Ausfallreaktionszeit eintreten darf. Wichtiger Bestandteil der Prüfung von Systemeigenschaften seitens der Hersteller und der zulassenden Instanzen ist deshalb die Prüfung auf Schnelligkeit der Ausfallerkennung. Jedoch ist es sehr schwer durchführbar, wenn nicht unmöglich, alle Funktionen komplizierter Schaltungen innerhalb eines beliebig kleinen Zeitintervalls zu prüfen, ohne daß dabei der flüssige Ablauf des eigentlichen Arbeitsprozesses gestört würde.
Im Betrieb kann deshalb nicht von einer vollständigen Ausfalloffenbarung ausgegangen werden.

Durch zusätzlichen Einsatz von Hardware und Software realisiert man unterschiedliche Rechnerstrukturen, um die Wahrscheinlichkeit des gleichzeitigen Auftretens mehrerer Fehler innerhalb eines Zeitintervalls zu minimieren. Die Aufdeckung von Einzelausfällen basiert auf zwei unterschiedlichen Verfahren.

1. Das Verhalten von Hardwarekomponenten oder Funktionen wird mit ihrem Sollverhalten verglichen, indem man Selbsttests und/oder Fremdtests in das System integriert. Unterschiedliches Verhalten wird als Ausfall gedeutet. Wichtig zur zweifelsfreien Ausfallerkennung ist hierbei, daß das Sollverhalten von Bauteil oder Funktion eindeutig bekannt ist und alle zum Vergleich benötigten Hilfsmittel fehlerfrei sind.

2.   Das Verhalten mehrerer Hardwarekomponenten oder Funktionen mit dem gleichen Sollverhalten wird verglichen. Auch hier wird aus unterschiedlichem Verhalten auf einen Ausfall geschlossen.

Nachfolgend werden einige Schaltungskonzepte dargestellt, mit denen gefährliche Ausfälle auf Systemebene bei der Verwendung von Elektroniksystemen im Kraftfahrzeug durch Fehlerbeherrschung vermieden werden sollen.
Es handelt sich hier um einkanalige oder mehrkanalige Strukturen, deren allgemeine Vor- und Nachteile in Anlehnung an /DIN V VDE 0801/ vorab kurz aufgelistet werden.

4.3.1   Vor- und Nachteile einkanaliger Strukturen

Bei der folgenden Aufzählung sind die Vorteile einkanaliger Strukturen gleichzeitig als Nachteile mehrkanaliger Systeme anzusehen.

Vorteile einkanaliger Strukturen:
➤   Der Aufwand für die Hardware ist i. a. geringer als bei mehrkanaligen Strukturen.
➤   Die Fehlererkennung erfolgt durch Selbsttests. Dadurch ist sie im Gegensatz zu derjenigen von zweikanaligen Systemen mit einfachem Vergleich datenflußunabhängig.

Nachteile einkanaliger Strukturen:
➤   Mit zunehmender Testtiefe wächst die Testzeit. Die verbleibende Nutzzeit wird geringer.
➤   Die Testtiefe ist nicht beliebig steigerbar.
➤   Bevor sie durch einen Test erkannt und beherrscht werden, können sich aufgetretene Fehler an der Prozeßschnittstelle bemerkbar machen.
➤   Bei einem aufgetretenen Fehler kann ohne zweite Abschaltung nicht immer in den sicheren Zustand umgeschaltet werden.

Die dargestellten Systeme werden in Anlehnung an /DIN V VDE 0801/ anhand der Tabelle 4-1 bewertet.

Kriterium	Bewertungsmöglichkeit
Fehlerbezogenheit (Wirksamkeit)	einfach, mittel, hoch
Verfügbarkeit	gering, mittel, hoch
zyklischer Test, Redundanz	zyklischer Test, Redundanz
On-line, Off-line	On-line, Off-line
Zeitbedarf	gering, mittel, hoch
Zeitverhalten bzw. Fehlererkennung	lang, mittel, schnell
zusätzlicher Aufwand bezogen auf:	
- Entwicklung	gering, mittel, hoch
- Herstellung (und Redundanz)	gering, mittel, hoch
- Nachweis	gering, mittel, hoch
Art der Reaktion auf Fehler	(jeweils beschrieben)
Eignung für	(jeweils beschrieben)

Tabelle 4-1   Kriterien zur Bewertung von Rechnerstrukturen

Fehlerbezogenheit (Wirksamkeit)
Es werden die Wirksamkeit der Fehlererkennung, die erkennbaren Fehlerarten und die Vollständigkeit der Fehlererkennung bewertet.

Verfügbarkeit
Diese Größe ist nur bei mehrkanaligen, typisch fehlertoleranten Strukturen angegeben und bewertet. Sie ist kein Sicherheitskriterium.

Zyklischer Test / Redundanz
Es wird die Art der Maßnahme zur Fehlererkennung beschrieben. Dieses Kriterium dient der Erläuterung, nicht der allgemeinen Bewertung.

On-line/Off-line
Es wird die Betriebsart beschrieben, in der die Maßnahme eingesetzt wird. Maßnahmen, die on-line eingesetzt werden, sind im Regelfall höher zu bewerten.

Off-line-Verfahren sind einsetzbar, wenn der Sicherheitsbetrieb nur zeitweise und für begrenzte Dauer erfolgt.

Zeitbedarf

Es wird der Bedarf an Rechenzeit, der für die Maßnahme im Sicherheitsbetrieb erforderlich ist, bewertet. Diese Zeit steht dem Rechner nicht als Nutzzeit zur Verfügung. Ein Zeitbedarf im Sinne des Kriteriums ist nur bei On-line-Maßnahmen von Bedeutung.

Zeitverhalten bezüglich Fehlererkennung

Es wird die Zeit bewertet, die zur Aufdeckung eines Fehlers wesentlich ist. Dies ist die Fehlererkennungszeit der Maßnahme selbst. Worst-Case-Zeiten aufgrund von Testzyklen, die eventuelle Abhängigkeit vom Datenfluß usw. sind bei der Anwendung zu berücksichtigen.

Aufwand

Es wird der Aufwand im Sinne von Leistung und Kosten bewertet, der
➤ bei der Entwicklung,
➤ bei jedem Exemplar in Hardware und Software sowie
➤ für den Sicherheitsnachweis der Typprüfung
zur Realisierung der jeweiligen Maßnahme erforderlich ist.

Art der Reaktion der Fehler und Eignung

Diese Kriterien dienen der Erläuterung der Maßnahme, sie enthalten keine Bewertung.

4.3.2   Einkanalige Strukturen mit Selbsttest

Es handelt sich hierbei um eine einkanalige Struktur, bei der zur datenfluß-unabhängigen Offenbarung latenter Fehler On-line-Selbsttests zur Eigendiagnose durchgeführt werden (Bild 4-11).

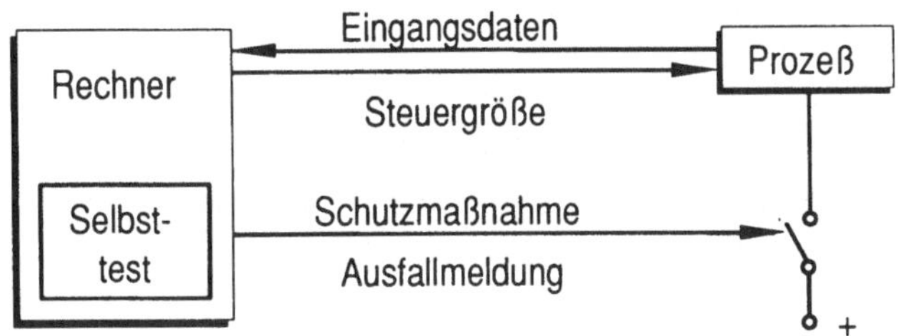

Bild 4-11   Rechner mit Selbsttest

Der Rechner erzeugt die Steuergröße, die auf den Prozeß einwirkt. Im Gegenzug erhält er die Eingangsdaten vom Prozeß. Der Selbsttest, der in der Regel aus einem Programm besteht, vergleicht in bestimmten regelmäßigen Abständen vom Rechner erzeugte Funktionswerte mit im Rechner abgespeicherten Sollwerten. Ein erkannter Fehler soll hier zur Fehlermeldung und, wenn möglich bzw. nötig, zur Abschaltung führen. Nach /DIN V VDE 0801/ führen erkannte Fehler im Regelfall zur Abschaltung. Ausnahmen können hier Fehler bilden, die auch den Abschaltweg beeinflussen.

Nach /180/ sucht ein Eigendiagnosesystem im Kraftfahrzeug, die folgenden Ziele zu verwirklichen:

➤ Bei einer durch einen Störungsfall eingeschränkten oder ausgefallenen Systemfunktion soll der Fahrer vor einer Gefährdung seiner Person selbst sowie das Fahrzeug vor Folgeschäden geschützt werden. Die Grundfunktionen des Kraftfahrzeugs müssen auch beim Ausfall von sicherheitsrelevanten Systemen erhalten bleiben.

➤ Die Wartung soll möglichst schnell erfolgen, damit die Verfügbarkeit des Kraftfahrzeugsystems möglichst hoch ist.

➤ Durch die Speicherung sporadisch auftretender Fehler in nichtflüchtigen Speichern wird die Systemzuverlässigkeit erhöht, indem diese Fehler bei regelmäßigen Wartungen entdeckt und die auslösenden Systemkomponenten durch zuverlässigere ersetzt werden können.

➤ Durch eine Abstufung der Auswirkungen unterschiedlicher Fehlzustände können die Informationen über Systemfehler mit der Angabe der Dringlichkeit einer Wartung an den Fahrer weitergegeben werden. So können z. B. Fehler im Hinblick auf die Dringlichkeit eines Werkstattbesuches mit folgenden Hinweisen versehen werden: "... empfohlen, aufsuchen, sofort aufsuchen".

Da der im Rechner integrierte Selbsttest zusätzliche Hard- und/oder Software nötig macht, steigt die Rechnerausfallwahrscheinlichkeit an. Der Selbsttest verringert also nur die Wahrscheinlichkeit des Auftretens eines gefährlichen Versagens, "aber nicht in dem Maße, wie dies für sicherheitstechnische Anwendungen nötig wäre" /243/.
Nur durch Vergleich verschiedener Ergebnisse, von unabhängigen Einrichtungen gewonnen, können Ausfälle sicher erkannt werden.
Das einkanalige Rechnersystem mit Selbsttest ist in Tabelle 4-2 bewertet.

Kriterium	Bewertungsmöglichkeit
Fehlerbezogenheit (Wirksamkeit)	einfach
Verfügbarkeit	-
zyklischer Test, Redundanz	zyklischer Test
On-line, Off-line	On-line
Zeitbedarf	mittel bis hoch
Zeitverhalten bzw. Fehlererkennung	lang bis schnell
zusätzlicher Aufwand bezogen auf:	
- Entwicklung	mittel bis hoch
- Herstellung (und Redundanz)	mittel bis hoch
- Nachweis	mittel bis hoch
Art der Reaktion auf Fehler	Abschaltung
Eignung für	-

Tabelle 4-2   Bewertung einkanaliger Strukturen mit Selbsttest /DIN V VDE 0801/

4.3.3   Einkanaliges Steuerungssystem mit sicherem Zustand

Besitzt der vom Steuergerät beeinflußte Prozeß einen sicheren Zustand, ist also ein Ausfall durch den Übergang in einen anderen sicheren Betriebszustand möglich, so kann das System zusätzlich zum rechnerinternen Selbsttest durch einen Fremdtest überwacht werden (Bild 4-12).

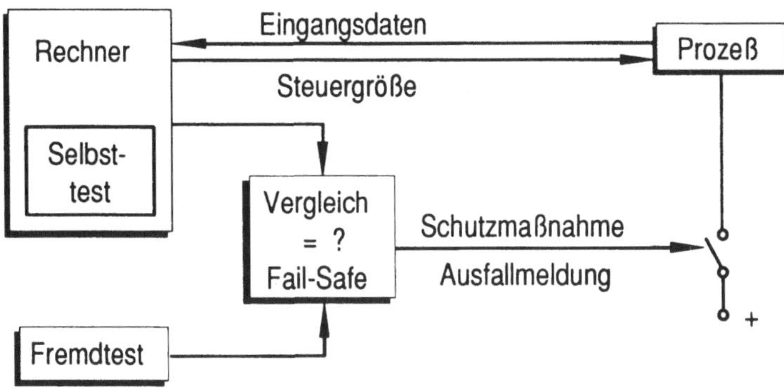

Bild 4-12   Einkanaliges Steuerungssystem mit Selbsttest und Fremdtest /243/

Die Ergebnisse von Selbsttest und Fremdtest werden von einem Vergleicher mit einer fail-safe aufgebauten Logik verglichen. Dazu wird die Nutzfunktion unterbrochen und der Rechner getestet. Die Nutzfunktion wird nur dann wieder aufgenommen, wenn der Test positiv verläuft.

Wird hingegen ein Ausfall entdeckt, so wird ein Alarm ausgelöst (Schutzsystem) oder der sichere Zustand des Systems herbeigeführt (Steuersystem).

Ausfälle, die zwischen zwei kompletten Selbst-/Fremdtests auftreten, können falsche Signale an der Prozeßschnittstelle bewirken. Für eine Zeit T_T, die größer ist als die Zeit T_I zwischen zwei Testphasen, muß der Prozeß falsche Signale ohne Gefahr tolerieren.

Die Versagenswahrscheinlichkeit der Sicherheitseinrichtung und damit die Sicherheit des Systems ist direkt abhängig vom Abdeckungsgrad der einzelnen Tests und der Zuverlässigkeit der verwendeten Hardware oder Software des Fremdtests /42/.

Eine Bewertung dieser Struktur erfolgt in Tabelle 4-3.

Kriterium	Bewertungsmöglichkeit
Fehlerbezogenheit (Wirksamkeit)	einfach bis mittel
Verfügbarkeit	-
zyklischer Test, Redundanz	zyklischer Test
On-line, Off-line	On-line
Zeitbedarf	mittel bis hoch
Zeitverhalten bzw. Fehlererkennung	lang bis schnell
zusätzlicher Aufwand bezogen auf:	
- Entwicklung	mittel bis hoch
- Herstellung (und Redundanz)	mittel bis hoch
- Nachweis	mittel bis hoch
Art der Reaktion auf Fehler	Abschaltung
Eignung für	-

Tabelle 4-3   Bewertung einkanaliger Strukturen mit Selbsttest und Fremdtest
/DIN V VDE 0801/

4.3.4 Zweikanaliges Steuerungssystem mit sicherem Zustand

Zweikanalige Strukturen besitzen zwei voneinander unabhängige Funktionseinheiten, die beide die gleiche Aufgabe bearbeiten sowie eine Einrichtung
zum Vergleich von internen Signalen oder von Ausgangssignalen zum Zwek-
ke der Fehlererkennung /DIN V VDE 0801/.
Beim Auftreten eines Fehlers soll entweder die Funktion aufrechterhalten
werden oder eine sicherheitsgerichtete Reaktion erfolgen.

In dem in Bild 4-13 dargestellten Steuerungssystem liefert der obere der
beiden Rechner die Steuergröße. Der untere läuft unter Bearbeitung der
gleichen Aufgabe parallel mit, um einen Vergleich der Ergebnisse durch
einen Fail-Safe-Vergleicher zu ermöglichen.

Weichen die Ergebnisse voneinander ab, so wird durch Abschaltung das System in den sicheren Zustand überführt. Durch den Vergleich werden also alle Einzelausfälle aufgedeckt, deren Auswirkung das vergleichende Zwischen- oder Endergebnis beeinflussen. Einzelne falsche Ausgaben können den Prozeß nicht gefährden, da sie den Vergleicher nicht passieren können.

Die Fehlererkennungszeit ist bei dieser Konstruktion wesentlich kürzer als bei den vorher beschriebenen einkanaligen Strukturen, so daß sie besonders für schnelle Steuerungsvorgänge geeignet ist.

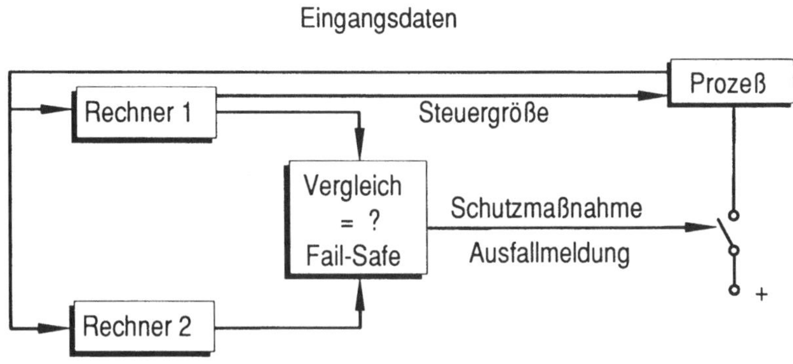

Bild 4-13   Zweikanaliges Steuerungssystem mit sicherem Zustand /243/

Da durch den Vergleich nur solche Fehler offenbart werden, die im Bereich der aktuell ablaufenden Nutzfunktion Auswirkung zeigen, müssen gegen das gleichzeitige Auftreten von Ausfällen in anderen Bereichen zusätzliche Maßnahmen ergriffen werden. Dazu werden insbesondere Selbsttests verwendet, die auch selten benutzte Hardwarekomponenten oder Systemfunktionen überprüfen /42/.
Die Bewertung dieser Struktur erfolgt in Tabelle 4-4.

Kriterium	Bewertungsmöglichkeit
Fehlerbezogenheit (Wirksamkeit)	mittel bis hoch
Verfügbarkeit	-
zyklischer Test, Redundanz	Redundanz ergänzt durch zyklische Tests
On-line, Off-line	On-line
Zeitbedarf	gering bis mittel
Zeitverhalten bzw. Fehlererkennung	mittel bis schnell
zusätzlicher Aufwand bezogen auf:	
- Entwicklung	gering bis hoch
- Herstellung (und Redundanz)	hoch
- Nachweis	gering bis mittel
Art der Reaktion auf Fehler	sichere Abschaltung
Eignung für	-

Tabelle 4-4   Bewertung zweikanaliger Strukturen mit Vergleich /DIN V VDE 0801/

Da es unter den sicherheitsrelevanten Elektroniksystemen im Kraftfahrzeug auch solche gibt, die keinen sicheren Ausfallzustand besitzen, finden zusätzlich zu den schon beschriebenen Systemen mehrkanalige Strukturen mit aktiver Redundanz Verwendung.

4.3.5 Zweikanaliges Steuerungssystem ohne sicheren Zustand

Ein Beispiel für ein zweikanaliges Steuerungssystem ohne sicheren Zustand mit Umschalter ist in Bild 4-14 dargestellt.

Hier bearbeiten zwei Rechner die gleiche Aufgabe. Ein Kanal ist on-line mit dem Prozeß verbunden, der zweite ist standby geschaltet.

Die Ergebnisse der einzelnen Rechner werden durch die schon beschriebene Kombination von Selbsttest und Fremdtest auf Richtigkeit kontrolliert. In der dargestellten Schaltungskonstellation wird von einem fehlersicheren Vergleicher nur das Ergebnis des ersten Rechners als Steuerungsgröße für den Prozeß zugelassen.

Von einem fehlersicheren Vergleicher spricht man, wenn eine Überwachungseinrichtung, die in der Lage ist, Fehler zu erkennen, zu interpretieren und das System in einen sicheren Zustand zu überführen, sich selbst überwacht.

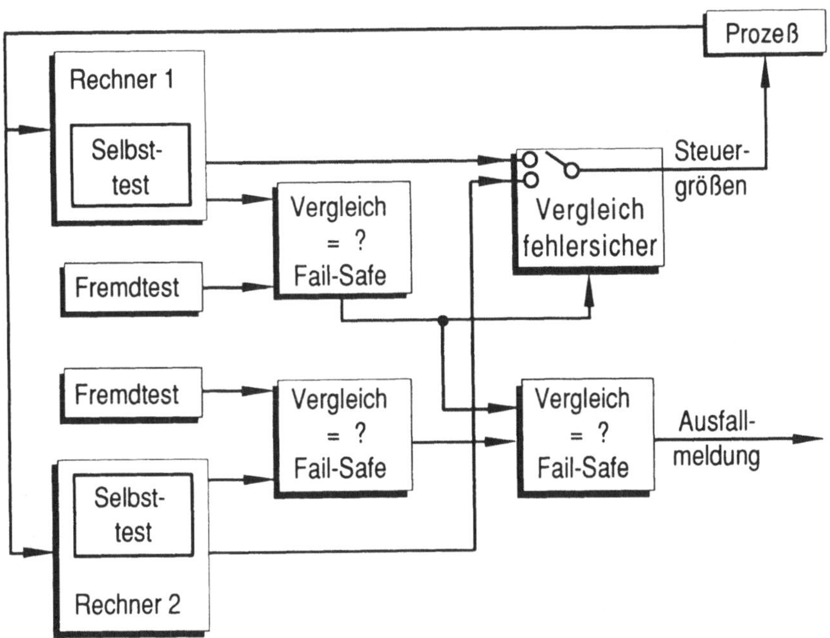

Bild 4-14   Zweikanaliges Steuerungssystem ohne sicheren Zustand /243/

Wird durch die Kombination von Selbsttest und Fremdtest ein Fehler im ersten Verarbeitungskanal festgestellt, so schaltet der Vergleicher auf den zweiten Kanal um, so daß die Funktion des Prozesses aufrechterhalten wird. Gleichzeitig wird von einem dritten Fail-Safe-Vergleicher eine Meldung über den Ausfall des ersten Rechnerkanals ausgegeben.

Die Bewertung dieser Struktur erfolgt in Tabelle 4-5 und richtet sich nach den Methoden zur Fehlererkennung in den einzelnen Kanälen.

Kriterium	Bewertungsmöglichkeit
Fehlerbezogenheit (Wirksamkeit)	einfach bis mittel
Verfügbarkeit	mittel
zyklischer Test, Redundanz	Redundanz ergänzt durch zyklische Tests
On-line, Off-line	On-line
Zeitbedarf	mittel bis hoch
Zeitverhalten bzw. Fehlererkennung	lang bis schnell
zusätzlicher Aufwand bezogen auf:	
- Entwicklung	mittel bis hoch
- Herstellung (und Redundanz)	hoch
- Nachweis	mittel bis hoch
Art der Reaktion auf Fehler	Umschaltung
Eignung für	-

Tabelle 4-5   Bewertung zweikanaliger Strukturen mit Umschalter /DIN V VDE 0801/

Die schon erwähnten Probleme bei der Realisierung der Fremdtesteinrichtung führen zur Bevorzugung einer Steuerung mit drei Verarbeitungskanälen für Systeme ohne sicheren Zustand.

4.3.6   Dreikanaliges Steuerungssystem ohne sicheren Zustand

Bei diesem Schaltungskonzept stehen drei Rechnerkanäle zur Verfügung, die alle die gleiche Aufgabe bearbeiten. Ein 2v3-Voter trifft einen Mehrheitsentscheid derart, daß mindestens die Verarbeitungsergebnisse zweier Kanäle übereinstimmen müssen, damit das entsprechende Signal als Steuergröße freigegeben werden kann. Bei Ausfall eines Kanals wird also dessen Ergebnis überstimmt (Bild 4-15).

"Gleichzeitig kann über den zweiten Vergleicher nicht nur ein Rechnerausfall gemeldet, sondern durch Mehrheitsentscheid auch geklärt werden, welcher Rechner ausgefallen ist" /243/.

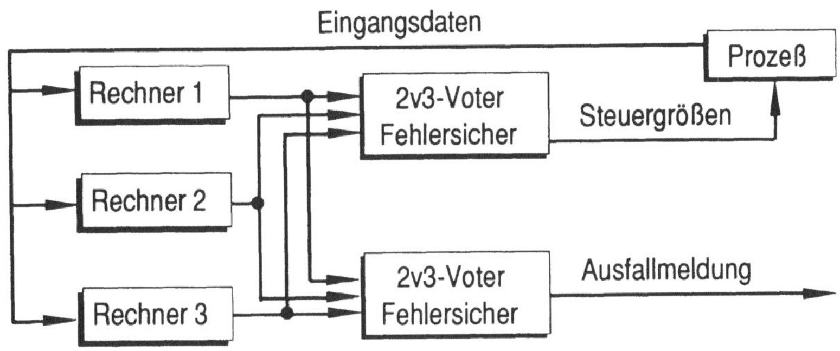

Bild 4-15   Dreikanaliges Steuerungssystem ohne sicheren Zustand ("fail-op")

Mit der 2v3-Redundanz kann ein erster Fehler erkannt und lokalisiert werden. Unter Beibehaltung der sicherheitsgerichteten Technik wird das Auftreten dieses ersten Fehlers toleriert und dadurch die Verfügbarkeit des Systems erhöht. Die Bewertung dieser Struktur erfolgt in Tabelle 4-6.

Die Auswahl der Struktur eines sicherheitsrelevanten Steuersystems erfolgt unter Berücksichtigung des Risikos des zu beherrschenden Prozesses.
So können einkanalige Rechnersysteme nur dann eingesetzt werden, wenn eine Sicherheitsanalyse den Nachweis erbringt, daß die in das System integrierten Testverfahren alle Fehler mit hinreichender Wahrscheinlichkeit innerhalb der zulässigen Systemtoleranzzeit aufdecken. Bei der Verwendung mehrkanaliger Systeme liegt die Annahme zugrunde, daß Einzelausfälle mit Gewißheit erkannt werden.

Kriterium	Bewertungsmöglichkeit
Fehlerbezogenheit (Wirksamkeit)	**hoch**
Verfügbarkeit	**mittel**
zyklischer Test, Redundanz	**2v3-Redundanz**
On-line, Off-line	**On-line**
Zeitbedarf	**gering bis mittel**
Zeitverhalten bzw. Fehlererkennung	**schnell**
zusätzlicher Aufwand bezogen auf: **- Entwicklung** **- Herstellung (und Redundanz)** **- Nachweis**	 **hoch** **hoch** **mittel**
Art der Reaktion auf Fehler	**1. Fehler: Lokalisierung und Tolerierung** **2. Fehler: Abschaltung oder Tolerierung**
Eignung für	**-**

Tabelle 4-6   Bewertung von 2v3-Strukturen /DIN V VDE 0801/

Hier gilt es nachzuweisen, daß innerhalb der zulässigen Systemtoleranzzeit keine Mehrfachfehler auftreten, die zu einem gefährlichen Zustand führen.

Die hohen sicherheitstechnischen Anforderungen, die an Rechnersysteme zur Steuerung technischer Einrichtungen gestellt werden, machen probabilistische Methoden zum Sicherheitsnachweis erforderlich. Quantitative Sicherheitskenngrößen ermöglichen nicht nur den Nachweis eines vorhandenen Sicherheitsniveaus, sie können insbesondere zum Vergleich unterschiedlicher Systemkonzepte herangezogen werden. Auf der Basis von Sicherheitsanalysen sind somit Modifikationen von Systemen unter Kosten-Nutzen-Gesichtspunkten möglich.

5 Zuverlässigkeit von speicherpro-grammierbaren Steuerungen (SPS) für Automatisierungssysteme

Speicherprogrammierbare Steuerungen (SPS) werden zur Steuerung und Regelung mehr oder weniger komplexer Automatisierungsaufgaben einschließlich Bedienen und Beobachten von Prozessen eingesetzt und stellen heute einen wesentlichen Schwerpunkt der Automatisierungstechnik dar. Die Entwicklung zu immer leistungsfähigeren Automatisierungssystemen (Speichergröße, Zykluszeit, Funktionalität u.a.) mit dem Trend zu Hochleistungsprozessoren einschließlich der Nutzung der Fuzzy-Logic ist gegenwärtig noch nicht abgeschlossen.

Steuerungen in sicherheitsrelevanten Bereichen wurden früher ausnahmslos verdrahtungsprogrammiert ausgeführt. Aufgrund der bekannten Vorteile speicherprogrammierbarer Steuerungen wie
- hoher Komfort hinsichtlich Funktionseigenschaften und -fähigkeiten,
- geringer Platz- und Raumbedarf,
- hohe Verarbeitungsgeschwindigkeit,
- Zeitersparnis bei Inbetriebnahme, Optimierung und Änderung (große Flexibilität),
- Verringerung von Störungszeiten (Produktionsausfälle) durch schnelle Diagnose , Datenspeicherung und Visualisierung, hohe Verfügbarkeit,
- Kostenersparnis bei der Pflege der technischen Dokumentation,
- besseres Preis-Leistungsverhältnis im Vergleich zu konventioneler Technik u.a.,

werden diese auch verstärkt in Bereichen eingesetzt, wo ein sicherheitskritischer Ausfall zu Gefährdungen von Personen führen kann. Sie müssen daher frei von Fehlern sein und eine einwandfreie Arbeitsweise garantieren.

Die Fehlerfreiheit ist bei diesen komplexen Anlagen jedoch selten zu erreichen. Unvorhergesehene Ereignisse oder Ereignisfolgen, beispielsweise in Form von Mehrfachfehlern, sind nicht auszuschließen. Somit kann ihr Auftreten die Sicherheit erheblich beeinträchtigen. Die inhärenten Gefahren bei der Steuerung von Verfahren und Prozessen treten oftmals sehr spät in das Bewußtsein. Ihre Existenz wird jedoch durch die Umwandlung von Gefahren zu Unglücksfällen oder gar Katastrophen bewiesen. Irreparable Schäden an Mensch und Natur sind die Folge.

Um ein Höchstmaß an Sicherheit zu erreichen, werden daher zusätzliche Maßnahmen ergriffen. Sie werden nach der Strategie der Fehlertoleranz entwickelt, die eine Vermeidung der Auswirkungen von Fehlern und Ausfällen dient (siehe Kapitel 4).

Aus diesem Grunde wird versucht, nicht nur Fehler und Ausfälle zu erkennen, sondern durch entsprechende Maßnahmen auch ihren Auswirkungen insoweit zu begegnen, um sie tolerieren zu können. Bezüglich der mit solchen Maßnahmen versehenen speicherprogrammierbaren Steuerungen, folglich sicherheitsgerichtete speicherprogrammierbare Steuerungen genannt, muß ein Sicherheitsnachweis erbracht werden.

5.1 Aufbau einer speicherprogrammierbaren Steuerung

Die wesentlichen Baugruppen einer SPS gehen aus Bild 5-1 hervor. Ein Zentralgerät besteht aus einem Stromversorgungseinschub (PS) mit Lüfter, einer CPU mit EPROM-Speicher, Kommunikationsprozessor (CP) mit eigenem Mikro-Prozessor für Bedienungs- und Beobachtungsgeräte, Bildschirmausgabe, Drucker, sowie Ein- und Ausgabebaugruppen (E/A) für digitale und analoge Werte und Signalvorverarbeitungs-Baugruppen (IP).

Die interne Stromversorgung sowie die Kommunikation der Baugruppen untereinander wird durch die Rückwandbusplatine im Zentralgerät bereitgestellt. Das Programmiergerät dient der Programmerstellung, Projektierung der Sicherheitsstrukturen einer Anlage und der Fehlerdarstellung.

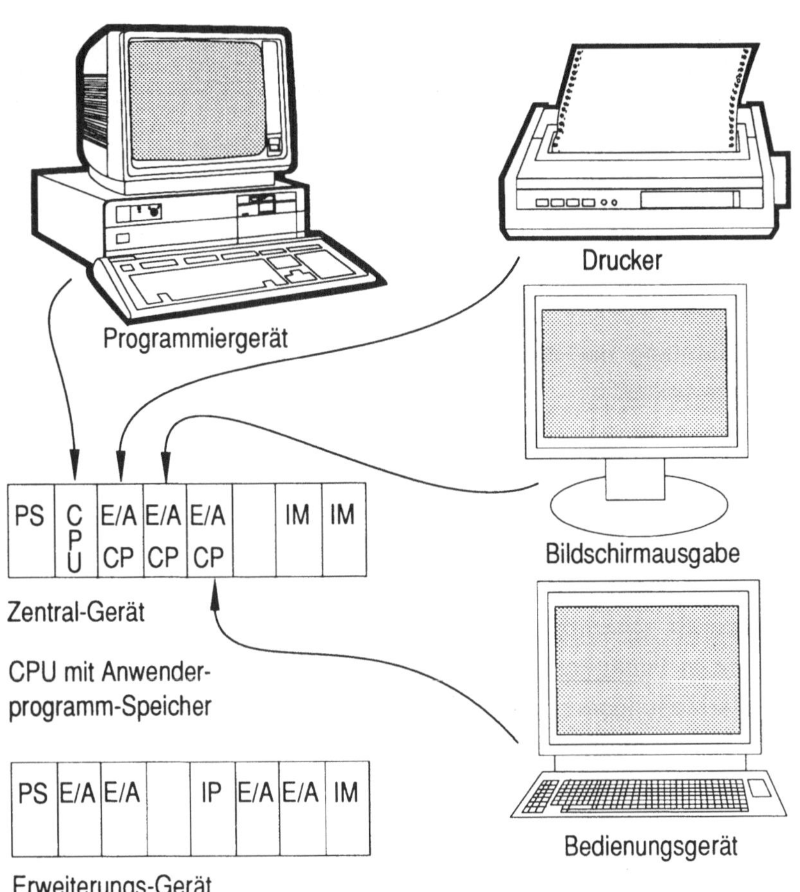

Bild 5-1   Komponeneten einer einkanaligen SPS /216/

Redundante Strukturen für eine sicherheitsgerichtete SPS können mit Hilfe eines Erweiterungsgerätes (EG) mit entsprechenden Ein- und Ausgabebaugruppen, Busüberwachungsbaugruppe und einer Zentralgerät-Anschaltung realisiert werden. Auch das Erweiterungsgerät ist mit einer Rückwandbusplatine für die Stromversorgungs- und Kommunikationsaufgaben der einzelnen Baugruppen ausgestattet.

Die Umsetzung der Automatisierungsaufgaben in durchführbare Programme erfolgt bekanntlich mit Hilfe einer Programmiersprache. Nachfolgend wird exemplarisch die bekannte Programmiersprache STEP 5 kurz erläutert.

Der Befehlsumfang der Programmiersprache STEP 5 läßt sich nach /234/ wie folgt unterteilen:

a)   Grundoperationen

   ➤   in allen Code-Bausteinen anwendbar

   ➤   Darstellungsart: -Kontaktplan (KOP)

                        -Anwendungsliste (AWL)

                        -Funktionsplan (FUP).

b)   Ergänzende Operationen und Systemoperationen

   ➤   nur in Funktionsbausteinen anwendbar,

   ➤   Darstellungsart nur Anwendungsliste (AWL),

   ➤   Systemoperationen: Nur für Anwender mit sehr guten Systemkenntnissen.

Die oben erwähnten drei Darstellungsarten Kontaktplan (KOP), Funktionsplan (FUP) und Anweisungsliste (AWL) können vom Benutzer frei gewählt werden. Hierdurch ist gewährleistet, daß der erfahrene Anwender die jeweils optimale Programmiermethode wählen kann. Der von dem Programmiergerät erzeugte Maschinencode hier MC5 ist in allen drei Darstellungsarten identisch.

Die Darstellungsarten der Programmiersprache STEP 5 gehen aus Bild 5-2 hervor. Zur Strukturierung des Anwenderprogramms kann das zu erstellende Programm durch STEP 5 in einzelne Bausteine aufgeteilt werden. Ein Baustein ist ein durch Funktion, Struktur oder Verwendungszweck abgegrenzter Teil des Anwenderprogramms /234/.

Man unterscheidet zwischen Bausteinen, die Anweisungen enthalten und Bausteinen, die Daten enthalten. Zu den sogenannten Anweisungs- oder Codebausteinen gehören die Organisations-, Programm-, Funktions- und Schrittbausteine.

KONTAKTPLAN	ANWEISUNGSLISTE	FUNKTIONSPLAN
Programmieren mit grafischen Symbolen wie Stromlaufplan	Programmieren mit memotechnischen Abkürzungen der Funktions- bezeichnungen	Programmieren mit grafischen Symbolen
entspricht DIN 19239	entspricht DIN 19239	entspricht IEC 117-15 DIN 40700 DIN 40719 DIN 19239
KOP	AWL	FUP

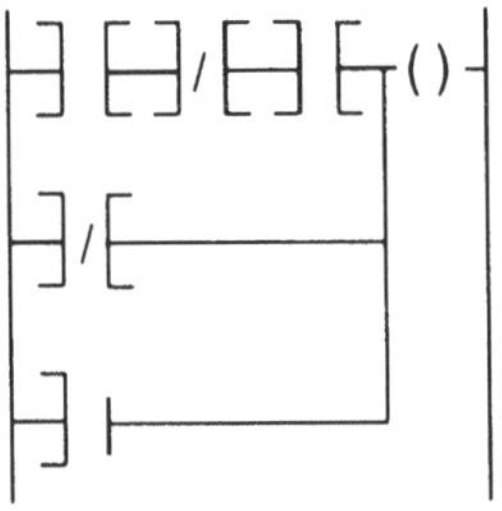

KOP, AWL (U E / UN E / U E / ON E / O E / = A), FUP

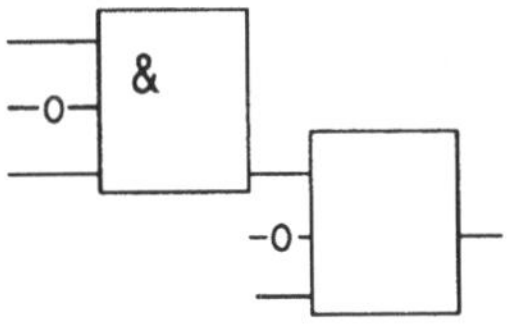

Bild 5-2　　　Darstellung der Programmiersprache STEP 5

Ein Baustein ist identifiziert durch:

➤　　den Bausteintyp (OB, Pb, SB, FX, DB, DX),

➤　　die Bausteinnummer (Zahl zwischen 0 und 255).

Eine graphische Unterteilung der STEP 5 Bausteine geht aus Bild 5-3 hervor.

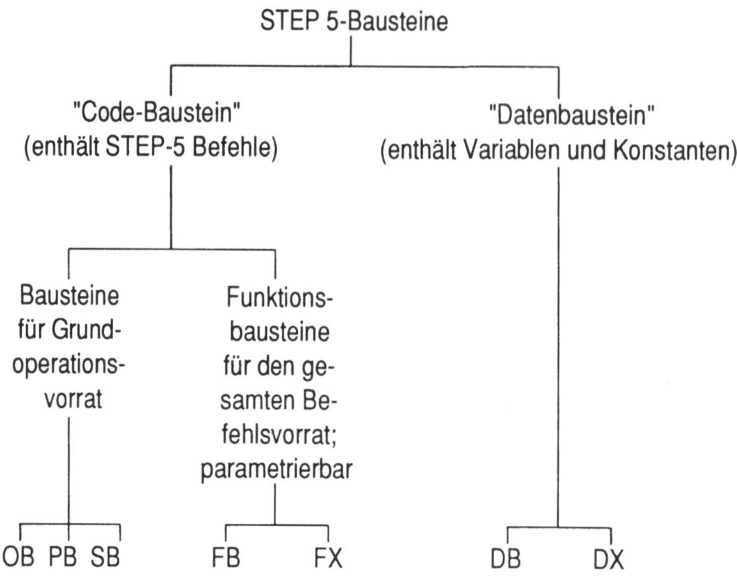

Bild 5-3   Graphische Unterteilung der STEP 5-Bauteile

Die Organisationsbausteine stellen die Schnittstelle zwischen dem Systemprogramm auf der einen und dem Anwederprogramm auf der anderen Seite dar.
Die Organisationsbausteine OB1 - OB39 werden direkt vom Systemprogramm
aufgerufen und beeinflussen die Programmbearbeitung, das Anlaufverhalten
und das Verhalten im Fehlerfall.

Durch die Organisationsbausteine OB40 - OB255 werden bei Bedarf die
Sonderfunktionen des Systemprogramms durch das Anwenderprogramm aufgerufen. Die Programmbausteine (PB) enthalten den Kern des Anwenderprogramms und werden zu dessen Strukturierung verwendet. Die Gliederung
erfolgt dabei nach funktionellen oder technologischen Gesichtspunkten.

Zur schrittweisen Bearbeitung von Ablaufketten wurden bisher die sogenannten Schrittbausteine zur Verfügung gestellt. Da die Realisierung von Ablaufketten heute jedoch durch "Graph 5" erfolgt, werden die Schrittbausteine zur
Erweiterung der Programmbausteine eingesetzt.

Funktionsbausteine (FB) dienen der Programmierung von häufig wiederkehrenden oder komplexen Funktionen. Mit den Datenbausteinen (DB) stehen schließlich die festen oder veränderlichen Daten, mit denen das Anwenderprogramm arbeitet, zur Verfügung. Sie enthalten grundsätzlich keine STEP 5-Anweisungen. Ergänzende Informationen, die über den hier beschriebenen Rahmen hinausgehen, können den einschlägigen Handbüchern der Simatic S5 Reihe /234/ entnommen werden.

Die Signalverarbeitung in der SPS als Einrechnersystem

Der Signalfluß der betrachteten einkanaligen SPS (Simatic 5) ist in Bild 5-4 vereinfacht dargestellt.

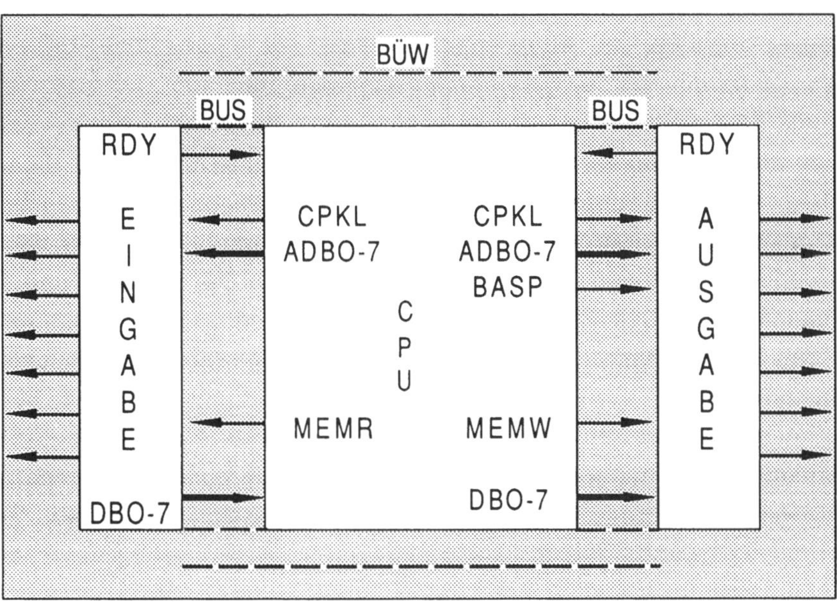

Bild 5-4   Signalpfade der einkanaligen SPS

Es ist ersichtlich, daß weder Eingabe- noch Ausgabesignale auf jeweils mehrere Baugruppen überspielt werden. Die Kontrolle einer korrekten Signalformung (z.B. durch Vergleicher) ist somit nicht möglich. Dies gilt im gleichen

Maße auch für die Zentraleinheit. Nur der Datentransfer wird durch eine gesonderte Baugruppe, die Busüberwachungsbaugruppe (BÜW), kontrolliert. Alle Kontrollroutinen sind softwareabhängig. Dies unterstreicht in besonderem Maße die Bedeutung der Softwarezuverlässigkeit.

Durch die Digitaleingabebaugruppen werden die Prozeßsignale in der Eingangsschaltung für die Verarbeitung mit dem baugruppeninternen Pegel aufbereitet /233/. Hierbei werden Störungen unterdrückt und die Signalzustände der Eingänge über LEDs angezeigt.

Wenn das Steuersignal MEMR und ein externes Freigabesignal anliegen, und die über den Systembus von der CPU gesendete Baugruppenadresse mit der am Adressierschalter eingestellten Adresse übereinstimmt, gibt die Steuerung der Digitaleingabebaugruppe das Steuersignal RDY zur CPU, welche dann ihrerseits die Daten über den Datenbus sendet. Den Daten entsprechend werden die Ausgänge dann angesteuert.

Der an den Signalpegel des Automatisierungsgerätes angepaßte Signalzustand der Eingänge wird der CPU über das zur Verfügung stehende Bussystem übermittelt. Durch den Signalpfad BASP können von der CPU die Ausgänge auf Null gesetzt und damit gesperrt werden. Der Zustand und somit der Speicherinhalt der Datenspeicher bleibt bei diesem Vorgehen unberührt. Über das Signal "Zentraleinheit klar (CPKC)" werden die Datenspeicher zurückgesetzt.

Die Überwachungsbaugruppe ist im Erweiterungsgerät integriert. Sie überwacht den Daten- und Adreßbus sowie die Steuersignale MEMW, MEMR und RDY. Auftretende Fehler werden angezeigt und gleichzeitig als Sammelmeldung weitergegeben.

5.2 Anforderungen an sicherheitsgerichtete SPS

Der Sicherheitsnachweis

Prozeßautomatisierungssysteme, bei denen Gefahren für Leib und Leben von Menschen auftreten können, dürfen nur dann betrieben werden, wenn sie von einer technischen Aufsichtsbehörde zugelassen sind. Somit gilt für sicherheitsgerichtete speicherprogrammierbare Steuerungen, daß ein Sicherheitsnachweis geführt werden muß. Bei speicherprogrammierbaren Steuerungen ist mit der Kombination von Hard- und Software-Fehlern sowie mit mehreren Software-Fehlern zu rechnen.

Für einen Einsatz speicherprogrammierbarer Steuerungen in sicherheitsrelevanten Systemen muß somit gewährleistet werden, daß beim Auftreten von inneren Fehlern oder äußeren Einflüssen in oder an der SPS deren Wirksamkeit erhalten bleibt, oder die Anlage in den sicheren Zustand überführt wird (DIN V VDE 0116). Als sicheren Zustand eines technischen Prozesses bezeichnet man einen Zustand, in dem – trotz gewisser, zugelassener Ausfälle des Automatisierungssystems oder des technischen Prozesses – keine Gefahr mehr auftreten kann. Bei Verkehrsmitteln ist der Haltzustand beispielsweise ein solcher sicherer Zustand. Üblicher Weise entspricht der energielose Zustand dem sicheren Zustand.

Dies bedeutet bei der SPS, daß Stomausfall und Drahtbruch automatisch in den sicheren Zustand führen, welcher mit Nullsignalen gleichgesetzt ist. Bei technischen Prozessen die einen sicheren Zustand besitzen, kann das Automatisierungssystem so ausgelegt werden, daß es beim Auftreten eines Ausfalls, der zu einer Gefahr führen könnte, den technischen Prozeß in den sicheren Zustand überführt /136/.

Um bei Fehlern in der SPS sicherzustellen, daß eine ausreichende Wirksamkeit der Sicherheitseinrichtung vorhanden ist, bzw. in den sicheren Zustand gelangt werden kann, bedient man sich des nach Bild 5-5 dargestellten Algorithmusses (siehe hierzu auch /80/).

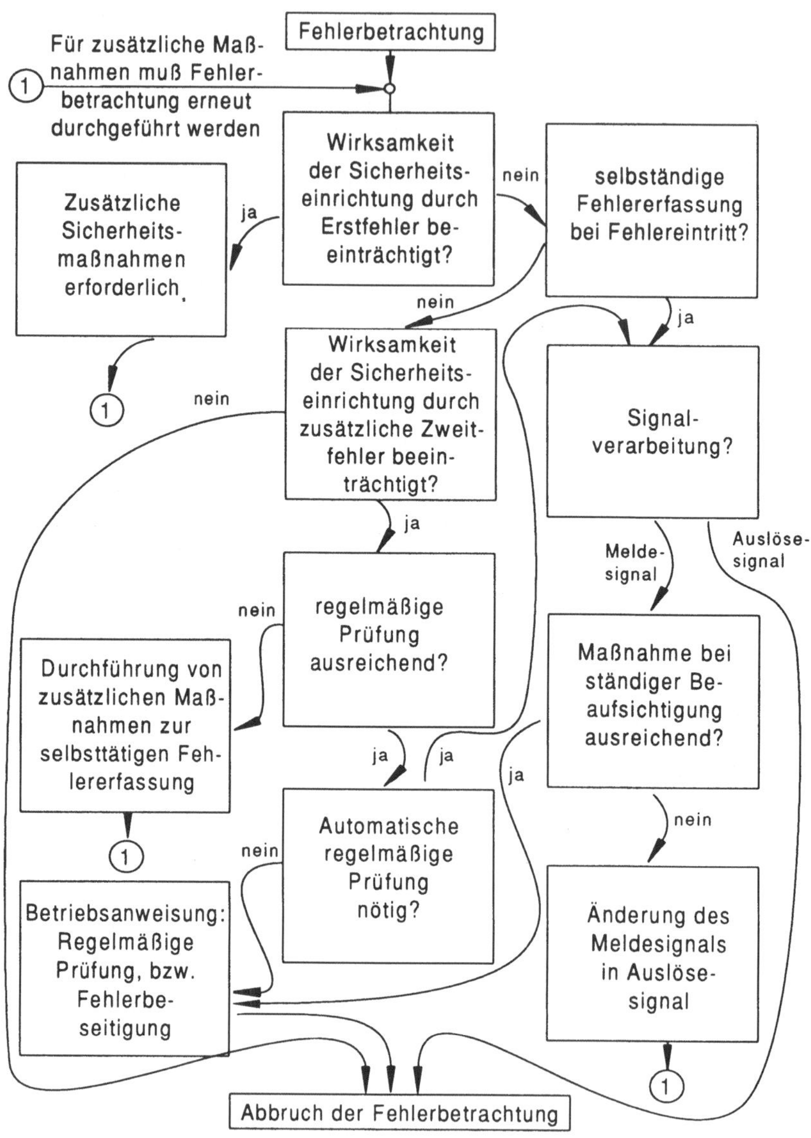

Bild 5-5   Sicherheitsnachweis gegen Ausfälle und Störungen einer SPS /VDI 0116/

Die in Bild 5-5 dargestellte Vorgehensweise bei der Erstellung eines Sicher-
heitsnachweises berücksichtigt ein- und mehrkanalige Strukturen. Die erste,
im Zweig der einkanaligen Sicherheitseinrichtung schwer zu erfüllende Be-
dingung, ist die Abfrage, ob alle Ausfälle und Störungen durch Fremd-Tests
und/oder Selbst-Tests erkannt werden.

Auch in Differenzierung der Vorgehensweise je nach Wirksamkeit der Selbst-
einrichtung bei Einwirkung von Ausfällen und Störungen dürfte bei mikroelektronischen Bauelementen mehr theoretischer Natur sein (DIN V VDE
0116).

Ein Sicherheitsnachweis mit einer einkanaligen Struktur wird bei den Forderungen nach diesem Normenentwurf nur dann durchführbar sein, wenn spezielle Maßnahmen für einkanalige SPS getroffen werden. Die einkanalige
speicherprogrammierbare Steuerung gilt bisher als eine noch in der Diskussion befindliche Lösung.

Konkrete Konzepte zur Realisierung einer einkanaligen Steuerung mit Sicherheitsaufgaben liegen gegenwärtig jedoch schon vor /78/.
Bei mehrkanaligen Strukturen ist für diese nachzuweisen, daß die "Wirksamkeit der Sicherheitseinrichtung bei Fehlern in einem Kanal erhalten bleibt"
und
➤ ein Fehler in einem Kanal erkannt wird sowie
➤ die Erkennung eines Fehlers in einem Kanal selbst der Fehlererkennung unterliegt und,
➤ daß Fehlererkennung und Fehlerbehebung innerhalb zulässiger Grenzen liegen, bzw. innerhalb einer Fehlertoleranzzeit eine automatische
   Auslösung (Sicherheitsmaßnahme) stattfindet.

Falls es zulässig ist, Fehler in einem Kanal während des Betriebes zu beheben, muß das Verfahren durch eine Betriebsanweisung geregelt sein. Weitere Pfade, die zum Nachweis der Wirksamkeit der SPS führen, beinhalten die
Frage nach "Wirksamkeit der Sicherheitseinrichtung bei zusätzlichem Fehler
im 2. Kanal".

Risikoreduzierung durch Schutzmaßnahmen

In jedem Fall werden für speicherprogrammierbare Steuerungen zusätzliche Maßnahmen benötigt, um einen möglichen Nachweis zur Sicherheit zu erhalten. Allgemein gilt, daß die Maßnahmen der Meß-, Steuer- und Regeleinrichtung (MSR) so beschaffen sein müssen, daß sie dem abzudeckenden Teilrisiko entsprechen (in diesem Zusammenhang sei auch auf die IEC 65A (Sec) 123 verwiesen /108/).

Somit gilt auch für den Einsatz speicherprogrammierbarer Steuerungen, daß die notwendigen Maßnahmen von dem abzudeckenden Teilrisiko abhängen. Bild 5-6 gibt Auskunft darüber, was unter dem Teilrisiko zu verstehen ist.

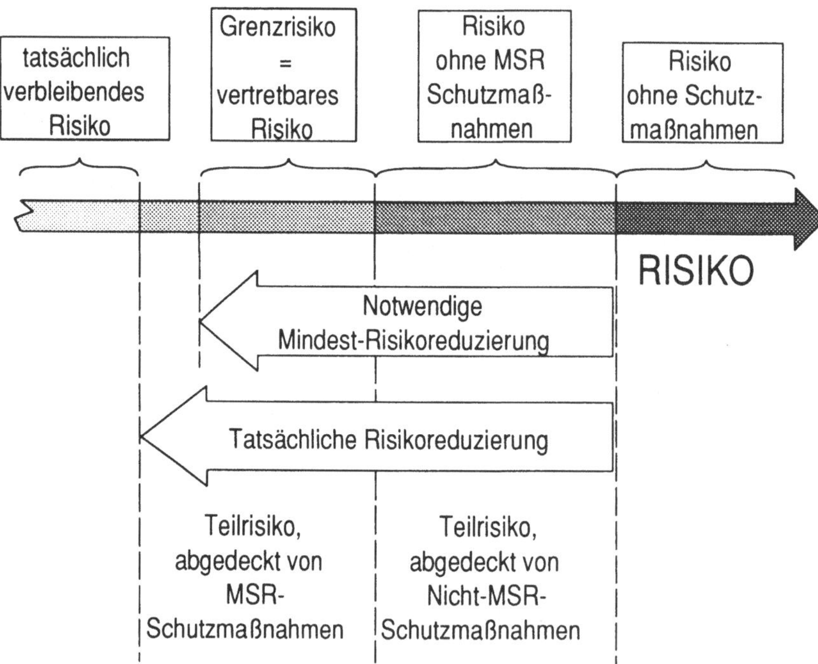

Bild 5-6   Risikoreduzierung durch Schutzmaßnahmen /DIN V 19250/

Ohne Schutzmaßnahme geht von einem sicherheitsbezogenen System ein bestimmtes Risiko aus. Dieses "Risiko ohne Schutzmaßnahme" ist im Regelfall größer als das vertretbare Risiko, das **Grenzrisiko**.

Das Grenzrisiko ist nach DIN V VDE 31000 Teil 2 als das "größte noch vertretbare anlagenspezifische Risiko eines bestimmten technischen Vorgangs oder Zustands" definiert.

Das von dem sicherheitsbezogenen System ausgehende Risiko muß nun mit besonderen Maßnahmen mindestens auf das Grenzrisiko reduziert werden. Diese Risikoreduzierung kann durch Maßnahmen im Prozeß bzw. im Verfahren (Nicht-MSR-Schutzmaßnahmen) oder aber durch spezielle MSR-Schutzmaßnahmen geschehen.

Da davon ausgegangen wird, daß immer ein System vorliegt, bei dem bereits bestimmte Nicht-MSR-Schutzmaßnahmen getroffen wurden, geht es nunmehr um die Teilrisiken, die von der MSR-Schutzmaßnahme abgedeckt werden müssen (DIN V VDE 0801). Der grundsätzliche Zusammenhang zwischen dem Teilrisiko, den Anforderungen an die speicherprogrammierbare Steuerung und den Maßnahmen zur Realisierung der Anforderungen ist in Bild 5-7 dargestellt.

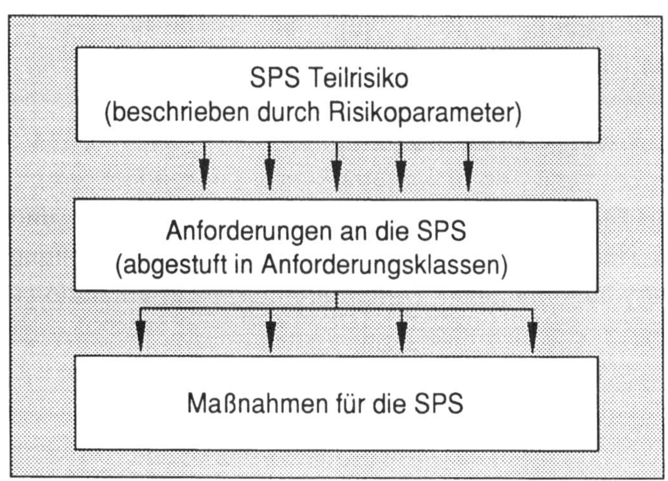

Bild 5-7   Vom Teilrisiko zu den Anforderungen und Maßnahmen

Das durch die SPS abzudeckend Teilrisiko wird abgeschätzt und beschrieben durch sogenannte Risikoparameter. Aus der Kombination der Risikoparameter ergeben sich direkt die Anforderungen. Diese Anforderungen sind in Anforderungsklassen abgestuft (siehe Abschnitt Klassifizierung der Maßnahmen). Unter der Voraussetzung der bekannten Anforderungsklasse werden verschiedene Maßnahmen getroffen.

Im Gegensatz zur Norm DIN V 19250, die eine qualitative Bewertung des Risikos vorsieht, verfolgt IEC 65A(Sec) 123 eine quantitative Bewertung mit entsprechenden Zahlenwerten. Dabei wird das Risiko in vier Klassen aufgeteilt (Tabelle 5-1). Die Klassen III und IV stellen ein tolerierbares Risiko dar. Bei den Klassen I und II muß hingegen eine Risikoreduzierung durchgeführt werden.

Eintrittshäufigkeit	Schadensausmaß			
	katastrophal	kritisch	begrenzt	unbedeutend
häufig	I	I	I	II
wahrscheinlich	I	I	II	III
gelegentlich	I	II	III	III
gering	II	III	III	IV
unwahrscheinlich	III	III	IV	IV
so gut wie nie	IV	IV	IV	IV

Tabelle 5-1   Risikoklassifizierung /73/

Für ein MSR-Schutzsystem läßt sich dann nach /73/ aus den Quotienten "tolerierbare Häufigkeit" zu "Häufigkeit ohne Schutzeinrichtung" der sogenannte "Safety Integrity Level" (Anforderungsklasse) ermitteln (siehe Tabelle 5-2).

System Integrity	Safety Integrity-Ziel	
Level (Anforderungsklasse)	Sicherheitsgerichtetes Steuerungssystem (gefährliches Versagen pro Stunde)	Sicherheitsgerichtetes Schutzsystem (Wahrscheinlichkeit des Versagens bei Anforderung)
4	$\geq 10^{-9}$ to $< 10^{-8}$	$\geq 10^{-5}$ to $< 10^{-4}$
3	$\geq 10^{-8}$ to $< 10^{-7}$	$\geq 10^{-4}$ to $< 10^{-3}$
2	$\geq 10^{-7}$ to $< 10^{-6}$	$\geq 10^{-3}$ to $< 10^{-2}$
1	$\geq 10^{-6}$ to $< 10^{-5}$	$\geq 10^{-2}$ to $< 10^{-1}$

Tabelle 5-2   System Integrity Levels /73/

Fehlerstrategien

Fehler dürfen in sicherheitsgerichteten speicherprogrammierbaren Steuerungen nicht zu einer Gefahr führen. Um diese Forderung zu erfüllen, gibt es grundsätzlich zwei Strategien, nach denen vorgegangen werden kann:

1. Die Perfektionsstrategie ist eine Strategie zur Vermeidung von Fehlern und Ausfällen, auch Intoleranzstrategie genannt. Bei dieser Strategie wird versucht, die Ursachen und Fehler der Ausfälle zu unterbinden, in dem Bestreben, zu einem fehler- und ausfallfreien, "perfekten" System zu kommen. Dazu gehört einerseits die sogenannte Fehlerabwehr (Verhinderung des Auftretens von Fehlern) und andererseits die Fehleroffenbarung (die Aufdeckung von Fehlern vor der Inbetriebnahme der SPS zum Beispiel durch geeignete Prüfungen und Tests).

2. Die Strategie der Fehlertoleranz ist eine Strategie der Vermeidung der Auswirkung von Fehlern und Ausfällen. Dabei wird die Tatsache toleriert, daß in technischen Systemen Fehler und Ausfälle nie ganz vermieden werden können. Es wird versucht, ihre Auswirkung, zum Beispiel durch Redundanz-Maßnahmen, zu unterbinden.

Bei der Perfektions-Strategie wird versucht, bis zum Zeitpunkt der Inbetriebnahme eine "perfekte", d.h., fehlerfreie SPS-Konfiguration zu erreichen. Dies geschieht einmal durch den Ausschluß von Fehlern und von manchen Ausfallarten. Zum anderen werden Verfahren angewandt, die es ermöglichen, daß sich alle noch verborgenen Fehler vor der Inbetriebnahme offenbaren, damit sie beseitigt werden können. Bei der Toleranz-Strategie geht man davon aus, daß es nicht gelungen ist, noch vor der Inbetriebnahme alle Fehler zu vermeiden oder aufzudecken. Daher werden Maßnahmen ergriffen, um gefährliche Auswirkungen zu unterbinden.

Bei allen sicherheitsrelevanten Anwendungen wird von speicherprogrammierbaren Steuerungen gefordert, daß ein weitgehender Ausschluß von Fehlern bis zum Zeitpunkt der Inbetriebnahme erreicht wird. Maßnahmen nach der Toleranz-Strategie dürfen die Maßnahmen der Perfektions-Strategie nur ergänzen, nicht aber ersetzen /136/.

Das Hauptproblem besteht also darin, alle möglichen Ausfälle und Fehler, die bei unkontrollierter Auswirkung die Sicherheit beeinträchtigen können, rechtzeitig zu erkennen. Ist dieses Problem gelöst, so kann eine Beeinflussung der Auswirkung im Sinne einer Fehlertoleranz oder einer sicherheitsgerichteten Reaktion erfolgen. Die Erkennung von Ausfällen bzw. Fehlern sowie die Toleranz gegenüber ihren Auswirkungen sind wichtige Fragen im Zusammenhang mit der Behandlung des Problems der Sicherheit. Jede Fehlererkennbarkeit wirkt sich hinsichtlich der Sicherheit im vollen Umfang aus, wenn nach jeder Fehlererkennung eine sicherheitsgerichtete Maßnahme durchgeführt werden kann /126/.

Die durchzuführenden Maßnahmen können verschiedenen Arten entsprechen. Oftmals werden sie über die Software realisiert. Von großem Interesse ist daher, in welcher Konfiguration die sicherheitsbezogene Software mit der prozeßsteuernden Konfiguration im Rechner abgelegt wird.

Trennung der Sicherheits- von der Prozeßsteuerungsfunktion

In vielen Fällen übernimmt der Rechner gleichzeitig Sicherheitsfunktionen und reine Prozeßsteuerungsfunktionen, die mit der Sicherheit nichts zu tun haben. In klassischen Steuerungstechnologien war es möglich, durch geeigneten Aufbau den sicherheitsbezogenen Teil der Steuerung vom nicht-sicherheitsbezogenen Teil der Steuerung zu trennen. Die Sicherheitsbetrachtungen wurden daraufhin nur auf den sicherheitsbezogenen Teil angewendet.

Bei rechnergestützten Systemen ist dieses Vorgehen schwieriger, teilweise auch überhaupt nicht möglich. Bei der Projektierung von speicherprogrammierbaren Steuerungen muß dieser Sachverhalt frühzeitig berücksichtigt werden.

So kann es beispielsweise dazu kommen, daß ein sehr umfangreiches Programm, das im wesentlichen nicht-sicherheitsbezogene Aufgaben erfüllt, einen kleinen Teil enthält, der Sicherheitsfunktionen übernimmt. In diesem Fall muß das gesamte Programm in vollem Umfang in die Sicherheitsbetrachtung einbezogen werden, sofern nicht der Nachweis gelingt, daß dies Programmteile sich nicht unzulässig beeinflussen (DIN V VDE 0801). Bild 5-8 zeigt verschiedene mögliche Strukturen bei der Kombination von sicherheits- und nicht-sicherheitsbezogenen Rechnerteilen.

Klassifizierung der Maßnahmen

An die MSR-Schutzeinrichtung sind durch die unterschiedlichen Risiken, die von einer Anwendung ausgehen, unterschiedliche sicherheitstechnische Anforderungen zu stellen. Um Mikroprozessoren – somit also auch in speicherprogrammierbaren Steuerungen – in MSR-Schutzeinrichtungen einzusetzen, wurde 1986 vom TÜV-Rheinland im Rahmen eines Forschungsauftrages untersucht /95/, inwieweit es möglich ist, sicherheitstechnische Anwendungen anhand der bestehenden Vorschriften zu klassifizieren.

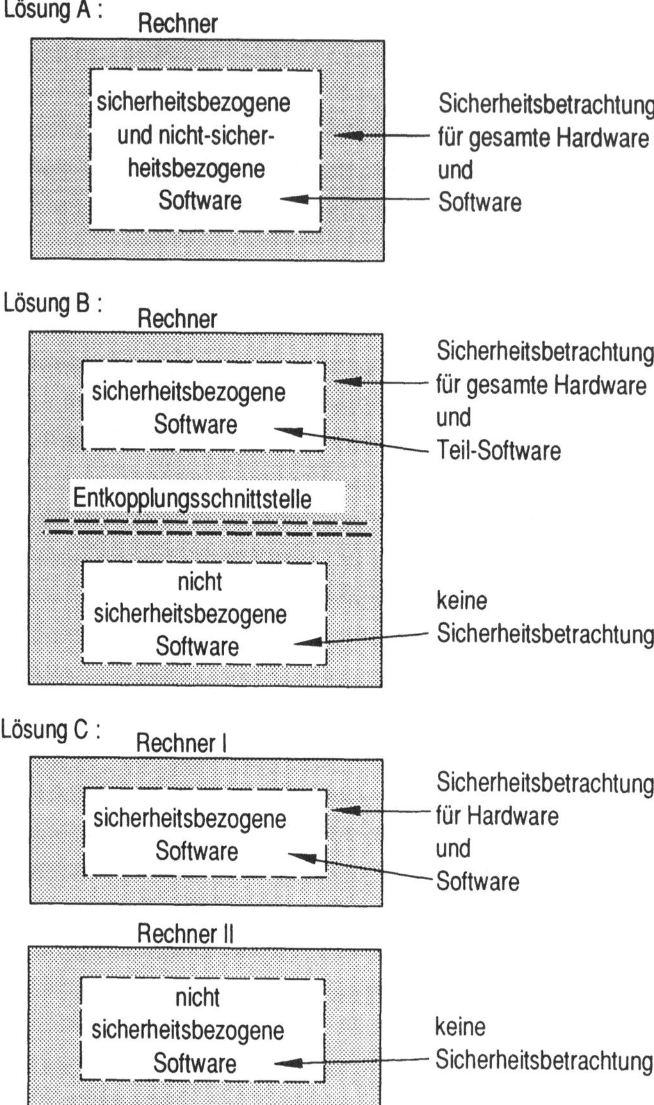

Bild 5-8   Lösungen zur Trennung von Sicherheitsfunktionen und üblichen Prozeßsteuerfunktionen (DIN V VDE 0801)

Das Ergebnis waren fünf Sicherheitsklassen (siehe Tabelle 5-3), die aufgrund der Schärfe ihrer zugehörigen Vorschriften abgestuft waren.

Anhand der Klassifizierung wurden für jede Klasse Maßnahmebündel für den Mikroprozessor festgelegt (siehe auch DIN V 19250 und DIN V VDE 0801). Nach DIN V VDE 0801 werden sicherheitstechnische Maßnahmen entsprechend den Anforderungsklassen eins bis acht (höchste) vorgeschlagen.

Sicherheits-klassen	Anwendungsfälle
1	- Pressensteuerung nach ZH1/456 bzw. 457 - Bahnsignalanlagen nach DIN 57831/VDE 0832 - Spurführungssysteme - Fahrtreppensteuerung nach EN 115
2	- Aufzugsteuerung nach TRA 200/101 - Fahrtreppensteuerung (soweit nicht nach EN 115)
3	- Straßenverkehrs-Signalanlagen nach DIN 57832/VDE 0832 - Elektrische Ausrüstungen von Feuerungsanlagen nach DIN 57116/VDE 0016 - Fernwirkanlagen für Gas- und Öl-Rohrleitungen nach TRGL 181 - Fahrgeschäfte (gegenwärtige Anlagen) - Seilbahnsteuerungen
4	- Elektromedizinische Geräte nach DIN IEC 601/VDE 0750 - Funkfernsteuerung für Krane nach ZH1/547 - Be- und Verarbeitungsmaschinen nach DIN 57113/VDE 0113 - Flammenüberwachungseinrichtungen - Hebebühnen nach VBG 14
5	- Haushaltsgeräte - Skibindungen und Einstellgeräte - Aktenvernichter, Papierzerkleinerer, etc. - Kraftbetriebene Tore (Steuerungen)

Tabelle 5-3   Sicherheitsklassen /95/

Als Maßstab für diese Sicherheitsklassen dienen die Gefährdungsgrade der einzelnen Anwendungsfälle. Jedem Anwendungsfall ist eine Sicherheitsklasse zugeordnet, insgesamt sind fünf Sicherheitsklassen vorgesehen. Auf diese Weise ist die Vielfalt der Sicherheitsanforderung auf eine handhabbare Größe reduziert worden. Andererseits sind den einzelnen Sicherheitsklassen diverse Sicherheitsmaßnahmen und Rechnerstrukturen zugeordnet. Somit ist es möglich, Anforderungen an sicherheitsrelevante Mikrorechner anwendungsabhängig zu formulieren. Dem Entwickler eines Gerätes mit Sicherheitsrelevanz ist auf diese Weise die Auswahl geeigneter Strukturen und Maßnahmen leicht möglich.

Mit Hilfe einer Zuordnungsliste ermittelt er die für sein Projekt vorgesehene Sicherheitsklasse; aus der Zuordnungstabelle für Sicherheitsklassen, Maßnahmen und Strukturen wählt er das für seine spezielle Anwendung optimale Maßnahmenbündel aus /112/.

Bezüglich der Tabelle 5-3 stellt die Klasse 1 die höchste und die Klasse 5 die niedrigste Stufe dar. Aus den Einteilungen der Sicherheitsklassen werden mögliche Maßnahmenbündel entnommen. Jede Sicherheitsstufe hat ein festgelegtes Maßnahmenbündel. Zu diesen Maßnahmenbündeln, die sich innerhalb einer Anforderungsklasse austauschen lassen, gehören beispielsweise

➤ Diversität,

➤ Codeprüfung und

➤ Redundanz.

Das bisher verwendete Verfahren besteht also darin, für spezielle Steuerungsarten bewährte Steuerungssysteme oder qualifizierte Vorgehensweisen zu benutzen, die ein erhebliches Maß an Sicherheit garantieren. Aus diesen bewährten Strukturen können daraufhin fallweise projektive Maßnahmen entnommen werden, die auf die gewünschte Aufgabe passen /274/.

5.3 Bewertung fehlertoleranter SPS mittels Fehlerbaumanalyse

Für sicherheitsgerichtete SPS werden gegenwärtig ausschließlich mehrkanalige Strukturen, wie sie grundsätzlich in Kapitel 3 beschrieben werden, vorgesehen (siehe auch /128/, /210/, /216/, u.a.).

Vorschläge für fehlertolerante (redundante) Prozeßperipherien mit den zugehörigen Zuverlässigkeits-Blockschaltbildern und Zuverlässigkeitsangaben der Kenngröße MTTF wurden in /11/ publiziert.

In /79/ wurde für eine als Mehrprozessorsystem aufgeführte speicherprogrammierbare Steuerung (zweikanalig) Bild 5-9 eine umfangreiche Fehlerbaumanalyse durchgeführt.

Für die verschiedenen Ausfallarten wurden Ausfallraten und Ausfallwahrscheinlichkeiten (bezogen auf einen Betrachtungszeitraum von einem Monat gleich 750h) berechnet (siehe Tabelle 5-4), die in den Fehlerbaum als Basis-Ereignisse einflossen.

Unter Berücksichtigung der vom Hersteller vorgesehenen Sicherheitsmaßnahmen und Prüfroutinen ergab sich eine Gefährdungswahrscheinlichkeit von $0{,}27 \cdot 10^{-9}$.

In einer weiteren umfangreichen Untersuchung /157/ wurde für eine sicherheitsgerichtete zweikanalige SPS zur Steuerung von Fördermaschinen in Schacht- und Schrägförderanlagen (Fördermaschine mit Sicherheitsbremse) ebenfalls eine Fehlerbaumanalyse durchgeführt.

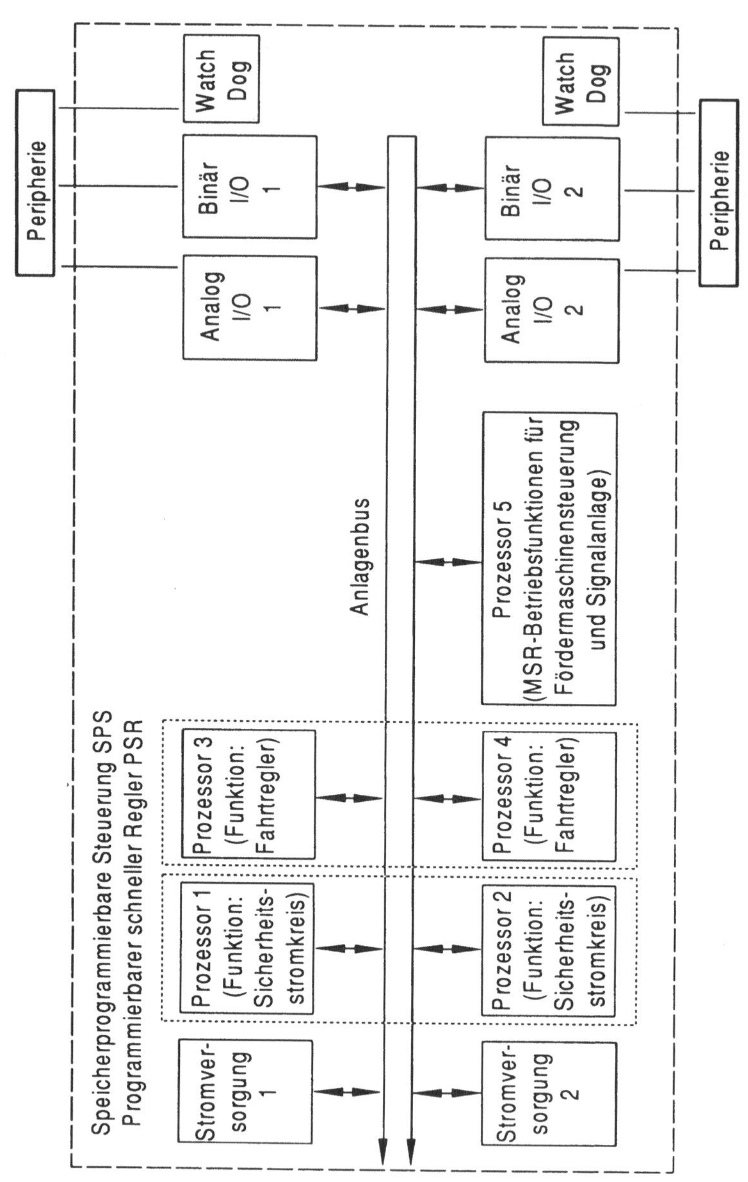

Bild 5-9   Als Mehrprozessorsystem ausgeführte speicherprogrammierbare Steuerung

Ausfallarten-gruppe	Ausfallart (siehe /160/)		Ausfallrate in 1/h	Ausfallwahr-scheinlichkeit
- Defekte Speicherzelle im EPROM	AA02 AA05 AA23 AA26 AA30	AA32 AA41 AA44 AA48 AA50	$1{,}5 \cdot 10^{-6}$	$1{,}1 \cdot 10^{-3}$
- Defekte Speicherzelle im PROM	AA01 AA04 AA22	AA28 AA40 AA46	$5{,}8 \cdot 10^{-7}$	$4{,}2 \cdot 10^{-4}$
- Defekte Speicherzelle im RAM	AA33 AA36	AA51 AA54	$2{,}9 \cdot 10^{-7}$	$2{,}1 \cdot 10^{-4}$
- Software Fehler	AA03 AA06 AA24 AA25 AA27 AA29 AA31 AA34	AA35 AA42 AA43 AA45 AA47 AA49 AA52 AA53	$1{,}0 \cdot 10^{-9}$	$7{,}3 \cdot 10^{-7}$
- Ausfall des Watch-Dog-Relais	AA15 AA16	AA17 AA18	$2{,}2 \cdot 10^{-6}$	$1{,}6 \cdot 10^{-3}$
- Fehler in der Uhr	AA19 AA20 AA21	AA37 AA38 AA39	$1{,}0 \cdot 10^{-7}$	$7{,}3 \cdot 10^{-5}$
- Definierter Fehler des Zählers	AA07 AA08 AA09 AA10	AA11 AA12 AA13 AA14		$1{,}0 \cdot 10^{-10}$
- Ausfall des Kombi-Ein-Ausgabegerätes		AA55	$1{,}8 \cdot 10^{-5}$	$1{,}3 \cdot 10^{-2}$
- Ausfall der Zentraleinheit		AA56 AA57	$4{,}0 \cdot 10^{-5}$	$2{,}9 \cdot 10^{-2}$
- Ausfall des Parallelbus		AA58	$1{,}6 \cdot 10^{-6}$	$1{,}2 \cdot 10^{-3}$

Tabelle 5-4   Ausfallraten und Ausfallwahrscheinlichkeiten /79/

Neben den Importanzen (Erläuterung siehe Kapitel 2), die in Tabelle 5-5 und 5-6 aufgeführt sind, wurden für verschiedene Betrachtungszeiträume die TOP-Ereignisse für den gefährlichen Zustand "Verlust der Abschaltfähigkeit" rechnergestützt ermittelt.

Ausfallart	Marginale Importanz
AA01 bis AA06	$8{,}850 \cdot 10^{-16}$
AA07 bis AA14	-
AA15 bis AA18	$1{,}425 \cdot 10^{-16}$
AA19 bis AA54	$8{,}850 \cdot 10^{-05}$
AA55	$3{,}460 \cdot 10^{-05}$
AA56 bis AA57	$1{,}004 \cdot 10^{-06}$
AA58	$3{,}462 \cdot 10^{-05}$

Tabelle 5-5   Übersicht der marginalen Importanzen

Ausfallart	Fraktionale Importanz
AA55	$4{,}501 \cdot 10^{-7}$
AA23 bis AA41	$9{,}735 \cdot 10^{-8}$
AA26 bis AA44	
AA30 bis AA48	
AA32 bis AA50	
AA58	$4{,}115 \cdot 10^{-8}$
AA22 bis AA40	$3{,}717 \cdot 10^{-8}$
AA28 bis AA46	
AA56 bis AA57	$2{,}912 \cdot 10^{-8}$
AA34 bis AA51	$1{,}859 \cdot 10^{-8}$
AA36 bis AA54	

Tabelle 5-6   Übersicht der Ausfallarten mit den höchsten fraktionalen Importanzen

Wie aus Bild 5-10 ersichtlich, existieren mehrere Abschaltwege für die Auslösung der Sicherheitsbremse. Die UND-Verknüpfung – deren Ausgang die Sicherheitsfunktion bewirkt – verdeutlicht, daß das System nur bei gleichzeitiger Richtigkeit aller Signale (high-Signale) die Sicherheitsfunktion erfüllt.

D.h., die Anlage funktioniert fehlerfrei. Beim Abfallen eines Signals auf low-Signal wird die Sicherheitsbremse ausgelöst. Das ist zum einen über eine redundante Anordnung zweier Automatisierungsgeräte realisiert und zum anderen softwaremäßig mit Hilfe verschiedener Tests. Die Hardware ist überwiegend diversitär aufgebaut, während identische Software in beiden Automatisierungsgeräten benutzt wird.

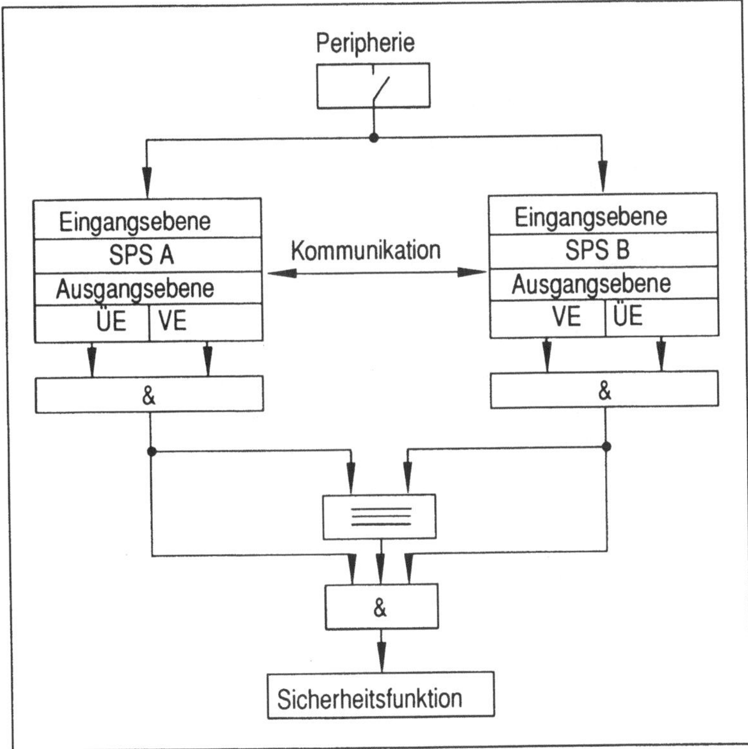

Bild 5-10   Abschaltwege der zweikanaligen SPS

Mit Software wird sowohl die Firmware als auch die Anwendungssoftware für die Bildung der Verknüpfungsergebnisse (VE) und die Überwachungssoftware für die Bildung der Überwachungsergebnisse (ÜE) bezeichnet. Die Verknüpfungsergebnisse werden aus Signalen gebildet, die von sicherheitsgerichteten Gebern aus der Peripherie eingelesen und entsprechend dem Anwenderprogramm ausgewertet werden.

Die Tests werden für jede SPS getrennt durchgeführt und sollen alle sicherheitstechnisch bedenklichen Fehler aufdecken. Sobald ein Überwachungsergebnis einen Fehler angibt, wird über die sogenannte Watch-Dog-Überwachung die Sicherheitsbremse ausgelöst.

Nur wenn jeweils beide Ergebnisse high-Signale führen, wird der fehlerfreie Zustand bestätigt und wirkt einerseits direkt auf das UND-Glied ein und andererseits über eine Äquivalenzschaltung auf die UND-Verknüpfung.
Auch bei dieser Untersuchung konnte festgestellt werden, daß die Fehlerbaumanalyse eine probate Methode ist, um die Zuverlässigkeit und Sicherheit technischer Systeme zu quantifizieren.

Besondere Bedeutung kommt zukünftig auch bei der SPS der Bewertung der Software zu, da Software-Fehler wie in /157/ nachgewiesen werden konnte, in den Minimalschnitten mit der größten Ausfallwahrscheinlichkeit enthalten sind und folglich die Größe der Gefährdungswahrscheinlichkeit entscheidend – wie Beispielrechnungen zeigten - beeinflußt.

Die Software sollte deshalb prinzipiell diversitär strukturiert sein (siehe zu diesem Problemkreis Kapitel 13).

6 Das Zuverlässigkeits- und Sicherheitskonzept der Verkehrsluftfahrt

In der zivilen Luftfahrt empfiehlt der ICAO (*International Civil Aviation Organisation*) welche Mindestausrüstung Luftfahrzeuge besitzen sollten. Die ICAO-Mitgliedsstaaten übernehmen diese Empfehlungen ähnlich z.B. den Verfahren bei ECE-Regelungen.

Für die Zulassung neuer Flugzeuge sind außerdem die Luftfahrtbehörden JAA (Joint Aviation Authority, Europa) oder FAA (US Federal Aviation Association) zuständig. Diese Behörden legen in den von ihnen erlassenen Vorschriften JAR (Joint Aviation Standards) oder FAR (Federal Aviation Regulations) bestimmte Mindestanforderungen an die Ausrüstung der Luftfahrzeuge sowie die Zuverlässigkeit der einzelnen sicherheitskritischen Teilsysteme fest. Eine Musterzulassung nach JAR oder FAR kommt daher einem Sicherheits- und Gütekriterium gleich.

Die Verwendung zukunftsorientierter Technologien, speziell elektronischer Komponenten und rechnergestützter Systeme im Flugzeug, hat sich im wesentlichen innerhalb der letzten 20 Jahre durchgesetzt. Sie werden eingesetzt u. a. für die

➤ Kommunikationssyteme,
➤ Avionik (z.B. Navigation, Autopilot),
➤ Flugsteuerung ("Fly by Wire") und Flugregler,
➤ Triebwerksregelung und -steuerung,
➤ Signalübertragung,
➤ Überwachungs- und Warnsysteme
   (Dabei ist zu beachten, daß die Systeme keine elektromagnetischen Störstrahlen abgeben dürfen.).

Eine Übersicht zur Entwicklung rechnergestützter Flugzeugsysteme zeigt Bild 6-1.

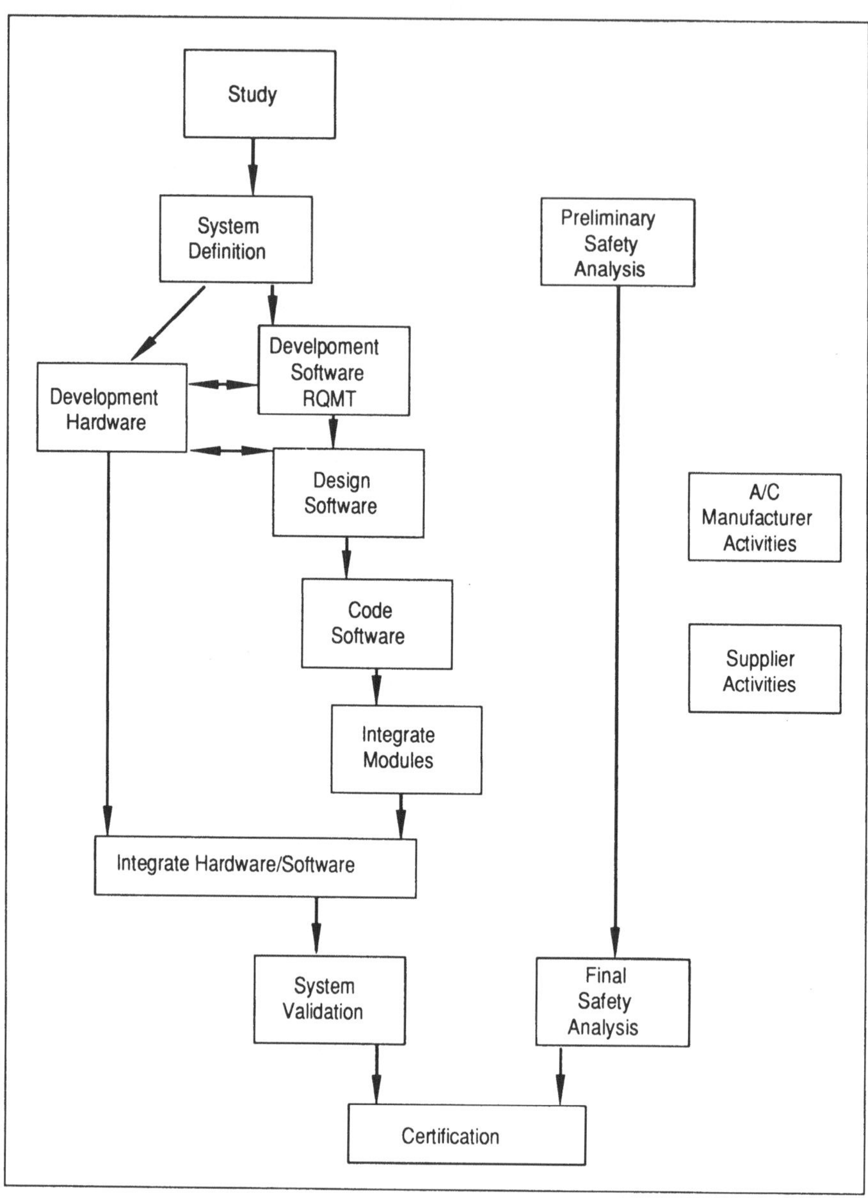

Bild 6-1   Übersicht über die Entwicklung rechnergestützter Flugzeugsysteme (Airbus Dokument)

Dabei ist man im Bereich der Luftfahrt noch vor wenigen Jahren davon ausgegangen, daß Fehler in einem Einzelsystem die Sicherheit des Gesamtsystems Flugzeug nicht wesentlich beeinflussen dürfen, so daß die sichere Beendigung des Fluges trotzdem möglich war. Es gab also, dem Fail-Safe-Prinzip gehorchende, sichere Ausfallzustände.

Seit etwa 15 Jahren hat man jedoch erkannt, daß die technische Realisierung und vor allem der Nachweis der Erfüllung dieser Forderung nicht in realistischer Weise zu erbringen ist.

Die zunehmende Anzahl komplexer Teilsysteme mit mehreren Funktionen sowie deren gegenseitige Verknüpfung und Beeinflussung verhindern die Durchführung von Sicherheitsnachweisen auf der Ebene des Gesamtsystems, d. h. allein auf der Basis von Gesamtsystemausfällen. "Hier muß der Einfluß auf das Flugzeug bei Ausfall oder Fehlverhalten einer oder mehrerer Funktionen eines Systems sowie die Interaktion der Systeme untereinander betrachtet werden" /85/.

Das Prinzip, welches sich daraus für die Realisierung von Flugzeugsystemen ergibt, wird in Bild 6-2 veranschaulicht.

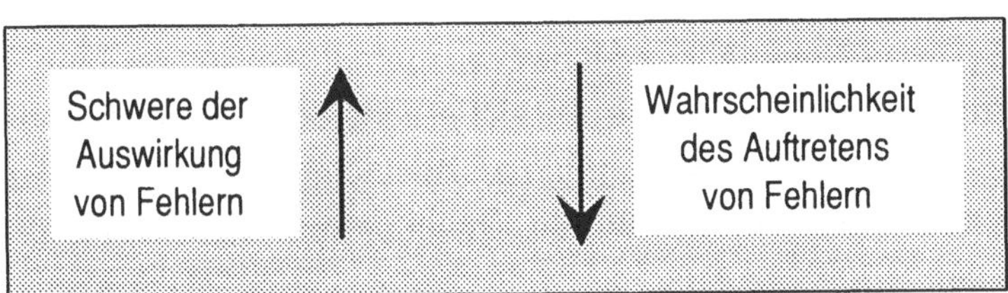

Bild 6-2   Das Sicherheitsprinzip von Flugzeugsystemen

Die Wahrscheinlichkeit des Auftretens von Ausfällen, die von Systemen gefordert wird, muß um so kleiner werden, je schwerwiegender die möglichen Auswirkungen auf das Gesamtsystem Flugzeug und seine Passagiere sind. Dazu werden hochzuverlässige Systeme in redundanter Anordnung verwendet, in denen ein Test zur Ausfalloffenbarung integriert ist. Der Redundanzgrad orientiert sich dabei an der Bedeutung des einzelnen Systemteils. Welche Ausfallraten hier, basierend auf Fehlereinstufungen, gefordert werden, soll nachfolgend näher erläutert werden.

6.1   Die Sicherheitsphilosophie im Flugverkehr

Das Verkehrsmittel Flugzeug zeichnet sich in seinem sicherheitsrelevanten Verhalten insbesondere dadurch aus, daß es infolge seiner physikalischen Gesetzmäßigkeiten keinen sicheren Ausfallzustand als Rückfallebene bei Störungen besitzt.

Es besteht somit der Anspruch, jederzeit den Flug sicher fortsetzen und ebenso die Landung sicher ausführen zu können. Die Überlebensfähigkeit bei Ausfällen von Subsystemen ist hier von primärer Bedeutung /103/.

Dementsprechend verlangt die Entwurfsphilosophie von einem lebenswichtigen Untersystem, daß innerhalb bestimmter Intervalle der Lebensdauer eines Flugzeugs keine lebenswichtigen Komponenten ausfallen, da dies "im allgemeinen zum Totalverlust des Flugzeugs und der Menschen an Bord" führt /245/.

Werden Systeme "lebensdauersicher" ausgelegt, so spricht man vom **Safe-Life-Prinzip**. Es sieht vor, alle im sicherheitstechnischen Sinne wichtigen Bauteile so zuverlässig auszulegen, daß bestimmte Gefährdungswahrscheinlichkeiten nicht überschritten werden. Dabei gelten nach /85/ für die Luftfahrt die folgenden Grundsätze:

- ➤ Das System geht fehlerfrei in Betrieb.
- ➤ Betrachtungsebene ist die Funktion.
- ➤ Ausfälle einer Funktion oder Fehlfunktionen bleiben im Rahmen der zulässigen Wahrscheinlichkeit.

Bild 6-3 zeigt das Führungsdiagramm zur Analyse sicherheitsrelevanter Systeme in Verkehrsflugzeugen und gibt in Abhängigkeit von Komplexität und

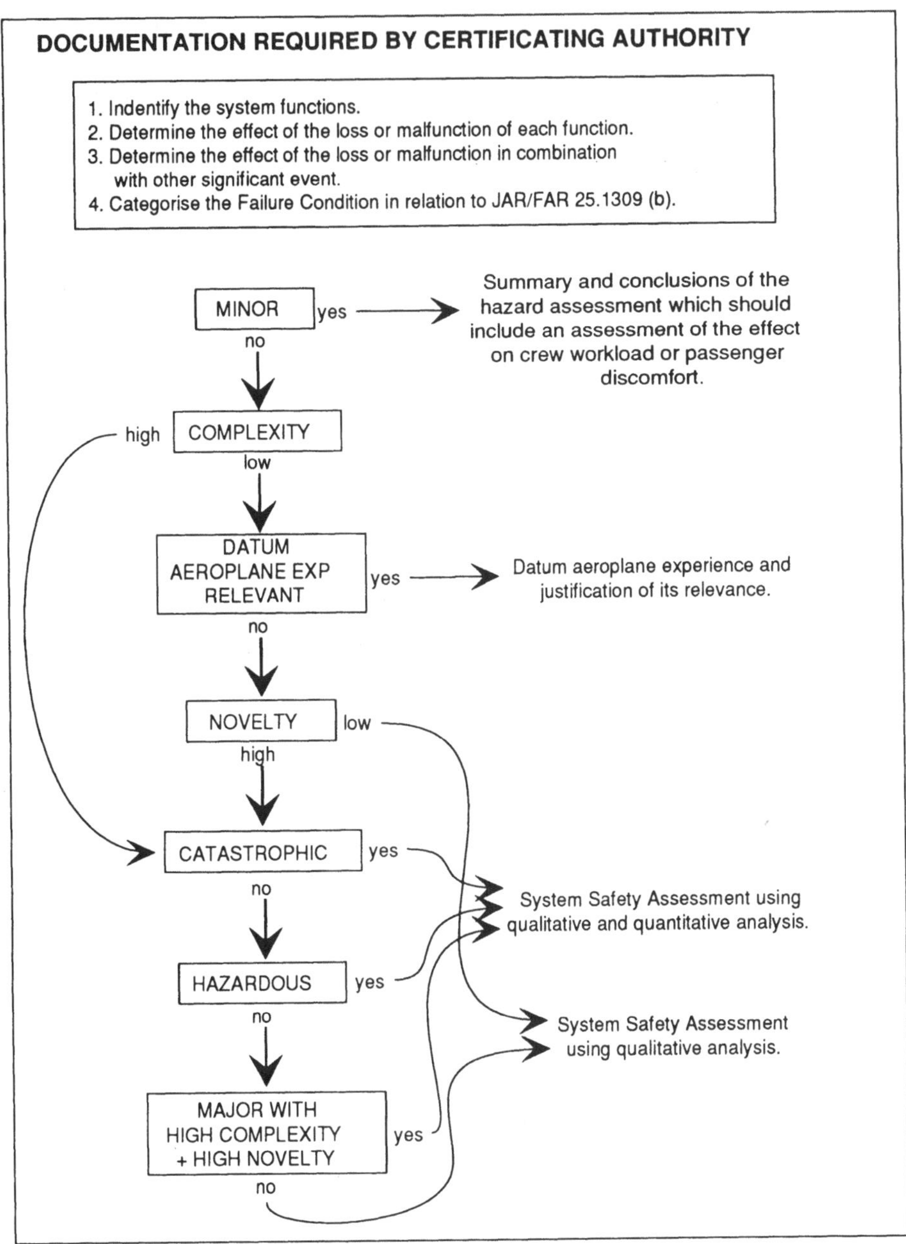

Bild 6-3   Führungsdiagramm zur Analyse sicherheitsrelevanter Systeme in Verkehrs-flugzeugen (Airbus Document No 466.009/89)

Innovationsgrad des zu analysierenden Systems sowie Auswirkungsschwere der Fehlfunktion dieses Systems Auskunft darüber, welches Verfahren der Flugzeughersteller der Luftfahrtbehörde als Voraussetzung für den Nachweis der erforderlichen Zuverlässigkeit vorzulegen hat.

Dabei zeigt sich, daß im Rahmen des Nachweisverfahrens mittels eines System Safety Assessment (SSA) lediglich in solchen Fällen auf einen quantitativen Nachweis der Zuverlässigkeit verzichtet werden kann, in denen:

➤ Die Fehlauswirkungen mit "minor" klassifiziert werden können.
➤ Bereits ein im Hinblick auf Charakteristik und Art der Nutzung vergleichbares System genehmigt worden ist. Dabei muß sichergestellt sein, daß keine Teile des neuen Systems einer größeren Beanspruchung oder einem größeren Risiko unterliegen als die des alten.
➤ Das System nur über einen geringen Innovationsgrad verfügt und zusätzlich einfach aufgebaut ist (geringe Komplexität).
➤ Das System zwar komplex und innovativ ist, die Fehlerauswirkungen aber nur mit "major" zu klassifizieren sind.

In allen anderen als den vier gerade genannten Fällen ist die Zuverlässigkeit sowohl qualitativ als auch quantitativ nachzuweisen.

6.2   Sicherheitsklassen

Die Anforderungen an die Sicherheit und eine daraus resultierende Klasseneinteilung der Sicherheitsmaßnahmen richtet sich nach der Schwere der Auswirkungen, die Ausfälle oder Fehlverhalten von Funktionen auf das Flugzeug und die Passagiere haben. Nach den Bauvorschriften für das Flugwesen JAR 25.1309 (JAR = Joint Aviation Requirement) müssen Flugzeugsysteme und deren Komponenten für sich und bezüglich ihrer Einwirkungen auf andere Systeme die folgenden Bedingungen erfüllen:

1.   Das Auftreten einer Fehlerbedingung, welche die sichere Flugdurchführung und Landung verhindert, muß äußerst unwahrscheinlich (extremely improbable) sein.

2. Das Auftreten einer Fehlerbedingung, welche die Flugfähigkeit wesent-
    lich einschränkt oder die Möglichkeiten der Flugzeugbesatzung be-
    schränkt, mit außergewöhnlichen Betriebszuständen zurechtzukommen,
    muß unwahrscheinlich (improbable) sein.

Die Fehlerbetrachtung erfolgt hier auf der Funktionsebene von Systemen.
Unter Fehlerbedingung werden dabei alle Einzelfehler und Fehlerkombina-
tionen einschließlich der Fehler in anderen Systemen, welche die gleichen
Auswirkungen auf die Funktion des betreffenden Systems haben, zusam-
mengefaßt.
Die Übereinstimmung mit den Forderungen 1. bzw. 2. muß mit Hilfe von
Analysen oder, falls erforderlich, mit geeigneten Boden-, Luft- oder Simula-
tortests nachgewiesen werden.

Die Analysen müssen alle möglichen Fehlerarten und Störungen einschließlich der Beschädigungen durch externe Quellen sowie die Möglichkeit von
Mehrfachfehlern und unentdeckten Fehlern berücksichtigen.

Wichtig sind in diesem Zusammenhang auch die Auswirkungen der Störungen auf Flugzeug und Passagiere in Abhängigkeit von der Flugphase, die
Möglichkeiten der Fehlererkennung sowie die installierten Warneinrichtun-
gen für die Besatzung /85/.

6.2.1 Die geforderte Zuverlässigkeit

Bei der Realisierung von Systemen mit extrem hoher Zuverlässigkeit müssen Frühausfälle ebenso ausgeschlossen werden wie Verschleißausfälle.
Berücksichtigt werden hier also nur die Zufallsausfälle, die entstehen können

➤   durch eine kurzzeitige Überschreitung der zugelassenen Belastung,

➤   durch verborgene Entwurfs- und/oder Fertigungsfehler, die sich nicht
    als Frühausfälle offenbart haben, sowie

➤   durch unentdeckte Materialfehler /245/.

Die geforderte Zuverlässigkeit des Gesamtsystems Flugzeug bestimmt die zulässigen Wahrscheinlichkeiten des Auftretens bestimmter Fehlerbedingungen. Dazu müssen natürlich die Effekte von Fehlern und Funktionsausfällen bekannt sein.

Unter Zugrundelegung aller möglichen Fehler wird in der Luftfahrt gefordert, daß ein Unfall höchstens alle zehn Millionen Flugstunden auftreten darf. Das entspricht einer Ausfallrate des Gesamtsystems Flugzeug von 10^{-7} pro Flugstunde.

Der analytische Nachweis dieser Ausfallrate ist praktisch nicht möglich, da dazu alle Systeme und ihre Funktionen gemeinsam und gleichzeitig untersucht werden müssen.

Ein experimenteller Nachweis solch niedriger Ausfallraten wirft bekanntlich prinzipielle Probleme auf, da er lange Prüfzeiten und/oder eine große Anzahl von Prüflingen erfordert.

Man geht deshalb von der willkürlichen Annahme aus, daß es in einem Flugzeug etwa einhundert Fehlerereignisse gibt, die eine sichere Durchführung des Fluges verhindern, und die damit extrem unwahrscheinlich gemacht werden müssen.

Für solche kritischen Fehler wird dementsprechend eine Fehlerrate von 10^{-9} h^{-1} gefordert. Sie dürfen somit nur einmal innerhalb einer Milliarde Flugstunden auftreten.

Für Fehler, deren Auswirkungen weniger schwerwiegend sind, werden entsprechend größere Fehlerraten geduldet. Auch beim Zusammenwirken solcher Fehler darf die zulässige Ausfallrate für das Flugzeug im Sinne einer sicheren Flugdurchführung nicht überschritten werden. Der Aufwand zum Sicherheitsnachweis läßt sich also verringern, indem nur einzelne Fehlerereignisse geprüft werden.

6.2.2   Kategorisierung von Fehlern

Die Einteilung von Fehlern basiert auf ihren Auswirkungen, die wiederum anhand der folgenden Kriterien eingestuft werden:

➤ Grad der Verminderung von Sicherheitsfaktoren.

➤ Zunahme der Arbeitsbelastung der Besatzung über das normale Niveau hinaus.

➤ Unbehagen, Verletzung oder Tod von Passagieren.

Darauf aufbauend unterscheidet man nach JAR 25.1309 vier Klassen von Auswirkungen und die zugeordneten Fehlerwahrscheinlichkeiten.

1. **Katastrophale Auswirkungen** (catastrophic effect)

Verlust des Flugzeugs, der in der Regel mit Todesfällen einhergeht.

Es darf nur ein Fehler dieser Art in einer Milliarde Flugstunden auftreten, d. h. die Fehlerrate ist $< 10^{-9}$ h^{-1}. Solche Fehler werden als äußerst unwahrscheinlich (extremely improbable) bezeichnet.

2. **Gefährliche Auswirkungen** (hazardous effect)

➤ Starke Verringerung von Sicherheitsfaktoren.

➤ Physische Belastungen oder erschwerte Arbeitsbedingungen derart, daß eine korrekte und vollständige Arbeitsdurchführung der Besatzung nicht mehr gesichert ist.

➤ Ernsthafte Verletzungen oder Tod einer beschränkten Anzahl von Passagieren.

Die gefordert Fehlerrate ist $< 10^{-7}$ h^{-1}. Ereignisse mit Fehlerraten zwischen 10^{-7} und 10^{-9} h^{-1} nennt man äußerst fernliegende (extremely remote) Ereignisse.

3. **Bedeutende Auswirkungen** (major effect)

➤ Bedeutende Verringerung von Sicherheitsfaktoren.

➤ Einschränkung der Fähigkeit der Besatzung, erschwerte Betriebsbedingungen zu beherrschen, infolge von erhöhter Arbeitsbelastung oder hemmenden Einflüssen.

➤ Verletzung von Passagieren.

Die geforderte Fehlerrate ist kleiner 10^{-5} h^{-1}. Fehlerraten zwischen 10^{-5} und 10^{-7} h^{-1} kennzeichnen fernliegende (remote) Ereignisse.

4. Unbedeutende Auswirkungen (minor effect)
- ➤ Unbedeutende Verringerung von Sicherheitsfaktoren.
- ➤ Geringfügige Erhöhung der Arbeitsbelastung.
- ➤ Beeinträchtigung des Wohlbefindens der Passagiere durch physikalische Effekte, jedoch keine Verletzungen.

Die geforderte Fehlerrate ist kleiner 10^{-3} h^{-1}. Liegen die Fehlerraten von Ereignissen zwischen 10^{-3} und 10^{-5} h^{-1}, so bezeichnet man diese als ziemlich wahrscheinlich (reasonably probable), solche, die größer 10^{-3} h^{-1} sind, als häufig.

Die Identifikation und Abschätzung von Fehlerbedingungen sowie der Nachweis von Fehlerwahrscheinlichkeiten gestaltet sich problematisch, da verschiedene Einflußfaktoren mit berücksichtigt werden müssen.

Um überhaupt eine Fehlereinstufung vornehmen zu können, muß nach /85/ "zuerst eine systematische Beurteilung der Risikoverteilung von Systemfunktionen erfolgen. Berücksichtigt werden müssen dabei die normalen operationellen Faktoren sowie Hardwareausfälle und Softwarefehler. Erfahrungen mit ähnlichen Flugzeugsystemen, sauberes ingenieurmäßiges Arbeiten und vor allem eine penible Top-Down-Zerlegung der Systemfunktionen dienen dazu, sämtliche Fehlerfälle zu erfassen und zu klassifizieren".

Der Nachweis der Einhaltung der geforderten Fehlerwahrscheinlichkeiten wird für den Bereich der Hardware in den meisten Fällen mit einer Kombination aus Fehlerbaum- und Fehlerauswirkungsanalyse geführt.

Es wird also statistisch probabilistisch nachgewiesen, ob ein System den Sicherheitsanforderungen genügt. Als Analyseverfahren haben sich die FMEA und die Fehlerbaumanalyse (FTA) bewährt. Nur in wenigen Fällen kann der Sicherheitsnachweis unter Verwendung von Tests erbracht werden.

In Bild 6-4 sind die geforderten Fehlerwahrscheinlichkeiten in Abhängigkeit von den Auswirkungen graphisch dargestellt.

Gefährliche Auswirkungen von Systemfehlern dürfen nur sehr selten vorkommen. Besteht darüber hinaus die Möglichkeit, daß eine gefährliche Auswirkung in eine katastrophale Auswirkung übergehen könnte, sollte versucht werden, die Wahrscheinlichkeit des Fehlereintretens mit der Wahrscheinlichkeit des Systemüberganges in die höhere Kategorie zu verknüpfen. Die neue Ausfallwahrscheinlichkeit wird für die Fehlerklassifizierung herangezogen. Der in Bild 6-5 aufgeführten Gliederung von Wahrscheinlichkeitsklassen und Auswirkungsschwere wird in Bild 6-4 qualitativ eine Fehlerrate λ zugeordnet.

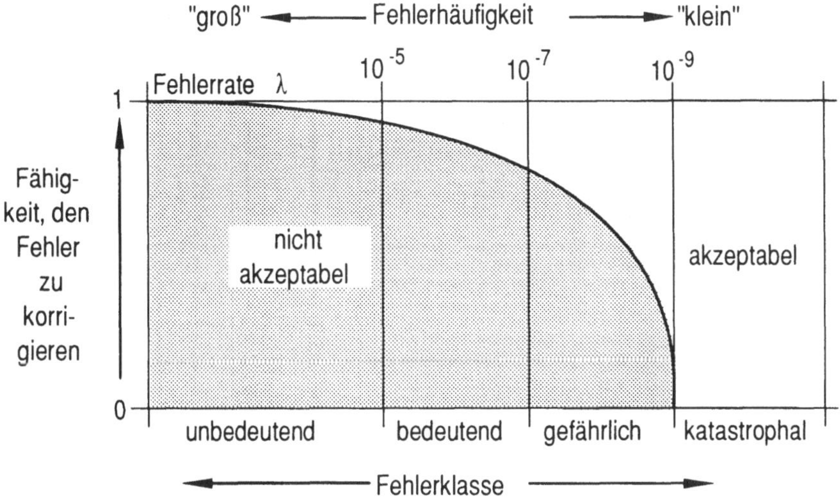

Bild 6-4   Sicherheitsforderung (nach FAR 25.1309 und JAR 25.1309)

In Abhängigkeit vom Gefahrenpotential des Systems wird die zulässige Eintrittswahrscheinlichkeit möglicher Fehlzustände festgelegt. Ausreichende Kenntnis der Wirkzusammenhänge von Fehlern untereinander und zwischen einzelnen oder mehreren Fehlern und dem System sind hierzu unerläßlich.

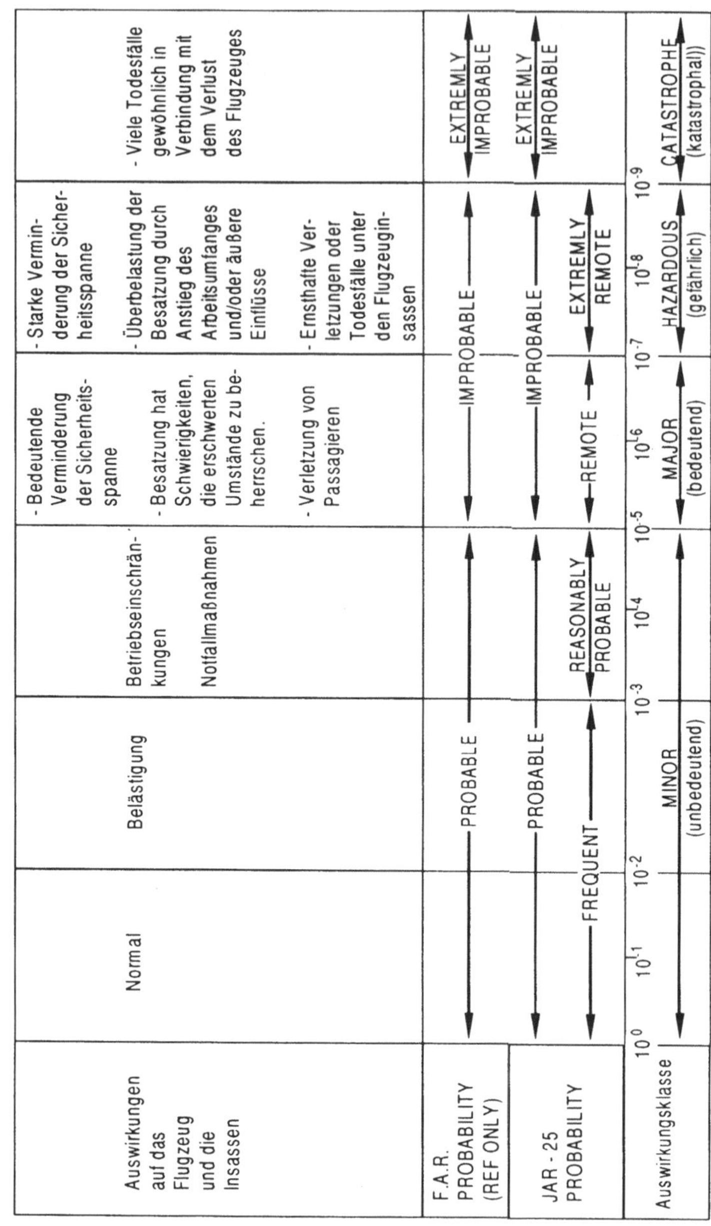

Bild 6-5   Beziehung der Wahrscheinlichkeiten und der Auswirkungsschwere (JAR 25.1309)

6.3 Methodik zur Bestimmung von Gefährdungsklassen

Im folgenden soll am Beispiel der Flugzeughilfsturbine APU (Auxiliary Power Unit) des Airbus A 320 erläutert werden, wie die Gefährdungsklassen einzelner Flugzeugteilsysteme im Rahmen der von Airbus Industry vorgeschlagenen Vorgehensweise zur Durchführung einer Gefahrenanalyse bestimmt werden.

Die in /255/ beschriebene Analyse dient dazu festzulegen, für welche Untersysteme weitergehende Analysen durchzuführen sind, um den Sicherheitsnachweis im Sinne von /1/ zu erbringen.

6.3.1 Funktionen der Flugzeughilfsturbine APU

Die APU des A 320 ist im hinteren Teil des Flugzeugrumpfes installiert. Es handelt sich dabei um eine Gasturbine. Sie entspricht den Bestimmungen gemäß JAR-APU /113/. Die APU wird bei ON GROUND- und IN FLIGHT-Funktionen eingesetzt.

Die APU muß bei GROUND OPERATION folgende Aufgaben erfüllen:

➤ Erzeugung ausreichender Bleed Air zum Start der Hauptturbinen (MES = Main Engine Start) innerhalb einer Höhe von

➤ 305 m (-1000 ft.) bis 2440 m (8000 ft.) und innerhalb eines Temperaturbereiches von -40°C bis 50°C,

➤ Erzeugung von Bleed Air zur Klimatisierung (ECS = Environmental Control System) des Cockpits und Passagier Compartments,

➤ Erzeugung ausreichender Antriebsenergie zum Betrieb eines 90 kVA-Generators zur Notstromversorgung.

Bei In Flight Operation muß die APU in der Lage sein

➤ Bleed Air für das ECS bis 6096 m (20000 ft.)

➤ und Antriebsenergie für den 90 kVA-Generator zur Notstromversorgung bis 7620 m (25000 ft.)

bereitzustellen. Die Versorgung des A/C mit elektrischer Energie hat Vorrang vor der Bereitstellung von Bleed Air.

Sind alle pneumatischen und elektrischen A/C-Versorgungssysteme funktionsfähig, wird die APU hauptsächlich während ON GROUND OPERATION eingesetzt. Ein Ausfall der APU hat in diesem Falll keinen Einfluß auf den sicheren Betrieb des A/C. Die APU ist deshalb als NON ESSENTIAL eingestuft.

Ist ein Hauptgenerator des A/C ausgefallen, wird die APU als ESSENTIAL klassifiziert. Das A/C darf ohne voll funktionsfähige APU nicht abgefertigt werden (MMEL = Master Minimum Equipment List).

Die APU besteht im wesentlichen aus drei Modulen:
- Triebwerk,
- Ladekompressor,
- Getriebe und Anschlußteile.

Alle drei Module sind über eine gemeinsame Welle miteinander verbunden. Der Ladekompressor und der Kompressor des Triebwerkes haben ein gemeinsames Lufteinlaßsystem. Die APU wird vom Treibstoffsystem des Flugzeuges mit dem nötigen Brennstoff versorgt.

Die Start-Sequenz, der Betrieb und das Abschalten der APU wird von einem Mikroprozessorsystem, der ECB = Electronic Control Box, überwacht und geregelt.

Erforderliche Bleed Air wird durch den Ladekompressor erzeugt und über Rohrleitungen an das Bleed Air System des A/C übergeben.

Ein am Getriebe angebrachter Generator erzeugt gegebenenfalls Spannung zur Versorgung des A/C.

6.3.2   Bestimmung der Funktionskritikalität

Die Gefahrenanalyse der APU ist notwendig, um mögliche Gefährdungen auf das A/C-System zu erkennen und zu klassifizieren. Die Vorgehensweise einer solchen Analyse ist im folgenden erläutert.

Zunächst muß festgestellt werden, welchen Einfluß auf den sicheren Betrieb des A/C die APU generell besitzt.

Die APU wird hauptsächlich bei ON GROUND OPERATION eingesetzt, um pneumatische und elektrische Energie an die A/C-Systeme zu übergeben. Während IN FLIGHT OPERATION wird die APU nicht gebraucht, da beide Haupttriebwerke über jeweils einen elektrischen Generator und ein Bleed Air-System verfügen. Die APU wird deshalb als NON ESSENTIAL EINGE-STUFT: D. h., ein Ausfall der APU hat keinen Einfluß auf den sicheren Betrieb des A/C, da ein redundantes Versorgungssystem vorliegt.

Bei Ausfall eines Hauptgenerators (10^{-4}/FH) wird die APU als ESSENTIAL eingestuft, um als Ersatzsystem bei Versagen des zweiten Hauptgenerators die Energieversorgung des A/C zu gewährleisten. Zusätzlich stehen weitere Notsysteme zur Verfügung (RAT = Ram Air Turbine, A/C Batterien).
Es müssen deshalb bei der Analyse zwei Fälle unterschieden werden:
➤ APU ist NON ESSENTIAL: Ausfall der APU hat keinen Einfluß auf die Sicherheit des A/C,
➤ APU ist ESSENTIAL: APU wird als Ersatzsystem mitgeführt. Bei Ausfall der APU müssen die Notsysteme aktiviert werden. Das A/C darf ohne funktionstüchtige APU nicht abgefertigt werden.

Das System APU wird im nächsten Schritt in seine Untersysteme gegliedert. Alle möglichen Fehlerbedingungen bis zu einer Eintrittswahrscheinlichkeit von 10^{-12}/FH, die von dem betrachteten Untersystem ausgehen können, werden auf ihre Auswirkungen auf das A/C-System untersucht. Hierbei sind nicht nur solche Ausfälle relevant, die direkt durch Hardware- oder Software-fehler des Untersystems verursacht werden, sondern auch Kombinationsfehler an denen mehrere Untersysteme beteiligt sein können. Die Auswirkungen der Fehlerbedingungen werden – wie bereits gesagt (Punkt 6.2.2) – in vier Kategorien eingestuft und zugleich Grenzwerte bezüglich der Eintrittswahr-scheinlichkeit festgelegt, die bei einer später durchzuführenden quantitati-ven Analyse nicht überschritten werden dürfen (Bild 6-5).

Sind die Fehlerbedingungen nach ihren Auswirkungen klassifiziert, kann die Kritikalität des Systems bestimmt werden. Hierbei ist die Fehlerbedingung ausschlaggebend, die die gefährlichsten Auswirkungen auf das A/C-System beinhaltet. Ist die Fehlerbedingung eine Verknüpfung mehrerer Fehlfunktio-nen, wird die Kritikalität niedriger eingestuft (Tabelle 6-1).

Geschätzte Auswirkung der Fehlerbedingung des betrachteten Systems, die die größte Gefahr für das A/C System darstellt.	Funktionskritikalität	
	Fehlerbedingung, die ohne weitere Fehlfunktionen oder unerwünschte Ereignisse verursacht wird.	Fehlerbedingung ist die Auswirkung mehrerer Fehlfunktionen oder unerwünschter Ereignisse.
Catastrophic	Critical	Essential
Hazardous	Essential	Essential
Major	Essential	Non Essential
Minor	Non Essential	Non Essential

Tabelle 6-1   Funktionskritikalität

Die Kritikalitätsbestimmung ist notwendig, um die Art und den Aufwand der Analyse- oder Testmethoden festzulegen, die angewandt werden müssen, um einen Sicherheitsnachweis zu erbringen.

Nach der Bestimmung der Funktionskritikalität, werden die Komponenten untersucht, aus denen das System aufgebaut ist. Auch hierbei wird unterschieden, ob der Ausfall einer Komponente allein einen gefährlichen Zustand hervorrufen kann, oder nur in Verbindung mit anderen Fehlfunktionen auftreten kann (Tabelle 6-2).

In /117/ ist die Durchführung der Gefahrenanalyse für die Flugzeugshilfsturbine APU unter Verwendung von umfangreichen Formblättern beschrieben. Als Beispiel zeigt Tabelle 6-4 ein solches Formblatt. Entsprechend dem Ziel der Analyse werden hier resultierend Mittel zum Sicherheitsnachweis vorgeschlagen.

Kritikalität der Funktion, an der die Komponente beteiligt ist.	Hardware Kritikalität, Software Level			
	Fehlerbedingung ist die Konsequenz		Fehlerbedingung ist die Konsequenz von Ausfällen mehrerer Komponenten, unerwünschter Ereignisse und/oder Softwarefehlern.	
	eines Hardware-fehlers	eines Software-fehlers		
Critical Essential	Critical Essential	Level 1 Level 2	Essential (Non) Essential	Level 2 Level (3)
Non Essential	Non Essential	Level 3	Non Essential	Level 3

Tabelle 6-2   Komponentenklassifizierung

A/C: Airbus A 320	Gefahrenanalyse				MBB-UT Zuverlässigkeit	Seite: 37
System: Auxiliary Power Unit						Ausgabe: 1
Subfunktion: Turbine und Ladekompressor	Functional Hazard Analysis				Datum: Juli 1988	Bearbeiter: Michael Kasper
Kritikalität: Essential					ATA: 49	
Ref.	Fehler- bedingung	Auswirkungen	Klassifi- kation	Maximale Ausfallrate	Vorgeschlagene Nachweismittel	Bemerkungen
1	Zerlegung des Laufrades					
1a	Die Gehäuse- ummantelung wird von den Bruchstücken nicht durch- schlagen	Die kinetische Energie der Bruchstücke wird vom Gehäuse absobiert und in plastische Verformung umgewandelt. Die Leistung der APU ist jedoch nicht mehr verfügbar, so daß keine elektrische oder pneumatische Energie an die A/C-Systeme übergeben werden kann. **APU ist ESSENTIAL** *In Flight Operation* Pneumatische und elektrische Energie muß von anderen A/C-Systemen bereitgestellt werden. *On Ground Operation* Pneumatische und elektrische Energie wird von Aggregaten des Bodenpersonals bereitgestellt. A/C darf jedoch nicht abgefertigt werden.	Major Major	10 exp -5 10 exp -5	Qualifikations- test des Her- stellers FMEA mit Ausfallraten FMES mit Ausfallraten FTA SSA	Alle schnell- rotierenden Teile sind von einem Verstärkungs- ring umge- ben, der Bruchstücke am Durch- schlagen des Gehäuses verhindert.

Tabelle 6-3   Beispiel Formblattanalyse /117/, /178/

A/C: Airbus A 320	Gefahrenanalyse			MBB-UT	Seite: 38
System: Auxiliary Power Unit Subfunktion: Turbine und Ladekompressor Kritikalität: Essential	Functional Hazard Analysis			Zuverlässigkeit	Ausgabe: 1
				Datum: Juli 1988	Bearbeiter:
				ATA: 49	Michael Kasper
Ref.	Fehler–bedingung	Auswirkungen	Klassifi-kation	Maximale Ausfallrate	Vorgeschlagene Nachweismittel	Bemerkungen
		APU ist **NON ESSENTUAL** *In Flight Operation* Es kann keine pneumatische oder elektrische Energie an das A/C übergeben werden. Die Versorgung mit Bleed Air und elektrischer Energie wird von den Haupttriebwerken übernommen	Minor	10 exp -3		
		On Ground Operation Kein Effekt auf die Sicherheit des A/C. Die Energieversorgung wird von den Geräten des Bodenpersonals gewährleistet.	Minor	10 exp -3		

Tabelle 6-3 (Fortsetzung) Beispiel Formblattanalyse /117/, /178/

7 Das Zuverlässigkeits- und Sicherheitskonzept des Schienenverkehrs

Basierend auf unterschiedlichen Gefährdungspotentialen in den verschiedenen Bereichen der Technik ergeben sich, entsprechend den gesetzlichen Vorschriften zum Sicherheitsnachweis, spezielle Strategien zur Gewährleistung der Sicherheit, die zu unterschiedlichen Zeitpunkten in der Phase der Herstellung und des Einsatzes greifen.

In diesem Kapitel sollen, ausgehend von der Sicherheitsphilosophie im schienengebundenen Verkehr, die Konzepte für die technische Systemauslegung dargestellt werden. Dabei liegt der Schwerpunkt auf der Beherrschung von Fehlern bei der Verwendung von elektronischen Komponenten zur Übernahme regelungs- und steuerungstechnischer Aufgaben mit Sicherheitsfunktion und Sicherheitsverantwortung.

7.1 Die Sicherheitsstrategie im schienengebundenen Verkehr

Basierend auf der Tatsache, daß aufgrund der Spurführung von Bahnfahrzeugen ein Ausweichen und Überholen nur an fest definierten Stellen im Schienennetz möglich ist, ergibt sich die Fahrwegsicherung als ein wichtiger sicherheitsrelevanter Bereich in der Eisenbahnsicherungstechnik /74/.
In Bild 7-1 ist der Grundalgorithmus zur Sicherung des Eisenbahnbetriebes dargestellt.

Zur Sicherung des Fahrweges geht man stets von einer gesperrten Fahrt aus. Liegen alle Voraussetzungen für eine Weiterfahrt in den nächsten Bereich vor, so wird die Fahrtfreigabe erteilt.

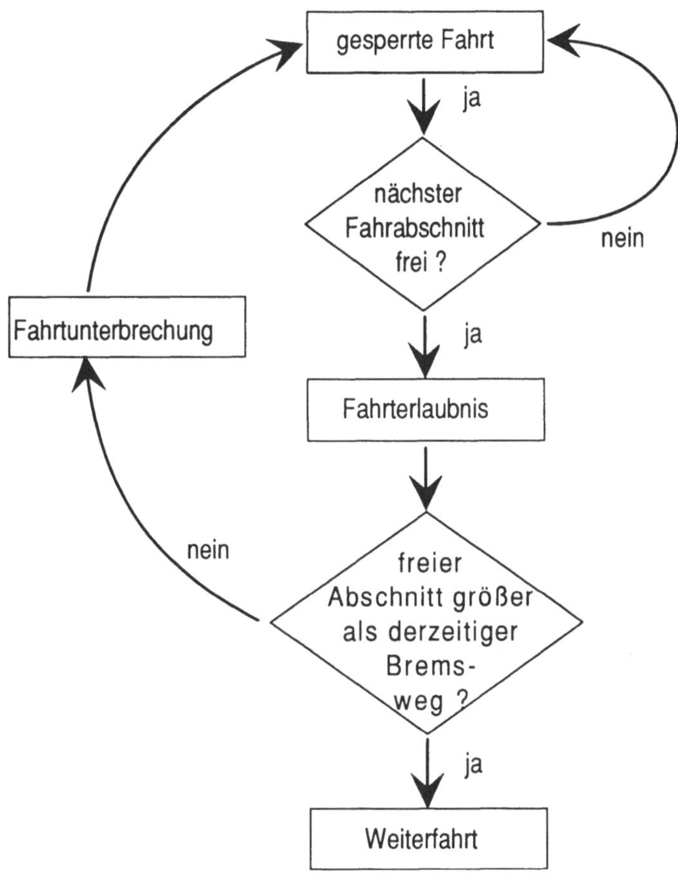

Bild 7-1   Der Grundalgorithmus zur Sicherung des Bahnverkehrs

Im folgenden wird nun ständig der dem Zug zur Fahrt freistehende Abschnitt mit der bei der aktuellen Fahrtgeschwindigkeit erforderlichen Bremsstrecke verglichen. Ist der erforderliche Bremsweg bei Weiterfahrt nicht gegeben, wird diese gesperrt, und der Zug kann in seinem Abschnitt zum Stillstand kommen. Die Fahrt wird also unterbrochen und die somit gesperrte Fahrt erst nach erneuter Feststellung der ungefährdeten Weiterfahrt wieder freigegeben /227/.

Das dargestellte Prinzip beinhaltet diverse Funktionen mit Sicherheitsrelevanz im Bereich der Zugbeeinflussung, der Stellwerke sowie der Fernsteuerung der Stellwerke, um einen flüssigen und sicheren Betriebsablauf zu gewährleisten /SWI 82/.

Dem Bahnpersonal stehen hier zahlreiche Hilfsmittel zur Verfügung, die durch den zunehmenden Einsatz von hochintegrierten elektronischen Bauelementen sowie die Anwendung von Mikrocomputern und Prozeßrechnern gekennzeichnet sind. Da nach /SUW 88/ auch für diese, in der Regel sehr zuverlässig arbeitenden Komponenten und Systeme, Störungen und Fehlfunktionen nicht auszuschließen sind, sollen nachfolgend, ausgehend von der Sicherheitsphilosophie, technische Maßnahmen erläutert werden, die Gefährdungen infolge des Eintretens unerwünschter Ereignisse verhindern sollen.

7.2   Die Sicherheitsphilosophie im Schienenverkehr

Charakteristisch für den schienengebundenen Verkehr ist, neben dem gewollt sicheren Betriebszustand, das Vorhandensein eines sicheren Ausfallzustands, den das System oder seine Komponenten bei Störungen kurzfristig einnehmen können, so daß keine aus dem Versagen resultierende Gefährdung möglich ist. Man rechnet also mit eventuell auftretenden Störungen der zu Beanspruchungsbeginn fehlerfreien Einrichtungen, die sich jedoch nicht gefährlich auswirken dürfen, sondern zur Einnahme eines sicheren Zustands führen. Dies ist in der Regel der Halt-Zustand oder der energiearme Zustand von Teilsystemen /85/.

Die Systeme der Eisenbahnsignaltechnik sind dementsprechend nach dem Fail-Safe-Prinzip ausgelegt, das im Schienenverkehr auch als "signaltechnische Sicherheit" bezeichnet wird /227/, (DIN V VDE 0831). Dabei haben sich die folgenden Grundsätze bewährt:

1.   Mit dem Auftreten bestimmter Fehler ist zu rechnen.

2.   Diese Fehler müssen von der Anlage automatisch erkannt werden.

3.   Ein erkannter Fehler hat Sicherungsmaßnahmen derart zur Folge, daß das System sofort und selbsttätig abgeschaltet oder aber auf ein Ersatzsystem umgeschaltet wird.

4.   Doppel- und Mehrfachfehler dürfen bei einer hinreichend kurzen Fehleroffenbarungszeit für den ersten Fehler vernachlässigt werden.

5.   Fehlererkennungsmechanismus und Umschalteinrichtung müssen ebenfalls den Punkten 1 bis 4 entsprechen /227/.

7.3   Klassifizierung der Sicherheit

Eine Klasseneinteilung der Sicherheitsanforderungen in Abhängigkeit vom Gefahrenpotential, wie sie nach /260/ zur Einteilung von Teilsystemen im Bereich der Kraftfahrzeugtechnik vorgeschlagen wurde, **existiert für den Schienenverkehr nicht**. Eine Einteilung zur Realisierung der Sicherheit und deren entsprechendem Nachweis basiert hier auf unterschiedlichen Betriebsbedingungen.

Es ergeben sich nach /85/ zwei Klassen mit den jeweiligen Anforderungen:

1.   Bahnverkehr mit einfachen Betriebsbedingungen: Ein einzelner Ausfall in den signaltechnischen Einrichtungen darf sich nicht gefährlich auswirken. Der Ausschluß von Mehrfachausfällen durch direkte Ausfalloffenbarung ist hier nicht unbedingt erforderlich.

2.   Bahnverkehr mit vollem Zugbetrieb: Beim Ausbleiben der Fehleroffenbarung in einer Fehlerebene ist eine entsprechende Offenbarung in weiteren Fehlerebenen gefordert. Eine Fehlerbetrachtung darf in dieser Klasse "erst dann enden, wenn sich die Fehler durch Meldung oder Hemmung bemerkbar machen oder durch Prüfung festgestellt werden" /DIN VDE 0831/. Fehler müssen also erkannt werden und/oder durch Auslösung von Stellvorgängen die Funktion von Teilen oder des gesamten Systems hemmen.

Die erste Klasse, die z. B. den Betrieb von Industriebahnen betrifft, kann in den folgenden Betrachtungen ausgeklammert werden, da deren Anforderungen ohnehin mit einer Auslegung entsprechend der zweiten Klasse hinreichend abgedeckt sind.

7.4   Die technische Realisierung der Sicherheit

Geräte der Eisenbahnsignaltechnik überwachen, steuern und sichern den Fahrweg von Zügen. An ihre sichere Funktion werden höchste Ansprüche gestellt, da von ihrem ordnungsgemäßen Funktionieren sowohl die Sicherheit der Reisenden als auch der Schutz von hohen Sachwerten abhängt /63/. "In Übereinstimmung mit zahlreichen anderen Bahnen hat die Deutsche Bundesbahn sich aus Gründen der technischen Sicherheit zu einer zweikanaligen Verarbeitung entschieden" /249/.

7.4.1   Der signaltechnisch sichere Gefahrenausschluß

Da die völlige Fehlerfreiheit bei der Verwendung von elektronischen Komponenten nicht gewährleistet werden kann, muß ein System mit Hilfe der sogenannten Sicherheitslogik so gestaltet werden, "daß die nicht ausgeschlossenen Ausfälle sich nur in der Überführung des Systems in einen anderen sicheren Zustand auswirken können. Natürlich ist eine solche Sicherheitslogik nur bei den Systemen einbaubar, die zusätzlich zum Betriebszustand noch mindestens über einen weiteren sicheren Zustand verfügen" /71/.

Man unterscheidet bei den Sicherungsmethoden den direkten Gefahrenausschluß mit einkanaliger Fail-Safe-Technik sowie den indirekten Gefahrenausschluß.

7.4.1.1   Der direkte Gefahrenausschluß

Beim direkten Gefahrenausschluß ist das Verarbeitungssystem einkanalig fail-safe ausgelegt (Bild 7-2). Die Sicherheitslogik ist hierbei in die Funktionslogik eingebunden, wird also direkt aus dieser abgeleitet. Bei einem Ausfall geht das System zum Zeitpunkt t_0 aus dem Normalzustand unmittelbar in den sicheren Ausfallzustand über.
Da beim Einsatz von Systemen der Mikroelektronik der direkte Gefahrenausschluß im Normalfall nicht erreichbar ist, "ist das Fail-Safe-Verhalten der Anordnung durch weitere zusätzliche Schaltungsmaßnahmen sicherzustellen, die zum indirekten Gefahrenausschluß führen" /71/.

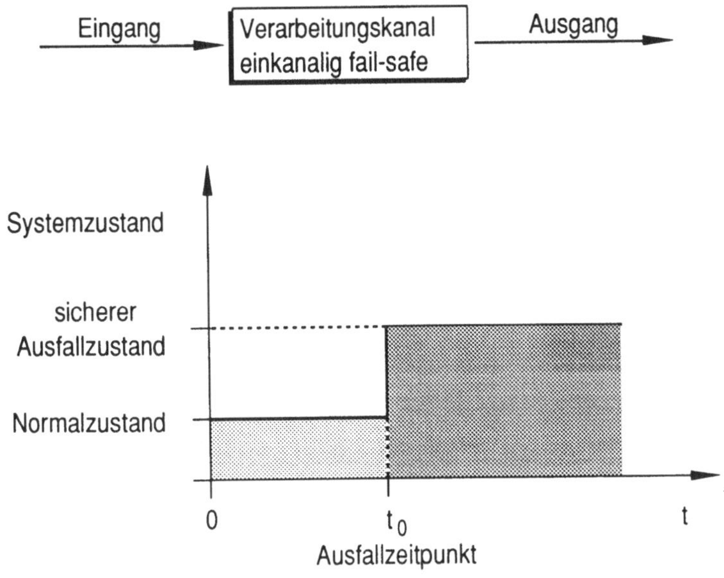

Bild 7-2   Direkter Gefahrenausschluß mittels einkanaliger Fail-Safe-Technik /71/

7.4.1.2   Der indirekte Gefahrenausschluß

Anders als beim direkten Gefahrenausschluß wird hier der sichere Abschalt-
zustand erst nach Ablauf der Ausfalloffenbarungszeit, die zur Ausfallerkennung erforderlich ist, erreicht (Bild 7-3).

Man geht davon aus, daß während der Ausfalloffenbarungszeit kein weiterer
Fehler auftritt, d. h. ein Mehrfachfehler wird ausgeschlossen. Auch hier muß
das System nach der Abschaltung im sicheren Zustand verbleiben.
Signaltechnisch sichere Schaltungen im Sinne des indirekten Gefahrenausschlusses lassen sich auf zwei verschiedene Arten realisieren:

Im ersten Fall wird das sichere Verhalten des Steuerungssystems durch eine
überlagerte oder eine zeitmultiplexe dynamische Fail-Safe-Überwachung erreicht (Bild 7-4). Die Überwachungsschaltung ist mit mehreren Punkten des
Steuerungssystems verbunden. Erkennt sie das ordnungsgemäße Arbeiten
desselben, so werden die vom Steuerungssystem erzeugten Signale mittels
der Fail-Safe-Durchschaltung freigegeben.

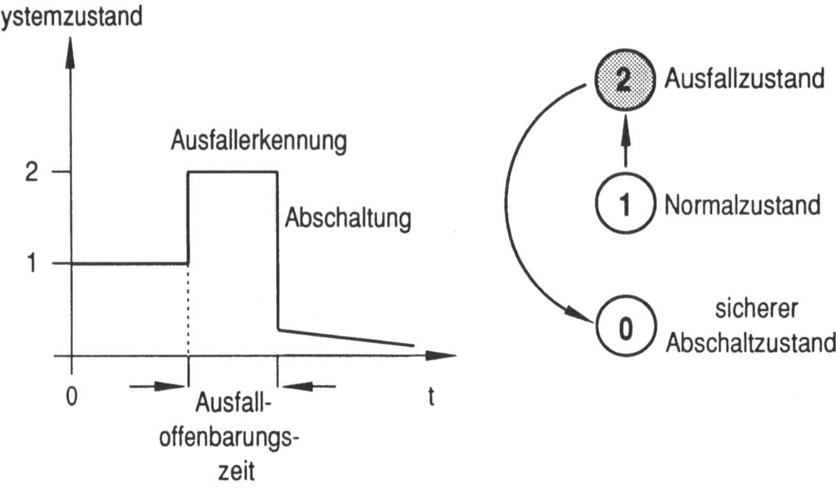

Bild 7-3   Markow-Kette und Zustandsdiagramm des sicheren indirekten Gefahrenausschlusses /71/

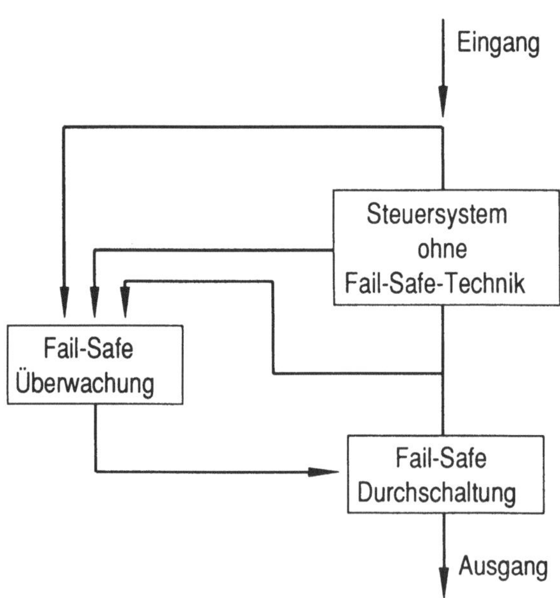

Bild 7-4   Indirekter Gefahrenausschluß mittels Fail-Safe-Überwachung /71/

Das Steuerungssystem ist selbst nicht in der Lage, einen Fehlzustand zu entdecken. Aufgabe der überlagerten Überwachung ist es deshalb, "einen im System selbst nicht direkt erkennbaren Ausfall zu erfassen und das System in den sicheren Zustand zu überführen, der dann nicht wieder verlassen werden darf" /71/.

Bei der zeitmultiplexen dynamischen Überwachung handelt es sich um eine auch in den Betriebspausen wirksame Überwachungsschaltung, die laufend die richtige Verarbeitung der Nutzfunktion unabhängig von prozeßabhängigen Daten kontrolliert.

Bei der zweiten Methode zur Realisierung des indirekten Gefahrenausschlusses wird das selbst nicht sichere Steuerungssystem verdoppelt und von einem Fail-Safe-Vergleicher überwacht (Bild 7-5).

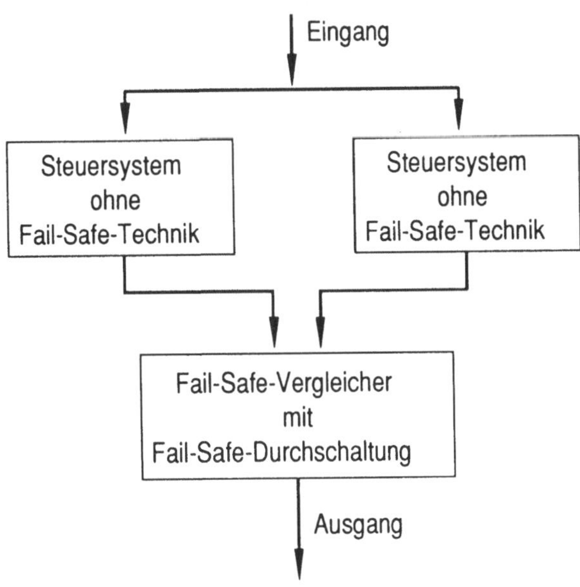

Bild 7-5   Indirekter Gefahrenausschluß zweier paralleler Steuerungssysteme durch Fail-Safe-Vergleich der Nutzfunktion /71/

Die Übereinstimmung der Ergebnisse der beiden Verarbeitungskanäle wird vom Fail-Safe-Vergleicher als Indiz für die korrekte Funktionserfüllung des Systems gedeutet und führt zur Durchschaltung zum Zweck der Freigabe der Signale.
Die Sicherheit des Gesamtsystems führt in diesem Fall zu einer Verringerung der Verfügbarkeit, da die Ausfallwahrscheinlichkeit der beiden parallelgeschalteten Systeme größer ist als die eines Einzelsystems.

Um die Ausfalloffenbarungszeit möglichst gering zu halten und damit die Wahrscheinlichkeit des Auftretens eines weiteren Fehlers (Doppelfehler) innerhalb dieses Zeitraumes zu verringern, wird der Fail-Safe-Vergleich nicht erst für die Ausgangssignale der beiden Verarbeitungskanäle durchgeführt, sondern laufend während der Signalverarbeitung der Steuersysteme vorgenommen. Dazu wird der in Bild 7-6 dargestellte verteilte Fail-Safe-Vergleicher verwendet.

Stellen die in Reihe geschalteten taktgesteuerten Verknüpfungsbausteine V an den Datenschnittstellen unterschiedliche Potentiale fest, die auf Ausfall oder Fehlfunktion einer Stufe zurückzuführen sind, so wird der Taktkreis unterbrochen und sofort die sichere Abschaltung ausgelöst.

Da sich die Deutsche Bundesbahn in Übereinstimmung mit zahlreichen anderen Bahnen aus Gründen der technischen Sicherheit zu einer zweikanaligen Verarbeitung entschieden hat /249/, soll nachfolgend ein Ausführungsbeispiel für den zweikanaligen signaltechnisch sicheren indirekten Gefahrenausschluß mit Fail-Safe-Vergleich paralleler Nutzfunktionen durch zeitmultiplexe Prüffunktionen eingehender erläutert werden.

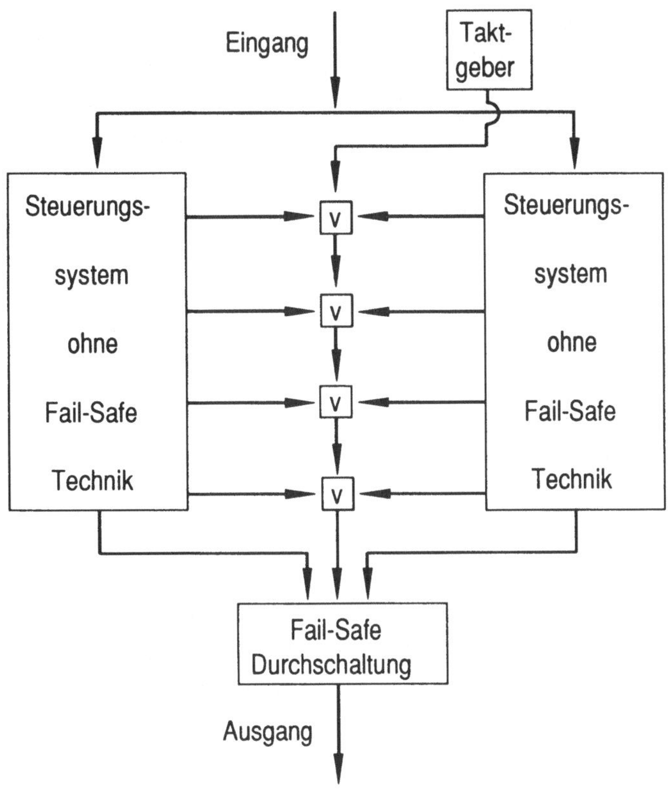

Bild 7-6   Verteilter Fail-Safe-Vergleicher zur Verringerung der Ausfalloffenbarungszeit
/71/

7.4.2   SIMIS - Ein ausfallsicheres Mikrorechnersystem

7.4.2.1   Sicherheitsprinzip

In Prozessen mit Sicherheitsfunktion werden die Eingabedaten in getrennn-
ten, aber eng gekoppelten Hardwarekanälen verarbeitet. Ein Absetzen von
Signalen mit Relevanz für die Sicherheit des Prozesses ist nur möglich,
wenn in einem Vergleich die Übereinstimmung der beiden Ausgabewerte
festgestellt wird.

Mit dem sicheren Mikrocomputersystem SIMIS /231/, /89/, /63/ lassen sich
unter Verwendung der entsprechenden Peripheriebausteine sämtliche im si-

gnaltechnischen Sinne sicheren Steuerungs- und Überwachungsschaltungen realisieren. So sind mit SIMIS Betriebsleitzentralen, Fernsteuersysteme, mehrere Systeme der Linienzugbeeinflussung sowie elektronische Stellwerke gebaut worden /149/, /150/.

Am Beispiel der Basisversion SIMIS-B soll erläutert werden, wie die Eisenbahnen ein ausfallsicheres Verhalten in Abhängigkeit von den bereits dargestellten Fehlermöglichkeiten unter Beachtung der Vorschrift Mü 8004 /43/ für die technische Zulassung und Prüfung von signaltechnisch sicheren Systemen gewährleisten.
In diesem Zusammenhang wird auch kurz angesprochen, wie der Nachweis der Ungefährlichkeit gegenüber der jeweiligen Fehlerart erbracht wird. Dies stellt einen wesentlichen Bestandteil der inhaltlichen Prüfung dar, die zur Zulassung neuentwickelter Signaleinrichtungen erforderlich ist.
Zur weiteren Information im Hinblick auf die technische Zulassung sei hier auf die entsprechenden Vorschriften, insbesondere auf die DB-Richtlinien des Bundesbahn-Zentralamtes BZA München verwiesen. Für die Zulassung von Software ist die Richtlinie 425XX der Mü 8004 bindend.
Zum Problem der sicheren Ausführung, Dokumentation und Prüfung von Software sei auf Kapitel 13 sowie speziell bei Eisenbahnsicherungssystemen auf /92/, /194/, /239/, /267/ verwiesen.

In Bild 7-8 ist der schaltungstechnische Aufbau des sicheren Mikrocomputersystems dargestellt.

SIMIS besteht aus zwei identisch aufgebauten, taktsynchron betriebenen Mikrorechnern und einer Vergleichs- und Abschalteinrichtung, die von den Rechnern unabhängig ist.
Die für den identischen Programmablauf notwendige Hardwaresynchronisation erzielt man über einen zweikanalig aufgebauten Taktgeber, der als Teil der Vergleichs- und Abschalteinrichtung jeden Rechner unabhängig mit synchronen Taktimpulsen versorgt /63/. Beim Aufbau der Rechnerkanäle hat die Deutsche Bundesbahn aus Gründen der Wirtschaftlichkeit auf eine Hardware-Diversität durch gerätetechnische Unterschiedlichkeit verzichtet /249/.

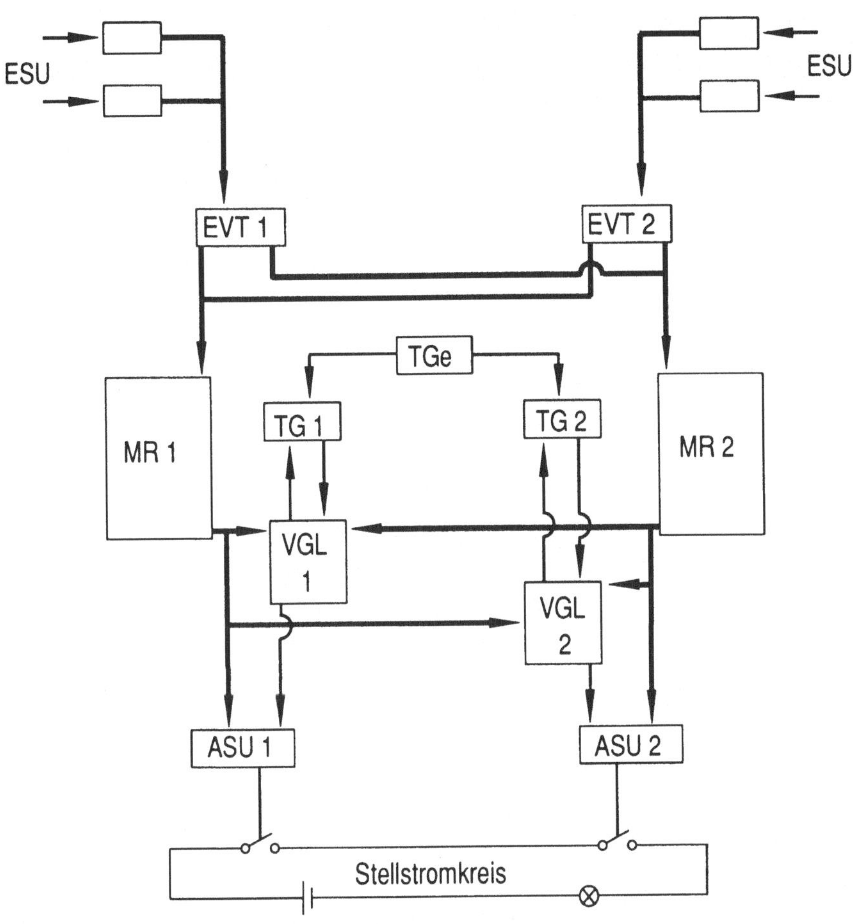

Zeichenerklärung: ESU = Eingangssignalumsetzer   MR = Mikrorechner
EVT = Eingabeverteiler   VGL= Vergleicher
TGe = Taktgenerator   TG = Taktgeber
ASU = Ausgangssignalumsetzer

Bild 7-7   Schaltungsprinzip des SIMIS-B /149/

Dies setzt jedoch die Erkennung systematischer Fehler durch Maßnahmen der Qualitätssicherung voraus.

In das System eingehende Meldeströme der Peripheriebausteine gelangen in die Eingangssignalumsetzer ESU, deren Aufgabe es ist, die Signale in eine für die Mikrorechner MR verständliche Form umzuwandeln. Die so aufbereiteten Ergebnisse werden anschließend in Eingabesignalregistern zwischengespeichert /149/. Die nachgeschalteten Eingabeverteiler EVT sorgen durch eine Datenübertragung zwischen den beiden Rechnern dafür, daß in beiden Kanälen, im Sinne eines übereinstimmenden Programmablaufs, die gleichen Eingabedaten zur Verarbeitung anstehen. Dazu sind jeder externen Baugruppe, die Informationen an SIMIS sendet, eine oder mehrere Adressen zugeordnet, wobei jede Baugruppenadresse in beiden Kanälen nur einmal verwendet wird, um die Eindeutigkeit der Informationsabfrage zu gewährleisten /63/.

Sollen z. B. Informationen aus einer Baugruppe verarbeitet werden, die über eine entsprechende Schnittstelle mit dem Rechner 1 verbunden ist, geben beide Rechner den gleichen Lesebefehl aus. Die abgefragten Daten gelangen direkt in den Rechner 1, da diesem die entsprechende Baugruppe physikalisch zugeordnet ist. Der dem Rechner 1 nachgeschaltete Eingabeverteiler 1 übermittelt die Daten anschließend automatisch in den zweiten Kanal, der ebenfalls den entsprechend adressierten Lesebefehl ausgegeben hatte, so daß in beiden Kanälen der gleiche Datensatz zum identischen Programmablauf bereitsteht.

Nachdem in derselben Weise nacheinander alle Eingabedaten aus dem Zwischenspeicher gelesen worden sind, werden sie dem Programm gemäß verarbeitet. Die Ausgabesignale, die aus der Verarbeitung resultieren, gelangen anschließend aus beiden Kanälen in die nachgeschalteten Hardware-Vergleicher VGL. Darüber hinaus werden sie jeweils aus einem Rechner in das Ausgaberegister des ihm zugeordneten Ausgangsumsetzers ASU übertragen.

In diese Ausgaberegister werden ebenfalls die aus den Vergleichen resultierenden Meldungen

➤   fehlerfrei, wenn die Ergebnisse der beiden Kanäle übereinstimmen bzw.

➤   fehlerhaft, wenn die Signale voneinander abweichen

übertragen und dort mit den Rechnersignalen entsprechend einer Koinzidenzbedingung verknüpft, mit der das gemeinsame Auftreten zweier vorgegebener Ereignisse überprüft wird. Ist die Koinzidenzbedingung erfüllt, schaltet jeder Ausgangsumsetzer einen Schalter im Stellstromkreis in Betriebsstellung. Die Reihenanordnung dieser Schalter sorgt dafür, da ein Stellstrom erst dann fließt, wenn beide Ausgangsumsetzer durch Umschaltung die Signalfreigabe erteilen /149/.

7.4.2.2 Fehlerbeherrschung mit SIMIS

Der Grundsatz der signaltechnischen Sicherheit, der für die Fehlerbeherrschung bestimmend ist, verlangt nach /225/, daß auch dann, wenn Bauelemente ausfallen oder wenn Störungen wirksam werden, gefährliche Fehlfunktionen, die zu einem Eisenbahnunfall führen können, nicht entstehen dürfen.

7.4.2.2.1 Einzelfehler

Das Einzelausfallkriterium, nach dem ein Einzelausfall bei keinem Funktionszustand gefährlich werden darf, indem nur Signalveränderungen in definierter sicherer Richtung möglich sind, ist das Hauptprinzip sicherer elektronischer Einrichtungen.

Bei SIMIS sorgt der zweikanalige Aufbau für die Einhaltung dieser Forderung. Ein Stellstrom, der in freigebender Richtung auf den Eisenbahnbetrieb einwirkt, wird nur dann eingeschaltet, wenn die Ausgangssignale von beiden Mikrorechnern übereinstimmend erarbeitet wurden /225/.

Eventuelle Abweichungen infolge von Störungen in einem Kanal werden von den Hardware-Vergleichern festgestellt und bewirken eine Blockade der Signalweitergabe durch die Ausgangsumsetzer. Das System ist nicht mehr funktionsfähig.

Zur Sicherheitsabschaltung der Stellströme werden die jeweiligen Schalter im Stellstromkreis geöffnet. Da sich die Abschaltung durch Unterbrechung der Versorgungsströme der Ausgangsumsetzer im SIMIS-B nicht als unbedingt zwingend erwiesen hat, werden in der weiterentwickelten Kompaktversion des sicheren Mikrocomputersystems SIMIS-C die Rechner über das

Ansprechen der Überwacherfunktion informiert und dadurch veranlaßt, die sicherheitsrelevante Peripherie abzuschalten.

Wichtig ist, daß die Abschaltung in den sicheren Zustand irreversibel ist. Sie kann von den Rechnern nicht rückgängig gemacht werden. Eine Rücknahme des festgestellten Fehlers und des daraus resultierenden Zustands erfolgt erst im Rahmen eines Neustarts durch das Instandsetzungspersonal /EUE 87/. Hier bietet sich zum Zwecke der Vermeidung von Betriebsverzögerungen im Interesse einer größeren Verfügbarkeit eine 2v3-Redundanz an, bei der ein dritter Rechner ständig mitarbeitet. Zur Gewährleistung der Sicherheit wird ein 2v3-Vergleich durchgeführt. Fällt ein Kanal aus, so geht das System automatisch in die beschriebene 2v2-Vergleicherschaltung über. Nach /249/ stellen solche 2v3-Systeme heute "den Standard bei sicheren und zuverlässigen signaltechnischen Steuerungseinrichtungen dar".

Der Nachweis der Ungefährlichkeit von Einzelausfällen wird unter Verwendung von Ausfalleffektanalysen deterministisch geführt, wobei für jede Ausfallart, mit der gerechnet werden muß, die Ungefährlichkeit bei allen Betriebszuständen nachzuweisen ist /225/.
Einzelausfälle, deren Ungefährlichkeit nachgewiesen wurde, können dennoch durch Folgeausfälle zu Gefährdungen führen, indem zu einem einzelnen Fehler im gleichen Zeitintervall ein weiterer einzelner Fehler hinzukommt, oder indem sich durch mehrere Auswirkungen im System aus dem Einzelfehler ein systematischer Mehrfachfehler entwickelt.

7.4.2.2.2 Systematische Mehrfachfehler

Es handelt sich hier um Mehrfachfehler, die aus einer Ursache resultieren und wie ein Einzelfehler zu behandeln sind. Ein einzelner Fehler führt also zu mehreren Ausfällen, oder aber er wirkt sich an verschiedenen Stellen im System aus.

Der Nachweis der Sicherheit läßt sich hier auf zwei Arten führen, wobei der zweite Weg der ist, der in der Praxis häufiger beschritten wird:

1. In Ausfalleffektanalysen ist nachzuweisen, daß systematische Mehrfach-
    fehler oder Mehrfachauswirkungen, dem Fail-Safe-Prinzip gehorchend,
    nicht zu gefährlichen Auswirkungen führen können. Dieser Weg ist der
    schlechtere, da sich systematische Mehrfachfehler aufgrund nicht er-
    kannter Versagensmöglichkeiten unter Umständen auch bei umfangrei-
    chen Tests nicht feststellen lassen und sich somit erst nach längerer
    Zeit bemerkbar machen /227/.

2. Durch konstruktive Maßnahmen werden Mehrfachausfälle als Folge von
    Einzelfehlern unterbunden oder aber deren Auswirkungen auf definierte
    Bereiche beschränkt. Man spricht in diesem Fall von der "Unabhängig-
    keit" von Bauelementen oder Funktionsgruppen. Die Forderung nach
    Unabhängigkeit verlangt eine Entkopplung verschiedener Systembestand-
    teile derart, "daß eine gemeinsame Fehlfunktion ausgeschlossen wird,
    oder daß nur kontrollierbare Fehlfunktionen von einem Element auf das
    andere oder von einer Funktionsgruppe auf die andere übertragen wer-
    den können" /225/.

Im folgenden werden die Maßnahmen zur Unabhängigkeit in SIMIS dargestellt. Dabei bezieht sich die Unabhängigkeit in diesem Fall nicht nur auf die
beiden Rechner, sondern auch auf die Vergleichs- und Abschalteinrichtung.

Getrennte Stromversorgung

Eine Speisung verschiedener Systembestandteile aus einem gemeinsamen Stromnetz kann bei einer Störung in der Stromversorgung des
einen Bauteils auch die Versorgung der übrigen Komponenten beeinflussen. In SIMIS arbeiten deshalb zwei getrennte, auf fehlerfreie Aus-
gangsspannung überwachte Spannungsregler /149/.

Galvanische Verbindungen

Direkte Verbindungen zwischen zwei oder mehr Geräten, die z. B. aus
Gründen der Synchronisation oder der gegenseitigen Kontrolle erforderlich sind, können infolge von Fehlinformationen zu gleichen aber
nicht erkennbar falschen Ergebnissen in beiden Kanälen führen /225/.

Die möglichen Beeinflussungen sind für SIMIS in einer Ausfallanalyse untersucht worden. Dabei wurde gezeigt, daß diese betriebshemmend wirken /149/.

Entkopplung

Störsignale, die durch elektrodynamische Vorgänge bei oder nach Bauelementeausfällen entstehen können, dürfen nicht von einer Baugruppe in eine andere eingekoppelt werden, weil es dadurch zu gemeinsamen Fehlfunktionen kommen kann. In diesem Sinne muß man die Systemkomponenten durch räumliche Trennung und andere Abschirmmaßnahmen voneinander entkoppeln /225/.

Da die Rechner und die Vergleichs- und Abschalteinrichtung unabhängig voneinander arbeiten, können beliebige Fehlinformationen aus den Rechnern den Vergleich nicht verhindern oder einen zuvor gespeicherten Fehlerzustand beseitigen /149/.

7.4.2.2.3 Folgeausfälle im gleichen Zeitintervall

Folgen auf einen Ausfall innerhalb eines bestimmten Zeitintervalls ein oder mehrere weitere Ausfälle, ohne daß ein gemeinsamer Grund vorliegt, so spricht man von **Mehrfachausfällen**.
Diese macht man entweder ungefährlich, was den Aufwand für die Konstruktion und die Überprüfung von Systemen erheblich steigert, oder man macht sie ausreichend unwahrscheinlich, indem der bereits eingetretene Fehler innerhalb einer vorgegebenen Ausfalloffenbarungszeit t_0 mit Hilfe von Prüfprogrammen erkannt und anschließend durch geeignete Maßnahmen beseitigt wird.
Legt man eine Ausfallrate λ_1 für den ersten und eine Ausfallrate λ_2 für den zweiten Ausfall zugrunde, so ergibt sich mit der Ausfalloffenbarungszeit t die mittlere Zeit bis zu einer Gefährdung t_{dg} nach /225/ zu

$$t_{dg} = \frac{1}{\lambda_1 \cdot \lambda_2 \cdot t} \ . $$

(7-1)

Eine Gefährdung tritt also immer dann ein, wenn es innerhalb eines Zeitintervalls zwischen Null und der Ausfalloffenbarungszeit zum ersten **und** zum zweiten Ausfall kommt.

Bei elektronischen Schaltungen ist die mittlere Zeit bis zu einer Gefährdung nach /226/ von den Ausfallraten der Bauteile unabhängig, wenn diese als konstant angesehen werden. Größere Ausfallraten lassen sich demnach durch kürzere Ausfalloffenbarungszeiten kompensieren. "Daher verbessert ein künstlich durch Prüfmaßnahmen hervorgerufener Datenfluß die Sicherheit, falls der vom Prozeß gegebene Datenfluß nicht ausreicht" /226/.

Elektronische Schaltungen verlangen möglichst kurze Ausfalloffenbarungszeiten, um die mittlere Zeit bis zu einer Gefährdung infolge von Doppelausfällen groß zu machen. Verlangt werden Werte zwischen 10 Minuten und 70 Stunden, wobei Ausfallraten zwischen 10^{-4} h^{-1} und 10^{-6} h^{-1} zugrunde liegen.

Nach /85/ zeigt sich, "daß die Bestimmung und verfahrensmäßige Einhaltung der zulässigen Ausfalloffenbarungszeit zu einem Hauptproblem bei der Entwicklung von modernen Sicherungseinrichtungen geworden ist", wobei vor allem die Vollständigkeit der Offenbarung einen hohen Aufwand verlangt. So ist es hier zum einen unmöglich, jeden Ausfall innerhalb einer bestimmten, begrenzten Zeit festzustellen, zum anderen kann man nicht alle Funktionen komplizierter Schaltungen innerhalb eines Zeitintervalls prüfen, ohne daß der flüssige Ablauf des eigentlichen Arbeitsprozesses gestört würde.

Beim Nachweis der Sicherheit gegenüber Folgeausfällen innerhalb eines gleichen Zeitintervalls muß man sich deshalb auf die wesentlichen Funktionen beschränken, und für diese die Einhaltung der Ausfalloffenbarungszeit sicherstellen. Dazu geht man nach Ausfall-Listen vor, in denen die einzelnen Bauteile und ihre relevanten Ausfälle sowie die entsprechenden Maßnahmen zu deren Beherrschung aufgeführt sind /225/.

Zur Offenbarung von Ausfällen bearbeiten die Rechner des SIMIS zyklisch im Abstand von maximal 30 Minuten das SIMIS-Online-Prüfprogramm SOPP, das im einzelnen die folgenden Prüfroutinen durchführt:

➤   Während des Datenverarbeitungsprozesses im SIMIS-Kern vergleicht die Vergleichs- und Abschalteinrichtung bei jedem Verarbeitungsschritt die Daten- und Adreßsignale der Busse beider Kanäle miteinander. Übereinstimmung der Signale ist ein Indiz dafür, daß beide Rechner den Verarbeitungsschritt übereinstimmend ausgeführt haben. Die Vergleichs- und Abschalteinrichtung regt daraufhin die Taktgeber zur Aussendung von Taktimpulsen an, die wiederum den nächsten Programmschritt in beiden Kanälen auslösen. Werden Unterschiede in den Daten- bzw. Adreßsignalen festgestellt, so löst die Vergleichs- und Abschalteinrichtung die zuvor schon beschriebene Sicherheitsabschaltung aus.

➤ Das SOPP überprüft alle Zentralprozessor- und Speicherfunktionen von SIMIS, sofern es im Interesse der Einhaltung einer geringen Fehleroffenbarungszeit möglich, bzw. in Abhängigkeit von der Sicherheitsrelevanz der Funktionen erforderlich ist. Dazu werden alle möglichen Wertekombinationen, die die zu verarbeitenden Operanden annehmen können, taktweise für die einzelnen CPU- und Speicherfunktionen verknüpft und die resultierenden Ausgangssignale beider Kanäle verglichen. Auch hier führen Abweichungen der Werte zur Sicherheitsabschaltung.

➤ Die Peripheriebaugruppen werden mit Hilfe von Prüfschleifen auf fehlerfreie Funktionserfüllung und fehlerfreien Datenaustausch mit SIMIS getestet. Die Wirkung eines ausgegebenen Stellbefehls wird rückgelesen und mit einer Sollwirkung verglichen. Dabei dient der SIMIS-Kern als Auslöser der Funktionen, als Sollwertspeicher sowie als sicherer Soll-Ist-Vergleicher. Treten Abweichungen auf, so erfolgt auch hier die Sicherheitsabschaltung oder bei weniger schwerwiegenden Wirkungen eine Betriebseinschränkung des gestörten Bauteils.
/63/, /149/

7.4.2.2.4 Mehrfachausfälle

Nach /225/ ist mit dem Auftreten von Doppelfehlern zu rechnen, sofern es nicht gelingt, "eine hinreichend schnelle Ausfalloffenbarung eines Einzelausfalls zu erreichen". In diesem Fall muß die Ungefährlichkeit des Doppelausfalls mit denselben Mitteln gezeigt werden, wie die des Einzelausfalls. Auch hier ist wieder die Ausfalloffenbarung gefordert. Der

Ausfall muß sich durch Meldung oder Hemmung bemerkbar machen oder mittels Prüfung festgestellt werden.

Bleibt die Ausfalloffenbarung auch diesmal aus, ist mit dem Hinzutreten eines dritten Fehlers zu rechnen, bei dem man dann wie beim Auftreten des zweiten verfährt. Diese Fehlerbetrachtung darf nach /DIN VDE 0831/ erst dann enden, wenn sich die Fehler durch Meldung oder Hemmung bemerkbar machen oder durch Prüfung festgestellt werden, bei SIMIS also vom SOPP erkannt und mit der Sicherheitsabschaltung ungefährlich gemacht werden.

Hier ist es fraglich, bis zu welchem Fehler die Durchführung der Betrachtung im Rahmen von Sicherheitsnachweisen sinnvoll ist. So ist es nach /225/ vermutlich angezeigt und sollte dementsprechend erlaubt sein, nach dem ungefährlichen Dreifachausfall, den man bewiesen hat, die Fehlerbetrachtung abzubrechen, "ohne ein zu großes Risiko einzugehen".

8 Zuverlässigkeits- und Sicherheitskonzept für elektrische Systeme im Kraftfahrzeug

8.1 Einleitung

Der Einsatz elektronischer Bauteile und Systeme in Kraftfahrzeugen hat innerhalb der vergangenen Jahre stark zugenommen. Die Elektronik findet zunehmend Verwendung bei Aufgaben, die aus technischen Gründen oder aufgrund der aufwandsbedingten Kosten durch mechanische Systeme nicht zufriedenstellend gelöst werden können.

Die Entscheidung für den Einsatz von Elektronik im Kraftfahrzeug hängt maßgeblich von der Verfügbarkeit des verwendeten elektronischen Systems ab. Darüber hinaus muß bei Aufgaben, die direkt die Sicherheit des Fahrzeuges betreffen, eine optimale Funktionserfüllung des Systems gewährleistet sein. Die sich in den letzten Jahren abzeichnende Entwicklung mit einer stetigen Steigerung elektronischer Bauteile im Kraftfahrzeug (Tabelle 8-1) wird in Bild 8-1 anhand der Gesamtherstellungskosten dargestellt.

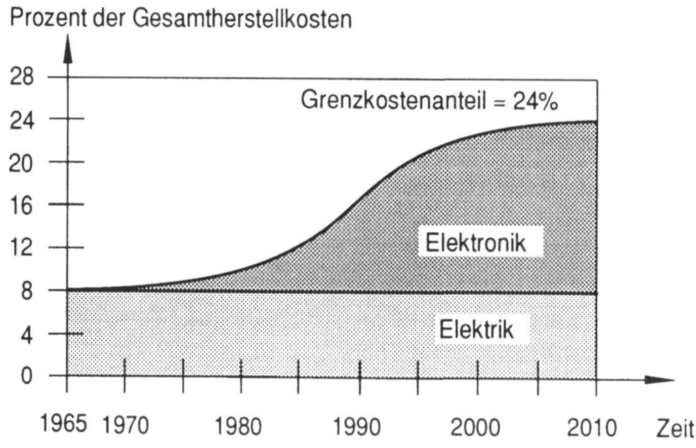

Bild 8-1   Zuwachsrate der Fahrzeug-Elektrik bzw. -Elektronik /60/

In Bild 8-1 erkennt man eine stetige Zunahme des Elektronikanteils im Kraftfahrzeug. Die Gründe sind in den erheblichen Fortschritten auf dem Gebiet der Mikroelektronik zu suchen. So werden die verwendeten elektronischen Bauteile von Entwicklungsgeneration zu Entwicklungsgeneration widerstandsfähiger gegen die im Kraftfahrzeug einwirkenden Umwelteinflüsse. Zusätzlich muß die immer günstigere Entwicklung der Preis-Leistungsverhältnisse von mikroelektronischen Produkten angeführt werden.

In Tabelle 8-1 wird die erwartete Steigerung mikroelektronischer Bauteile im Kraftfahrzeug mit der Verbesserung der Leistungsfähigkeit der Bauteile selbst begründet. Diese Steigerung wird in Tabelle 8-2 verdeutlicht.

	1987	1995	Faktor
Rechenleistung je Chip (MOPS[1])	200	2000	x 10
und je Baueinheit (MOPS)	800	>10000	x 12
Integrierte Komponenten	100	1000	x 10
Komponenten-Lebensdauer (10^6 h)	10	100	x 10
Chip-Träger	5	100	x 20
Träger-Lebensdauer (10^6)	2	40	x 20

Tabelle 8-1   Leistungsmerkmale der Mikroelektronik /94/

Aus Tabelle 8-2 ist ersichtlich, daß eine besonders große Zunahme der Menge bei den Bauteilen zur Steuerung, Regelung und Überwachung (Chips, Chipsträger) von Systemen des Kraftfahrzeuges erwartet wird. Sie nehmen um den Faktor 10 bzw. 20 zu.

Der prognostizierte Anstieg der Komponenten, die der Informationsaufnahme und -bereitstellung dienen (Anzeigen und Sensoren), wird mit dem Faktor 5 angegeben. Die ausführenden Bauteile wie Aktuatoren und E-Motoren steigen um das 3- bis 4fache an. Die Anzahl der Platinen und Lötstellen verbleibt in etwa auf dem heutigen Niveau.

[1] MOPS = Mega Operations Per Second; Einheit der Leistungsmessung

Elemente im Fahrzeug	1987	1995	Faktor
Sensoren	20	100	x 5
Aktuatoren	20	80	x 4
E-Motoren	15	45	x 3
Anzeigen	1	5	x 5
Bildwandler	0	4	/
Lötstellen	12000	12000	x 1
Platinen	10	10	x 1
Chipträger	5	100	x 20
Chips	100	1000	x 10
andere elektronische Bauteile	1000	2000	x 2
Anteil der Elektronik im Kfz	12%	20%	x1,8

Tabelle 8-2   Elektronikkomponenten im Kraftfahrzeug - Erwartete Entwicklung bis in das Jahr 1995 /94/

Sicherheitsrelevante Funktionen in den Kraftfahrzeugen werden in zunehmendem Maße von elektronischen Bauelementen und Systemen übernommen. Ihre Leistungsfähigkeit wird es ermöglichen, die Zielsetzungen des PROMETHEUS-Projekts (Programm für ein europäisches Transportsystem höchster Effektivität und unübertroffener Sicherheit bzw. Program for a European Traffic with highest efficiency and unprecedented safety) zu verwirklichen (siehe auch Kapitel 9).

Durch dieses Projekt soll der künftige Straßenverkehr "... problemloser, schneller, wirtschaftlicher, mit geringerer Umweltbelastung und vor allem mit weit weniger Unfällen ablaufen"/186/. Eine Realisierung dieses Zieles ist durch Berücksichtigung der in Bild 9-18 (siehe Kapitel 9) aufgeführten Aufgabengebiete bezüglich der Sicherheit und Zuverlässigkeit möglich.

Die Sicherheitsphilosophie im Kraftfahrzeugverkehr

Unbestritten ist, daß der Einsatz elektronischer Systeme im Kraftfahrzeug die Fahrsicherheit erhöht, indem der Fahrer entlastet wird, eine Korrektur möglicher Fehlbedienungen erfolgt und entsprechende Schutzsysteme die Auswirkung gefährlicher Systemzustände verringern. Das theoretische Gefährdungspotential, welches den aus Elektronikkomponenten aufgebauten

Fahrzeugsystemen innewohnt, kann jedoch in vielen Fällen größer sein als das von vergleichbaren mechanischen Einrichtungen.

In Bild 8-2 ist das Gefährdungspotential sicherheitsrelevanter Elektroniksysteme in Abhängigkeit von einzelnen Fehlern beispielhaft dargestellt.

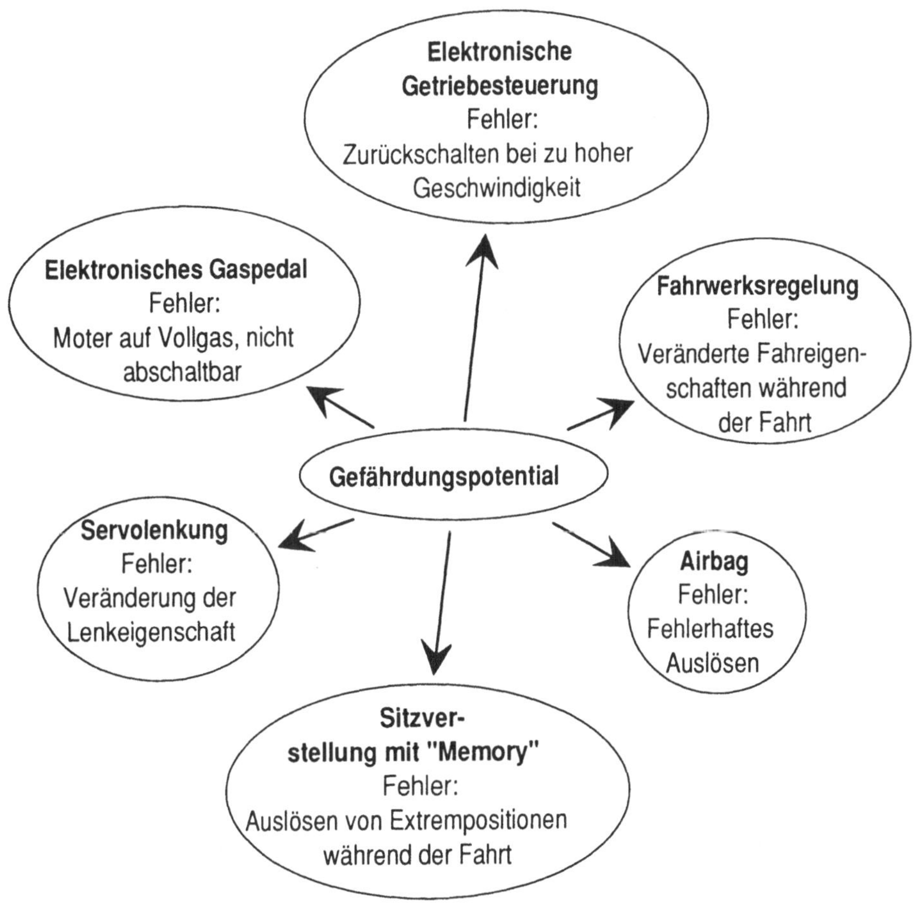

Bild 8-2   Gefährdungspotentiale sicherheitsrelevanter Elektroniksysteme im Kraftfahrzeug /243/

Während mechanische Komponenten durch einfache Überdimensionierung so zuverlässig ausgelegt werden können, daß man einen Ausfall praktisch ausschließen kann, lassen sich elektronische Bauteile durch ausreichende Zuverlässigkeit allein nicht sicher konzipieren. So sind realistische Ausfallraten von Bauteilen der Kraftfahrzeugelektronik nach /243/ im Bereich zwischen 10 und 1000 Ausfällen pro 10^6 Stunden angesiedelt.

Bezieht man diese Angaben auf eine Kraftfahrzeug-Betriebszeit von 3.000 h bei einer Laufleistung von 150.000 km, so muß in dieser Zeit mit bis zu 3 Ausfällen von Elektronikkomponenten gerechnet werden.
Betrachtet man jedoch die gesamte Lebensdauer eines Kraftfahrzeuges, die bis zu 10 Jahren, entsprechend 90.000 h angenommen wird, so sind bis zu 90 Ausfälle in dieser Zeit wahrscheinlich.

Es erscheint vernünftig, die Zeit der Beanspruchung eines Kraftfahrzeuges im Bereich zwischen Betriebszeit von 3.000 h und Lebensdauer von 90.000 h anzunehmen, da zum einen bestimmte Einflüsse, wie z. B. leitungsgebundene Störimpulse nur während der Betriebsphase auf das Kraftfahrzeug einwirken, zum anderen jedoch auch während der Stillstandszeiten Faktoren wie korrosionsfördernde Feuchtigkeit die Zuverlässigkeit elektronischer Bauteile nachteilig beinflussen. Ein Verfahren zur Abschätzung der Lebensdauer wird in /235/ beschrieben.

Ausfälle elektronischer Bauteile erfolgen im Gegensatz zu denen mechanischer in der Regel ohne Vorwarnung. Eine präventive Instandhaltung ist hier, anders als bei der hydraulischen und pneumatischen Technologie, bei denen man auf jahrzehntelange Erfahrung zurückblicken kann, nur durch den frühzeitigen Austausch des gesamten Systems möglich, da das Ausfallverhalten elektronischer Komponenten während der Lebensdauer eines Kraftfahrzeuges kaum bekannt ist.

Unter Berücksichtigung der Tatsache, daß sich die wachsenden Anforderungen im Hinblick auf Sicherheit, Umweltschutz und Komfort mit den bereits bewährten Technologien nicht oder nicht wirtschaftlich erfüllen lassen, müssen geeignete elektronische Systeme entwickelt werden, bei denen ein gefährlicher Ausfall nahezu ausgeschlossen werden kann.

8.2 Charakterisierung des Kraftfahrzeug-Elektronikeinsatzes [1]

Bei dem Versuch, dem Einsatz der Kraftfahrzeugelektronik einen einheitlichen, weltweiten Trend zuzuordnen, muß man feststellen, daß der Elektronikeinsatz unterschiedlichen Zielen unterworfen ist. Im Gegensatz zu dem amerikanischen Trend zu Komfortelektronik, z.B. Klimaanlage und Sitzheizung, ist das Käuferinteresse in Europa auf den Einsatz von Zweckelektronik, beispielsweise ABS- oder ASR-System, gerichtet. Die Gewährleistung der Sicherheits- und Systemzuverlässigkeitsanforderungen ist bei der Zweckelektronik von größerer Bedeutung.

8.2.1 Generelle Überlegung zur Konzeption und Lebensdauer

Die Zuverlässigkeit eines Elektronik-Systems steht in engem Bezug zur Wahl der Schaltungskonzeption. So kann trotz einer hohen Zuverlässigkeit der einzelnen Bauteile, ein Ausfall nicht ausgeschlossen werden. Das Versagen elektronischer Komponenten erfolgt im Gegensatz zu mechanischen Bauteilen ohne eine Vorwarnung. Eine präventive Instandhaltung ist in der Regel nur durch den frühzeitigen Austausch des gesamten Systems möglich. So müssen abhängig von dem Gefahrenpotential, das im Falle des Versagens eines bestimmten Subsystems zum Tragen kommt, schon beim Entwurf der Schaltung entsprechende Maßnahmen zuverlässigkeitstechnisch berücksichtigt werden.

Die stetige Zunahme, der begrenzte Bestand an geeignetem Raum, die Mindestanforderungen an den Datenaustausch unter den einzelnen Subsystemen und die zusätzlichen Bauteile zur frühzeitigen Aufdeckung von Ausfällen und zur Einleitung notwendiger Schutzmaßnahmen geben der Frage nach der geeignetsten Anordnung des gesamten Mikrocomputersystems im Kraftfahrzeug eine herausragende Bedeutung. Die Wahl des geeignetsten Systems beeinflußt die Flexibilität der Systemanpassung an sich ändernde Anforderungen, die Herstellkosten und die Zuverlässigkeit.

[1] Nach einem Vortrag des Verfassers /158/

Schließlich gibt die geplante Stückzahl eines Fahrzeugtyps eine weitere Größe für die Wahl der elektronischen Schaltung an. Hohe Stückzahlen gestatten spezielle, niedrige bis mittlere Stückzahlen bevorzugen modulare, für unterschiedliche Fahrzeuge geeignete Lösungen.

Funktionen, die sich durch einfache Schaltungen verwirklichen lassen, erfordern keine umfassenden Überlegungen im Hinblick auf ihre Anordnung im Kraftfahrzeug. Im Gegensatz hierzu muß das Konzept der Schaltung bei Mikrocomputern gründlich durchdacht werden. Nach /25/ bieten sich prinzipiell vier Vorgehensweisen zur Gestaltung der Kraftfahrzeugsystemarchitektur an:

➤   strenge Zentralisierung,

➤   hierarchischer Aufbau mit mehreren Koordinationsebenen,

➤   Verteilung auf mehrere, schwach gekoppelte Unterzentren und

➤   Autarkie der Teilsysteme.

Aufgrund des bisherigen geringen Einsatzes von Elektronik im Kraftfahrzeug sind noch bis vor wenigen Jahren bevorzugt dezentrale Lösungen angewandt worden. Die einzelnen Systeme arbeiteten weitgehend unabhängig voneinander und benötigten eine eigene 'Intelligenz'. Angestrebt werden sollten jedoch vernetzte Systeme mit einem zuverlässigen Datenaustausch.

So wird eine Modularisierung der Kraftfahrzeugelektronik in die drei Einsatzgebiete angestrebt:

➤   **Fahrerinformationszentrum**, FIZ, (z.B.: Anzeigeinstrumente im Cockpit; Bordcomputer für Weg-, Zeit-, Kraftstoffverbrauchs- und Temperaturanzeige; evtl. Navigationssystem).

➤   **Fahrzeugelektronikzentrum**, FEZ, (z.B.: Bremsregelung, Scheinwerferstellung, Klimatisierung) und

➤   **Motor- und Getriebeelektronikzentrum**, MEZ, (z.B.: elektronische Kennfeldzündung, elektronische Einspritzung, elektronisches Gaspedal, ABS und ASR).

Durch eine Konzeptwahl mit steigender Integration bei gleichzeitiger Modularisierung wird es möglich, die einzelnen Systeme bei geringerem Platzbedarf stabiler auszulegen. Eine z.T. dezentrale Lösung, mit dem Ersatz der unzuverlässigen Verkabelung durch ein Bussystem, bietet sich bei direkten Einsatzmöglichkeiten kompakter Mikroprozessoren an den Sensoren und Aktuatoren an. Die rasante Entwicklung in der Datenverarbeitung mit besonders leistungsfähiger Hardware und komplexer Software bildet somit die Voraussetzung für eine Realisierung der angestrebten Ziele.

Um die Anforderungen an die elektronischen Bauteile optimal nach Kosten und Zuverlässigkeit festlegen zu können, empfiehlt sich zusätzlich zu einer Gliederung in die Einsatzgebiete die in Tabelle 8-4 vorgenommene Unterteilung der Kraftfahrzeugelektronik in entsprechende Aufgabenbereiche innerhalb des Automobils. Die Lebensdauerforderung (LF) nach Tabelle 8-4 errechnet man mit Hilfe des Ereignisfaktors (EF), der die Beanspruchung eines Bauteils während der Fahrt berücksichtigen soll. Zu den in Tabelle 8-4 aufgeführten Daten werden weitere Annahmen (siehe Tabelle 8-3) getroffen.

Zeit (Nutzungsdauer)	10 a
Betrieb	3000 h
Fahrstrecke (innerhalb 10 a)	150000 km
Mittlere Geschwindigkeit über 10 a	50 km/h
Mittlere Zahl der Fahrten pro Tag über 10 a (Privat bis Taxi)	10
Zahl der Fahrten in 10 a	50000
Mittlere Fahrstrecke pro Fahrt in 10 a	3 km
Lebensdauerforderung » Zahl der Fahrten in 10 a x Beanspruchung pro Fahrt	

Tabelle 8-3   Basisdaten der Kfz-Lebensdauer für die Bundesrepublik Deutschland /235/

Unter Berücksichtigung des Ereignisfaktors aus Tabelle 8-4a/b und der Annahme von durchschnittlich 50000 Fahrten innerhalb der Nutzungsdauer von 10 Jahren errechnet sich die Lebensdauerforderung eines elektrischen/elektronischen Kraftfahrzeugbauteiles zu Lebensdauerforderung » 50000 x EF .

Systeme		Beanspruchung pro Fahrt (Ereignisfaktor EF)	Lebensdauer-forderung (LF) für 10a
Sicherheitssysteme (seltene Ereignisse)	- Kurzschluß - Gurtspanner - Air-Bag - Diebstahl	10^{-3}	50
Sicherheitssysteme (häufige Ereignisse)	- ABS-System - Blinker	10 50	5×10^5 $2,5 \times 10^6$

Jahreszeitlich abhängige Systeme	- Heizung/
	  Heckscheibe
	  Frontscheibe
	- Klimaanlage
	- Sitzheizung
		0,2	10^4

Bei jedem Start einmal benötigte Systeme	- elektr. Systemcheck - Ladezustandskontrolle der Batterie - Türverriegelung - Sitzverstellung - Gurtauswerfer - Gurtanlage - Benzinpumpe - Glühkerze (normal) - Antenne - elektr. Schlösser - Kopfstütze - Rückspiegelverstellung - Starter-Relais - Start-Überbrückungsrelais	1	5×10^4

Tabelle 8-4a   Systeme im Kfz, deren Beanspruchung und maximale Lebensdauerforderung /235/

Systeme		Beanspruchung pro Fahrt (Ereignisfaktor EF)	Lebensdauerforderung (LF) für 10a
Bei jeder Fahrt mehrmals benötigte Systeme	- Scheinwerfer (Fern-, Abblendlicht) - Ventilator - Schubabschaltung - Magnetkupplung - Wisch-Waschanlage - Fensterheber - Schiebedach - Scheibenwischer - Magnetventil - Hupe - Sonnenblende	5	$2,5 \times 10^5$
Sonderfälle	- Glühkerze getaktet	50	$2,5 \times 10^6$

Tabelle 8-4b   Systeme im Kfz, deren Beanspruchung und maximale Lebensdauerforderung /235/

Zusammenfassend kann man sagen, daß eine Zentralisierung unter Verwendung eines einzigen Rechners minimale Herstellkosten erfordert. Für eine Systemänderung benötigt man jedoch jeweils ein völlig neues Konzept. Durch Verwendung einer modularisierten Schaltungsauslegung erhält man eine aus heutiger Sicht optimale Lösung hinsichtlich Entwicklungskosten und Systemflexibilität. Der Einsatz zentraler Rechnersysteme auf abgegrenzten Systembereichen steigert die Systemflexibilität im Vergleich zu einer strengen Zentralisierung und minimiert gleichzeitig die Entwicklungskosten gegenüber einem autarken System.

8.2.2   Einsatzbedingungen als Ausfallursache für die Elektronik im Kraftfahrzeug

Allgemeine Ausfallursachen - Probleme beim Elektronikeinsatz im Kfz

Die Probleme, die das Vordringen von Mikrocomputern in das Kraftfahrzeug mit sich bringt, erfordern eine gesteigerte Aufmerksamkeit für die Beseitigung von Fehlerquellen der Elektronik. Der Computer stellt das Verbindungsglied einer komplexen "und"-Funktion dar und bildet deshalb eine Fehlerquelle ersten Ranges. So kann ein Ergebnispfad einen Wert aufweisen, obwohl die zugeordneten Eingangspfade keinen oder falsche Werte für die Verarbeitung durch den Computer zur Verfügung stellen. Die steigende Komplexität des Systems und der damit verbundene Zuverlässigkeitsverlust kann u.U. den mit dem Systemeinsatz beabsichtigten Gewinn an Sicherheit kompensieren. Der Zuverlässigkeitsverlust, d.h. u.U. der Verlust an Sicherheit des Systems, durch die gesteigerte Anzahl an Bauteilen und einer zunehmenden Systemkomplexität muß durch das verwendete Elektroniksystem in Verbindung mit sicherheitssteigernden Maßnahmen mindestens kompensiert werden. Nach /60/ verteilen sich die Ausfälle des Fahrzeugelektroniksystems auf folgende Ursachen (Bild 8-3).

Die Ausfälle der Steuergeräte werden zur Hälfte, d.h. zu 5 % der Gesamtausfallursachen, von den elektronischen Bauteilen (IC's, Mikroprozessoren, etc.) selbst, und zur anderen Hälfte durch schadhafte Lötstellen und Fehler an den passiven Bauteilen hervorgerufen. Ein Systemausfall erfolgt demnach zu 90 % durch Fehlzustände der Peripherie der Steuergeräte. Die Einführung eines Bussystems mit dezentraler Systemarchitektur kann somit bei einer genügenden 'System-Reife' zur Steigerung der Systemzuverlässigkeit beitragen.

Beanspruchung der Elektronik im Kraftfahrzeug

Die in Tabelle 8-5 aufgeführten Beanspruchungsangaben sind für eine Zuverlässigkeitsprüfung notwendig. Die im folgenden aufgeführten Daten basieren auf den Angaben in /173/. Das Temperaturniveau, für das die elektronischen Bauteile geeignet sein müssen, hängt von dem Einbauort und dem aus einem Bauteilversagen erwachsenden Gefahrenpotential ab.

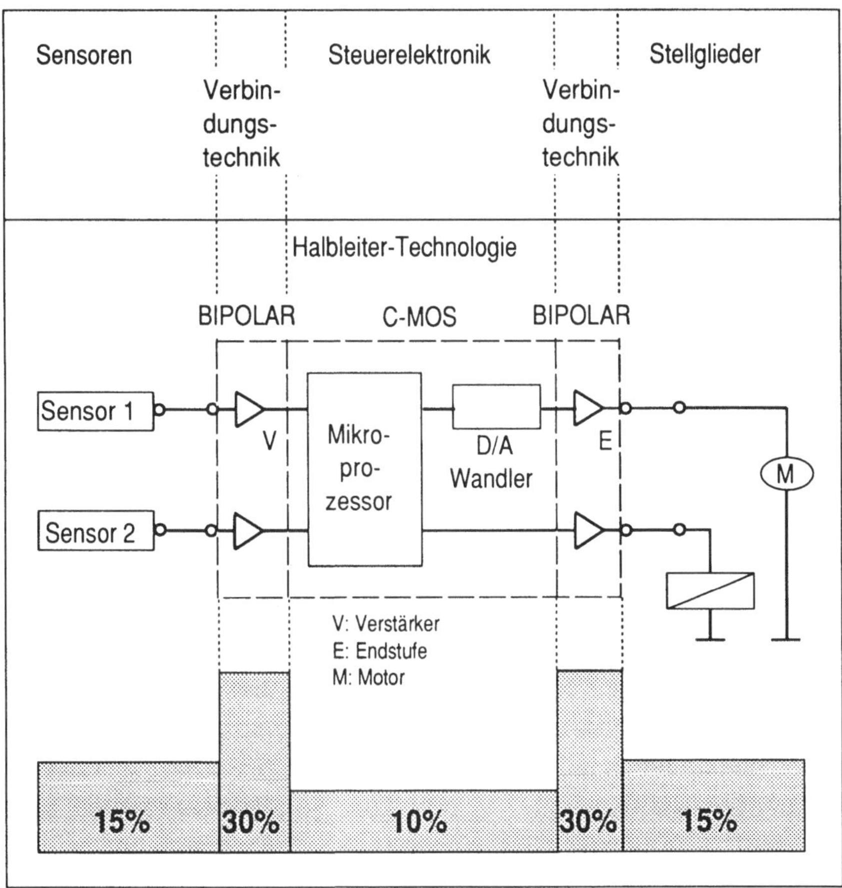

Bild 8-3   Definition eines Auto-Elektronik-Systems in Verbindung mit der Ausfallhäufigkeit der entsprechenden Teilbereiche /60/

So werden in Motornähe Temperaturen von mindestens - 40 bis + 150°C
angenommen. Im Fahrzeuginnenraum, in welchem Temperaturen unter 100°C
vorliegen, sollten deshalb Systeme mit großem Gefahrenpotential untergebracht werden.

Die Anforderungen an das Korrosionsverhalten sind in der DIN 40 040 (IEC68,
Teil 1) festgeschrieben. Danach müssen die Bauteile im Jahresmittel eine
relative Luftfeuchte von 95 % bei einer Umgebungstemperatur von 33°C
ohne Schaden überstehen. Die Beständigkeit der Bauteile gegenüber zyklisch
feuchter Wärme wird nach einem bestimmten Prüfzyklus, der mit einer oberen Lufttemperatur von 55°C zweimal durchlaufen wird, ermittelt.

Beanspruchung	Ursache	
	Abgestelltes Fahrzeug	Betriebenes Fahrzeug
	Verhältnis von Abstell- zu Betriebszeit ca. 30:1	
Temperatur - Wechsel - Niveau	Klima Tag/Nacht Sommer/Winter Sonneneinstrahlung Tag/Nacht	Motorbetrieb und Fahr- weise Abhängig vom Einbauort
Korrosion -dauernd - zyklisch	Feuchte	Gerätetemp. größer als Umgebungstemp., also meist unkritisch.
Mechanisch/dynamisch Beanspruchung - Stoß - Vibration	Nicht vorhanden	Abhängig von Einbauort und Fahrwerk.
Elektrische Beanspruchung Störspannung - leitungsgebunden - eingestrahlt (EMV)	Ohne Bedeutung	Hoch, je nach Funktion und Betriebsweise. NF- bzw. HF-Pulse Eingestrahlte HF auf Bordnetz

Tabelle 8-5   Beanspruchung der Kraftfahrzeugelektronik im abgestellten und betriebenen Zustand des Fahrzeuges /104/

Die mechanisch/dynamische Belastung unterscheidet zwischen Schwingung
und Stoß. Als Mindestanforderung bei Beanspruchungen durch Schwingungen müssen die Bauteile innerhalb eines Frequenzbereiches von 10 Hz bis
150 Hz einer Beschleunigungsamplitude von 1 g über 20 Frequenzzyklen
standhalten. Besondere Aufmerksamkeit muß auf die Prüfung in der Nähe
der Eigenfrequenz des Systems gerichtet sein. Im Resonanzfall kann das
System über seine maximale Belastbarkeit beansprucht werden.
Die Schockbeschleunigung beträgt bei der Stoßprüfung 10 g bis 30 g, wobei
die Schockform in beiden Fällen halbsinusförmig ist. Dabei bleibt die Frage

offen, inwieweit diese Belastungsform unter zeitraffenden Bedingungen einer Realbelastung entspricht.

Die leitungsgebundenen Störspannungen stellen ein tolerantes Verhalten der elektronischen Bauteile gegenüber Schwankungen von Versorgungs- und Nennspannung als notwendig heraus. Allgemein wird ein Toleranzbereich von ± 35 % , also 7,8 V bis 16,2 V bzw. 15,6 V bis 32,4 V gefordert. Für eingestrahlte Störungen umfassen die Prüfdaten einen Frequenzbereich von 0,01 MHz bis 1000 MHz bei einer Feldstärke von 100 V/m.

Leitungsgebundene elektronische Signale als Ausfallursache
Die besondere Problematik leitungsgebundener Störsignale besteht darin, daß sie im allgemeinen selten und dabei nur kurzzeitig auftreten, dennoch aber zu einer Systemüberlastung führen können. Die Art und die Größenordnungen der elektrischen Beanspruchungen, die auf ein elektronisches Steuergerät im Kraftfahrzeug einwirken, sind in Tabelle 8-6 aufgeführt. Aufgrund ihrer unterschiedlichen Auswirkungen ist eine Unterteilung der Störsignale hinsichtlich ihrer Priorität zu empfehlen. Es werden Signale mit der gleichen Priorität wie die Bordspannung (z.B. Load-Dump = Generator-Lastabwurf) von denen mit negativer Polarität unterschieden. Die Störungen spielen sich auf der Versorgungsleitung ab. Aufgrund von vorwiegend kapazitiver Kopplung /76/ wirken diese Impulse aber auch auf die Signal- bzw. Sensorleitungen ein.

Art der Beanspruchung	Größe der Beanspruchung
Versorgungsspannung	6 V ... 20 V verpolte Versorgungsspannung
Eingangsspannung	mV bis über 1000 V
Störspannungen, leitungsgebunden	mV bis mehrere 100 V (NF bis UHF)
Störspannungen, Fahrzeugumgebung	bis 200 V/m
Steuer- und Versorgungsströme	mA ... 20 A

Tabelle 8-6   Beanspruchung der elektronischen Bauteile eines Kraftfahrzeuges durch Größen aus der Elektrik /104/

Kennzeichen von Störungen mit negativer Polarität ist ein hoher Innenwiderstand und eine relativ kurze Impulsdauer. Die Lösung dieses Problems erfolgt mit Schutzschaltungen wie Tiefpaß in der Signalleitung oder Schutzdioden (Freilaufdioden, Supressordioden) in der Stromversorgung. Als Beispiele können hier Induktivitäten wie Relais- oder Magnetventile aber auch Schaltvorgänge angeführt werden. Zur Simulation entsprechender Impulse von Induktivitäten sind Werte auf eine Spannung von 100 V für eine Impulsdauer von 2 ms und ein Innenwiderstand von 10 Ω festgelegt (DIN 40839 Teil 1).

Eine Überspannung, d.h. eine Spannung mit mehr als 12 V innerhalb des Bordnetzes, kann zum Beispiel durch die Generatoranlage beim Übergang vom Leerlauf auf Betriebsdrehzahl erfolgen. Die übliche Versorgungsspannung von 12 V bricht während eines Kaltstarts auf 6 V bis 8 V zusammen. Geräte die für den Anlaßvorgang benötigt werden (z.B. Zündanlage, Einspritzpumpe), aber auch Geräte, für die ein kurzzeitiger Funktionsausfall bleibende Störungen verursachen kann (z.B. Mikroprozessorsteuerungen), müssen für diesen Spannungseinbruch ausgelegt sein.

Störungen mit der gleichen Polarität wie die Bordspannung treten auf, wenn beispielsweise eine teilentladene Batterie bei hoher Motordrehzahl und entsprechenden Ladeströmen der Lichtmaschine aus dem Stromkreis genommen wird (Load-Dump), Spannungsspitzen bei Schaltvorgängen erreicht werden oder die Versorgungsspannung bei schwacher Batterie und Minustemperaturen einbricht. Im Falle eines Load-Dump erreicht das Störsignal während einer vergleichsweise großen Impulsdauer (bis 400 ms) bei einem kleinen Innenwiderstand (0,5 Ω bis 4Ω) Spitzenwerte bis 120 V. Nach /76/ verhält sich der Innenwiderstand dynamisch und wird mit steigender Spannungsamplitude größer. Übliche Halbleiter werden durch einen Load-Dump zerstört. Die Anforderungen an ein Fahrzeug hinsichtlich eines Load-Dump-Impulses richten sich in den USA nach SAE 1113a. Die Schutzwirkung muß für Spannungsamplituden von + 80 V bei einer Impulsdauer von 188 ms gewährleistet sein. Die Problemlösung erweist sich in diesem Fall als nicht einfach, denn die verwendeten Schutzschaltungen müssen die sehr hohe Impulsenergie ohne Schaden abbauen, gleichzeitig dürfen sie den Systemsignalfluß nicht beeinträchtigen. Als besonders wirtschaftliche Lösung hat sich eine in einem zentralen Gehäuse eingebaute Supressordiode erwiesen.

In Abhängigkeit der unterschiedlichen Störmöglichkeiten (z.B. abhängig von der Polarität) und der daraus resultierenden Wirkungen kommen verschiedene Maßnahmen zum Einsatz:

â   Dem Problem der Eigenstörung durch die große Menge auf- und zuschaltender Transistoren begegnet man nach /60/ durch Abhilfemaßnahmen, wie: Gehäuse aus Metall, Tiefpaßfilter an Anschlüssen von IC's und Steckern, der Abschirmung von Leitungen und der richtigen Erdung der schirmenden Geflechte.

â   Umdimensionierung und/oder Wahl einer Variante der Schaltungsauslegung.

â   Die Störspannungen können mit zusätzlichen Bauteilen wie Dioden, Zenerdioden, Varistoren etc. vermindert werden. Die Dämpfungsglieder müssen dazu so nahe wie möglich an der Störquelle angeordnet sein.

â   Der direkte Anschluß von beispielsweise Kondensatoren, Dämpfungsfiltern etc. am Eingang einer Störsenke (Tabelle 8-7) kann deren Störfestigkeit erhöhen.

â   Nach DIN 40839 bieten sich folgende Maßnahmen am Fahrzeugkabelbaum an: unabhängige Stromversorgung für empfindliche Geräte, Dämpfungsglieder im Kabelbaum und Verwendung elektrischer Leitungen mit Tiefpaßwirkung.

Die Verminderung der Störungsausstrahlung der Störquelle und die Verminderung der Beeinflußbarkeit der Störsenke ergänzen sich in ihrer physikalischen Auswirkung. Ein Gerät dessen Störungen geschwächt nach außen gelangen, ist selbst in geringerem Umfang für Störungen von außen anfällig.

Elektromagnetische Einstrahlung als Ausfallursache
Störungen elektronischer Systeme werden außerdem durch die direkte Einstrahlung elektromagnetischer Energie verursacht. Die Störstrahlungen liegen in einem Frequenzbereich von 10 kHz bis zu einem Gigahertz. Maßnahmen zur Bewältigung der entstehenden Probleme fallen in das Aufgabengebiet der elektromagnetischen Verträglichkeit. Unter der elektromagnetischen Verträglichkeit (EMV; engl.:Electromagnetic Interference, ECI) versteht man die Fähigkeit, daß einzelne elektronische Bauteile, Geräte und ganze Systeme einwandfrei arbeiten, ohne daß sich ihre Komponenten gegenseitig oder gemeinsam oder ihre Umgebung durch elektromagnetische Felder stören bzw. von dieser Umgebung in Form elektromagnetischer Felder gestört wer-

den. Aus Bild 8-4 ist ersichtlich, daß die sichere Funktion und der störungs-
freie Betrieb im Hinblick auf elektromagnetische Störgrößen von unterschiedlichen Faktoren abhängen. So sind Sicherheitsanforderungen, herrschende
Regeln, der Umweltgesichtspunkt ('Elektronische Umweltverschmutzung') und
der Kostenaspekt zu berücksichtigen.

Die elektronischen Geräte und/oder Steuerleitungen bilden die 'Senken' für
die innerhalb und außerhalb des Fahrzeuges erzeugte Strahlung. Die Quellen (Tabelle 8-7) innerhalb des Kraftfahrzeuges sind z.B. Funktelefon, Zündung und unzureichend abgeschirmte elektronische Systeme. Besonders starke Quellen außerhalb eines Kraftfahrzeuges sind Blitzentladungen, Rund-
funk- und Fernsehsender. Die Art und Größe der Störspannungen, die durch
elektromagnetische Einstrahlung auf einzelne Sensorleitungen, auf Leitungen der Elektronik – Platine und Leitungen innerhalb des Halbleiter-Chips
– induziert werden, hängen von vielen Einflußgrößen (Tabelle 8-8) ab.

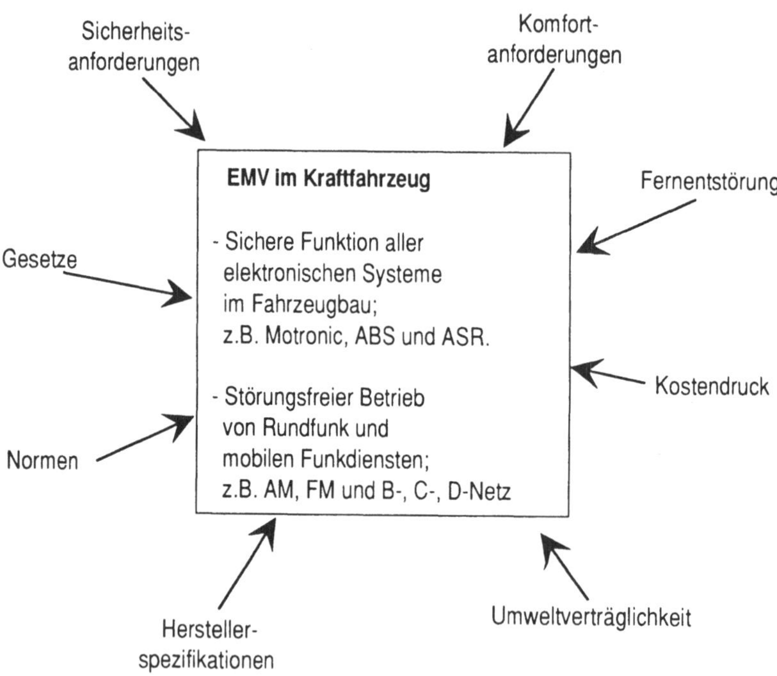

Bild 8-4   Anforderungen an die EMV im Kraftfahrzeug /191/

Störquelle	Störsenke
Schalter	Glühlampen
Magnetventil	Elektronische Steuergeräte
Relais	Sensoren
Kollektormotoren	Radio
Zündanlage	Funkgerät
Getaktete Regelung	
Quarz/Prozessor	
Stationäre Sendeanlage	
Mobile Sendeanlage	

Tabelle 8-7   Störquelle - Störsenke /75/

Die Gewährleistung der elektromagnetischen Verträglichkeit erfordert nach /60/ für die zukünftig eingesetzten Elektroniksysteme, im Vergleich zu den heutigen Systemen, folgende Umgestaltungen:

➤ Zusätzliche Massepunkte an der Karosserie,

➤ einfach und mehrfach abgeschirmte Leitungen,

➤ Koax-Verkabelung mit dazu passenden Steckverbindungen,

➤ Metallgehäuse für Steuergeräte sowie

➤ EMV-verträglicher Aufbau von Leiterplatten und Steckanschlüssen.

Senderseitig	Empfänger (Kfz)-seitig
Sendefrequenz	Fahrzeuggeometrie
Sendeleistung	(Länge, Breite, Höhe, Boden-
Modulation	abstand)
Antennentyp	Karossenmaterial
Polarisation	Aufbau/Anhänger
Antennenabstand	Verkabelungsanlage/-länge
Sekundärstrahler	Kabelbündelung
(Zäune, Masten, etc.)	Einbauort der Elektronik
Bodenleitfähigkeit	

Tabelle 8-8   Einflüsse auf das Eindringen elektromagnetischer Strahlen in das Kfz /91/

In Anlehnung an /191/ werden folgende Regeln zur Gewährleistung der EMV aufgeführt:

Grundsätzliche Regeln
- Vermeidung grundsätzlicher Fehler durch Verwendung unempfindlicher Bauelemente und Festlegung störungsempfindlicher Grundschaltungen bereits in der Entwicklungsphase.
- Einsatz leitfähiger Gehäuse oder Beschichtungen; Metallgehäuse sind beschichteten Kunststoffgehäusen vorzuziehen.
- Aufgrund der Schirmwirkung geschlossener Gehäuse sollten nur diese verwendet werden.

Regeln für die Entwicklung mit anschließender Umsetzung
- Die Signalpegel in Analog- und Digitalschaltungen müssen möglichst hoch sein.
- In der Schaltung selbst und am Steckeranschluß sind Schutzbeschaltungen und Entstörbeschaltungen vorzusehen.
- Möglichst große Massenflächen bei kurzen Massenleitungen (Niederinduktive Massenführung), die an einem Punkt zusammengeführt werden (Vermeidung von Massenschleifen), einsetzen.
- Digitale und analoge Massen voneinander trennen.
- Signalschleifen klein halten.
- Versorgungsspannungen an den integrierten Bauteilen (Mikrorechner) möglichst eng beieinanderliegend anschließen.
- An den Bauelementen in niederinduktiver Ausführung Blockkondensatoren vorsehen.
- Die Taktraten und Anstiege der Flanken so gering wie möglich halten.

Regeln für die Systemauslegung
- Durch Beschaltung kritischer Störquellen (z.B. Freilaufdiode, Dämpfungswiderstand für Stellglieder und Elektromotoren) unzulässige Störpegel unterbinden.
- Kritische Leitungen im Kabelbaum separat auslegen und diese bei Bedarf abschirmen.
- Zulässige Pegel für die Versorgungsspannung, impulsförmige Störungen und Hochfrequenzbeeinflussung müssen definiert werden.

Regeln für die Fahrzeugauslegung

➤ Die Geräte und Kabelbäume sollen vorwiegend in voll- oder teilgeschirmten Karosseriebereichen untergebracht werden.

➤ Bei der Bordnetzauslegung berücksichtigen, daß an den kritischen Verbrauchern keine unzulässige Welligkeit der Versorgungsspannung auftritt.

➤ An den kritischen Bordnetzpunkten müssen Schutzbeschaltungen vorgesehen werden; z.B. Load-Dump-Schutz.

➤ Kritische Signalleitungen und Stromversorgungsleitungen voneinander separieren; z.B. Trennung von Antennenkabel, NF-Signalleitungen (Lautsprecheranschluß) und Leitungen, die große Ströme führen.

Die Fülle an Einflußgrößen und die damit verbundenen möglichen Ausfallursachen weisen die praktische Untersuchung der EMV eines elektronischen Systems im Kraftfahrzeugeinsatz als unumgänglich aus. Innerhalb dieser Tests werden die Bauteile in Abhängigkeit von ihrer sicherheitsrelevanten Systembedeutung unterschiedlich starken elektrischen Feldern, deren Feldstärken sie ohne Funktionsverlust verkraften müssen, ausgesetzt.
So müssen z.B. 200 V/m elektrische Feldstärke bei Systemen mit dem höchsten Sicherheitsniveau, wie Airbag-Auslösung und ABS verkraftet werden. Eine Sicherheitsklasse tiefer wird die Anzeige der Airbag-Bereitschaft eingeordnet. Sie wird einer Feldstärke von 150 V/m ausgesetzt. Subsysteme, aus deren kurzfristiger Ungenauigkeit keine Sicherheitsgefahr erwächst, beispielsweise das Tachometer, müssen mindestens eine Feldstärke von 50 V/m verkraften. Der Anstieg elektronischer Bauteile innerhalb der Kraftfahrzeuge weist die EMV als ein wesentliches Problem im Hinblick der Gewährleistung der Systemsicherheit aus.

8.3   Zuverlässigkeit und Sicherheit eines Antiblockiersystems

Antiblockiersysteme sind Regeleinrichtungen, die Fehlbedienungen von Fahrzeugbremsen vermeiden und damit das Fahrzeug bei kritischen Fahrverhältnissen beherrschbar machen. Solche kritischen Fahrverhältnisse, beispielsweise als Folge von nassen oder glatten Fahrbahnen, können zum Blockieren der Räder führen, wenn das Bremsmoment größer wird als das Moment der Haftreibungskraft zwischen Rad und Fahrbahn /240/.

Ein optimaler Kraftschluß ist also nicht mehr gewährleistet. Das Blockieren verursacht neben einer Verlängerung des Bremsweges auch einen Verlust der Lenkbarkeit, wenn die Vorderräder betroffen sind, bzw. eine Verringerung der Fahrstabilität bei blockierten Hinterrädern. Antiblockiersysteme, im folgenden mit ABS abgekürzt, müssen die Blockierneigung eines oder mehrerer Räder frühzeitig erkennen und durch Modulation des Bremsdruckes die Reibkraft zwischen Reifen und Fahrbahn entsprechend der jeweiligen Regelphilosophie optimieren.

Dazu greifen sie aktiv in das Bremssystem ein, dem im Rahmen der Fahrsicherheit von Kraftfahrzeugen eine vorrangige Bedeutung zukommt. Es sind deshalb bei der Entwicklung und Fertigung von ABS besondere Anforderungen im Hinblick auf die Sicherheit und Zuverlässigkeit zu erfüllen.

Neben der Regelgüte, die sich in der Optimierung des aus physikalischen Gründen gegenläufigen Verhaltens von maximaler Verzögerung und Seitenführung zeigt, sind es drei Merkmale, die die Qualität des ABS beeinflussen. Bei diesen Qualitätsmerkmalen handelt es sich um die Ausfallrate des elektronischen Steuergerätes, dessen Störsicherheit gegenüber leitungsgebundenen Störern und systemextern erzeugten elektromagnetischen Feldern sowie die Abschaltsicherheit /31/, /81/, /144/, /1527/. Unter Abschaltsicherheit versteht man in diesem Zusammenhang die Fähigkeit des Steuergerätes, Fehler zu erkennen und das System in einen sicheren Zustand zu überführen.

Bezüglich der Konsequenzen, die sich aus einer Abschaltung des ABS ergeben, vertreten verschiedene Firmen unterschiedliche Philosophien. Einige Hersteller bzw. Verwender beschränken sich bei ihren Forderungen darauf, nach einem ABS-Ausfall nur die gesetzlich vorgeschriebene Mindestbremsleistung von ca. 3 m/s^2 bei maximal 500 N Pedalkraft zu gewährleisten. Dagegen soll anderen Firmen zufolge nach einem Funktionsausfall des ABS die volle Bremsleistung der konventionellen Bremsanlage erhalten bleiben, um eine begonnene Fahrt fortführen zu können, ohne schnellstmöglich mit verminderter Geschwindigkeit eine Werkstatt aufsuchen zu müssen /30/. "Die Abschaltsicherheit muß in der Entwicklungsphase durch die Festlegung einer entsprechenden Struktur der Regel- und Überwachungsschaltung bestimmt werden" /31/. Die folgenden Ausführungen beschränken sich auf ABS für Personenkraftwagen mit Zwei-Rad-Antrieb. Konzepte für Nutzfahrzeuge sowie Allrad-Antriebssysteme werden also ausgeklammert.

Das Sicherheitskonzept des ABS
Die Erhöhung der aktiven Fahrsicherheit durch zusätzliche Komponenten beeinträchtigt naturgemäß die Ausfallrate des Normalsystems. Im Falle des ABS erhöht also die Funktion des Blockierverhinderers die Ausfallrate der Normalbremsanlage.
"Angestrebt wird, daß sich die Ausfallwahrscheinlichkeit der Gesamtbremsanlage nicht wesentlich erhöht. Dies bedeutet praktisch, daß das durch das ABS ... hinzukommende Ausfallrisiko vernachlässigbar sein muß" /144/. Frühausfälle müssen in diesem Sinne also weitgehend ausgeschaltet werden, und Ausfallraten sollen möglichst niedrig sein, um die geforderte Lebensdauer zu erreichen.

Trotz Maßnahmen zur Funktionssicherung in der Entwicklungs- und Fertigungsphase, die in /152/ anhand des Ablaufes der Steuergeräteentwicklung und -fertigung erläutert werden, verbleibt jedoch stets eine "Restausfallrate", die ohne besondere Schutzmaßnahmen zu Fehlfunktionen und daraus resultierenden gefährlichen Systemzuständen führen kann, wenn von einem Fehler im ABS auch die Funktion der Basisbremsanlage beeinflußt wird. Dies gilt insbesondere unter Berücksichtigung der Ausfallcharakteristik von Elektronikkomponenten, da diese Bauteile in der Regel ohne Vorwarnung versagen.

Im Hinblick auf die beschriebenen Sicherheitsziele sind deshalb im ABS-Schaltungskonzept entsprechende Hardware- und Softwaremaßnahmen integriert, die die Funktion der Grundbremsanlage sicherstellen, wenn die Zusatzeinrichtung ABS nicht fehlerfrei arbeitet. Dazu erfolgt die Signalverarbeitung im ABS-Steuergerät unter Gewährleistung einer überprüften aktiven Redundanz der Rechner mit überprüften redundanten Abschaltpfaden sowie unter Abarbeitung einer entsprechenden Sicherheitssoftware.

Anforderungen an das ABS

Das ABS wird dem konventionellen Bremssystem überlagert und muß dementsprechend umfangreiche Anforderungen erfüllen, insbesondere alle Sicherheitsanforderungen der Bremsdynamik und der Bremsgerätetechnik.

➤ Die Bremsregelung soll Stabilität und Lenkbarkeit bei allen Fahrbahnbeschaffenheiten sicherstellen.

➤ Bei der Optimierung der Bremsfähigkeit der Räder auf der Fahrbahn muß beachtet werden, daß Stabilität und Lenkbarkeit eine höhere Priorität haben als die Verkürzung des Bremsweges. Auf trockener Fahrbahn darf der Bremsweg unter Berücksichtigung dieser Forderung nicht wesentlich verlängert werden, bei nassen Fahrbahnen sollte er kleiner oder höchstens genauso groß sein wie der Bremsweg, der sich bei Geradeausfahrt mit blockierten Rädern ergibt.

➤ Die Regelung muß im gesamten Geschwindigkeitsbereich des Fahrzeugs bis hinab zur Fußgängergeschwindigkeit arbeiten.

➤ Änderungen der Fahrbahnbeschaffenheit müssen im Hinblick auf eine Anpassung der Bremsregelung ausreichend schnell erfaßt werden. So muß die Bremsregelung Aquaplaning erkennen und darauf optimal reagieren. Auch auf welliger Fahrbahn gilt die Forderung nach Fahrstabilität, Lenkbarkeit und optimaler Bremsung.

➤ Giermomente, die beim Bremsen auf ungleicher Fahrbahn ein Drehen des Fahrzeugs um die Hochachse bewirken können, müssen so langsam ansteigen, daß sie der Normalfahrer durch Gegenlenken mühelos ausgleichen kann.

➤ Beim Bremsen in der Kurve muß das Fahrzeug stabil und lenkbar bleiben und ebenfalls einen möglichst kurzen Bremsweg aufweisen.

➤ Ein Aufschaukeln des Fahrzeugs durch Schwingungserscheinungen ist zu vermeiden.

➤ Eine Überwachungsschaltung muß ständig die korrekte Funktionserfüllung des ABS überprüfen. Erkennt diese Schaltung einen Fehler, der das Bremsverhalten beeinträchtigen könnte, schaltet das ABS ab. Eine

Sicherheitsleuchte im Armaturenbrett zeigt dem Fahrer an, daß nur noch die Basisbremsanlage zur Verfügung steht und er sein Fahrverhalten der verringerten Fahrsicherheit entsprechend anpassen muß.

8.3.1   Funktionsweise und Aufbau des ABS

Nach /122/ ist erst durch den Einsatz von Regeleinrichtungen, die das Bewegungsverhalten der Räder und des gesamten Fahrzeugs messen und bewerten, durch logische Schaltungen eine Blockiergefahr erkennen und dann zur Abwendung dieser einen Eingriff in das Bremssystem vornehmen, ein Blockieren vermeidbar.

Drehzahlfühler erfassen in diesem Sinne die Radgeschwindigkeiten, die im Steuergerät aufbereitet und logisch verknüpft werden. Übergroßer Schlupf löst eine Modulation des Bremsdruckes mittels Variation des Bremsflüssigkeitsvolumens aus.

Nachfolgend wird die Funktionsweise des ABS anhand seines Regelkreises kurz erläutert. Das Steuergerät, dem im Kontext dieser Arbeit besondere Bedeutung zukommt, wird im Abschnitt 8.3.2 ausführlicher dargestellt.

Der ABS-Regelkreis

Der ABS-Regelkreis nach /20/ ist in Bild 8-5 dargestellt. Der ABS-Regelkreis besteht aus folgenden Komponenten und Größen:

Regelstrecke:	Fahrzeug mit Radbremse, Rad und Reibpaarung aus Reifen und Fahrbahn.
Störgrößen:	Fahrbahnverhältnisse, Bremsenzustand, Beladung des Fahrzeugs, Art und Zustand der Bereifung.
Regler:	Drehzahlfühler und ABS-Steuergerät.
Regelgrößen:	Drehzahl und daraus abgeleitet Radumfangsverzögerung und -beschleunigung sowie Bremsschlupf.
Führungsgröße:	Vom Fahrer durch den Druck auf das Bremspedal vorgegebener Bremsdruck.
Stellgröße:	Bremsdruck.

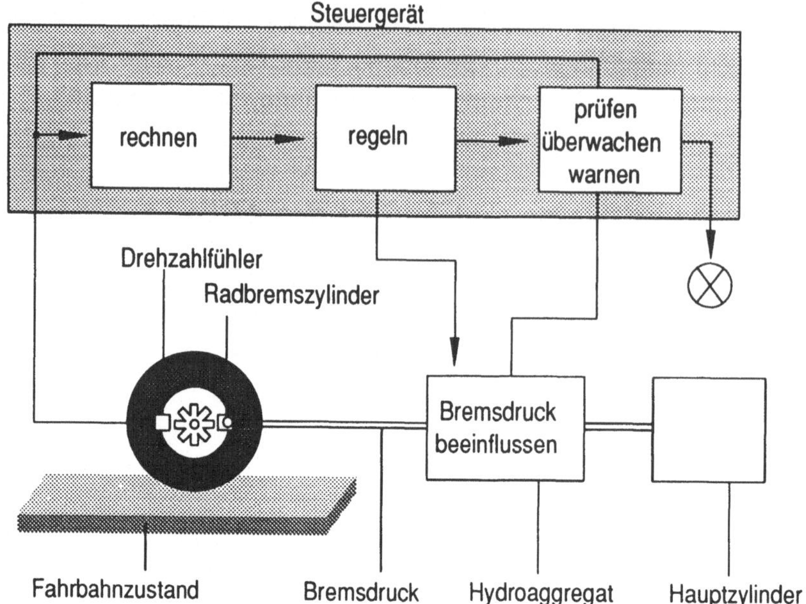

Bild 8-5   ABS-Regelkreis /20/

Als Bestandteil des Reglers erfassen die Drehzahlfühler die Radgeschwindigkeiten, aus denen im ABS-Steuergerät mittels logischer Verknüpfungen die Regelgrößen Radumfangsverzögerung und -beschleunigung sowie der Bremsschlupf berechnet werden.

Mit Hilfe eines Permanentmagneten wird in den Sensoren ein magnetisches Feld erzeugt, das sich bis in ein fest mit der Radnabe verbundenes Zahnrad, dem sogenannten Impulsrad, erstreckt. Im Polstift des Drehzahlfühlers, der direkt über dem Impulsrad sitzt, wird durch das sich zeitlich ändernde Magnetfeld eine Wechselspannung induziert, die an den Enden einer Wicklung um den Polstift abgegriffen wird. Die Frequenz der abgegriffenen Spannung ist ein exaktes Maß für die derzeitige Radgeschwindigkeit.
Die Signale der Radsensoren werden im Steuergerät in einer noch näher zu beschreibenden Art und Weise aufbereitet und so verknüpft, daß das Steuergerät Drehzahldifferenzen zwischen den Rädern oder die übermäßig rasche Abnahme von Raddrehzahlen erkennen kann. Im Sinne der Vermeidung des Blockierens infolge übergroßen Schlupfs, gibt das Steuergerät nun

seinerseits Signale bzw. Steuerbefehle zur Modulation des vom Fahrer durch die Pedalkraft vorgegebenen Bremsdrucks aus.

Diese Bremskraftmodulation erfolgt in den meisten Fällen über Magnetventile, die Bestandteil des Hydroaggregats sind. Sie werden über einen Erregerstrom angesteuert, der auf eine Wicklung einwirkt und einen Anker so bewegt, daß die Ventilschließkugeln unterschiedliche Wege freigeben. In Abhängigkeit von den Signalen des Steuergerätes ergeben sich drei verschiedene Ventilstellungen.

Die erste Stellung, bei der die Wicklung stromlos ist, verbindet Haupt- und Radbremszylinder miteinander, so daß der Druck entsprechend den Vorgaben des Fahrers ansteigen kann. Es handelt sich hier um die Phase des Druckaufbaus.

Während der Druckhalteperiode wird die Spule innerhalb des Magnetventils mit der Hälfte des Maximalstroms beaufschlagt. Haupt- und Radbremszylinder werden voneinander getrennt, der aufgebaute Bremsdruck bleibt konstant.

Sollte das betroffene Rad durch diese Maßnahme nicht in den Bereich des zulässigen Schlupfs gelangen, schließt sich die Druckabbauphase an. Die Windung wird in diesem Fall mit dem Maximalstrom beaufschlagt. Der Radbremszylinder wird jetzt mit einem Rücklauf verbunden, d. h. Bremsflüssigkeit wird in ein Reservoir abgelassen, der Bremsdruck des jeweiligen Rades wird abgebaut.

Die im Reservoir zwischengespeicherte Bremsflüssigkeit wird mittels einer Zweikolbenelektropumpe in den Hauptbremszylinder zurückbefördert, was sich durch ein pulsierendes Pedal bemerkbar macht. Bei ausreichender Raddrehzahl schaltet das Ventil in die Sperrstellung oder in die Druckaufbaustellung zurück. Der Bremsdruck steigt nun wieder an.

Regelprinzipien

In Abhängigkeit von den Anforderungen an eine ABS-Regelung unterscheidet man nach /122/ die folgenden vier Regelprinzipien.

> **Einzelradregelung (ER)**
>
> Ohne Berücksichtigung der Bewegungen der anderen Räder wird jedes Rad einzeln mit der den Umständen nach bestmöglichen Bremskraft geregelt. Man spricht hier auch von einer Individualregelung (IR).

➤ **Select Low Regelung (SL)**

Die Räder einer Achse werden gemeinsam geregelt. Dasjenige Rad, welches auf dem Untergrund mit dem geringeren Bremskraftbeiwert läuft und dementsprechend eher zum Blockieren neigt, bestimmt den Bremsdruck, der auf beide Räder dieser Achse einwirkt. Die Fahrzeugstabilität hat hier Vorrang vor der Verkürzung des Bremsweges, indem ein Rad immer etwas weniger bremst, als es der Bremskraftbeiwert zuläßt.

➤ **Select High Regelung (SH)**

Das Rad einer Achse, welches auf dem Untergrund mit dem größeren Bremskraftbeiwert läuft, bestimmt den Bremsdruck beider Räder. Um den Bremsweg zu verkürzen, wird das Blockieren des Rades auf dem rutschigeren Untergrund toleriert.

➤ **Modifizierte Einzelradregelung (MER)**

Es handelt sich hierbei um eine Kombination aus ER und SL. Die Vorderräder des Fahrzeugs werden einzeln überwacht und auch einzeln geregelt, die Bremskraft für beide Hinterräder wird von dem Rad auf dem rutschigeren Untergrund bestimmt.

Allgemein wird beim ABS gefordert, daß beim Auftreten eines Fehlers die Grundbremsanlage des Fahrzeugs wirksam werden kann. Ein Fehler im ABS soll das System selbst außer Funktion setzen. Dabei ist es wichtig, daß der Fahrzeugführer von diesem Systemausfall in Kenntnis gesetzt wird.
In Kapitel 8.3.2 wird erläutert, wie die Forderung nach fehlersicherem Verhalten durch Abschalten des defekten ABS erfüllt wird.

8.3.2   Signalverarbeitung im ABS-Steuergerät

Aufgabe des Steuergerätes ist es, Sensor- und Statussignale aufzubereiten, Regelsignale daraus zu gewinnen und mit diesen Stellbefehlen periphere Bausteine anzusteuern. Fehlerhafte Signale sowie nicht funktionsfähige Sensoren und Aktuatoren müssen erfaßt und das System danach in einen fehlersicheren Zustand überführt werden /269/.
Um der Philosophie zu genügen, daß bei Auftreten eines Fehlers das System in den sicheren Zustand versetzt wird, sind die einzelnen Baugruppen des Steuergerätes über unterschiedliche Signal- und Abschaltpfade miteinander

verknüpft. Das System wird in diesem Fall abgeschaltet, und die Normalbremsanlage steht weiterhin zur Verfügung.
Nachfolgend werden die Funktionen der einzelnen Baugruppen des ABS-
Steuergerätes anhand der Funktionsweise des Steuergerätes als redundantes Zweirechnersystem erläutert.

Das ABS-Steuergerät als redundantes Zweirechnersystem

Bild 8-6 beschreibt den schematischen Aufbau des Steuergerätes.
In Bild 8-7 ist die Funktionsweise des Steuergerätes anhand der Verknüpfung der einzelnen Baugruppen über Signal- und Abschaltpfade dargestellt.

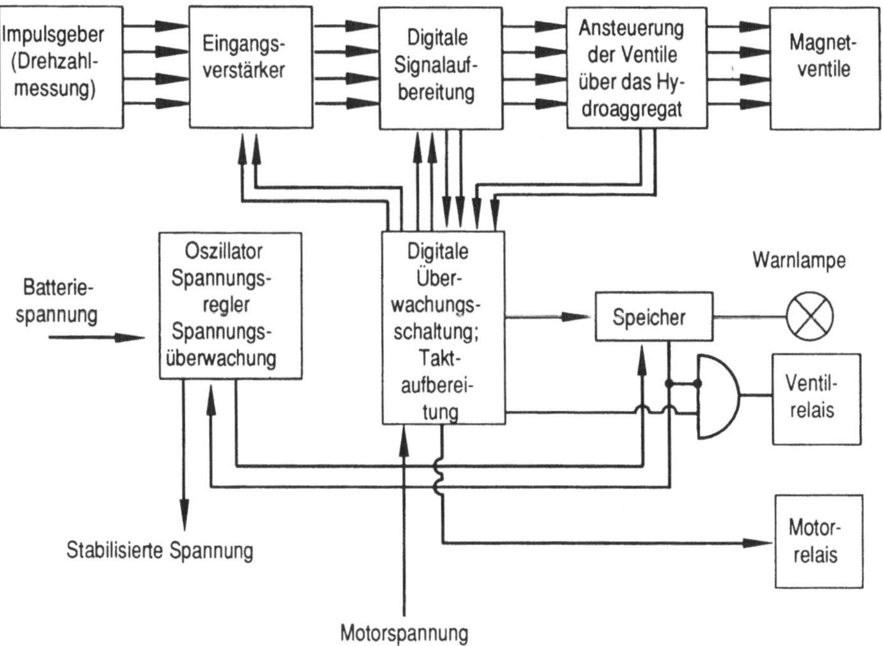

Bild 8-6   Blockschaltbild des Steuergerätes /20/

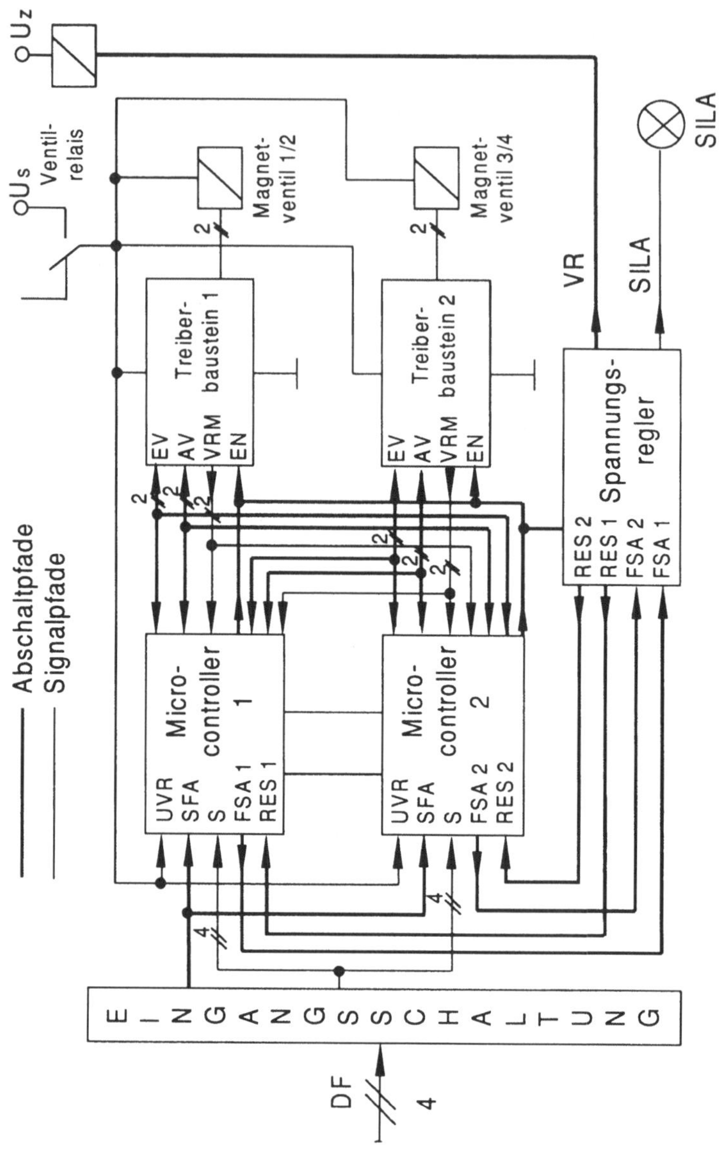

Bild 8-7   Abschalt- und Signalpfade des ABS-Steuergerätes als redundantes Zweirechnersystem /159/

Eingangsschaltung

Die Eingangsschaltung stellt den Teil des Steuergerätes dar, der u. a. die Radsensorsignale für die Regelung aufbereitet. Sie besteht aus Tiefpaßfilter und Eingangsverstärker zur Störungsunterdrückung sowie zur Pegelanpassung und Umformung der von den vier Drehzahlfühlern gelieferten Eingangssignale. Die Radgeschwindigkeiten werden von den Drehzahlfühlern induktiv erfaßt und in Form von sinusförmigen Wechselspannungen an die Eingangsschaltung übermittelt.

Diese wandelt die sinusförmigen Signale in frequenzmodulierte, amplitudennormierte Rechtecksignale um und steuert mit diesen die beiden Mikrocontroller an.

Es liegt ein Eingangsverstärker mit zwei Chips vor, die voneinander unabhängig jeweils die Signale der Radsensoren der Räder einer Diagonale verarbeiten. Unabhängig von der Anzahl der Eingangssignale von den Sensoren bzw. der Ausgangssignale der Eingangsverstärkerchips erhalten beide Rechner immer vier Steuersignale.

Zur Erarbeitung eines Ausgangssignales S ist jeweils ein Eingangssignal DF von den Drehzahlfühlern erforderlich. Bei Systemen, die weniger als vier Eingangssignale bereitstellen, wird das fehlende Ausgangssignal mit Hilfe eines entsprechenden Layouts Bild 8-8 auf die verstärkerseitig signallose Leitung kopiert.

DFVL = Drehzahlfühler vorne links   B1 = Brücke 1

DFHL = Drehzahlfühler hinten links   B2 = Brücke 2

DFHR = Drehzahlfühler hinten rechts   S1 - S2 = Signale zu den

DFVR = Drehzahlfühler vorne rechts   Mikrocontrollern

Bild 8-8   Layout zur Signalkopierung

Bei einem System mit vier Drehzahlfühlern erhält die Eingangsschaltung Signale von allen vier Rädern des Fahrzeugs. In diesem Falle wird die Brücke B1 geschlossen, die Brücke B2 bleibt geöffnet. Es werden also vier einzeln erarbeitete Signale an die Mikrocontroller weitergeleitet.

Ein System mit drei Drehzahlfühlern liefert der Eingangsschaltung Informationen von beiden Vorderrädern und einem Hinterrad bzw. vom Differential der Hinterachse, d. h. eine Leitung ist signallos. Hier wird die Brücke B2 bei geöffneter Brücke B1 geschlossen und somit das Signal von der Leitung eines Hinterrades auf die des anderen übertragen.

Als Sicherheit gegen das Auftreten eines fehlerhaften Signals infolge einer Unterbrechung der Leitung von den Sensoren zur Eingangsschaltung dient eine Ohmsche Fehlerüberwachung (Bild 8-9).

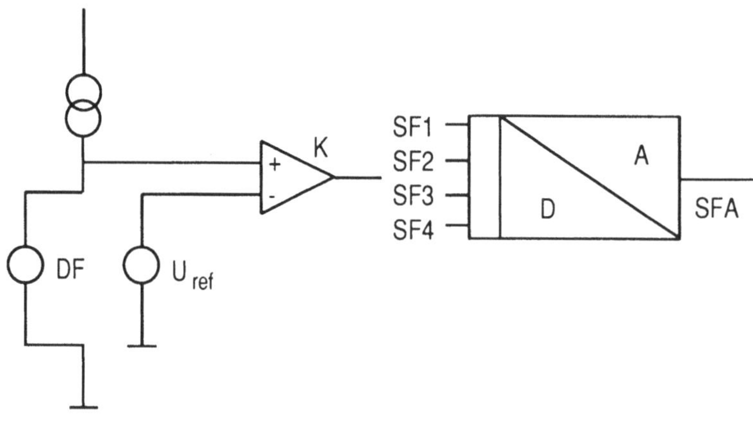

DF = Drehzahlfühler
K   = Komparator
SFA = Sensorfehlersignal
      analog

U_{ref} = Referenzspannung
SF1-4 = Sensorfehlersignal
        digital

Bild 8-9   Ohmsche Fehlerüberwachung

Hier fließt von einer Stromquelle innerhalb des Eingangsverstärkers ein Konstantstrom zu den Raddrehzahlfühlern. Sind die zuführenden Leitungen und die Sensoren selbst intakt, so fließt der Strom über die Raddrehzahlsensoren mit einem definierten Spannungsabfall gegen Masse ab. Dadurch stellt

sich an einem Komparator ein bestimmter Spannungspegel ein, der mit einer Referenzspannung verglichen wird. Ist die Referenzspannung größer als die über die Sensoren abgefallene Spannung, so wird dies als Indiz für die korrekte Funktionserfüllung der Sensoren und ihrer zuführenden Leitungen gedeutet.
Ist die Referenzspannung kleiner, so sendet der Komparator eine "1" über die Datenleitung SF des defekten Sensors an den Digital-Analog-Wandler. Dieser wandelt das digitale Signal in eine Analogspannung um. Anhand dieser Analogspannung erkennen die Mikrocontroller auf Sensorfehler und schalten das System ab.

Mikrocontroller
Hauptbestandteile des Steuergerätes sind zwei im Sinne der Fehlersicherheit redundant angeordnete und aktiv überprüfte Mikrocontroller. Es werden hier 16 bit MOS Controller mit intelligentem Interface wie Input Capture, Output Compare, Serial Interface und A/D Converter sowie On-Chip Memory (ROM, RAM, NV RAM) verwendet /269/.

Über die hardwaremäßig auf beide Mikrocontroller geschalteten Eingänge S1 - S4 erhält jeder der beiden Rechner die Informationen über die Radgeschwindigkeiten von allen Drehzahlfühlern in Form von Rechtecksignalen. Aus diesen übermittelten Frequenzen bilden die Rechner die Radgeschwindigkeiten und Radverzögerungen bzw. -beschleunigungen, die Fahrzeugverzögerung sowie die Referenzgeschwindigkeit.
Die Referenzgeschwindigkeit wird aus den Bewegungszuständen der gebremsten Räder abgeleitet und dient als Führungsgröße für die Regelung. Durch eine logische Verknüpfung dieser Werte ermitteln die Rechner die jeweiligen Befehle, die zur Ansteuerung der Magnetventile erforderlich sind.
Über eine serielle Datenschnittstelle werden die errechneten Werte beider Mikrocontroller miteinander verglichen. Bei Ungleichheit wird von beiden ein externer Fehlerspeicher über die Signalpfade FSA 1 bzw. FSA 2 angesteuert. Die Ausgangssignale der Rechner, die bei gleicher Eingangsinformation sowie gleicher Software normalerweise identisch sind, werden in digitaler Form an die stromgeregelten Magnet-Ventil-Treiber weitergeleitet.
Zur Veranlassung der Systemzustände "Druck halten" bzw. "Druck abbauen" erfolgt die Ansteuerung der Magnet-Ventil-Treiber über die Signalleitungen

EV bzw. AV. Durch die redundante Anordnung der Rechner erhält jedes Ventil einen Ansteuerbefehl von beiden Mikrocontrollern. Unterscheiden sich die Stellbefehle, indem einer der beiden Rechner durch Ausgabe einer "1" eine aktive Ansteuerung, der andere mittels eines "0"-Signals den Passivzustand des entsprechenden Magnetventiles veranlaßt, so ist der passive Zustand dominant.

Nach der Ausgabe der Stellsignale lesen beide Rechner das den Treiberbaustein ansteuernde Signal zurück und vergleichen es mit dem von ihnen ausgegebenen. Stellt ein Rechner eine Abweichung zwischen den beiden Signalen fest, so steuert er über seine FSA-Signalleitung einen externen Fehlerspeicher an. Gleichzeitig überträgt er die Fehlermeldung über die serielle Kommunikationsschnittstelle an den anderen Mikrocontroller, der nun ebenfalls über seine FSA-Signalleitung den Fehlerspeicher in der Spannungsreglereinheit setzt. Beide Mikrocontroller veranlassen nach der Feststellung eines Fehlers über die Enable-Leitung EN den Passivzustand der Endstufen.

In einer Testphase wird geprüft, ob beide Mikrocontroller und der Spannungsreglerbaustein diesen Passivzustand dominant bewirken können. Zu diesem Zweck wird bei jeweils zwei der drei Baugruppen die Veranlassung dieses Zustandes unterbunden, indem die Ausgabe eines "1"-Signals vorgegeben wird. Funktioniert das dritte Bauteil korrekt, so verhindert es durch ein "0"-Signal dominant die Ansteuerung der Magnetventile. Wird das Dominanzkriterium nicht erfüllt, schaltet das System über die FSA-Leitung ab.

Über die Leitung UVR überwachen beide Rechner die am Ventilrelais anliegende Batteriespannung von 12 V, mit der die Treiberbausteine und die Ventile angesteuert werden. Die Unterschreitung einer bestimmten Unterspannungsschwelle werten die Rechner als Fehler am Ventilrelais bzw. am Kabelbaum und steuern daraufhin den Fehlerspeicher im Spannungsreglerbaustein derart an, daß eine bleibende Abschaltung erfolgt.

Zum einzigen Fehlerfall ohne bleibende Abschaltung führt eine von der Versorgungsspannung von 12 V abweichende Schwankung im Bereich zwischen definierter Ober- und Unterspannung. In diesem Fall wird das System vorübergehend abgeschaltet, ist jedoch erneut funktionsbereit, sobald der Spannungswert wieder 12 V erreicht.

Spannungsregler und Fehlerspeicher
Aufgabe dieses Funktionsblockes ist es, die Versorgungsspannung von 5 V, mit der die Mikrocontroller und die Eingangsverstärker versorgt werden, zu stabilisieren und diese hinsichtlich zulässiger Toleranzgrenzen zu überwachen sowie die Prozessoren zu steuern. Bei Über- oder Unterschreitung dieser Toleranzgrenzen werden die Rechner passiv geschaltet, indem die Reset-Signale über die Leitungen RES auf "0" gezogen werden.

Bei einer Ansteuerung des Fehlerspeichers über die FSA-Leitungen von den Mikrocontrollern schaltet die Spannungsreglereinheit mittels der Leitung VR das Ventilrelais und damit die Spannungsversorgung der Treiberbausteine ab. Parallel dazu werden die Endstufen über die Leitung EN passiv geschaltet. Jede Abschaltung des ABS-Systems wird dem Fahrer angezeigt, indem der Spannungsregler die Sicherheitsleuchte im Armaturenbrett ansteuert.

Treiberbausteine
Die Treiberbausteine beinhalten die Ausgangsschaltungen, die als Stromregler für jeweils zwei Kanäle wirken, sowie die Endstufen, die in Abhängigkeit von den Signalen der Ausgangsschaltungen die zur Erregung der Magnetventile erforderlichen Ströme bereitstellen. Durch die Stromregelung ist es möglich, die eng tolerierten Magnetkräfte und Schaltzeiten der Magnetventile im gesamten Spannungs- und Temperaturbereich einzuhalten.

In Abhängigkeit von den errechneten Ansteuersignalen wird von den Mikrocontrollern eine bestimmte Rückmeldung erwartet. Eine aktive Ventilrückmeldung über die Leitung VRM muß immer dann erfolgen, wenn aufgrund einer aktiven Ansteuerung der Treiberbausteine durch die Rechner über die Ventile ein Strom von mehr als 1 A fließt.
Geben beide Rechner keine Ansteuersignale aus, so darf keine Rückmeldung von den Treiberbausteinen erfolgen. Dies kann als Ventilrückmeldeüberwachung im passiven Zustand der Ventile verstanden werden.

Sicherheitssoftware des ABS
Nach /152/ läßt sich die Sicherheitssoftware des ABS in zwei Blöcke aufteilen. Man unterscheidet hier zwischen einem Testzyklus bei Fahrtbeginn und den Überwachungsroutinen während der Fahrt.

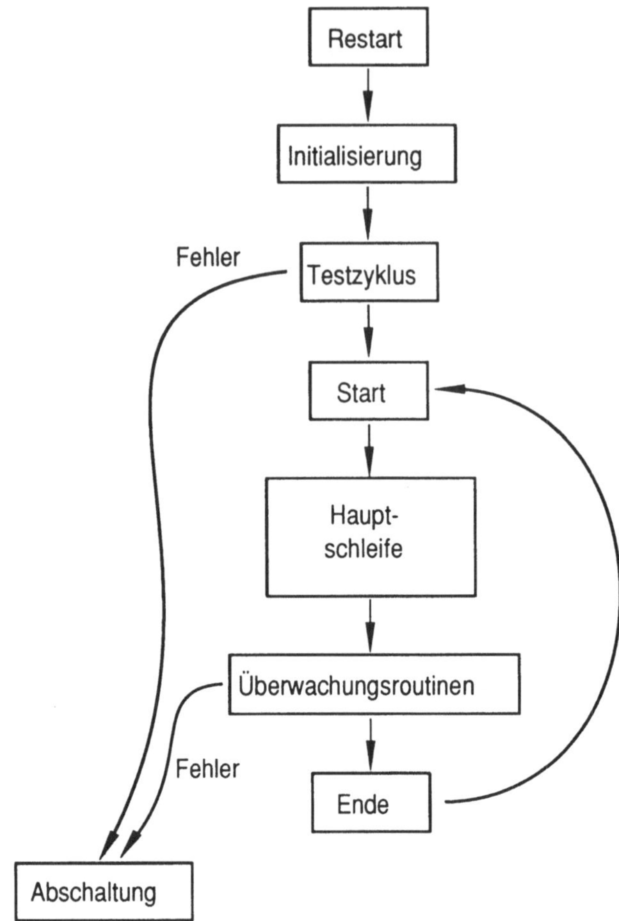

Bild 8-10   Programmablauf der ABS-Sicherheitssoftware /152/

In Bild 8-10 ist der entsprechende Programmablauf der Sicherheitssoftware
verdeutlicht.

Testzyklus bei Fahrtbeginn
Bei Fahrtbeginn und nach jedem Stillstand des Fahrzeuges wird die Funktionstüchtigkeit des ABS durch einen vom Steuergerät eingeleiteten Testzyklus überprüft, der den Regler, die Sicherheitsschaltung sowie die gesamte
Peripherie testet.

Um die Funktion der Anlage schon vor Beginn der Fahrt überprüfen zu können, ist in den Testzyklus ein sogenanntes bite (built in test equipment) integriert. Beim Einschalten der Zündung wird automatisch ein Testmuster eingelesen, dessen Verarbeitung beim Starten des Motors im Hinblick auf die korrekte Funktionserfüllung der Elektronik abgefragt wird. Zusätzlich werden die Sensoren und die Ventile auf richtigen Stromdurchgang untersucht. Bei dieser Stromdriftmessung erzeugen beide Mikrocontroller durch eine aktive Ventilansteuerung einen bestimmten Strom. Die Spannungsabfälle an den Kollektoren werden mit Hilfe von Komparatoren mit den entsprechenden Referenzspannungen verglichen. Bei Abweichungen, die infolge von Leitungskurzschlüssen oder Windungsschlüssen innerhalb der Ventile entstehen können, erfolgt über die Leitung VRM eine Fehlermeldung an die Mikrocontroller.

Durch ein serielles Aktivieren der Magnetventile über die AV-Leitungen wird außerdem überprüft, ob der den Endstufen nachgeschaltete elektrische Aufbau korrekt arbeitet. Dadurch kann z. B. eine Kopplung von Ventilen infolge eines Leitungskurzschlusses festgestellt werden. Auch hier erfolgt die Rückmeldung der Treiberbausteine an die Rechner über die Leitung VRM.

In Abhängigkeit von einer vorgegebenen Initialisierungsgeschwindigkeit, die nach /116/ je nach Fahrzeugtyp bei einer Geschwindigkeit von 5 km/h bis 10 km/h liegt, wird anschließend der zweite Teil des Testvorgangs gestartet. Hier wird überprüft, ob die Sensoren die richtigen Signale abgeben, und ob der Rückförderpumpenmotor korrekt arbeitet.

Wird im Verlauf der Testphase ein Fehler innerhalb des ABS festgestellt, so wird dieses abgeschaltet. In diesem Fall zeigt die Sicherheitsleuchte im Armaturenbrett dem Fahrer an, daß das Antiblockiersystem nicht in Ordnung ist. Der Fahrer verfügt dann aber weiterhin über die Funktion der Bremsanlage ohne ABS.

Wichtig ist, daß durch den Testzyklus Signalpfade und Funktionen geprüft werden, die im normalen Fahrbetrieb passiv sind. Insbesondere die Aufdeckung "schlafender" Fehler im Steuergerät garantiert somit eine hohe Sicherheit.

Überwachung während der Fahrt

Die Überwachungsschaltung zur Fehlererkennung und Fehlerbewertung bildet einen separaten Funktionsblock innerhalb der Rechner. Sie überprüft bei aktivem und passivem Systemzustand ständig die Signale, die an die elektronische Steuereinheit geliefert werden, die Funktion der redundanten Rechner anhand der Weiterverarbeitung der Signale und die Reaktion der Peripherie auf die Prozeßausgangssignale. Die systemperipheren Bauelemente wie Drehzahlfühler, Relais und Kabelbaum werden also mitgetestet.

Ebenso wie beim ersten Anfahren nach dem Einschalten der Zündung werden auch bei jedem erneuten Anfahren die elektrischen Teile der hydraulischen Bauelemente mittels der Stromdriftmessung auf korrekten Stromdurchgang getestet.

Ferner werden die Eingangs- und Ausgangssignale der Rechner sowie interne Statusinformationen auf Gleichheit geprüft. Die Vergleichsdaten erhält jeder Rechner über die seriell arbeitende Kommunikationsschnittstelle.

Die Überwachungsschaltung eines jeden Rechners arbeitet eigenständig, wobei sie sich im wesentlichen auf Plausibilitätsüberwachungen stützt. Es wird festgestellt, ob die eintreffenden oder erarbeiteten Signale innerhalb eines bestimmten Rahmens liegen, der durch die physikalischen Gegebenheiten abgesteckt ist. Liegen die überprüften Werte außerhalb der vorgegebenen Grenzen, so entscheidet eine Fehlerbewertung, ob das System abgeschaltet wird.

8.3.3   Beispielhafte Zuverlässigkeits- und Sicherheitsanalyse (Fehlerbaumanalyse) für das Steuergerät eines Antiblockiersystems [1]

Ermittlung der Schwere eines ABS-Ausfalles

Zur Ermittlung der Schwere eines ABS-Ausfalles werden Bewertungszahlen S eingeführt für die verbleibende reduzierte *Bremsverzögerung*, die *Stabilität* sowie die *Lenkbarkeit* nach dem entsprechenden Funktionsausfall des Antiblockiersystems.

---

[1] Nach einem Vortrag des Verfassers / 159 /

Die Einstufung erfolgt in zehn Schwereklassen anhand der Ergebnisse von Fahrversuchen, die die Reaktionen auf verschiedene simulierte Systemausfälle ermitteln. Dabei kennzeichnet die Bewertungszahl 1 als niedrigste einen unbedeutenden Ausfall. Die Bewertungszahl 10 steht als höchste für eine sicherheitsrelevante Funktionsverschlechterung, teilweise in Verbindung mit einer Gesetzesverletzung.

Die Einstufung der Schwere eines ABS-Ausfalles erfolgt nach Tabelle 8-9 und basiert auf einer Maximal-Auswahl der Bewertungszahlen von Abbremsung, Stabilität und Lenkbarkeit. Die Lenkbarkeit entspricht der Seitenführung der Vorderachse SF_{VA} und wurde mit Hilfe einer einfachen Extrapolationsformel berechnet.
Die Berechnung der Bewertungszahl für die Stabilität erfolgt in Abhängigkeit von der Seitenführung der Hinterachse. Hierbei wird zwischen blockierter und nicht blockierter Hinterachse unterschieden. Ist die Seitenführung der Hinterachse SF_{HA} größer als Null, so berechnet sich die Bewertungszahl der Stabilität nach

$$S = S1 + S2 - 1 \quad . \tag{8-1}$$

S1 kennzeichnet die Seitenführung der Hinterachse, S2 die Bremskraftdifferenz an der Vorderachse BKD_{VA} . Blockiert die Hinterachse, d.h. ist SF_{HA} gleich Null, so ergibt sich die Bewertungszahl für die Stabilität aus

$$S = S3 + S4 + S5 - 2 \quad . \tag{8-2}$$

Hierbei steht S3 für die Lenkbarkeit, d.h. für die Seitenführung der Vorderachse SF_{VA}, weil die hier angreifenden Seitenkräfte die Wirkung des Giermomentes bei blockierter Hinterachse verstärken. Der Bremskraftanteil der Vorderachse BKA_{VA} wird mit der Bewertungszahl S4 gekennzeichnet, die sich mit den Bremskräften an den einzelnen Rädern aus

$$BKV = \frac{BK_{VL} + BK_{VR}}{BK_{VL} + BK_{VR} + BK_{HL} + BK_{HR}} \cdot 100 \ (\%) \tag{8-3}$$

Bewertungs-zahl S	Kriterien	Bewertungszahl für:				
		Abbremsung		Stabilität	Lenkbarkeit	
		m/s^2	S	S	%	S
10	sicherheitsrelevante Funktionsverschlechterung, Gesetzesverletzung	< 1,7	10	10	-	-
9		≥ 1,7 < 2,9	9	9	-	-
8	wesentliche Verschlechterung der Bremsfunktion	≥ 2,9 < 3,5	8	8	-	-
7		≥ 3,5 < 4,0	7	7	-	-
6		≥ 4,0 < 4,5	6	6	-	-
5	deutliche Funktionsbeeinträchtigung	≥ 4,5 < 5,5	5	5	-	-
4		≥ 5,5 < 6,5	4	4	-	-
3	Funktionsbeeinträchtigung	≥ 6,5 < 7,5	3	3	< 30	3
2	unbedeutender Ausfall, z.B. Komfortverschlechterung	≥ 7,5 < 8,5	2	2	≥ 30 < 60	2
1		≥ 8,5	1	1	> 60	1

Tabelle 8-9   Auswahl-Tabelle für die Schwere eines ABS-Ausfalles

ergibt. Die Berechnung der Bremskraftdifferenz als Grundlage der Bewertungszahl S5 berechnet sich nach der gleichen Formel wie für den Fall, daß SF_{VA} größer Null ist. Die errechneten Bewertungszahlen für die Stabilität sind in Tabelle 8-10 aufgeführt.

| Bewertungszahl für die Stabililtät | | | | | | | | | |
| $SF_{HA} > 0$ | | | | $SF_{HA} = 0$ | | | | | |
SF_{HA} (%)	S1	BKD_{VA} (%)	S2	SF_{VA} (%)	S3	BKA_{VA} (%)	S4	BKD_{VA} (%)	S5
-	-	-	-	-	-	-	-	-	-
-	-	-	-	-	-	-	-	-	-
-	-	-	-	-	-	-	-	-	-
-	-	-	-	≥ 60	7	-	-	-	-
-	-	-	-	< 60 ≥ 40	6	-	-	-	-
-	-	≥ 80	5	< 40 ≥ 25	5	-	-	-	-
> 0 ≤ 20	4	< 80 ≥ 50	4	< 25 ≥ 10	4	-	-	-	-
> 20 ≥ 40	3	< 50 ≥ 20	3	< 10	3	-	-	-	-
> 40 ≥ 60	2	< 20 > 0	2	-	-	≥ 20	2	≥ 20	2
> 60	1	0	1	-	-	< 20	1	< 20	1

Tabelle 8-10   Ermittlung der Bewertungszahl für die Stabilität

Tabelle 8-11 zeigt typische ABS-Ausfälle und deren Ausfallschwereklassen.
Diese berechnet sich mit den Werten für die Bremskräfte an den einzelnen
Rädern BK_{VL} und BK_{VR} nach

$$BKD_{VA} = \frac{BK_{VL} - BK_{VR}}{\text{max.} \,(BK_{VL}; BK_{VR})} \cdot 100 \; (\%)$$

(8-4)

Fehler-möglich-keiten	Abbremsung				Stabilität					Lenk-barkeit		S Aus-fall
	R %	R m/s^2	A m/s^2	S	SF-HA	BKD-VA	BKA-VA	SF-VA	S	SF-VA	S	
VR drucklos	-32	2,72	5,78	4	70	100	-	-	5	85	1	5
VA drucklos	-64	5,45	3,05	8	70	0	-	-	1	100	1	8
HR drucklos	-18	1,53	6,97	3	85	0	-	-	1	70	1	3
HA drucklos	-36	3,06	5,44	5	100	0	-	-	1	70	1	5
VR blockiert	-2	0,17	8,33	2	70	20	-	-	3	35	2	3
VA blockiert	-4	0,34	8,16	2	70	0	-	-	1	0	3	3
HR blockiert	-1	0,09	8,41	2	35	0	-	-	3	70	1	3
HA+VA bl.	-6	0,51	7.99	2	0	0	60	0	4	0	3	4
HA blockiert VR dl+VR gr.	-36	3,06	5,44	5	0	80	30	85	9	85	1	9
HA blockiert +VA drucklos	-66	5,60	2,90	8	0	0	0	100	7	100	1	8
HA blockiert +VA geregelt	-2	0,17	8,33	2	0	0	60	70	8	70	1	8
HA blockiert VR bl+Vr gr.	-4	0,34	8,16	2	0	20	60	35	7	35	2	7
Diagonale dl	-50	4,25	4,25	6	85	100	-	-	5	85	1	6
Diagonale bl	-3	0,26	8,24	2	35	20	-	-	4	35	2	4
VA+HA dl.	-100	8,50	0	10	100	0	-	-	1	100	1	10
a-Geber def.	-	-	-	-	-	-	-	-	-	-	-	3
kurzzeitig VA blockiert	-	-	-	-	-	-	-	-	-	-	-	3
kurzzeitig HA blockiert	-	-	-	-	-	-	-	-	-	-	-	5

Tabelle 8-11   Ausfall-Schwereklassen für typische ABS-Ausfälle bei Fahrzeugen mit einem Bremswirkungsanteil von 64% an der Vorderachse und 36% an der Hinterachse (vorzugsweise heckangetriebene Fahrzeuge).

Ausgehend von den dargestellten typischen ABS-Ausfällen und deren Einteilung in die verschiedenen Sicherheitsklassen werden bei der nachfolgenden
Sicherheitsanalyse mittels Fehlerbaum vier verschiedene Zustände berücksichtigt.

Gefährlicher Zustand 1
Vorderachse drucklos.
Bewertungszahl 9 bei frontangetriebenen Fahrzeugen.

Gefährlicher Zustand 2
Hinterachse blockiert, ein Vorderrad drucklos.
Bewertungszahl 9 bei frontangetriebenen Fahrzeugen.
Bewertungszahl 9 bei heckangetriebenen Fahrzeugen.

Gefährlicher Zustand 3
Hinterachse blockiert, Vorderachse drucklos.
Bewertungszahl 9 bei frontangetriebenen Fahrzeugen.

Gefährlicher Zustand 4
Vorderachse und Hinterachse drucklos.
Bewertungszahl 10 bei frontangetriebenen Fahrzeugen.
Bewertungszahl 10 bei heckangetriebenen Fahrzeugen.

Der Fehlerbaum des ABS-Steuergerätes
Für die vorstehend definierten gefährlichen Zustände wurden umfangreiche
Fehlerbäume rechnergestützt mit dem Programmsystem PC-RISA /187/ entwickelt, die im Rahmen dieses Beitrages nicht dargestellt werden können
(hierzu wären mehr als hundert Seiten erforderlich).
Nachfolgend seien deshalb exemplarisch für das TOP-Ereignis "gefährlicher
Zustand 1", d.h. "Vorderachse drucklos", die ersten zwei Teilfehlerbäume –
auch hier ist aufgrund des Umfanges eine Gesamtdarstellung nicht (siehe
/166/) möglich – dargestellt (Bild 8-11 bis 8-13).

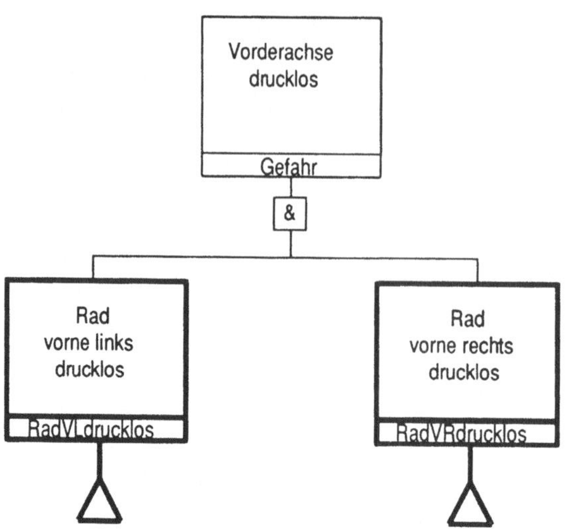

Bild 8-11   Fehlerbaum "Vorderachse drucklos"

Probabilistische Ermittlung der Eintrittswahrscheinlichkeiten der unerwünschten Systemzustände

Basierend auf den Ergebnissen der qualitativen Fehlerbaumanalyse konnten für die definierten vier gefährlichen Systemzustände 57 Ausfallarten der Komponenten und Systemzustände als sogenannte "Basis-Ereignisse" ermittelt werden. Zum Beispiel,

    A1: Kontakt des Ventils verschweißt,

    A2: Leitung Spannungsreglerbaustein-Ventilrelais Kurzschluß gegen
        Masse

usw.

Für diese "Basis-Ereignisse" wurden Ausfallraten aufgrund von statistischen Auswertungen von Feldausfällen und internen Qualitätsstatistiken sowie unter Verwendung des MIL-HDBK 217E /170/ berechnet.

Da es sich hierbei generell um konstante Ausfallraten handelt, läßt sich die Ausfallwahrscheinlichkeit für das i-te "Basis-Ereignis" über

$$F_i(t) = 1 - \exp(-\lambda_i \cdot t) \tag{8-5}$$

berechnen.

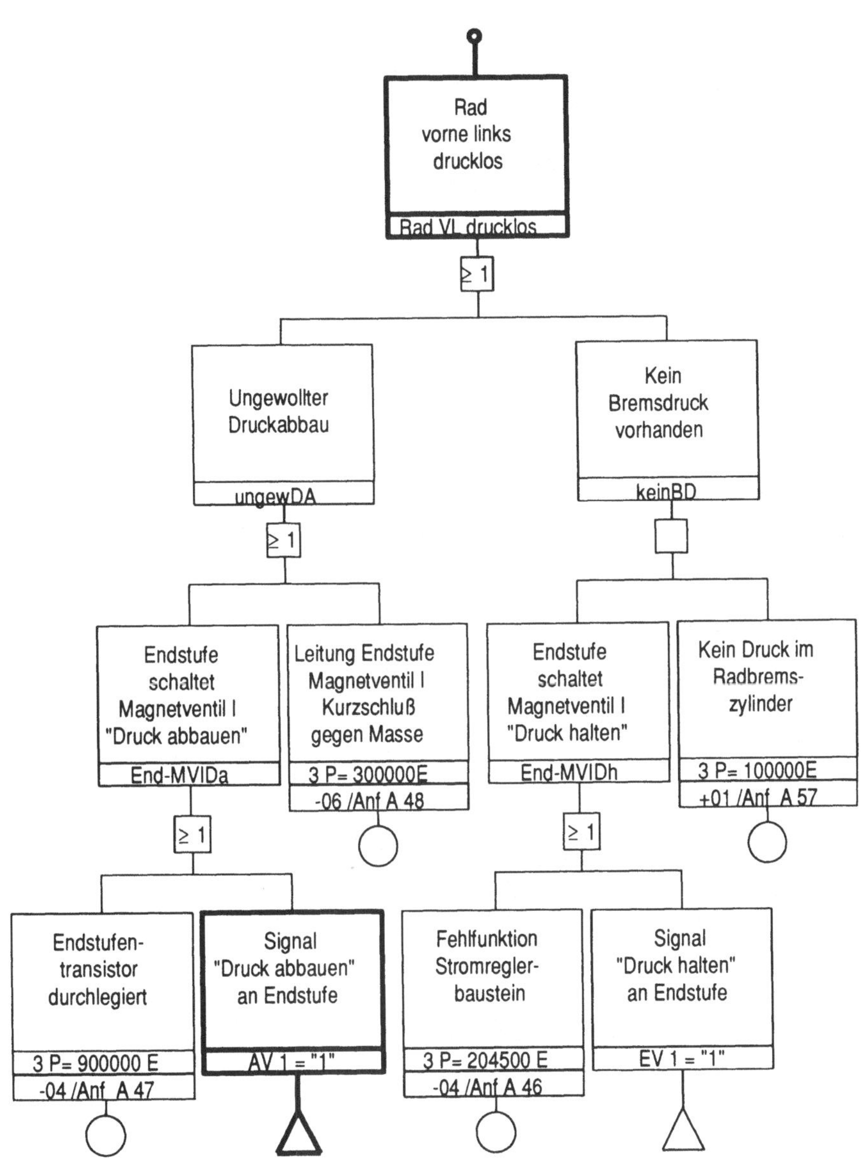

Bild 8-12　　　Teilfehlerbaum "Rad vorne links drucklos"

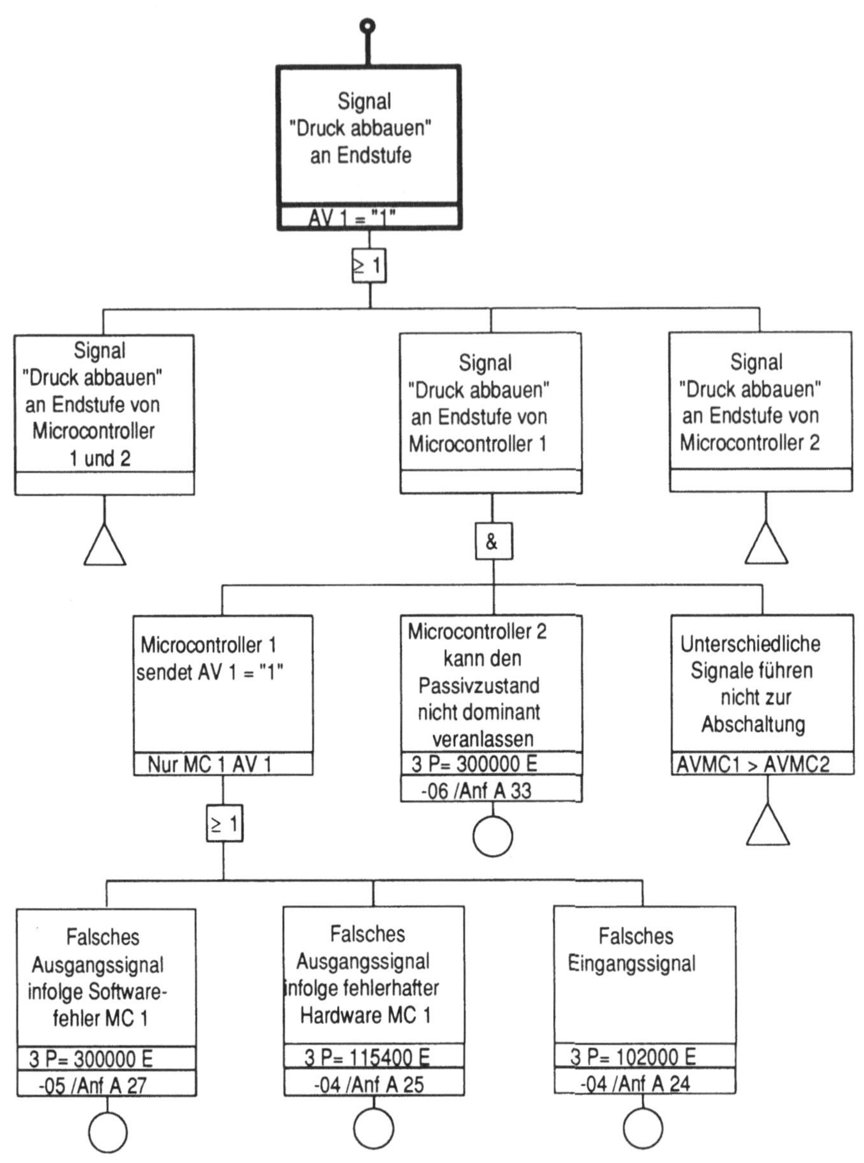

Bild 8-13   Unterfehlerbaum Signal "Druck abbauen" an Endstufe

Als Betrachtungszeitraum wurde ein Kraftfahrzeugbetriebszeit von 3000h (Nutzungsdauer 10 Jahre) zugrunde gelegt.

Beispiel: Basis-Ereignis "Ventilrelaiskontakt verschweißt"
Nach Herstellerangaben fallen, bezogen auf Belastungs- und Anforderungszeitraum, 100 ppm (parts per million) der eingesetzten Relais aus. Es ergibt sich eine MTBF (Mean Time Between Failures) von $3 \cdot 10^7$h und damit eine Ausfallrate $\lambda = 1 / MTBF = 3,334 \cdot 10^{-8}$/h .
Die Ausfallwahrscheinlichkeit errechnet sich zu $F = 1 \cdot 10^{-4}$.
Tabelle 2-18 (Kapitel 2) gibt die Ausfallwahrscheinlichkeiten (hier aus programmtechnischen Gründen mit Unverfügbarkeit bezeichnet) für einige Ausfallarten (Basis-Ereignisse) aufgrund von Erfahrungswerten und nach MIL-HDBK 217 E in Gegenüberstellung wieder. Wie allgemein bekannt, sind die nach MIL-HDBK 217 E ermittelten Ausfallraten generell schlechter als die tatsächlichen Feldausfälle.

Mit Hilfe des Programmpaketes PC-RISA wurden nunmehr verschiedene Rechnerroutinen zur Ermittlung der Eintrittswahrscheinlichkeiten (hier als Unverfügbarkeit gleich Ausfallwahrscheinlichkeit bezeichnet) der TOP-Ereignisse für die gefährlichen Systemzustände 1 bis 4 auf der Grundlage des TOP-DOWN-Algorithmus sowie der Poincaréschen Gleichung (siehe Kapitel 2) ermittelt. Gleichzeitig wurde die Anzahl der Minimalschnitte, die fünf wichtigsten Minimalschnitte sowie die drei wichtigsten marginalen und fraktionalen Importanzen berechnet.
Für den "Gefährlichen Zustand 1" zeigt Tabelle 8-12 die Ergebnisse. Die Kenngrößen für die TOP-Ereignisse "Gefährlicher Zustand 2, 3, 4" wurden in Analogie ermittelt (siehe /8/).

So erhält man für den "Gefährlichen Zustand 2" eine Unverfügbarkeit (Ausfallwahrscheinlichkeit) von $\overline{V}(G2) = 1,3180 \cdot 10^{-19}$,
für den "Gefährlichen Zustand 3" $\overline{V}(G3) = 1,3246 \cdot 10^{-23}$
und für den "Gefährlichen Zustand 4" $\overline{V}(G4) = 6,3002 \cdot 10^{-10}$.

Systemkenngrößen "Zweirechnersystem"	Gefährlicher Zustand 1 "Vorderachse drucklos"	
Anzahl der Minimalschnitte	$4{,}4948 \cdot 10^{+04}$	
Relevante Minimalschnitte und ihre Unverfügbarkeiten	Elemente A des Schnittes	Unverfügbarkeit des Schnittes
Minimalschnitt 1	47 47	$8{,}1000 \cdot 10^{-09}$
Minimalschnitt 2	46 47 57	$1{,}8405 \cdot 10^{-09}$
Minimalschnitt 3	24 47	$9{,}1800 \cdot 10^{-10}$
Minimalschnitt 4	25 26	$1{,}3317 \cdot 10^{-10}$
Minimalschnitt 5	25 28	$3{,}4620 \cdot 10^{-11}$
Unverfügbarkeit des Systems	$1{,}4840 \cdot 10^{-08}$	
Marginale Importanzen	Komponente	Importanz
Marginale Importanz 1	A 47	$1{,}2095 \cdot 10^{-04}$
Marginale Importanz 2	A 46	$1{,}2095 \cdot 10^{-04}$
Marginale Importanz 3	A 24	$1{,}2095 \cdot 10^{-04}$
Fraktionale Importanzen	Komponente	Importanz
Fraktionale Importanz 1	A 47	$1{,}0886 \cdot 10^{-08}$
Fraktionale Importanz 2	A 46	$2{,}4734 \cdot 10^{-09}$
Fraktionale Importanz 3	A 57	$2{,}4734 \cdot 10^{-09}$

Tabelle 8-12   Sicherheitsrelevante Kenngrößen des ABS-Steuergerätes als Zweirechnersystem für den gefährlichen Zustand 1

D.h., diese drei Ereignisse sind als äußerst selten einzuordnen. Durch die disjunktive Verknüpfung der gefährlichen Zustände 1 bis 4 läßt sich das TOP-DOWN-Ereignis "Gefährlicher ABS-Ausfall" unter Anwendung des Absorptions- und Idempotenzgesetzes ermitteln. Als numerischen Wert erhält man schließlich $\overline{V}(G) = 1{,}4840 \cdot 10^{-8}$. Die Eintrittswahrscheinlichkeit eines gefährlichen ABS-Versagens kann gleich der Eintrittswahrscheinlichkeit des "Gefährlichen Zustandes 1" ("Vorderachse drucklos") gesetzt werden.

Interpretation der Ergebnisse

Zur Bewertung des Sicherheitsniveaus des Antiblockiersystems bietet sich ein Vergleich mit den Anforderungen im Flugverkehr an (Kapitel 6). Hier legt man sicherheitsrelevante Systeme wegen des Fehlens eines sicheren Abschaltzustandes (bezogen auf das System Flugzeug) lebensdauersicher

("Safe-life-Prinzip") aus. Nach den Bauvorschriften für das Flugwesen JAR 25.1309 (JAR = Joint Aviation Requirement) (Kapitel 6) muß das Auftreten einer Fehlerbedingung, welche die sichere Flugdurchführung und Landung verhindert, äußerst unwahrscheinlich sein.

Dementsprechend wird gefordert, daß ein Fehler, der katastrophale Auswirkungen hat, nur einmal innerhalb einer Milliarde Flugstunden auftreten darf. Ein solcher Fehler geht mit dem Verlust des Flugzeuges, im Normalfall in Verbindung mit vielen Todesfällen, einher. Bezieht man die für den gefährlichen ABS-Ausfall berechnete Eintrittswahrscheinlichkeit auf eine Milliarde Fahrtstunden, so tritt ein solcher Fehler mit einer Wahrscheinlichkeit von $4{,}946 \cdot 10^{-03}$ ein.

Die errechneten Ergebnisse für das Steuergerät eines ABS-Systems sind insbesondere vor dem Hintergrund der Worst-Case-Annahmen, daß Fehler immer gleichzeitig auftreten und eine Fehlertoleranzzeit von Null vorausgesetzt wird, als äußerst günstig und akzeptierbar anzusehen.

Die Berücksichtigung, daß das Steuergerät, falls ein gefährliches TOP-Ereignis eintreten sollte, nach einer Zeit $t > 0$ durch entsprechende Überwachungseinrichtungen abgeschaltet wird, würde die Ergebnisse zusätzlich positiv beeinflussen.

9　Verkehrsleittechnische Systeme

Die Zunahme des Verkehrsaufkommens als direkte Folge des wachsenden Kraftfahrzeugbestandes, hat in den letzten Jahren zu erheblichen Problemen bei der Bewältigung des Individualverkehrs geführt. Insbesondere in Ballungsräumen und größeren Städten lassen die beengten räumlichen Verhältnisse und auch die knappen Finanzmittel kaum neue Aus- und Umbaumaßnahmen der öffentlichen Verkehrswege zu.

Gleichzeitig ist seit einigen Jahren eine zunehmende Sensibilisierung von Teilen der Bevölkerung bezüglich der Beeinträchtigung und Zerstörung der Umwelt festzustellen, die dazu geführt hat, daß dem Schutz der natürlichen und auch der bebauten Umwelt eine ständig steigende Bedeutung beigemessen wird.

Unverkennbar sind in diesem Zusammenhang die negativen Auswirkungen des Straßenverkehrs auf den Menschen und auf seine Umwelt, deren Kosten zu Lasten der Gesellschaft gehen. So verursacht der Straßenverkehr in Europa (Bereich der EG), nach einer Studie der Kommission der Europäischen Gemeinschaft /176/, /142/, unabhängig von ethischen Gesichtspunkten, Kosten in Höhe von 50 Milliarden ECU für ca. 55000 Tote/Jahr. Die Kosten für die Umweltverschmutzung durch Abgase werden auf ca. 5 bis 10 Milliarden ECU pro Jahr geschätzt. Geht man von einer durchschnittlichen Wachstumsrate im Straßenverkehr von ca. 3% pro Jahr aus, so wird sich der Kraftfahrzeugbestand (derzeit ca. 120 Millionen innerhalb der EG) d.h. 330 Kfz auf 1000 Einwohner (USA 550 Kfz), bis zum Jahr 2000 um möglicherweise ca. 25% erhöhen.

Die negativen Auswirkungen des Straßenverkehrs lassen sich zum einen durch technische Innovationen am Automobil selbst, wie z.B. Reduzierung des Kraftstoffverbrauchs, der Emissionen CO, HC, NOx, Fahrleistung und Verbesserung der aktiven und passiven Sicherheit (Kommunikation) sowie zum anderen durch die Nutzung neuer Technologien in der Verkehrsleittechnik erheblich reduzieren.

Diesen Herausforderungen hat sich die europäische Automobilindustrie mit der Etablierung des Forschungsprojektes PROMETHEUS (Programme for a

European Traffic with Highest Efficiency and Unprecedented Safety) gestellt. Von seiten der Europäischen Gemeinschaft wurde 1989 das Forschungs- und Entwicklungsprojekt DRIVE (Dedicated Road Infrastruture for Vehicle Safety in Europe) initiert. Beide Projekte ergänzen sich und sind noch nicht abgeschlossen.

Die generelle Zielsetzung der Projekte ist die Erhöhung der Verkehrssicherheit, Verringerung der Umweltbelastung und Steigerung der Leistungsfähigkeit (flüssiger Verkehr) im Straßenverkehr.

Im Rahmen dieses Kapitels wird kurz auf die Projektstruktur eingegangen.

9.1 Straßenverkehrs-Signalanlagen

Der strukturelle Aufbau eines modernen Steuerungssystems für Straßenverkehrs-Signalanlagen – auch Lichtsignalanlagen genannt – hängt sehr stark von den vorhandenen Einrichtungen, von der Entwicklung, von der Art der verwendeten Steuerungstechnik, von der beabsichtigten Steuerungsstrategie und vom geplanten Umfang des Systems ab. Zu den Systemteilen zählen: **Kreuzungsgeräte**, deren Befehle mittels Signalgeber dem Verkehrsteilnehmer mitgeteilt werden, **Gruppensteuergeräte** für Signalgruppen- oder Einsatzpunktsteuerung, betrieben in zentraler, teilzentraler oder dezentraler Form, **Gebietszentralen**, die der Steuerung und Überwachung einer größeren Anzahl von Signalanlagen dienen und sowohl Signalgruppen- als auch Einsatzpunktsteuerung in zentraler, teilzentraler und dezentraler Form durchführen können, **Verkehrsleitzentralen**, die der übergeordneten Steuerung, Bedienung und Überwachung von mehreren Gebietszentralen dienen, **Detektoren** zum Erfassen von Verkehrsdaten und Umweltbedingungen, **Signalgeber** und **Wechselverkehrszeichen** zum Mitteilen der vom System getroffenen Entscheidungen.

Bereits einfachste Straßenverkehrs-Signalanlagen können unter anderem die Durchsatzfähigkeit eines Straßenknotens für den Verkehrsfluß vergrößern, die Sicherheit der Verkehrsteilnehmer erhöhen und die Deutlichkeit und die Klarheit bei der Signalgabe bewirken. Ihr Konzept besteht darin, die beiden Größen Fläche und Zeit zweckmäßig zu verteilen.

Durch die mannigfaltigen geometrischen Formen der Knotenpunkte, die Unterschiede in dem Verhalten, die Zufälligkeit in der Zusammensetzung und den Eintreffzeiten der verschiedenen Verkehrsteilnehmer sind vielfältige Kombinationen dieser Größen möglich. Sie macht das Problem der zweckmäßigen Verteilung von Fläche und Zeit zu einem sehr komplexen Problem. Zur Umsetzung der gestellten Aufgaben müssen Straßenverkehrs-Signalanlagen, die mit Hilfe elektrischer Betriebsmittel vorwiegend optische Signale – abgesehen von akustischen Signalen für Sehbehinderte an Fußgängerfurten – erzeugen, unmittelbar in den Verkehrsablauf eingreifen, indem sich kreuzende Verkehrsströme abwechselnd angehalten bzw. freigegeben werden. Die Signalsteuerung setzt einen Informationsfluß zwischen dem Verkehrsteilnehmer und der Straßenverkehrs-Signalanlage oder dem Verkehrslenkungssystem als Steuerungsorgan (Bild 9-1) voraus, durch das der Verkehrsablauf beeinflußt und mithin auch nach bestimmten Kriterien optimiert werden kann.

Dies läßt sich auf seiten des Steuerungsorgans nur unter Mitwirkung folgender Grundfunktionen erreichen: Verkehrsdetektoren erfassen Anwesenheit, Anzahl, Verweildauer, Geschwindigkeit, Größe der Kraftfahrzeuge, Linienerkennung usw.; Umweltdetektoren stellen Sicht (z.B. Nebel), Temperatur, Feuchtigkeit usw. fest. Aufgrund eines vorgegebenen Programmablaufs werden die erfaßten Daten verarbeitet, d.h. aufbereitet und ausgewertet. Entscheidungen werden nach vorgegebenen Kriterien getroffen. Sie werden in die Schalttechnik umgesetzt. Die Mitteilung an die Verkehrsteilnehmer erfolgt durch Signale und Zeichen.

Der als Regelkreis dargestellte Informationsfluß in Bild 9-1 gilt sowohl für eine mittelbare als auch für eine unmittelbare Datenerfassung und Datenverarbeitung. Während im Falle einer **zeitplanmäßigen** Signalsteuerung die Datenerfassung, -übertragung und -verarbeitung nur einmal bei der Entwurfsbearbeitung vorgenommen wird, erfolgt im Falle einer **verkehrsabhängigen** Signalsteuerung eine kontinuierliche Verarbeitung der Daten mit der Möglichkeit einer wechselweisen Beeinflussung zwischen Verkehrsteilnehmer und Steuerungsorgan. Auf der Seite des Steuerungsorgans werden Informationen von außen durch nicht steuerbare Größen aus Netz- und Knotenpunktgeometrie, gesetzlichen Vorschriften sowie Gesetzmäßigkeiten im Verkehrsablauf und auf der Seite des Verkehrsteilnehmers durch Umwelteinflüsse wie Wetter, Straßenzustand, Tageszeit usw. beeinflußt.

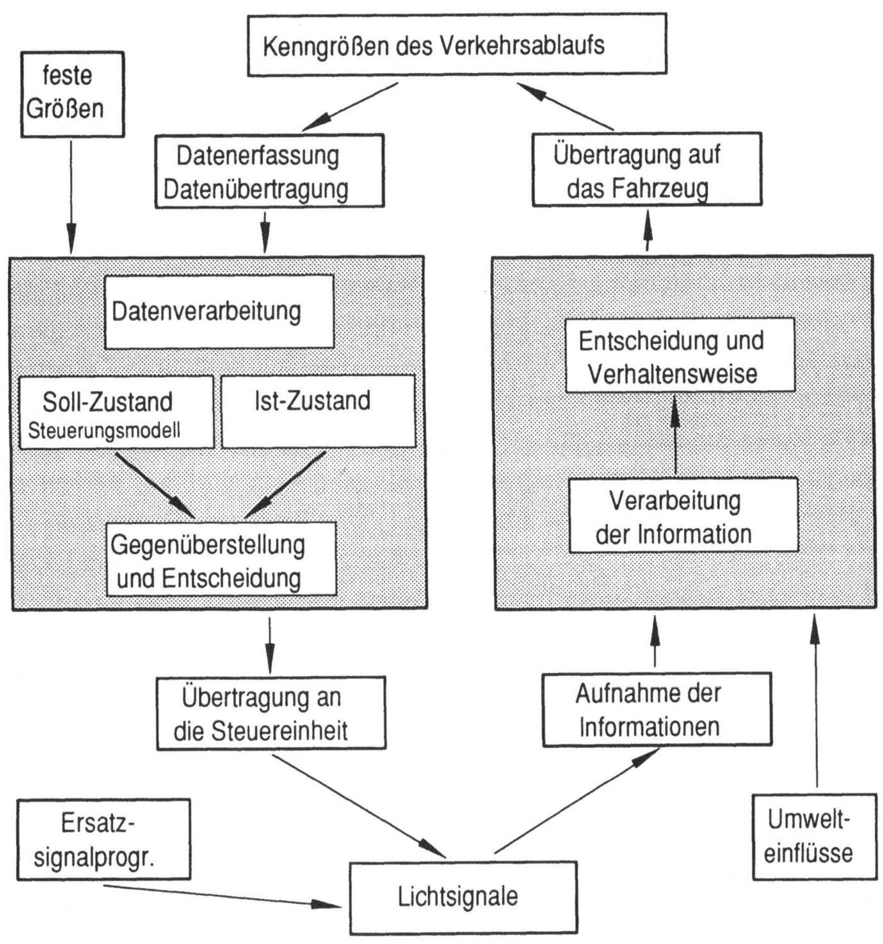

Bild 9-1   Informationsfluß an einer Lichtsignalanlage /177/

Außer den Anforderungen, die sich aus den Besonderheiten des Straßennetzes, den Möglichkeiten der vorhandenen Einrichtungen, dem Stand der Technik, dem Kundendienst, den zur Verfügung stehenden Mitteln usw. ergeben, wird von dem Steuerungsorgan erwartet, daß es anpassungsfähig, verständlich, informativ und automatisch arbeitet und seine Funktionen zuverlässig und zu jeder Zeit erfüllt; eine Störung des Informationsflusses ist möglichst zu verhindern. Bereits das zufällige Versagen einzelner Bauelemente kann die Arbeitsweise einer Straßenverkehrs-Signalanlage oder eines Verkehrssteuerungssystems gefährden, es kann die Funktion in Frage stellen. Je umfangreicher und weniger übersichtlich eine Anlage oder ein System ist, je mehr Bauteile sie für die Erfüllung ihrer Funktionen benötigen, um so eher überlagern sich Fehlermöglichkeiten; die Häufigkeit der Ausfälle und eventueller Gefährdungen steigt, sofern man dieser Entwicklung nicht in geeigneter Weise begegnet.

Der Einsatz von Signalanlagen im Straßenverkehr hat gezeigt, daß diese ihre Teilaufgabe, die Verbesserung der Verkehrssicherheit, nur dann gerecht werden können, wenn durch die angewandte Technik bedingten Fehlerursachen bzw. deren Auswirkungen begegnet wird. Führen die Fehler zum Auftreten anderer Signale an den Lichtsignalgebern als im betrachteten Schaltzeitpunkt nach dem Signalprogramm vorhanden sein müßten, spricht man von einem 'Fehlverhalten' der Anlage oder des Systems. Es ist aber nicht davon auszugehen, daß ein Fehler grundsätzlich zu einem Ausfall führen muß und nicht jedes Fehlverhalten bedeutet gleichzeitig eine Verkehrsgefährdung. Kommt es jedoch zu einem Ausfall oder zu einem gefährlichen Fehlverhalten, ist auf Grund der größtenteils auftretenden erheblichen Störungen und Gefährdungen des Verkehrsablaufs eine starke Herabsetzung der Verkehrssicherheit die Folge. Daher wird selbstverständlich bei Signalanlagen höchstmögliche Sicherheit und Zuverlässigkeit angestrebt.

Technik der Knotenpunktgeräte
Entsprechend der historischen Entwicklung lassen sich Straßenverkehrs-Signalanlagen in
- ➤ elektromechanische,
- ➤ teilelektronische,
- ➤ vollelektronische und
- ➤ Geräte mit Mikrocomputer

einteilen. Neuere Signalsteuergeräte sind fast ausschließlich mit Mikrocomputern ausgestattet und frei programmierbar. Der grundsätzliche Aufbau eines solchen Steuergerätes geht aus Bild 9-2 hervor.

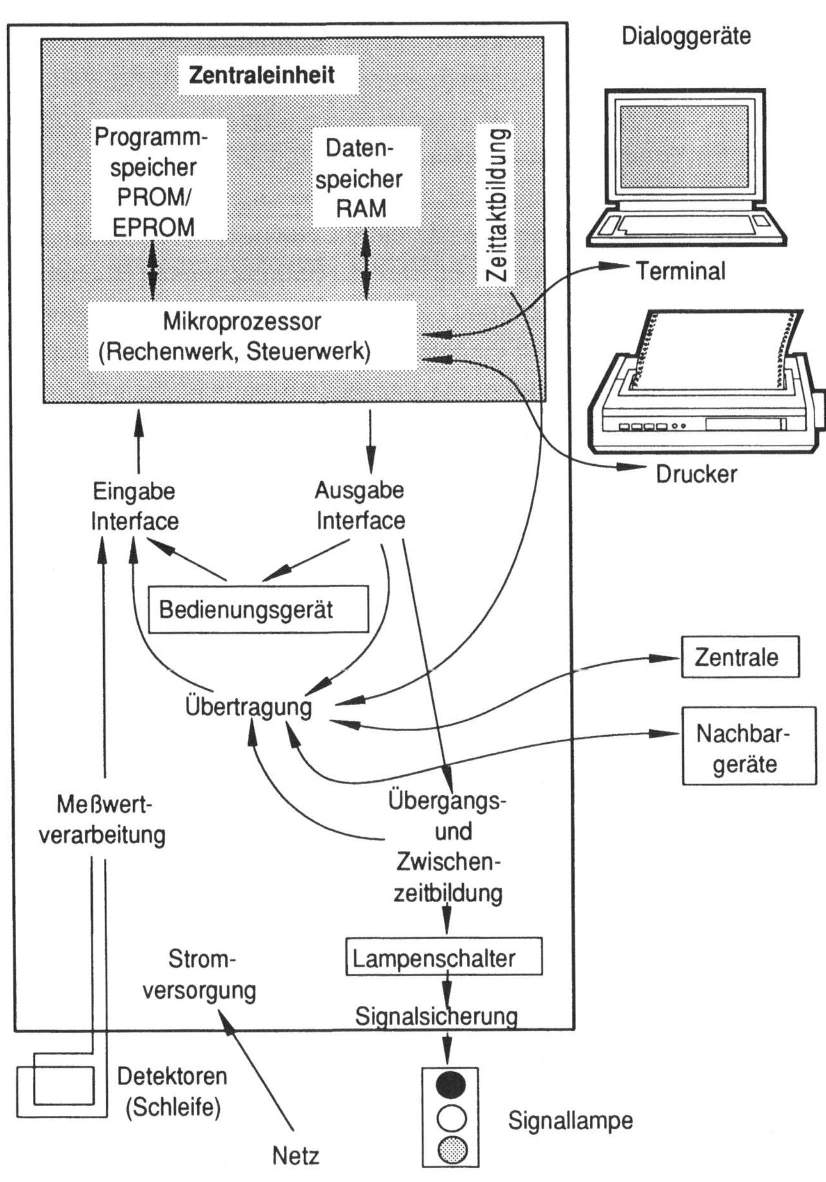

Bild 9-2   Blockschaltbild eines universellen Knotenpunktgerätes

Der Mikrocomputer umfaßt im wesentlichen die Baugruppen
- ➤ Rechen- und Steuerwerk (CPU),
- ➤ Adressenregister,
- ➤ Programmspeicher (PROM/EPROM) mit Befehlszähler,
- ➤ Datenspeicher (RAM),
- ➤ Takt- und Bus-Baugruppe,
- ➤ diverse Ein- und Ausgabekanäle.

Signalsteuergeräte mit Mikrocomputer bieten sehr variable, universelle Einsatzmöglichkeiten, leichte Änderung der Signalprogramme, Sicherung der Mindestgrün- und Zwischenzeiten u.a. Somit besteht die Möglichkeit, verkehrsplanerische Konzepte für Einzelknoten bzw. Verkehrsnetze optimal umzusetzen. Kenngrößen zur Steuerung und Bewertung sind (ausführlich siehe /177/, /134/): Anzahl der Halte, Wartezeit, Reisezeit, Staulänge, Verkehrsstärke, Fahrgeschwindigkeit u.a. Bei den Steuerungsverfahren unterscheidet man prinzipiell zwischen **makroskopischen** und **mikroskopischen** Steuerebenen (Bild 9-3).

Steuerungsebene	Ordnungszahl	Aktivierung		veränderbare Elemente des Signalprogramms								Bezeichnung d. Steuerungsverfahrens	
		zeitplanabhängig	verkehrsabhängig	Umlaufzeit festgelegt		Phasenfolge festgelegt		Phasenanzahl festgelegt		Freigabezeiten festgelegt		Hauptmerkmal der Veränderbarkeit des Signalprogramms	Oberbegriff
				ja	nein	ja	nein	ja	nein	ja	nein		
A: Makroskopische Steuerungsverfahren	A1	X		veränderbare Elemente des Signalprogramms gemäß Steuerungsverfahren Gruppe B								zeitplanabhängig	Signalprogrammauswahl
	A2		X									verkehrsabhängig	
B: Mikroskopische Steuerungsverfahren	B1	Aktivierung gemäß Steuerungsverfahren Gruppe A		X		X		X		X		keine Veränderbarkeit	Festzeitsign.prog.
	B2			X		X		X			X	Freigabezeitanpassung	Signalprogrammanpassung
	B3			X			X	X		X		Phasentausch	
	B4			X		X			X		X	Bedarfsphasenanford.	
	B5				X		X		X		X	freie Veränderbarkeit	Sign.prog.bildung

Bild 9-3   Übersicht Steuerungsverfahren /177/

Verkehrsleittechnische Einrichtungen müssen **sicher** und **zuverlässig** arbeiten. Die Sicherheitseinrichtungen basieren im wesentlichen auf der Überwachung von Ausfallursachen z.B. Kurzschlüsse oder Unterbrechungen in Bauelementen und Steuerkreisen, Spannungsausfall und Lampenausfall, Prozessorüberwachung, Überwachung der Zwischenzeit und der Datenspeicherinformation u.a. Als Sicherungsmaßnahme gegen verkehrsgefährdende Signalisierungszustände wie z.B. ROT-Ausfall, ungewollt aufleuchtende Signale, Änderungen von Signalzeiten u.a., kommen Vergleichs- und Verriegelungsschaltungen zum Einsatz.

Vergleichsschaltungen kontrollieren ungewolltes Aufleuchten/Verlöschen und können Schutzoperationen selbständig einleiten. Sie bestehen aus der Steuerung, den Signalschaltern, den Meldegliedern, der Logik und der Auswerteschaltung. Verriegelungsschaltungen verhindern das ungewollte Einschalten der Signallampen und liegen im Signalstromkreis hinter den Signalschaltern. Maßgeblich ist hier die DIN 57832/VDE 0832, siehe auch /232/, /183/. Moderne Signalsicherungsschaltungen mit Mikroschaltkreis sind in /144/ publiziert.

Für den Schutz gegen Gefahrenzustände gelten folgende Grundsätze, die dann angewendet werden, wenn die Funktionssicherung nicht mehr ausreicht:

➤ Ein Einzelfehler darf keinen Gefährdungszustand hervorrufen.

➤ Jeder Fehler muß sich spätestens bei der nächsten Betriebshandlung bemerkbar machen.

➤ Sollte ein Fehler sich nicht bemerkbar machen, darf auch kein zweiter Fehler zu einem Gefährdungszustand führen.

Tritt nun ein Fehler innerhalb der Straßenverkehrs-Signalanlage auf, so soll die Anlage über einen möglichst verkehrstechnisch sicheren Übergangszustand aus dem Arbeitsprogramm genommen werden. Dabei werden sämtliche Fußgängersignale auf ROT geschaltet und die Fahrzeugsignale in allen Fahrzeugrichtungen auf GELB. Ist die längste Räum- oder Schutzzeit abgelaufen, wird in den Kfz-Nebenrichtungen GELB-Blinken gegeben. Auf keinen Fall darf in den Nebenrichtungen nach dem Abschalten GRÜN oder ROT/GELB als Signal stehenbleiben. Ist der Fehler behoben, wird konventionell wieder eingeschaltet. Alle Fußgängersignale bekommen ROT, die Nebenrichtungen zunächst GELB, dann ROT; die Hauptrichtung bekommt GRÜN, sobald die Nebenrichtung ROT anzeigt. Die GRÜN-Phase der Hauptrichtung vermeidet Notbremsungen und Auffahrunfälle. Ist die Abschaltstufe aber defekt oder wird während des Übergangszustandes noch das Stehenbleiben eines Signals erkannt, so erfolgt automatisch die Gesamtabschaltung der Anlage in den NOT-AUS-Zustand.

9.2 Zuverlässigkeit von Straßenverkehrs-Signalanlagen

Von Straßenverkehrs-Signalanlagen wird erwartet, daß sie nicht nur sicher arbeiten, d.h. von der Anlage direkt keine Gefährdung ausgehen (wie vorstehend erläutert), sondern auch eine hohe Zuverlässigkeit und Verfügbarkeit aufweisen, denn ein Ausfall setzt die Sicherheit des Straßenverkehrs als Ganzes herab, führt zu Fahrzeit- und wirtschaftlichen Verlusten sowie zu erhöhten Umweltbelastungen durch zusätzliche Emissionen. Erstaunlich ist, daß in der Literatur /215/, /64/, /184/, /100/, /101/, /19/, /241/, /107/ die Problematik der Zuverlässigkeit, Verfügbarkeit von Signalanlagen und Verkehrsleitsystemen bisher ungenügend behandelt wurde. Nur selten werden quantitative Angaben über die Ausfallrate, Verfügbarkeit u.a. gemacht, um somit einen objektiven Vergleich verschiedener Anlagekonfigurationen und deren zuverlässigkeitserhöhende Maßnahmen (Redundanz) zu bewerten. Erstmalig wurden in /165/ und /164/ aufgrund von Störmeldungen und Wartungsübersichten empirische Zuverlässigkeitskenngrößen ermittelt.
Die Untersuchung erstreckte sich auf 157 Straßenverkehrs-Signalanlagen eines bestimmten Herstellers in dem Stadtgebiet einer Großstadt des Ruhrgebietes. Der Betrachtungszeitraum wurde auf die Zeit vom 1. Januar 1980 bis zum 28. Februar 1986, das entspricht 54000 Betriebsstunden, festgelegt. Während dieses Zeitraumes wurden 6892 Datensätze registriert. Aus jedem Datensatz ging hervor, wann und warum es zu einer Abschaltung vom Normalbetrieb oder zu einem Ausfall gekommen war. Von den insgesamt 6892 registrierten Datensätzen entfallen 3033 auf Ausfälle infolge technischer Störungen und anschließender Instandsetzungsarbeiten, 3796 auf Abschaltungen vom Normalbetrieb aufgrund vorbeugender und außerplanmäßiger Wartungs- und Revisionsarbeiten (entsprechend VDE 0832) und nur insgesamt

63 auf alle anderen Abschalt- und Ausfallarten (wie z.B. Abschaltungen aufgrund von Fehlermeldungen, Aderbruch im Anlagennetz, Naturgewalten oder Verkehrsunfälle, usw.).

Die Datenaufbereitung und Berechnung der empirischen Zuverlässigkeitskenngrößen erfolgte mit einem für diese Zwecke speziell entwickelten Programmpaket auf einem Prozeßrechner. Straßenverkehrs-Signalanlagen vom gleichen Typ wurden zusammengefaßt (Tabelle 9-1). Damit war es möglich, zeitbezogene Zuverlässigkeitskenngrößen – auch für Gerätetypen, deren Verbreitung im vorgenannten Untersuchungsgebiet nur gering war – zu ermitteln.

Nr.	Elektromechanische Knotenpunktgeräte	Anzahl
1	Verbundschaltgeräte	29
2	Verbundschaltgeräte mit Zusatzschiene für Gelbzeitglied	4
3	Signalschaltgeräte im Bausteinsystem für Steuerung im Zentralbereich	9
4	Festzeitsteuergeräte im Bausteinsystem zur unabhängigen Ansteuerung der Signalgruppen	37
5	Gruppensteuergeräte im Bausteinsystem und abhängige Verbundschaltgeräte	6
6	Gruppensteuergeräte im Bausteinsystem und abhängige Verbundschaltgeräte mit Zusatzschiene für Gelbzeitglied	2
7	In 220 V-Technik aufgebaute Festzeitsteuergeräte für teilverkehrsabhängige Steuerung	14
	Teilelektronische Knotenpunktgeräte	
8	Signalschaltgeräte zur Signalgruppenfernsteuerung u.a. mit Zusatzbaugruppe für zeitplanabhängige Steuerung	47
	Vollelektronische Knotenpunktgeräte	
9	Mikrocomputergesteuertes Signalsteuergerät für zeitplanabhängige Steuerung mit Matrix-Datenspeicher	4
10	Universelles Signalsteuergerät modernster Ausführung mit Mikrocomputer und EPROM-Speicher	5

Tabelle 9-1   Gerätetypen

Einige Ergebnisse

Nachfolgende Bilder 9-4 bis 9-6 zeigen die Pareto-Verteilung für die wichtigsten Störungs- und Ausfallursachen der untersuchten Signalanlagen. Sie berücksichtigen nicht die Steuerungsart d.h. die Komplexität der Anlagen (siehe hierzu /218/).

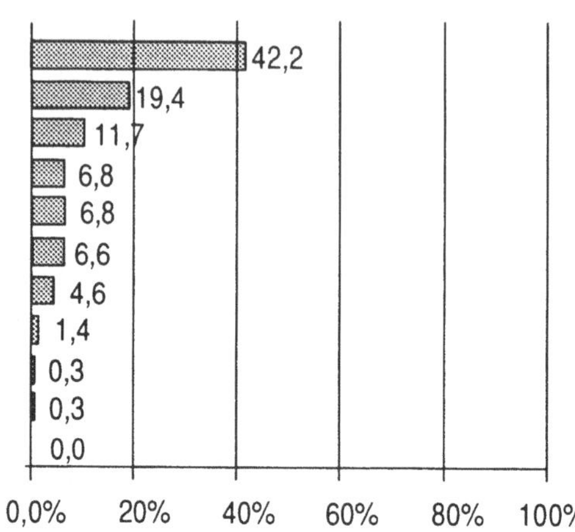

Bild 9-4   Häufigkeit des Auftretens von Störungs- und Ausfallursachen bei elektromechanischen Straßenverkehrs-Signalanlagen

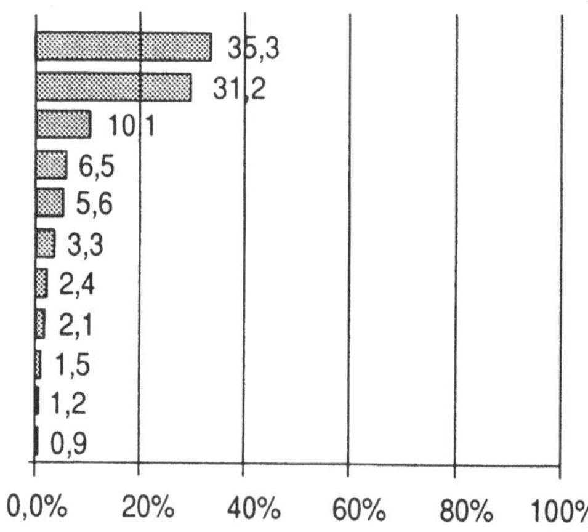

Bild 9-5   Häufigkeit des Auftretens von Störungs- und Ausfallursachen bei mikroprozessorgesteuerten Straßenverkehrs-Signalanlagen (1. Generation)

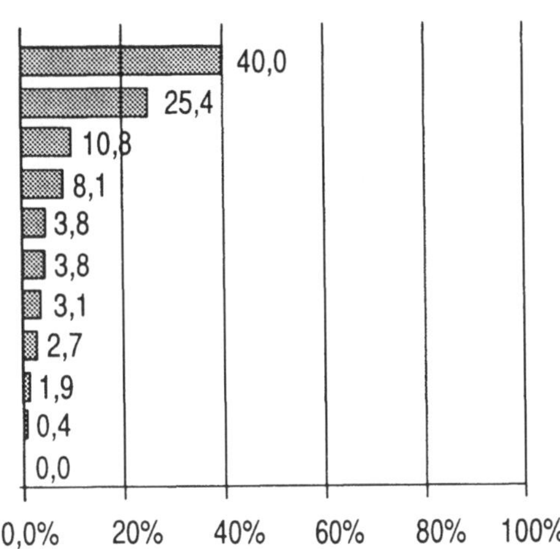

Bild 9-6   Häufigkeit des Auftretens von Störungs- und Ausfallursachen bei mikroprozessorgesteuerten Straßenverkehrs-Signalanlagen (moderne Universalgeräte)

Ausfallschwerpunkte bei allen Gerätetypen waren:

➤ defekte Lampen und rotlampenbedingte Ausfälle

-    elektronische 18,5%,

-    teilelektronische   12,3%,

-    mikrocomputergesteuerte, 1. Generation   45,4%,

-    mikrocomputergesteuerte, Universalgerät   43,8%.

➤ sonstige Ausfälle (Wiedereinschalten der Anlage ohne erkennbare Fehlerursache)

-    elektromechanische   19,4%,

-    teilelektronische   6,7%,

-    mikrocomputergesteuerte, 1. Generation   31,2%,

-    mikrocomputergesteuerte, Universalgerät   25,4%.

➤ Ausfälle durch Zentralfehler bei den elektromechanischen 42,2% und teilelektronischen 67,7% der Geräte.

Hauptfehler:

➤ Peripherie-Bereich, d.h. Schnittstelle der Steuergeräte zu ihrer Umgebung (Übergangseinrichtungen zur Koordinierung, Fahrzeugdetektoren, Schalter für Signalgeber, usw.).

➤ Stromversorgung; Ausfallrate der Stromversorgung ungefähr gleich der der Steuergeräte. Impulsartige Störungen über die Stromversorgung wirken auf das Steuergerät ein.

➤ Übertragungsleitungen mit der angeschlossenen Einrichtung zur Koordinierung der Anlagen. Aufnahme und Fortleitung von Störspannungen aus den atmosphärischen Entladungen.

Durch Mikroelektronik zusätzlich hinzugekommene Probleme sind:

➤ Softwarefehler,

➤ Anfälligkeit von Speicherbausteinen insbesondere (RAM) z.B. gegen transiente Einzelbitfehler

u.a.

Für die in Tabelle 9-1 aufgeführten Geräte wurden empirische Zuverlässigkeitskenngrößen (Kapitel 2.2) ermittelt. Beispielhaft zeigt Bild 9-7 die Treppenpolygone mit der berechneten Approximationsfunktion der ermittelten empirischen Ausfallrate für einfache Verbundschaltgeräte und Signalanlagen mit Mikrocomputer (Bild 9-8).

Neben der empirischen Ausfallrate sowie Ausfalldichte und Überlebenswahrscheinlichkeit (eine Darstellung an dieser Stelle ist aus Platzgründen nicht möglich, siehe /218/) wurde für alle 157 Anlagen die stationäre Verfügbarkeit (siehe Kapitel 2.2) ermittelt. Für die in Tabelle 9-1 zusammengefaßten Gerätetypen ergeben sich die in Tabelle 9-2a (ohne Berücksichtigung von Wartungsarbeiten; nur technische Störungen und anschließende Instandsetzung) und 9-2b (mit Berücksichtigung von Wartungsarbeiten) ermittelten stationären Verfügbarkeitswerte.

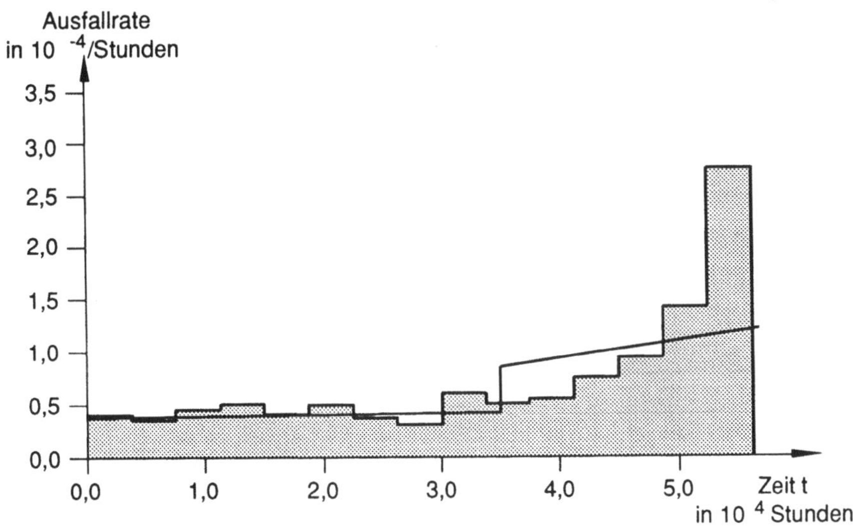

Bild 9-7   Ausfallrate für Verbundschaltgeräte

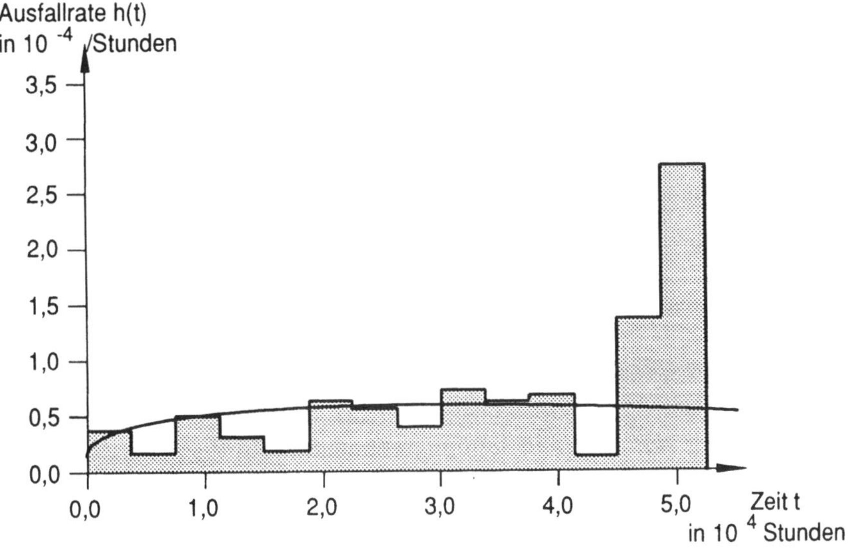

Bild 9-8   Ausfallrate für mikrocomputer gesteuerte Straßenverkehrs-Signalanlagen

Typen-reihe	Anzahl SVA	Anzahl D	Anzahl D / Anzahl SVA	$MTBF_0$ [h]	$MTTR_0$ [h]	V_0
1	29	592	20,41	2413,3165	1,1630	99,9598
2	37	924	24,97	1918,4802	1,1935	99,9379
3	6	102	17,00	2814,8471	1,0631	99,9623
4	4	117	29,25	1760,1661	1,1917	99,9323
5	9	127	14,11	3038,7553	1,2473	99,9590
6	2	77	38,05	1369,3853	1,2078	99,9119
7	47	877	18,66	2573,0212	1,2585	99,9511
8	14	72	5,14	6161,1926	1,1204	99,9818
9	4	73	18,25	2413,7359	1,1043	99,9543
10	5	72	14,40	2724,5894	1,4153	99,9481

a) Ohne Berücksichtigung von Wartungsarbeiten, nur technische Störungen.

Typen-reihe	Anzahl SVA	Aus-fälle	Ausfälle / Anzahl SVA	MTBF [h]	MTTR [h]	V
1	29	1317	45,41	1169,3858	0,5926	99,9494
2	37	1853	50,08	1047,5960	0,7027	99,9330
3	6	255	42,50	1242,3733	0,4530	99,9636
4	4	217	54,25	966,3653	0,6876	99,9289
5	9	353	39,22	1344,1039	0,4914	99,9635
6	2	127	63,50	830,7870	0,8200	99,9014
7	47	2041	43,43	1175,4117	0,6125	99,9479
8	14	371	26,50	1748,2296	0,2725	99,9844
9	4	160	40,00	1169,1722	0,5926	99,9493
10	5	198	39,60	1327,1152	0,5668	99,9573

b) Berücksichtigung aller aufgetretenen Ausfälle und Abschaltungen vom Normalbetrieb.

Index D: Anzahl der Ausfälle infolge technischer Störungen und anschließender Instandsetzungsarbeiten

Tabelle 9-2   Stationäre Verfügbarkeit von Straßenverkehrs-Signalanlagen

Die als durchweg, im Gegensatz zu anderen Bereichen, hoch anzusehenden Verfügbarkeitswerte, hervorgerufen durch eine gegenüber den MTBF-Werten geringe mittlere Instandsetzungs- bzw. Abschaltzeit, dürfen nicht darüber hinwegtäuschen, daß es weiterer Anstrengungen bedarf, die Ausfallrate (Ausfallintesität) von Straßenverkehrs-Signalanlagen, die sich in einer Größenordnung von ca. $0{,}5 \cdot 10^{-4}$ Ausfälle/h bis $1 \cdot 10^{-4}$ Ausfälle/h – und dies trotz vorbeugender Wartung – bewegt, nachhaltig zu verbessern.

Hierzu kommen die in vorstehenden Kapiteln schon erläuterten Verfahren und Methoden zur Anwendung. Eine – nicht vollständige – Auflistung der Maßnahmen zur Verbesserung der Zuverlässigkeit und Verfügbarkeit – die nicht nur auf Straßenverkehrs-Signalanlagen beschränkt sind – zeigt Tabelle 9-3 (mit MTU = mean up time, MDT = mean down time, Index W = Berücksichtigung der Wartung), siehe auch /183/ u.a. Zur Ermittlung der sogenannten Kurzzeitverfügbarkeit siehe /164/, /218/.

	MUT	MDT	MUT_W	MDT_W
Einfluß der Entwicklung durch				
1) Auswahl der Komponenten:				
a) Type der Bauelemente, d.h.	×		×	
- wenig mechan. und elektromechan. Teile				
- viel elektronische Teile				
b) Qualität der elektromechan. Bauelemente	×			
c) Qualität der elektronischen Bauelemente	×			
2) Dimensionierung der Schaltung hinsichtlich:	×			
- Bauelementetoleranzen				
- Versorgungsspannung				
- Temperatur				
- Fremdfeldeinstreuung				
- mechanischer Beanspruchung				
3) Festlegen der Wartungszyklen	×		×	×
4) Festlegen der Anlagenstruktur:				
a) Beachtung des Anlagenaufbaus	×		×	×
b) Zugänglichkeit der Anlagenteile			×	×
c) Größe der Austauscheinheiten			×	×

Tabelle 9-3a   Einflußgrößen auf die Zuverlässigkeit und Verfügbarkeit

	MUT	MDT	MUT$_W$	MDT$_W$
5) Möglichkeiten der Fehlerdiagnose:				
a) Überwachungseinrichtungen		X		
b) Fehleranzeigen		X		
c) On-line Überwachungsroutinen		X		
d) Off-line Prüfmöglichkeiten		X		X
Einfluß der Fertigung und Montage durch				
1) Anzahl der Verbindungen	X	X		
2) Güte der Verbindungen:	X			
- maschinelle Fertigung				
- Löten im Schwallbad				
- Plattern				
- Wire-wrap-Verbindungen				
- Schneid-Klemm-Verbindungen				
- Federklemmen				
Einfluß der Projektierung durch				
1) Konfigurierung des Systems:				
a) Redundanz bei Verkehrsrechnern, d.h.	X	X	X	X
- heiße Redundanz				
- Stand-by				
b) Vorsorge bei Netzausfall, d.h.	X			
- Notstromversorgung				
- Ersatzstromversorgung				
c) Systeme von Glühbirnen, d.h.	X	X	X	X
- mit heißer Reserve				
- mit kalter Macro Reserve				
- mit kalter Micro Reserve				

Tabelle 9-3b   Einflußgrößen auf die Zuverlässigkeit und Verfügbarkeit

	MUT	MDT	MUT$_w$	MDT$_w$
2) Beachtung der Einsatzbedingungen:				
a) Umweltbedingungen	×		×	
- Temperaturbereich				
- Temperaturgradient				
- Luftfeuchte				
- Staubkonzentration				
- Erschütterungen				
- magnetische Fremdfelder				
b) Netzspannungsbedingungen	×			
- statische Spannungskonstanz				
- dynamische Spannungskonstanz				
- Frequenzkonstanz				
- Klirrfaktor				
c) Arbeitsbedingungen		×		×
Einfluß der Betreuung durch				
1) Modernisierung der Prüf- u. Wartungsgeräte		×		×
2) Auf- und Ausbau effektiver				
Organisationseinheiten:				
a) Unterlagendienst		×		×
b) Informationsdienst	×	×		×
c) Änderungsdienst	×			
d) Ersatzteildienst		×		
3) Auswahl des Personals:				
a) Beachtung der Qualifikation und		×		×
Leistungsfähigkeit				
b) Einsatz von Erfahrungsträgern	×	×		×
4) Schulung des Personals in Aus- und		×		×
Weiterbildungsseminaren				

Tabelle 9-3c   Einflußgrößen auf die Zuverlässigkeit und Verfügbarkeit

Wie in anderen Bereichen auch, kommen in der Verkehrsleittechnik letztendlich, wenn alle anderen Möglichkeiten ausgeschöpft sind, um die Verfügbarkeit oder Sicherheit nachhaltig zu erhöhen, redundante Konfigurationen – wie in Kapitel 4 dargestellt – zum Einsatz.

Auf der Lichtsignalanlagen-Ebene kommen primär Doppelfadenlampen zum Einsatz, bei denen die Fäden als "heiße" oder "kalte" (standby) Reserve angeordnet sind. Im standby Betrieb wird außerdem zwischen kalter **Macro-Reserve** (bei Ausfall eines Fadens einer Doppelfadenlampe wird bei allen Lampen der Ersatzfaden eingeschaltet) und kalter **Micro-Reserve** (bei Ausfall wird lediglich die ausgefallene Doppelfadenlampe in den Reservebetrieb überführt) unterschieden.

Auf der Gebietsebene werden, wenn erforderlich, redundante Verkehrsrechner, die in der Regel standby angeordnet sind, bevorzugt. Der Ersatzrechner ist meist schwächer ausgelegt, so daß im Ersatzbetrieb die Anlage mit verminderter Leistung (z.B. einfachere Verkehrsabhängigkeit, weniger Signalpläne) weiterbetrieben wird (Bild 9-9).

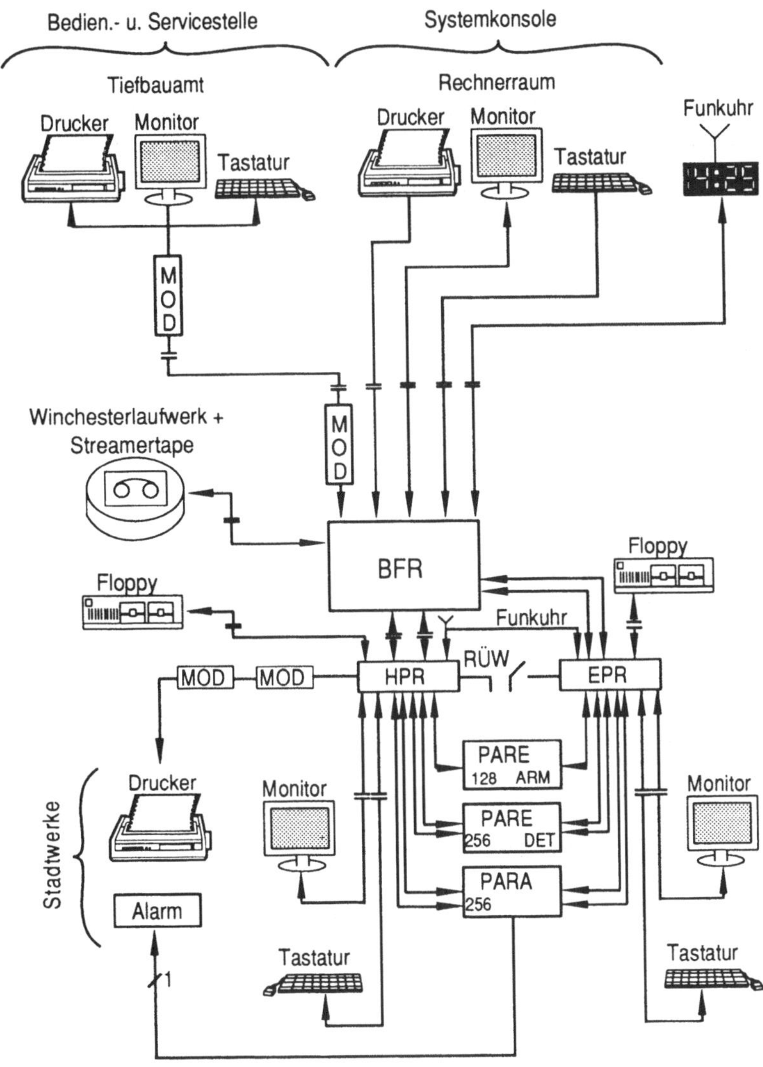

ARM - Anlagen-Rückmeldung, MOD - Modem, BFR - Betriebsführungsrechner, PARA - Parallele Ausgabe, DET - Detektor, PARE - Parallele Eingabe, EPR - Ersatz-Prozeß-Rechner, RÜW - Rechner-Überwachung, HPR - Haupt-Prozeß-Rechner

Bild 9-9   Blockschaltbild einer größeren Zentrale mit Haupt- und Ersatzrechner (Signalbau-Huber).

9.3   Verkehrsleit- und Informationssysteme

9.3.1   Übersicht

Neben der zuvor erläuterten Verkehrsbeeinflussung mit Hilfe von Straßenverkehrs-Signalanlagen, läßt sich der Verkehrsfluß durch **kollektive** d.h. fahr-
zeugexterne oder interne Kommunikation und/oder individuelle, durch Ziel-
führungssysteme, beeinflussen (Bild 9-10).

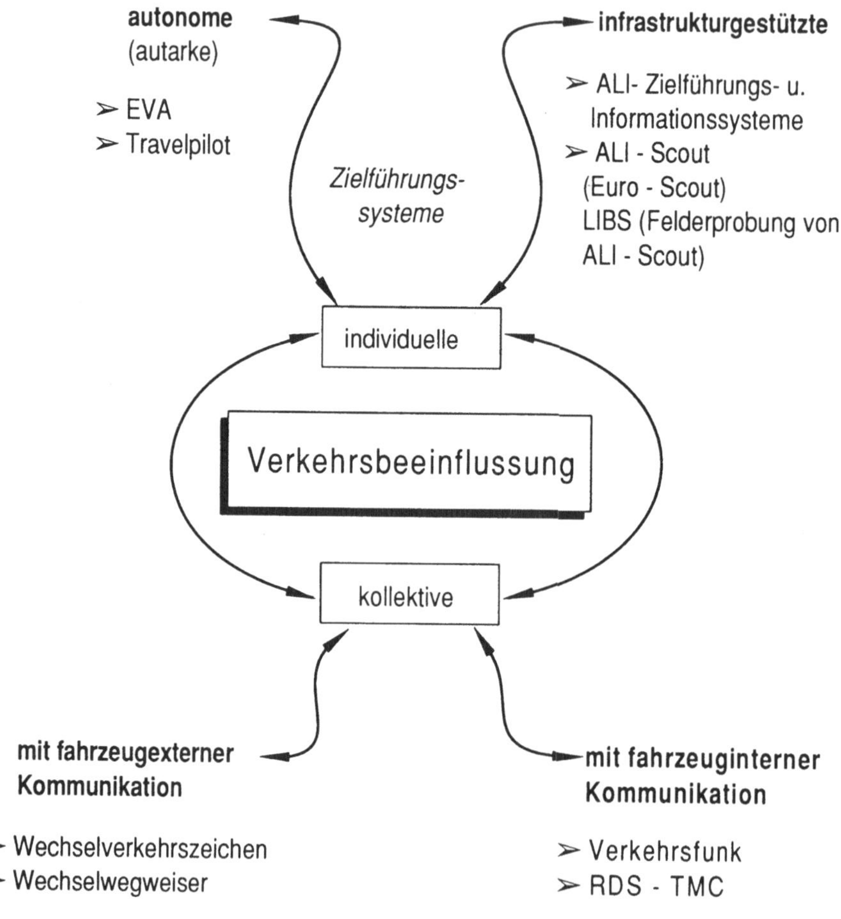

Bild 9-10   Möglichkeiten der Verkehrsbeeinflussung

Bei den **individuellen** Zielführungssystemen handelt es sich primär um Pilotprojekte.

Wechselverkehrszeichen lassen sich einteilen in Geräte mit **mechanischem** und **lichttechnischem** Zeichenwechsel. Sie arbeiten in der Regel ferngesteuert. Moderne Wechselverkehrszeichen arbeiten nach dem **Faseroptikprinzip** (Faseroptische Lichtleiter). Solche Systeme ermöglichen eine Darstellung mehrfarbiger und komplizierter Zeichen. Durch ein Mikrorastersystem mit hochauflösenden Matrixflächen können mehrere unterschiedliche Zeichen in einem Gerät integriert werden. Die Beleuchtungselemente bestehen aus Halogenlampen, Lichtleiterspiegel sowie Glasfasern als mehradrige Lichtleiter, auf denen dann ein entsprechender Farbfilter aufgesteckt wird. Die Lampen sind in der Regel redundant ausgeführt, so daß eine hohe Zuverlässigkeit gewährleistet ist. Wechselverkehrszeichenanlagen dienen – aufgrund aktueller Verkehrsbeurteilung – der kollektiven Verkehrsbeeinflussung durch Informationen, Empfehlungen und verkehrsrechtliche Anweisungen an die Autofahrer, vorwiegend auf Bundesautobahnen.

Aufgrund eines Programmes des Bundesminister für Verkehr wurden seit 1980 verstärkt Bundesautobahnen mit Wechselverkehrszeichenanlagen einschließlich der zugehörigen Verkehrsdatenerfassungseinrichtungen und Schlechtwettererfassung, ausgerüstet. Für den Zeitraum von 1990 bis 1995 sieht das Programm den Bau von weiteren 50 Wechselverkehrszeichenanlagen (11 Netz- und 39 Streckenbeeinflussungsanlagen einschließlich 14 Knotenbeeinflussungsanlagen) mit einem Gesamtvolumen von 450 Mio. DM vor /271/.

Zielsetzung des neuen Programms ist die gleichzeitige Verknüpfung von Wechselverkehrszeichenanlagen mit neuen Beeinflussungssystemen wie RDS-TMC (Radio Data System mit Traffic Message Chanell) und EURO-SCOUT.

9.3.2   Verkehrsfunk

Mit dem Autofahrer-Rundfunk-Informationssystem (ARI) wurden 1974 erstmalig Autoradios mit einem zusätzlichen ARI-Decoder für den Empfang von Verkehrsfunk-Sendern ausgestattet. Damit war es möglich, den Autofahrern Verkehrsfunk-Durchsagen mitzuteilen.

Aufgrund der mangelhaften Aktualität und Selektion der übertragenen Meldungen sowie die fehlende Übertragungsmöglichkeit von alphanumerischen Zeichen zur Steigerung des Komforts, wurden bereits 1985 erste Konzepte für die Entwicklung und Normung des RDS (Radio-Data-System) entwickelt. Neben den bisher durch das ARI-System bekannten Informationen ermöglicht RDS die Übertragung (neben dem normalen UKW-Band) zusätzlicher – für den Kraftfahrer unhörbarer – digital kodierter Daten. Damit wird erreicht, daß im Fahrzeuggerät (Autoradio ist RDS-Teil) aus bereits gespeicherten Standard-Textelementen vollständige Verkehrsinformationen zusammengestellt und an den Kraftfahrer, auch in verschiedenen Landessprachen durch Sprachsynthesizer oder Display, ausgegeben werden können. D.h. es werden immer nur die Adressen der abgelegten Worte übertragen. Aus der Gesamtheit der ständig anstehenden aktuellen Informationen kann dann der Autofahrer diejenigen auswählen, die für seine gegenwärtige Aufenthalts- und Zielregion von Bedeutung sind.

Die digital codierte Informationsübertragung wird durch eine Phasenumtastung auf der schon beim ARI verwendeten 57 kHz-Trägerfrequenz erreicht. Die Datenübertragungsrate von 1187,5 Bit/s (57 kHz/48) ermöglicht die Übertragung von ca. 60 Verkehrshinweisen pro Minute. Durch die Biphase-Codierung ist eine gegenseitige Beeinflussung von ARI und RDS ausgeschlossen.

Das Prinzipschema des RDS-TMC geht aus Bild 9-11 hervor. Detaillierte Beschreibungen siehe u.a. /22/, /23/, /24/.

Dabei dient der Traffic Message Channel (TMC) zur Codierung von Verkehrsmeldungen nach Art und Ort (Raum und Richtung) des Geschehens aus einem Satz von Standardmeldungen (ca. 10% bis 40% des RDS-Signals). Nach Empfehlung der EBU (European Broadcasting Union) wurde ein Katalog von 500 Meldungen zusammengestellt.

Durch Beschluß der in der europäischen Rundfunkunion organisierten Rundfunkanstallten (EBU) soll der Verkehrsrundfunk mittels RDS-TMC europaweit genormt werden. In Deutschland wurden zunächst von der ARD (15.09.86) die unhörbare Übertragung der in Tabelle 9-4 aufgeführten **primären** digitalen Informationsgruppen beschlossen.

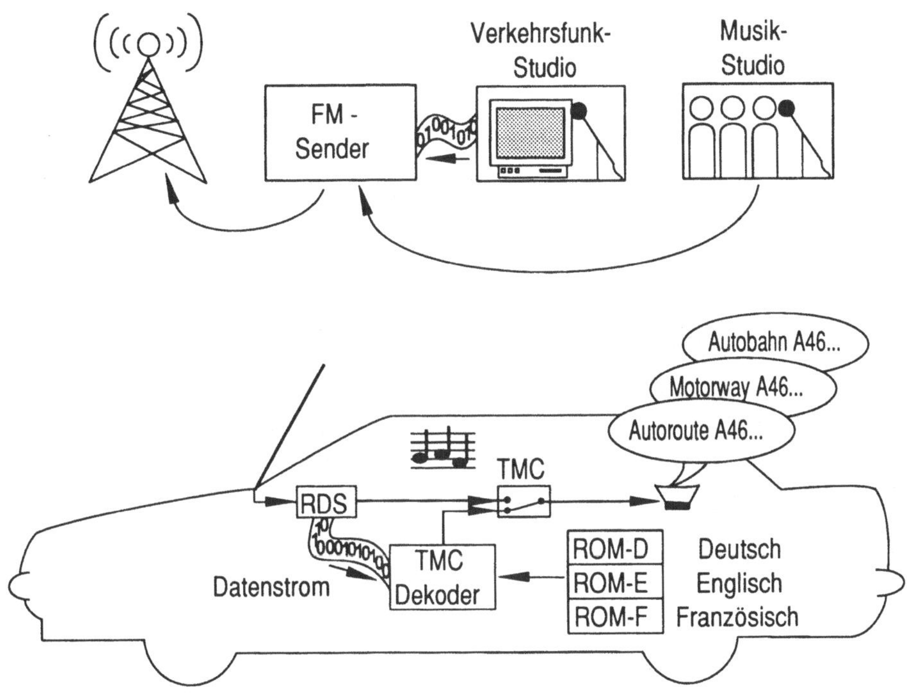

Bild 9-11   Prinzipschema des Radio Traffic System mit Traffic Message Channel (RDS-TMC) /275/

In einigen europäischen Ländern z.B. Schweden und Finnland werden bereits einige von der EBU beschlossenen **sekundären** Ausstattungsmerkmale (Tabelle 9-5) in den RDS-Dienst eingeführt (z.B. CT, RP). Allgemein wird damit grechnet, daß in ca. fünf Jahren ausschließlich nur noch RDS-Geräte auf den Markt kommen werden. Die zusätzlichen Kosten belaufen sich gegenwärtig gegenüber einem vergleichbaren ARI-Empfänger auf ca. 100 DM. Der Mehraufwand wird sich durch höhere Integration (Ziel: Einchip-Autoradio) weiter verringern.

PI	Programme identification	(Programm Identifikation)
PS	Programme service name	(Programmname)
TP	Traffic programme	(Kennung eines Verkehrsfunksenders)
TA	Traffic announcement	(Verkehrsdurchsagekennung)
AF	Alternative frequencies	(Alternative Frequenzen)
PTY 31	Programme type	(Programmartenkennzeichnung 31 = Alarm)
IH	Inhouse information	(Interne Anwendungen)

Tabelle 9-4   RDS-Informationsdienste (Deutschland)

PTY	Programme type	(Programmart)
DI	Decoder identification	(Decoder Identifikation)
M/S	Music/speech switch	(Musik/Sprache)
PIN	Programme item number	(Programm-Nummer)
RT	Radiotext	(Radiotext)
EON	Other networks	(Andere Sendernetze)
CT	Clock time and date	(Zeit und Datum)
TDC	Transparent data channel	(Transparenter Datenkanal, TMC)
RP	Radio paging	(Radio Paging)

Tabelle 9-5   Zukünftige RDS-Informationen

9.3.3   Elektronischer Verkehrslotse für Autofahrer (EVA)

Das EVA-Systemkonzept ist ein **autarkes** Ortungs- und Navigationssystem, das von der Firma Bosch in den Jahren 1980 bis 1983 entwickelt und erfolgreich erprobt wurde /181/, /182/, /196/.
Das System EVA liefert dem Kraftfahrer, ohne eine erforderliche Infrastruktur, mit Hilfe bordseitig auf CD-ROM gespeicherter Straßendaten, wie Geometrie, Vernetzung und Beschilderung, Fahrempfehlungen, ausgehend von seiner Startposition bis hin zum individuellen Ziel. Die Fahrempfehlungen werden akustisch (synthetische Sprache) und optisch (mittels Flüssigkeitskristall-Display durch Symbole) ausgegeben.
Das EVA-System- und Hardwarekonzept geht aus dem Bild 9-12 hervor.

Dabei erfolgt die Fahrzeugortung nach dem **Koppelnavigationsprinzip**. D.h. es werden die Wegelemente durch Radsensoren nach Betrag und Richtung erfaßt und vektoriell addiert.Die Richtungsangabe erfolgt über Magnetfeldsensoren, die die Horizontalkomponente des Erdmagnetfeldes bestimmen. Aufgrund der hohen Genauigkeitsanforderungen wird durch Mapping-Verfahren ein Vergleich der Navigationsergebnisse mit der im CD-ROM abgelegten Geometrie des Straßenplans durchgeführt.

Obwohl die Erprobung des Systems EVA als erfolgversprechend einzustufen ist, zeigte es sich, daß die Erstellung der digitalen Straßenkarte besonders unter dem Gesichtspunkt einer jeweils aktuellen Erfassung der Beschilderung (Einbahnstraßen, Abbiegegebote usw.) sehr kostenintensiv ist.
Aus diesem Grunde wurde, basierend auf den Ergebnissen des EVA-Experiments, von der Firma Bosch der **Travelpilot** entwickelt und 1989 serienmäßig eingeführt.

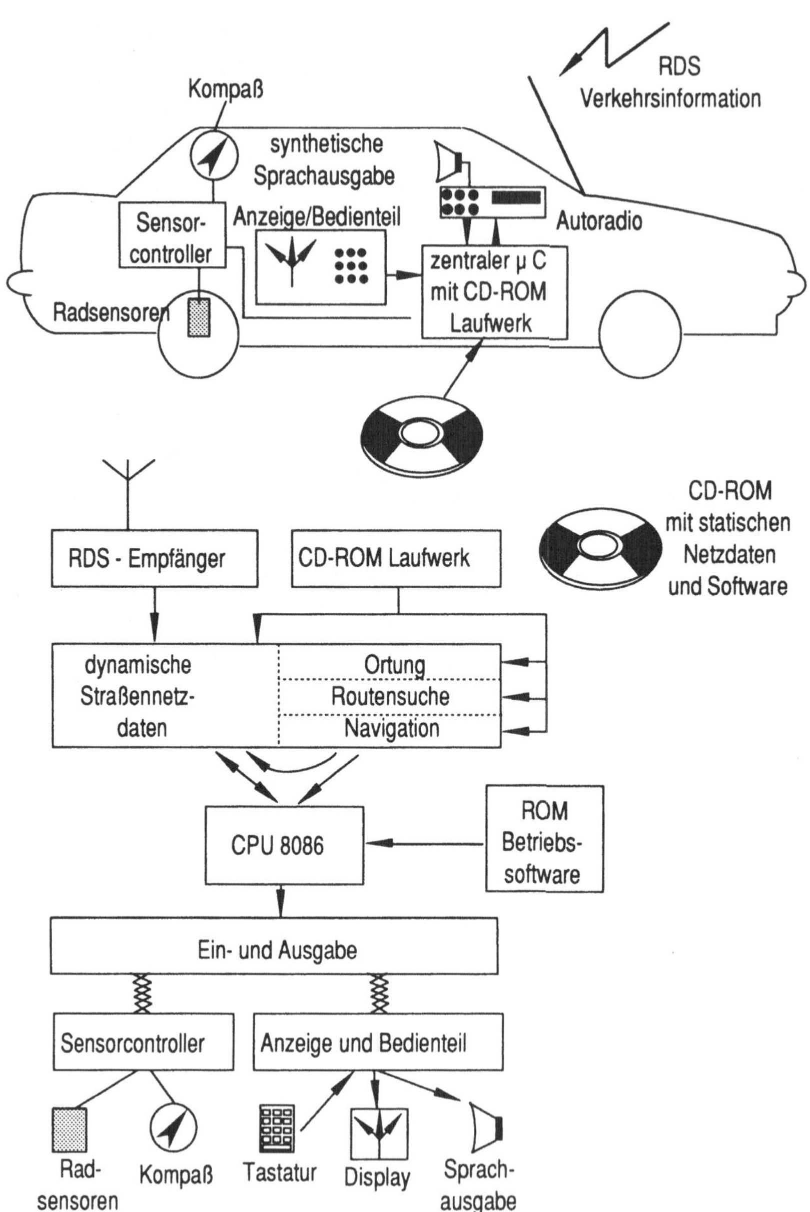

Bild 9-12 EVA-System- und Hardwarekonzept

9.3.4   Der Travelpilot

Der Travelpilot besteht wie das EVA-System aus
➤   zwei Radsensoren mit Magnetstreifen und einem Magnetkompaß mit Inklinometer zur Koppelnavigation,
➤   CD-ROM-Player,
➤   CD-ROM-Platte (Flächendeckende Digitalisierung der Bundesrepublik Deutschland),
➤   Navigationsrechner,
sowie zusätztlich einem 4,5"-Monitor (11 cm) monochrome grün einschließlich Schwanenhalsbefestigung.

Die durch Koppelnavigation ermittelten Daten werden auch hier ständig mit dem digitalisierten Straßennetz auf der CD-ROM verglichen. Im Gegensatz zum System EVA bestimmt der Fahrer mit Hilfe der auf dem Monitor dargestellten elektronischen Straßenkarte seine Fahrtroute selbst. D.h. es werden keine automatischen Routenberechnungen durchgeführt; die Erstellung der digitalen Straßenkarte gestaltet sich somit wesentlich einfacher, wodurch das System Travelpilot kostengünstiger ist als das System EVA.

9.3.5   ALI-Scout

Das Autofahrer-Leit- und Informationssystem (ALI) wurde in den 70er Jahren von Tafel, Kumm/Groth, /90/, /251/ später Bosch/Blaupunkt entwickelt und im Rahmen eines Feldversuches im örtlichen Ruhrgebiet (Recklinghausen, Bochum, Dortmund) erfolgreich erprobt /197/. ALI ist ein sogenanntes **bakengestütztes System**, das dadurch gekennzeichnet ist, daß ein ständiger Datenaustausch zwischen Fahrzeug und Bake möglich ist.

Als Bake fungieren beim System ALI in die Fahrbahnen eingelegte Induktionsschleifen, die den gesamten Verkehrsraum erfassen, die Daten an einen zentralen Verkehrsrechner weiterleiten, der dann z.B. Verkehrwechselzeichen zur optimalen Verkehrsflußsteuerung ansteuert. Das ALI-Bordgerät ermöglicht gleichzeitig über die Induktionsschleife einen Dialog mit dem Straßengerät, in welchem die vom Zentralrechner vorgegebenen verkehrsabhängige Richtungshinweise zu den vom Fahrer gewünschten Zielen abgelegt sind.

Die Richtungshinweise können mit weiteren Informationen wie Glätte, Stau-
gefahr, Geschwindigkeitsbegrenzung verknüpft sein (Bild 9-13). Aufgrund der
hohen Kosten für die notwendige von der öffentlichen Hand zu finanzierende
flächendeckende Infrastruktur wurde das System ALI, zugunsten des ebenfalls bakengestützten Systems **ALI-Scout**, auch **EURO-Scout** genannt, nicht
eingeführt.

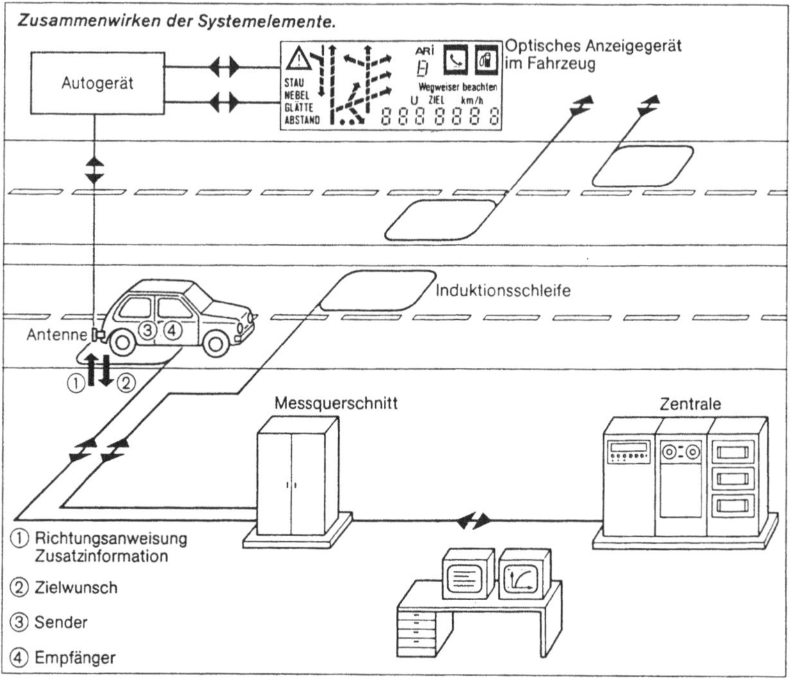

Bild 9-13   Das System ALI (Bosch Druckschrift)

ALI-Scout ist ein **teilautarkes** Fahrer-Leit- und Informationssystem, welches von der Firma Siemens entwickelt und im Rahmen eines Großversu-
ches (unter Beteiligung von Bosch, Siemens, SNV, TU-Berlin u.a.), unter
dem Namen **LISB** (Leit- und Informationssystem Berlin) erfolgreich getestet
und von den Versuchsteilnehmern angenomen wurde /258/, /259/, /102/ u.a.

Das bidirektionale Kommunikations- und Funktionsprinzip von ALI-Scout geht
aus Bild 9-15 hervor. Wie ersichtlich, erfolgt nunmehr ein Informationsaus-
tausch zwischen Fahrzeug und Bake mittels einer Infrarotsonde- und -emp-

fangseinheit. Das Fahrzeuggerät selbst ermöglicht die Eingabe von gewünschten Zielen durch Koordinateneingabe aus einem Stadtplan. Dabei erfolgt die Zielführung, aus Gründen einer nicht zu hohen Datenrate, erst in der Nähe (ca. 300 m) des gewünschten Zieles (sowie am Anfang) autark mittels Koppelnavigation.

Kommt das Fahrzeug in die Nähe einer Bake, so werden dem Fahrer die Luftlinienrichtung und -entfernung zum Ziel als Routenempfehlungen angezeigt (Bild 9-14).

Der Navigationsrechner im Fahrzeug erfaßt zusätzlich die Reisezeiten zwischen den Verkehrsknoten, die ein Fahrzeug passiert sowie die Standzeiten vor Straßenverkehrs-Signalanlagen. Die Ergebnisse werden über den IR-Sender an den Verkehrsleitrechner übertragen, der seinerseits hieraus (alle fünf Minuten) Prognosen über die optimale Fahrtroute mittels Verkehrsleitketten an die jeweilige Bake ausgibt.

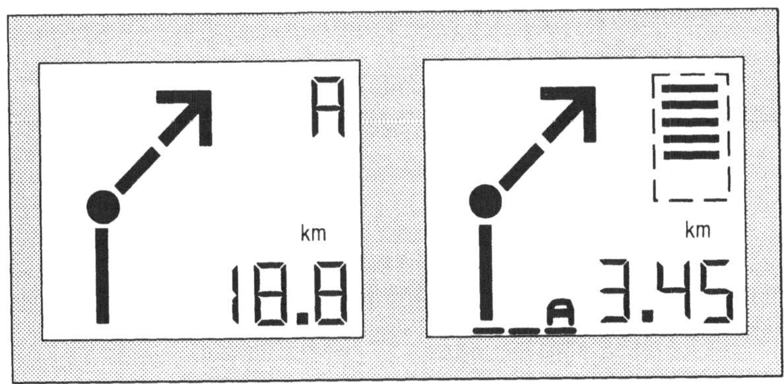

Bild 9-14   Optische Anzeige von Leitinformationen; links für autarke Navigation, rechts
für Routenempfehlungen (Siemens Druckschrift)

Das System ALI-Scout ist nach erfolgreichem Abschluß der praktischen Testphase und Auswertung der Ergebnisse von LISB seit 1991 einsatzbereit und soll über eine Betreibergesellschaft für die Infrastruktur eines Verkehrsmanagement-Systems − mit privatwirtschaftlicher und öffentlicher Finanzierung − eingeführt werden.

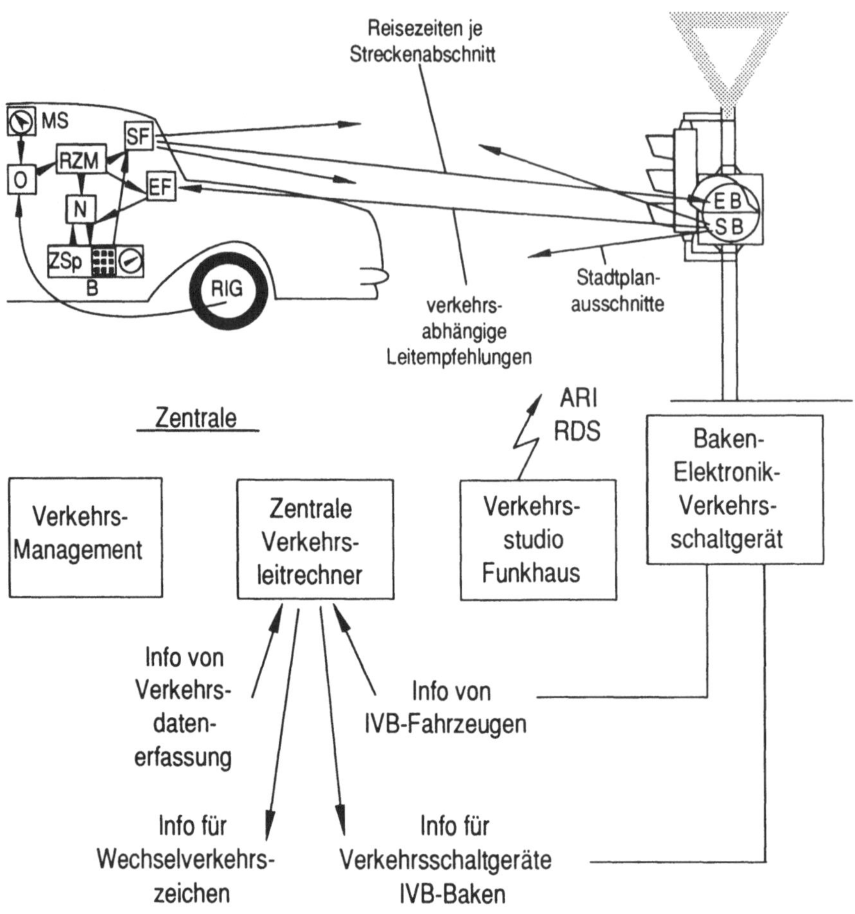

O: Ortungsgerät mit Magnetfeldsonde MS und Radimpulsgeber RIG
RZM: Reisezeitmesser
SF, EF: IR-Sender/Empf. im Fahrzeug
N: Navigationsgerät
B: Bediengerät mit Eingabetastatur, Richtungsanzeiger u. Zielspeicher ZSp
EB: IR-Empfänger d. Baken
SB: IR-Sender d. Bake

Bild 9-15   System ALI-Scout mit Integration von kollektiver und individueller Verkehrsbeeinflussung (Erweiterte Darstellung aus Siemens Druckschrift)

9.4 Das Europäische Forschungsprogramm PROMETHEUS

Im Rahmen einer EUREKA-Initiative wurde 1985 von der europäischen Automobilindustrie, mit finanzieller Unterstützung der jeweiligen Regierung, als vorwettbewerbliches Gemeinschaftsforschungsprogramm PROMETHEUS etabliert und gestartet.

Dabei steht PROMETHEUS (nach dem Titan der griechischen Mythologie, der den Menschen das Feuer brachte) als Acronym für Programme for a European Traffic with Highest Effiency and Unprecedented Safety ("Programm für einen europäischen Verkehr von höchster Leistungsfähigkeit und bisher unerreichter Sicherheit").

Am Projekt PROMETHEUS sind 18 europäische Automobilhersteller (aus Deutschland: BMW, Daimler-Benz, MAN, Porsche, Volkswagen/Audi), die Zulieferer- und Elektroindustrie, mehrere Universitäten und andere Forschungsstellen sowie die in den einzelnen Ländern zuständigen Verwaltungen für Telekommunikation und Straßenverkehr beteiligt.

Zum Programm PROMETHEUS und zu den bisher durchgeführten Untersuchungen gibt es zahlreiche Publikationen und Forschungsberichte u.a. /185/, /199/, /200/.

9.4.1 Programmorganisation

Das Projekt PROMETHEUS gliedert sich in die zwei Organisationsbereiche, Council und Steering Committee sowie Grundlagen- und Industrie-Forschung (Bild 9-16).

Das Steering Committee stellt die technische und organisatorische Leitung des Programms dar. In ihm sind alle am Projekt beteiligten Automobilfirmen vertreten.

Das Council ist das bindende Gremium zwischen dem Steering Committee und den einzelnen nationalen verkehrstechnischen Behörden und Verwaltungen der beteiligten Länder. Nachfolgende Ausführungen beziehen sich auf /185/, /199/, /200/ und /237/.

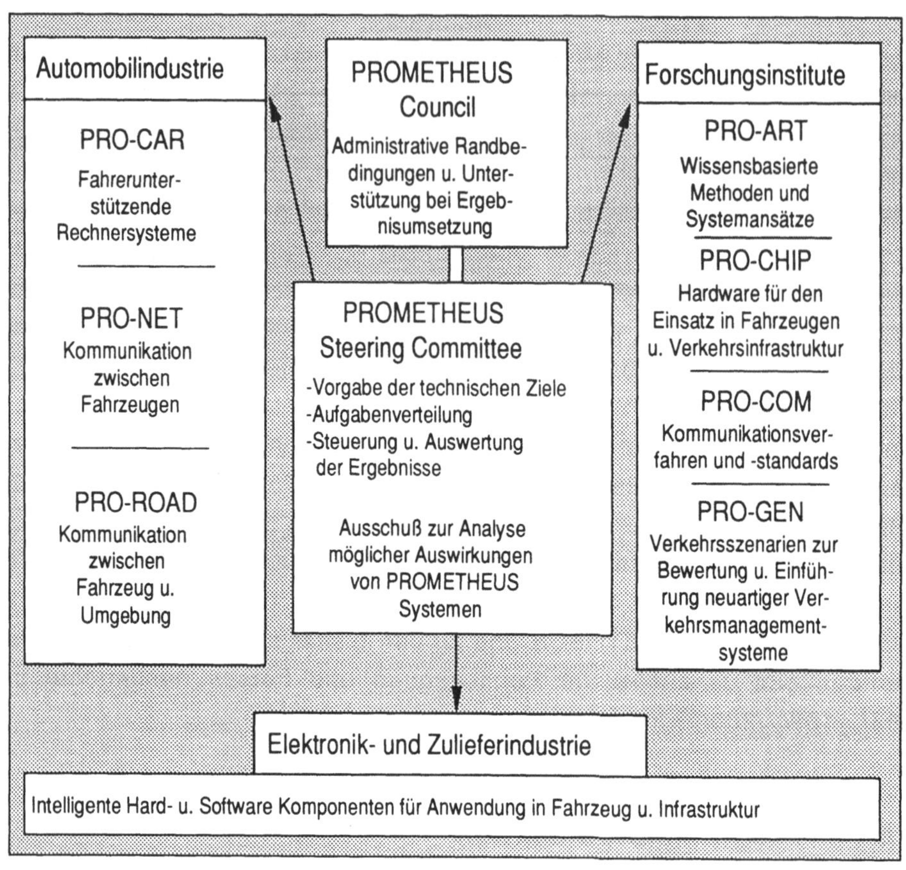

Bild 9-16   Struktureller Aufbau von PROMETHEUS

9.4.2   Programmansatz und Methodik

Integraler Ansatz

Ziel von PROMETHEUS ist es, sowohl die Interessen der Komponenten des
"Gesamtsystems Straßenverkehr" zu berücksichtigen, als da sind: Fahrer,
Fahrzeug, Straße, Verkehrsorganisation, Gesellschaft, als auch die Interes-
sen von Automobil-, Zuliefer- und Elektroindustrie.

Im PROMETHEUS-Programm wird aufgrund der Komplexität dieser Aufgabe ein integrierender Lösungsansatz verfolgt, der eine neue Form produktiver Co-Existenz und Zusammenarbeit zwischen Wissenschaft und Verwaltung anstrebt. Wurden bisher die Komponenten des "Gesamtsystems Straße" unabhängig voneinander weiterentwickelt, so müssen nun ineinandergreifende (d.h. integrierende) Lösungsansätze für die Verkehrsbereiche Organisation, Planung, Betrieb und Technik gefunden werden.
Im Vordergrund stehen also nicht mehr voneinander unabhängige Einzellösungen, sondern nur noch die Gesamtlösung für den Bereich Straßenverkehr.

Top-down approach

Bisher verfolgte man den Weg der Weiterentwicklung von Technik durch eine Verbesserung des Gegebenen. Der Ausgangspunkt dieses sogenannten "bottom-up approach" (Annäherung von unten) ist ausschließlich der gegenwärtige Ist-Zustand.
Beim "top-down approach" (Annäherung von oben) geht man hingegen bei der Entwicklung von Fahrzeugen, Verkehrssystemen und der Infrastruktur vom Optimum des Erreichbaren aus (Bild 9-17). Das heißt, man versucht die Lücke zwischen dem zukünftigen integrierten System (dem Soll-Zustand) und dem heutigen Standard zu schließen.

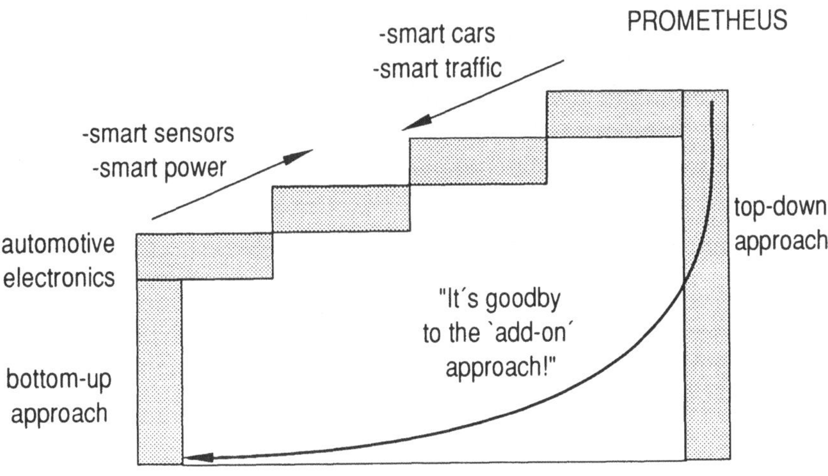

Bild 9-17   Systemansatz PROMETHEUS /185/

Ziel sowohl des integrativen Ansatzes als auch der "Annäherung von oben" ist es, eine Grundlage für weitreichende Planungen und Investitionen in Produkte oder infrastrukturelle Maßnahmen zu schaffen. D.h., die Ereignisse sollen konkrete und fundierte Entscheidungshilfen für Industrie und Verwaltung bieten.

9.4.3   Programmaufbau (Kurzdarstellung)

Wie aus Bild 9-16 hervorgeht, bilden PRO-CAR, PRO-NET und PRO-ROAD die Hauptsystemansätze der industriellen Forschung.
Durch diese Systemansätze erhofft man sich eine Erhöhung der Sicherheit durch Systeme zur Unfallvermeidung, die kritische Situationen erkennen und den Fahrer sowohl aktiv als auch passiv bei der Bewältigung von Gefahrensituationen unterstützen. Eine weitere Zielrichtung liegt in der Homogenisierung des Verkehrsflusses und damit verbundenen besseren zeitlichen und räumlichen Nutzung des vorhandenen Verkehrsraumes.

9.4.3.1 PRO-CAR

Ziel des PRO-CAR-Konzeptes ist die Entwicklung von assistierenden Systemen, die den Fahrer ständig über sicherheitsrelevante Ereignisse und Zustände informieren und ihn zugleich in kritischen Situationen passiv wie aktiv unterstützen. Solche Assistenzsysteme sollen folgende Informations- und Handlungsdefizite beseitigen:
➤   begrenzte Reaktionszeit,
➤   mangelnden Konzentrationsfähigkeit,
➤   Unerfahrenheit,
➤   Handlungsunfähigkeit (als Folge der Defizite).

Die Assistenzsysteme reagieren aufgrund angewandter "Expertenstrategien" bei Gefahr schneller und adäquater als dies der "Normalfahrer" könnte. Der PRO-CAR-Bereich ist seinerseits nochmals in die drei Demonstrationsprojekte "ALERT", "ASSIST" und "BASE" unterteilt.

ALERT

Ziel des ALERT-Demonstrationsprojektes ist es, ein autarkes Sicherheits-
und Informationssystem für Fahrer, Fahrzeug und Fahrzeugumgebung zu
schaffen.

Durch eine umfassende Information über sicherheitsrelevante Zustände und
Ereignisse müssen u.a. folgende Aufgabengebiete abgedeckt sein:

➤   Hinderniserkennung, Abstandsregelung, Schlechtwettersehen,

➤   Straßenzustandserfassung mit Gefahrenwarnung bei Unterschreitung der
     fahrdynamischen Sicherheitsreserven,

➤   Überwachung sicherheitsrelevanter Komponenten,

➤   Erkennung des Fahrerzustandes.

Zur Verwirklichung dieser Aufgaben sind eine Reihe von Detailentwicklungen
nötig, die beinahe ausschließlich auf dem Gebiet der Sensorik zu tätigen
sind.

Beispiele

➤   Abstands- und Hindernissensoren per Radar oder Ultraschall,

➤   Sichtsensorik bzw. Rechnersehen über Infrarot- oder Videotechnik,

➤   Sensoren zur Erkennung von Kraftschluß oder Längs- und Querbeschleu-
     nigung.

ASSIST

Eine Fahrerunterstützung auch und gerade in kritischen Situationen, aufbauend auf Sicherheits- und Informationssystemen, ist Ziel dieses Projektes.
Die zu erfüllenden Aufgaben sind:

➤   Längs- und Querstabilisierung (Sensorik für Kraftschluß Reifen/Straße
     und Fahrdynamik),

➤   Notfallstrategien (Stellglieder für Gas, Lenkung und Bremse),

➤   Automatische Fahrzeugführung (integrierte Regelung für Antriebsstrang,
     Lenkung, Gas, Bremse),

(z.B. **Kolonnenverkehr**).

BASE

Die von ASSIST und ALLERT entwickelten Komponenten sollen im Rahmen
von BASE aufeinander abgestimmt werden. Die Aufgabe besteht darin, ge-

meinsam Normen und Standards festzulegen, um z.B. einheitliche Datenpro-
tokolle und Schnittstellen zu vereinbaren, damit ein hoher Sicherheits- und
Zuverlässigkeitsstandard erreicht werden kann. PRO-CAR-Entwicklungen för-
dern einen stetig steigenden Technikanteil im Fahrzeug. Die Technik übernimmt dabei immer mehr Fahraufgaben, was zugleich einige wichtige Fragen aufwirft:

> Wie ist rechtlich die Zuständigkeit und Verantwortung gerade in bezug
  auf eine automatische Fahrzeugführung geregelt?

> Kann man technisch die Zuverlässigkeit elektrischer Systeme gewähr-
  leisten?

> Welche Kosten kommen auf Fahrer und Industrie zu? Und sind diese
  überhaupt gerechtfertigt?

> Wie muß ergonomisch und psychologisch die "Mensch-Maschine-Schnitt-
  stelle" gestaltet werden, damit sie optimal an die Aufgaben und Bedürf-
  nisse des Fahrers angepaßt ist?

9.4.3.2 PRO-NET

Der PRO-NET-Bereich befaßt sich mit den Möglichkeiten der Kommunikation
zwischen Fahrzeugen.
Sinn und Zweck dieses Projektes ist die Beseitigung der Informationsmängel
zwischen den Fahrzeugen bezüglich

> der Handlungsabsichten und deren Interpretation,

> der Einschätzung von Bewegungsabläufen anderer Fahrzeuge,

> der Sichteinschränkung und -behinderung.

Um diese Aufgabe zu erfüllen, soll ein Kommunikationsnetz zwischen den
Fahrzeugen aufgebaut werden, das Kooperation und dezentrales Management von Fahrmanövern übernimmt. So wird zugleich eine sichere und har-
monische Fahrzeugkoordination gewährleistet.
Die Aufgaben- und Anwendungsbereiche von PRO-NET im einzelnen:

> Kollisionsverhinderung durch vorausschauende Fahrstrategien und Ver-
  abredung kollisionsfreier Kurse,

> Warnung nachfolgender Fahrzeuge bei Gefahr durch Glätte, Nebel, Staus
  und sonstige Ursachen,

➤ Harmonisierung des Verkehrsflusses durch kooperative Fahrweise,

➤ Austausch von individuellen Handlungsabsichten wie Bremsen, Beschleu-
   nigen, Überholen u.ä.,

➤ Aufbau eines automatischen Notrufsystems (ARTHUR),

➤ Realisierung von automatischen Fahrmanövern wie "Kolonnenfahren",
   "Convoy-Verkehr", "Leitspurverkehr" usw.

9.4.3.3   PRO-ROAD

Dieses Teilprojekt beschäftigt sich mit dem Austausch von Daten zwischen
Fahrzeug und Strecke. Die Informationsdefizite, die es hier auszuschalten
gilt, sind mangelnde Ortskenntnis sowie fehlende Informationen über den
aktuellen Straßenzustand. Informationsmängel dieser Art führen zu unsiche-
rem Fahrverhalten, Streß beim Fahrer, zu unnötigen Suchfahrten auf Umwe-
gen und damit zu einer größeren Verkehrsbelastung.
Ziel des PRO-ROAD-Projektes ist der Abbau obiger Probleme durch aktuelle
Verkehrs- und Leitinformationen vor und während der Fahrt. Es wird also die
Einführung von integrierenden Zielfindungs-, Straßenführungs- und Verkehrsleitsystemen mit Fahrzeug- und Infrastrukturunterstützung angestrebt (siehe
Kapitel 9.3).
Im einzelnen einige Aufgaben bzw. einige Informationsserviceleistungen, die
mit diesem Programm erbracht werden sollten:

➤ Standortbestimmung: Der Fahrer muß wissen, wo er sich befindet.

➤ Zielfindung und Verkehrsleitung: Eine fundierte Fahranweisung muß erbracht werden.

➤ Sichere Streckenabsolvierung: Dem Fahrer müssen Informationen über
   die Straßenführung, den Straßenzustand und über die zu empfehlende
   Fahrgeschwindigkeit vorliegen.

➤ Regionale Verkehrsinformationen: Sondersituationen, wie Staus usw.
   müssen gemeldet werden.

➤ Das Finden besonderer Einrichtungen, wie Tankstellen, Parkplätzen,
   Hotels, Krankenhäusern u.ä. soll möglichst einfach gemacht werden.

9.4.3.4   PRO-ART (Artificial Intelligence)

PRO-ART stellt eine der vier "Säulen" der Hochschulforschung dar.
Mit Hilfe dieses Forschungsprogramms sollen die Grundlagen für den Einsatz Künstlicher Intelligenz im Gesamtsystem Straße geschaffen werden.
Die Forschungsaktivitäten befassen sich z.B. mit der Beschreibung und Auswertung der aktuellen Fahrzeugumgebung (Erfassung und Bewertung von Bewegungssignalen u.ä.).

9.4.3.5   PRO-CHIP

Dieses Teilprojekt arbeitet an der Entwicklung fahrzeuggerechter Mikroelektronik für Systeme der Künstlichen Intelligenz.
Hauptschwerpunkt sind die Integration optischer Sensoren in den Prozessorchip und die Verkleinerung der Strukturgrößen, insbesondere durch die Entwicklung eines 3-dimensionalen Chips.

9.4.3.6   PRO-COM

Hauptaufgabe dieses Teilprojektes ist die Entwicklung von Strukturen und Standards für den Informations- oder Datenaustausch zwischen Fahrzeug und Umwelt. Dies ist für eine Harmonisierung von Komponenten-Schnittstellen und letztendlich für eine optimale Kommunikation zwischen diesen Komponenten unabdingbar.

9.4.3.7   PRO-GENERAL

Im Rahmen eines integralen Ansatzes werden bei diesem Projekt Modelle und Szenarien für den Verkehr der Zukunft entwickelt, simuliert, analysiert und bewertet.
Anhand der gewonnenen Erkenntnisse sollen dann unter Berücksichtigung von rechtlichen und organisatorischen Gegebenheiten Leitstrategien und Empfehlungen ausgearbeitet und Möglichkeiten der Einführbarkeit aufgezeigt werden.

9.4.4   Zuverlässigkeit und Sicherheit

Auch beim PROMETHEUS-Programm sind Zuverlässigkeit und Sicherheit vorrangige Ziele. Um diese wichtigen Aufgaben bezüglich Sicherheit und Zuverlässigkeit zu koordinieren und für einen Brainstorming zu sorgen, wurde eine Arbeitsgruppe "Vehicle Safety and Dependability" eingerichtet /133/. Die im PROMETHEUS-Programm vorgegebenen Realisierungen neuer Funktionen, erfordert auch eine Weiterentwicklung der Zuverlässigkeits- und Sicherheitstheorie zu deren Bewertung. Insbesondere auf dem Gebiet der leistungsfähigen Rechnerhardware mit entsprechender komplexer Software, fehlertoleranten Kommunikationsnetzwerken, Überwachungs- und Diagnosesystemen sowie der menschlichen Handlungszuverlässigkeit. Als zuverlässigkeitserhöhende Maßnahme wird neben der in Kapitel 4 aufgeführten auch der Weg der verteilten "Intelligenz" beschritten. Bild 9-18 zeigt die Beiträge zur Sicherheit und Zuverlässigkeit künftiger Fahrzeuge.

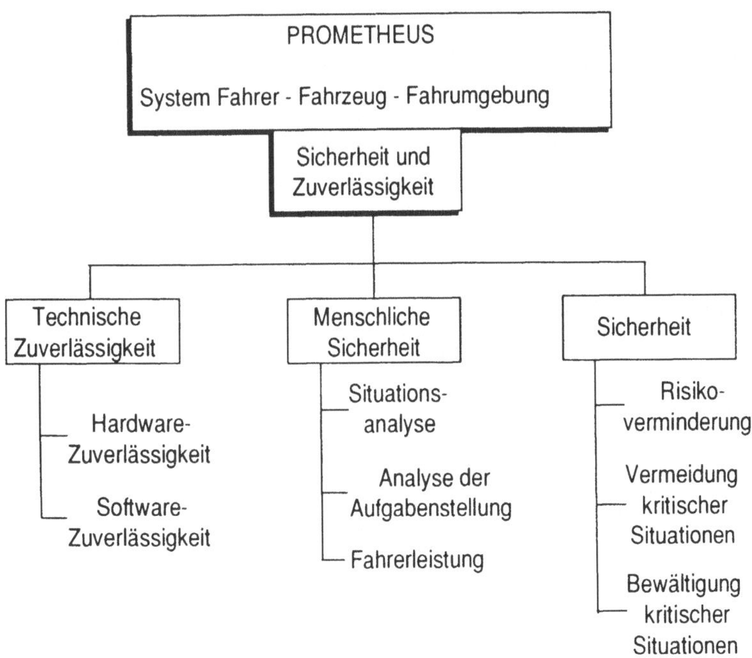

Bild 9-18   Beiträge von PROMETHEUS zur Sicherheit und Zuverlässigkeit künftiger Fahrzeuge /133/

Wie schon in den vergangenen Kapiteln erläutert, setzt gezielte Zuverlässigkeit die Entwicklung eines entsprechenden Zuverlässigkeitsprogramms /26/, /29/, /171/ voraus, in dem die einzelnen Maßnahmen – ausgehend von der Definitionsphase über Konstruktion und Entwicklung, Produktion – niedergelegt sind. Solch ein Programm schließt auch organisatorische Maßnahmen und Überwachungen ein.

Für die einzelnen PROMETHEUS-Projekte wurden ebenfalls entsprechende Zuverlässigkeits- und Prüfprogramme (siehe auch Projekt "General Safety Tacks") entwickelt. Diese schließen die üblichen Fragestellungen hinsichtlich der Anforderung auf Umgebungseinflüsse wie Temperatur, Feuchtigkeit, Schwingungen, elektromagnetische Verträglichkeit u.a. ein.

Besondere Bedeutung kommt bei PROMETHEUS dem Problemfeld "der Mensch als Fahrzeugführer" oder menschliche Handlungszuverlässigkeit (Mensch-Maschine-Systemanalyse) zu, denn ca. 80% der Unfälle sind bekanntlich auf "menschliches Versagen" zurückzuführen. Hier gilt es das schon vorhandene "know-how" aus anderen Bereichen wie z.B. der Kerntechnik oder der Luftfahrt gezielt einzubeziehen und weiter zu entwickeln (siehe u.a. /207/).

10 Verfügbarkeitsanalyse für Fertigungsanlagen

Moderne Fertigungssysteme, z.B. Fertigungszellen, flexible Fertigungssysteme, Fertigungsstraßen in verschiedenen Prozeßstufen, zeichnen sich durch eine hohe Leistungsfähigkeit, die allerdings eine optimale zeitliche Nutzung (3. Schicht, Pausendurchlauf u.a.) voraussetzt, aus. Die Rentabilität solcher Fertigungssysteme wird durch deren Verfügbarkeit entscheidend geprägt.
Nach DIN 40042 versteht man unter **Verfügbarkeit** (availability) die Wahrscheinlichkeit, ein System zu einem vorgegebenen Zeitpunkt in einem funktionsfähigen Zustand anzutreffen. D.h., die Verfügbarkeit eines technischen Systems schließt nicht nur die Zuverlässigkeit, sondern auch die Instandsetzung (Ersatzteilbevorratung, Personalbedarf) mit ein (siehe auch Kapitel 2.2.3).

Bei Fertigungssystemen werden gegenwärtig Verfügbarkeitswerte in der Größenordnung zwischen 70% und 99%, je nach Anlagentyp, erreicht. So wird in /106/ bzw. in /248/ für eine Einzelmaschine ein Wert von $V = 85\%$ bzw. $V = 84\%$, Systemsteuerung $V = 86\%$ und Peripherie $V = 95,2\%$, angegeben. Für Bearbeitungszentren gibt /212/ einen Wert von $V = 80,5\%$ an. Weitere Ergebnisse hinsichtlich Verfügbarkeit, Fehleranalyse u.a. findet man in /268/, /221/, /277/. Wie in Kapitel 2.2.3 gezeigt, ist die sogenannte **stationäre Verfügbarkeit** $V(t \to \infty)$, auch **Dauerverfügbarkeit** V_{Di} genannt, für ein i-tes Element durch den Quotienten aus der mittleren (ununterbrochenen) Arbeitsdauer $E(T_i)$ und der Summe aus mittlerer Arbeitsdauer und mittlerer Ausfalldauer $E(T_{si})$

$$V_{Di} = \frac{E(T_i)}{E(T_i) + E(T_{si})} \tag{10-1}$$

gegeben.

Dabei ist in der mittleren Ausfalldauer die sogenannte mittlere organisatorische Stillstandsdauer (z.B. durch fehlendes Personal, Werkzeuge, Hilfsstoffe) enthalten. Man beachte, daß die stationäre Verfügbarkeit unabhängig von den Verteilungsfunktionen der Betriebs- und Ausfallzeiten ist. Lediglich die Erwartungswerte müssen bekannt sein. Wie aus vorstehender Gleichung hervorgeht, läßt sich die stationäre Verfügbarkeit durch Erhöhung der mittleren ununterbrochenen Arbeitsdauer – d.h. Verbesserung der Zuverlässigkeit – und/oder Verringerung der mittleren Ausfalldauer (z.B. durch Verringerung der Fehlersuchzeit, Fehlerbehebungszeit, Inbetriebnahmezeit) steigern. Fertigungssysteme mit einer hohen Verfügbarkeit zeichnen sich durch eine hohe Ausbringungsmenge sowie geringe Kosten für Reservepersonal und -kapazität aus.

Verfügbarkeitsuntersuchungen und damit verbundene Schwachstellenanalysen setzen eine gezielte Datenerfassung und -aufbereitung voraus. Bei Fertigungsstraßen erfolgt diese "automatisch" z.B. durch sogenannte Betriebsdatenerfassungs-Geräte (BDE-Geräte) in einem zuvor festgelegten Bereich. Über einen entsprechenden Zifferncode kann dann der Stillstandsgrund von dem Bedienungspersonal eingegeben und die entsprechenden Anfangs- und Endzeiten (Datum, Uhrzeit) des Stillstandes festgehalten werden.

Die Instandsetzungszeiten (Zeiten bis zur Vollendung einer Instandsetzung) können demzufolge teilweise direkt dem System (Anlauf, Auslauf), den einzelnen Maschinen, dem Material (Materialstörung) oder der Organisation und Planung (Materialmangel, andere Arbeit, Pause, Wartung) zugerechnet werden.

Für die zuverlässigkeitstechnische Untersuchung eines Fertigungssystems ist es notwendig, aus der gesamten Datenmenge der Lebensdauerwerte die Stillstandszeiten (Zeiten bis zum Eintritt eines Systemstillstandes) sowie die Instandsetzungszeiten (Zeiten bis zur Vollendung einer Instandsetzung) für jeden einzelnen Stillstandsgrund in einer gesonderten Datei zu erfassen. Unter Berücksichtigung der verschiedenen Konstellationen aus Datum, Zeitpunkten und Zifferncodes in und zwischen den einzelnen Datensätzen ist dann die Berechnung der Stillstands- und Instandhaltungsverteilung, bezogen auf die Stillstandsursachen, mit Hilfe eines EDV-Programms möglich. Die Betriebszeiten lassen sich in der Regel indirekt anhand der Störungen bzw. Instandsetzungszeiten ermitteln.

10.1 Zuverlässigkeitstechnische Untersuchung einer Fertigungsstraße anhand ihrer Stillstands- und Instandsetzungszeiten

In /228/ wurden die Stillstands- und Instandsetzungszeiten einer Fertigungsstraße zur Produktion von Rotoren für kleine Elektromotoren ermittelt und zuverlässigkeitstechnisch ausgewertet. Die Bearbeitung umfaßt den kompletten Fertigungsprozeß, ausgehend vom Rohteil bis zum geprüften Fertigprodukt. Die Fertigungsanlage ist elastisch verkettet und besteht aus 17 Stationen (Station 1 Schichtmaschine, Station 2 Rotorisolationsmaschine, 3 Papierisoliermaschine, 4 Kollektormaschine, 5 Wickelmaschine, 6 Schweißmaschine, 7 Schließmaschine usw.) und 4 Puffern/Zwischenlagern (siehe Bild 10-1).

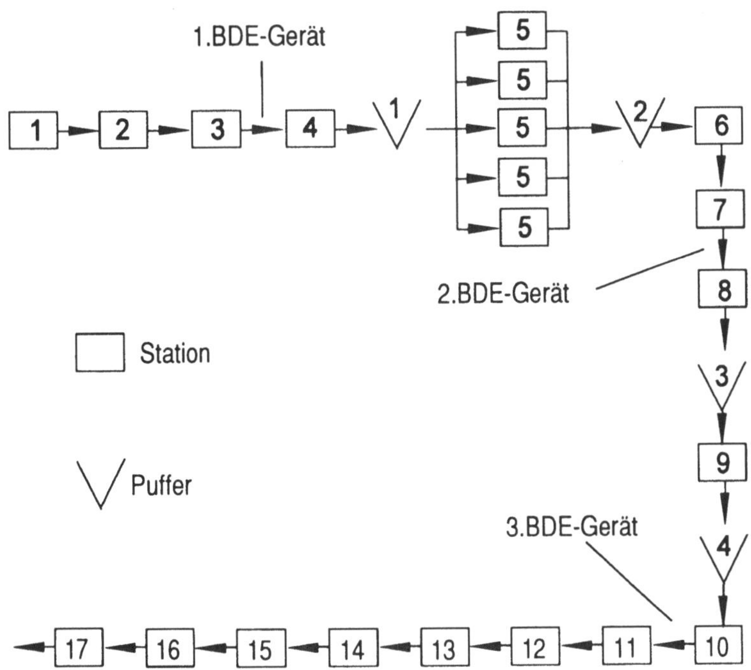

Bild 10-1   Anlagenplan der Rotorenfertigungsstraße

Die Zwischenlager dienen sowohl als Ausgleichspuffer zur Überbrückung von Produktionsschwankungen und geplanten Stillständen als auch als Störungspuffer stochastisch auftretender Störungen. Die einzelnen Bearbeitungsstationen und Zwischenlager der Fertigungsstraße sind durch Transportbänder miteinander verbunden, welche die Rotoren gemäß Fertigungsstand von einer Station zur nächsten transportieren. Auch übernehmen sie in einem gewissen Maße die Aufgabe von Puffern. Fällt eine Maschine aus, kann die nachfolgende solange weiterarbeiten, bis der Vorrat auf dem Transportband zwischen beiden Maschinen aufgebraucht ist. Die vorangehende Maschine arbeitet weiter bis das Band zwischen beiden Maschinen vollkommen belegt ist.

Die Betriebsdaten werden durch drei BDE-Geräte erfaßt, die jeweils einem festgelegten Bereich der Fertigungsstraße zugeteilt sind (Bild 10-1). Die Daten werden mit Hilfe eines Personal-Computers auf einer Festplatte gespeichert. Es werden zum einen über einen Zifferncode der Stillstandsgrund der Anlage und zum anderen die entsprechenden Anfangs- und Endzeiten (Datum und Uhrzeit) des Stillstandes festgehalten. Die Stillstandsgründe der drei BDE-Geräte sind nachfolgend in Tabelle 10-1 aufgelistet.

Ziffer	Stillstandsgründe 1. BDE-Gerät	Stillstandsgründe 2. BDE-Gerät	Stillstandsgründe 3. BDE-Gerät
1	Anlauf-Auslauf	Anlauf-Auslauf	Anlauf-Auslauf
2	Schichtmaschine	Wickelmaschine	Glattwalzmaschine
3	Rotorisolation	Schweißmaschine	Drehmaschine
4	Papierisolation	Schließmaschine	Lüftermaschine
5	Kollektormaschine	Prüfmaschine	Übergabe
6	Transportband	Träufelmaschine	Loop
7	keine Entsorgung	keine Entsorgung	Wuchtmaschine
8	Materialmangel	Materialmangel	Materialmangel
9	andere Arbeit	Materialstörung	Wartung
10	Pause	Pause	Pause

Tabelle 10-1   Erfaßte Stillstandsgründe an den drei BDE-Geräten

Bild 10-2 zeigt beispielhaft die empirische Verteilungsdichte des Stillstands-grundes 1 und 7.

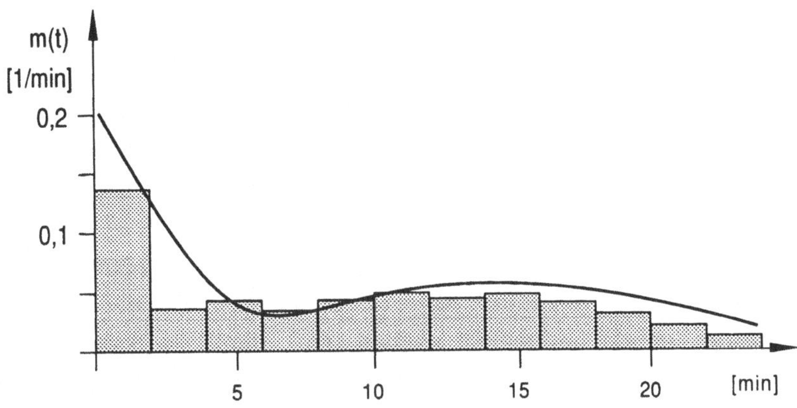

Stillstandsgrund 1

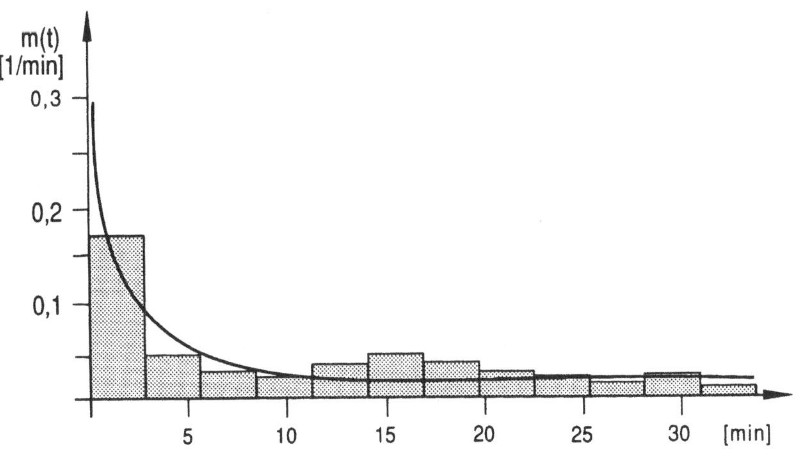

Stillstandsgrund 7

Bild 10-2   Verteilungsdichte der Instandsetzungszeit

Einige Ergebnisse

Zur Auswertung wurden die Daten (ca. 32000 Stillstände) eines Jahres herangezogen, die zuvor in 63 Dateien (30 Dateien der Stillstands- und 33 Dateien der Instandsetzungszeiten) abgelegt und mittels eines EDV-Programms ausgewertet wurden.

So konnten die Hauptstörungsgründe und die Histogramme der Instandsetzungszeiten bezogen auf die Stillstandsgründe relativ leicht ermittelt werden. Primäre Zielsetzung war jedoch die Ermittlung von empirischen Verteilungsfunktionen für die Stillstandsgründe mit Hilfe der drei BDE-Geräte. Insgesamt konnten 46 Verteilungsfunktionen ermittelt und überprüft werden.

Wie aus Bild 10-2 hervorgeht, können die empirischen Verteilungsfunktionen durch theoretische Verteilungen approximiert werden. Bei der vorliegenden Untersuchung konnte festgestellt werden, daß sämtliche Stillstandsdauern (aber auch die Betriebsdauer) entweder Weibull-verteilt oder Weibull-mischverteilt waren.

Instandsetzungskenngrößen (siehe Kapitel 2.2.3) für Mischverteilungen sind allgemein durch folgende Beziehungen darstellbar:

$$M(t) = \sum_{i=1}^{n} C_i \cdot M_i(t) \tag{10-2}$$

$$m(t) = \sum_{i=1}^{n} C_i \cdot m_i(t) \tag{10-3}$$

$$\mu(t) = \frac{m(t)}{1 - M(t)} \tag{10-4}$$

n = Anzahl der additiv überlagerten Verteilungsfunktionen,

C_i = Wahrscheinlichkeit, daß die Zufallszeit der Stichprobe der i-ten überlagerten Verteilungsfunktion zuzuordnen ist (siehe auch /66/).

Selbstverständlich gelten vorstehende Beziehungen auch für Betriebszeiten. Nachfolgend sei beispielhaft für die empirische Instandsetzungswahrscheinlichkeit des Stillstandsgrundes 1 (Bild 10-2) die prinzipielle Vorgehensweise erläutert.

Klasse	H_i	A_i	B_i	$M_A(t)$	$M_B(t)$
1	82	82	0	0,6357	0,0000
2	22	22	0	0,8062	0,0000
3	24	12	12	0,8992	0,0642
4	20	8	12	0,9612	0,1283
5	23	5	18	1,0000	0,2245
6	32	0	32	-	0,3957
7	25	0	25	-	0,5294
8	27	0	27	-	0,6738
9	20	0	20	-	0,7807
10	15	0	15	-	0,8610
11	10	0	10	-	0,9144
12	2	0	2	-	0,9251
13	14	0	14	-	1,0000
	$\Sigma = 316$	$\Sigma = 129$	$\Sigma = 187$		

mit

H_i = Häufigkeit der i-ten Klasse,

A_i = Häufigkeit der i-ten Klasse des Teilkollektivs A,

B_i = Häufigkeit der i-ten Klasse des Teilkollektivs B.

Ermittlung der Wahrscheinlichkeiten C_1 und C_2:

$$C_1 = \frac{\sum A_i}{\sum H_i} = 0.408$$

und

$$C_2 = \frac{\sum B_i}{\sum H_i} = 0.592$$

Aus dem Lebensdauernetz (Kapitel 11, Bild 11-11) oder rechnergestützt können dann relativ leicht die Parameter (b_1, b_2 und T_1, T_2) der Weibull-Mischverteilung ermittelt werden.

Es ergeben sich folgende Werte:

Steilheit

$b_1 = 0,81$ (Vertrauensbereich $\pm$ 0,07)

$b_2 = 3,02$ (Vertrauensbereich $\pm$ 0,26)

Charakteristische Instandsetzungsdauer

$T_1 = 2,10$ [min]   (Vertrauensbereich $\pm$ 0,300 [min])

$T_2 = 15,0$ [min]   (Vertrauensbereich $\pm$ 0,576 [min])

Mittelwert

$t_{m1} = 2,352$ [min]

$t_{m2} = 13,410$ [min]

Bekanntlich stimmt, bei Vorliegen einer Weibull-Verteilung mit einer Steilheit von $b > 0,7$, der Wert der charakteristischen Lebensdauer T mit dem arithmetischen Mittelwert annähernd überein.

Standardabweichung

$s_1 = 2,940$ [min]

$s_2 = 4,845$ [min]

Charakteristisch für die meisten Verteilungsfunktionen der Stillstands- und Instandsetzungszeiten ist, daß der Formparameter b vorwiegend einen Wert kleiner als 1 besitzt. Dies bedeutet, daß sich mit zunehmender Betriebsdauer eine sinkende Stillstands- bzw. Instandsetzungsrate einstellt. Teilweise ergaben sich für b auch Werte größer als 1, d.h. mit zunehmender Betriebsdauer ansteigende Instandsetzungsrate. Bei den Werten der Parameter einiger Mischverteilungen ist eine Kombination der beiden oben aufgeführten Bereiche zu beobachten, so daß die komplette "Badewannenkurve" dargestellt wird.

Die Werte der charakteristischen Stillstandsdauer T können bei den Verteilungsfunktionen der Stillstandszeiten in einen direkten Zusammenhang zu der Anzahl der auftretenden Stillstandsabschnitte gebracht werden. So sind die Werte für T um so größer, desto geringer die Anzahl der Stillstandsabschnitte ist. Im Vergleich hierzu ist der Wert der charakteristischen Instandsetzungsdauern bei den Verteilungsfunktionen der Instandsetzungszeiten erheblich geringer. Dies ist auf die schnelle Behebung der Störungsursache durch das Bedienungspersonal zurückzuführen.

Bei der Überprüfung mittels des Kolmogoroff-Smirnow Anpassungstests ergab sich durchweg eine Annahme der Nullhypothese und somit eine Bestätigung der ermittelten Parameterwerte für die Verteilungsfunktion. Zum Problem der Ermittlung der **zeitabhängigen Verfügbarkeit** V(t) bei nicht exponentiell verteilten Betriebs- und Ausfallzeiten – wie im vorliegenden Fall – siehe /188/, /167/, /124/, /125/.

10.2 Verfügbarkeitsuntersuchung für eine flexible Fertigungsstraße zur Produktion von Lenkgehäusen

10.2.1 Beschreibung der flexiblen Fertigungsanlage

Die betrachtete flexible Fertigungsanlage (Bild 10-3) besteht aus zwei Fertigungszellen und einem zentralen Flächenportal (Ladeportal), welches für die Bestückung der Werkstückträger (WT) beider Fertigungszellen zuständig ist. Die Materialversorgung des Flächenportals sowie der Abtransport der fertig bearbeiteten Werkstücke erfolgt durch Flurföderer, die die speziellen Paletten, die mit Rohteilen bzw. Fertigteilen beladen sind, auf die entsprechende Position bringen.

Flächenportal

Das Flächenportal bzw. Ladeportal besteht aus folgenden Komponenten (siehe Bild 10-3):

    1 + 3 = Rohteilband   Zulauf
    2 + 4 = Fertigteilband   Ablauf
        5 = Ablageplatz für Zwischenpaletten
        6 = Ablageplatz für Grundpaletten
        7 = Ausschußband für Zelle 1 + 2

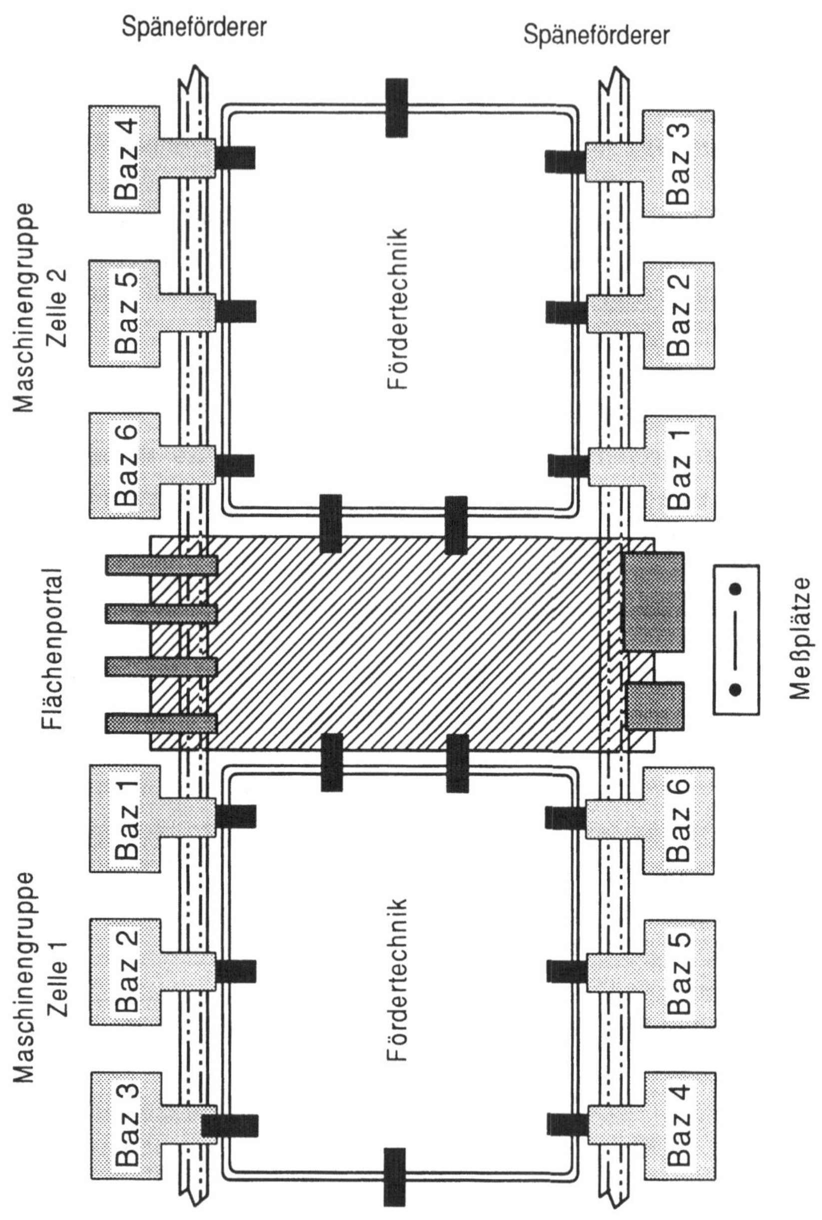

Bild 10-3   Flexible Fertigungsanlage zur Produktion von Lenkgehäusen (Grobskizze)

Für beide Zellen sind gleichermaßen vorhanden:

		Beladen	**Entladen**
8 = Rüstplatz 1 für	Rohteile	Halbfertigteile
9 = Rüstplatz 2 für	Halbfertigteile	Fertigteile
10 = Rüstplatz 3 für	Handbeladung	
11 = Umpackplatz für das Entladen direkt auf die Fertigpaletten		
12 = Transportband zum Messen		

Die einzelnen Vorgänge, die der Lader auszuführen hat, sind in Aufträge aufgebaut, wobei jeder Auftrag ein eigenes NC-Unterprogramm hat. Die Aufträge bekommt das Ladeportal von der jeweiligen Fertigungszelle vorgegeben.

Ausnahmen hierbei sind:
- das Umstapeln von Zwischen- und Grundpaletten und
- das Endladen der Fertigteile auf die Meßbänder bzw. auf die Fertigteilpaletten.

Weiterhin werden in der Steuerung Prioritäten gesetzt, wobei das Be- und Endladen der Zellen immer erste Priorität besitzt und erst an zweiter Stelle die Palettenverwaltung erfolgt.

Funktion der Rüstplätze

Nachdem der Werkstückträger (WT) in Position gebracht worden ist, wird die Spannvorrichtung, die das Werkstück hält, gelöst. Die Endlagen werden über eine zustellbare Endschalteranordnung überprüft. Nur bei positiver Rückmeldung kann entladen werden. Die Beladung erfolgt in umgekehrter Reihenfolg: Beladen - Spannen - Kontrolle - Freigabe und Weitergabe an das Transportsystem.

Durch Pneumatikdüsen wird die genaue Werkstücklage in Rüstplatz 2 überwacht.

Bearbeitung der Werkstücke

Die Bearbeitung der Werkstücke erfolgt in drei Arbeitsschritten:
- erste Aufspannung ein Arbeitsschritt (Maschinen 1 und 2),
- zweite Aufspannung erster Arbeitsschritt (Maschinen 5 und 6),
- zweite Aufspannung zweiter Arbeitsschritt (Maschinen 3 und 4).

Nach dem ersten Bearbeitungsschritt in der jeweiligen Zelle wird das Werkstück über eine entsprechende Förderanlage zum Flächenportal zurücktransportiert. Dann wird das Werkstück auf den Werkstückträger 2 umgespannt, damit die Seite, die im ersten Werkstückträger eingespannt war, bearbeitet werden kann.

Die Daten, die notwendig sind, damit das System erkennen kann, ob es sich um einen Werkstückträger erster bzw. zweiter Aufspannung handelt, befinden sich auf einem Datenträger, der sich auf der Unterseite des entsprechenden WTs befindet. Es ist zwingend notwendig, daß die Werkstückträger, erster und zweiter Aufspannung, in gleicher Stückzahl pro Zelle vorhanden sind. Sollten Werkstückträger ausfallen, so stehen Ersatz-Werkstückträger bereit, die eine kontinuierliche Produktion gewährleisten. Das Umspannen erfolgt unmittelbar, um einen direkten Datenfluß von WT 1 auf WT 2 gewährleisten zu können. Über einen Zwischenspeicher werden die Daten über den Bearbeitungsstand von Rüstplatz 1 nach Rüstplatz 2 transferiert, um dann auf den Datenträger von WT 2 überspielt zu werden. Hierbei sind die Daten dem Werkstück zugeordnet.

Sobald der erste Arbeitsschritt der zweiten Aufspannung beendet ist, erhält der WT die aktuellen Daten über den Fertigungsstand, so daß die Bearbeitungszentren, die den zweiten und letzten Arbeitsschritt ausführen, auch mit den richtigen WT beliefert werden können. Der Transport der WT in den Zellen wird durch zwei Stetigförderer realisiert. Vor jedem Bearbeitungszentrum (CNC-Maschine) befinden sich eine Datenleseeinrichtung und zwei Daten-Schreib-/Leseeinrichtungen, die die Zuordnung der WT regeln, so daß nur die für dieses Bearbeitungszentrum zugeordneten WT in Warteposition gebracht werden.

Ist die Warteposition besetzt, so findet kein Lesen der Datenträger statt, sondern der WT läuft über die Station ohne anzuhalten. Alle Daten, die die Position von Werkstückträgern betreffen, werden durch Initiatoren festgelegt, die als Streckenkontrolle des Transportbandes anzusehen sind. Die Daten über den Fertigungsstand eines Werkstückes sind ausschließlich auf dem Datenträger des WT hinterlegt. Im Falle eines Fehlers des Bearbeitungszentrums (z.B. Werkzeugbruch, Lunkerstelen etc.) ist eine manuelle Dateneingabe über die Tastatur an dem Bearbeitungszentrum auf den Datenträger möglich.

In beiden Zellen werden ausschließlich Lenkgehäuse hergestellt, wobei nur in einer Zelle Linkslenker und Rechtslenker gefertigt werden. Kommt es in dieser Zelle z.B. dazu, daß ein Rüstplatz nicht besetzt ist, so fährt dieser weiter, um die Produktion der Rechtslenker nicht zu behindern.

Bearbeitungszentrum (CNC-Maschine)

Das Kernstück des Bearbeitungszentrums ist eine Spindel, welche durch ein Werkzeugmagazin mit den verschiedensten Werkzeugen bestückt werden kann. Für jeden Arbeitsschritt benötigt das Bearbeitungszentrum ein anderes Werkzeug, welches mit Hilfe der Steuerung, die jede Position der Werkzeuge im Werkzeugmagazin kennt, gefunden und positioniert wird. Die Position der Werkzeuge ist der Steuerung durch die manuelle Eingabe bekannt. Selbsttätig ordnet die Steuerung den Werkzeugen den nächsten freien Platz, vom Werkzeugwechselpunkt aus gesehen, zu, um einen möglichst schnellen Werkzeugwechsel gewährleisten zu können. Eine Außnahme bilden hierbei sehr große Werkzeuge, da sie zwei Magazinplätze benötigen. Weiterhin erkennt die Steuerung mit Hilfe von Datenchips, die an den Werkzeugen befestigt sind, z.B. wie lang das Werkzeug ist, wie groß die Anzahl der möglichen Verwendungen ist und um welches Werkzeug es sich handelt.

Im Rahmen einer möglichen Verfügbarkeitserhöhung wird dem Maschineneinrichter mitgeteilt, wann ein Werkzeugwechsel nötig ist (es erfolgt die Warnmeldung "Verschleißgrenze erreicht"). Der Werkzeugwechsel ist während des Betriebs möglich, da mit Schwesterwerkzeugen gearbeitet wird.
In diesem Bearbeitungszentrum werden nicht nur die Werkstücke gekühlt, sondern auch die Werkzeuge selbst, wobei dieses von innen mit einem Kühlschmiermittel, das unter Hochdruck durch eine dünne Bohrung gepreßt wird, erfolgt.
Hierbei bedient sich das Bearbeitungszentrum folgender Werkzeuge:
- Bohrer,
- Gewindebohrer,
- Fräskopf,
- Marpal-Reibahlen
- sowie einer Bohrstange, die verschiedene Bearbeitungen gleichzeitig durchführen kann.

Werkzeug und Werkstück sind folglich großen Belastungen ausgesetzt. Die wichtigsten Komponenten des Bearbeitungszentrums sind:

- Maschineninnenraum (Reparaturbereich)   (1)
- Greifeinrichtung,   (2)
- Werkzeugmagazin,   (3)
- Werkzeugwechsler,   (4)
- Bearbeitungsraum,   (5)
- Beladeeinheit,   (6)
- Drehtisch,   (7)
- Spindel,   (8)
- Bereich der Fördertechnik,   (9)
- Eingabeeinheit.   (10)

Bearbeitungsraum, Werkzeugmagazin und Maschineninnenraum besitzen Türen, die gemäß den Vorgaben der BG (UVV'n) abgesichert sind.

Kühlmittel

In dem System wird das Kühlmittel dreifach genutzt:

1. Hochdruck für die Bearbeitung,
2. Normaldruck (Systemdruck),
3. Normaldruck zum Wegspülen von Spänen.

Da das Kühlschmiermittel nicht aus dem System austreten darf, gibt es verschiedene Niveaustände, die Warnmeldungen bzw. einen Bearbeitungsabbruch bedingen.

Niveau 3:

Kühlmittel 3 wird abgeschaltet und eine Warnmeldung wird ausgegeben. Die Bearbeitung wird normal fortgesetzt.

Niveau 2:

Die Bearbeitung der Werkstücke wird beendet, und danach wird das System abgeschaltet. Es erfolgt kein neuer Start.

Niveau 1:

Die Bearbeitung wird nach dem Satz beendet (d.h. der Bearbeitungsschritt wird beendet).

10.2.2 Datenerfassung und -auswertung

Die Datenerfassung erfolgt mit Hilfe eines Datenverarbeitungssystems – dem IHS-System (IHS = Instandhaltung) – über einen Großrechner nach folgender Ereigniskette:

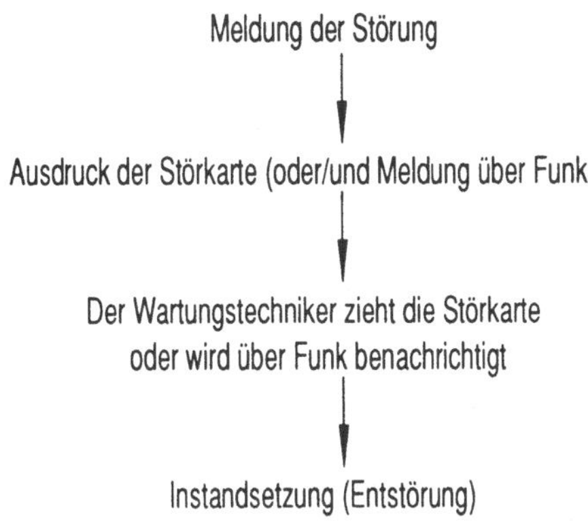

Um eine Differenzierung des Fehlers zu ermöglichen, bedient man sich des sogenannten "SUM-Schlüssels".
Die Abkürzung "SUM" steht für:

    S = Schadensbild,

    U = Ursache,

    M = Maßnahme.

Diesen SUM-Schlüssel gibt es sowohl für mechanische als auch für elektrische Fehler (Tabellen 10-2 und 10-3).
Die Datenerfassung erstreckte sich auf einen Zeitraum von einem halben Jahr. Unter Berücksichtigung eines Dreischicht-Betriebes der Anlage, abzüglich der Feiertage und Wochenenden, wurde eine Betriebszeit von 2852 Stunden zugrunde gelegt. Anhand der erfaßten Daten konnten die Ausfallzeit, das Schadensbild und die Ursache der Fehler sowie die Maßnahmen der Fehlerbeseitigung entnommen werden. Die Tabellen 10-4, 10-5a und 10-5b geben hierzu die mechanisch und elektrisch bedingten Ausfallzeiten sowie die Anzahl der Störungen und Ausfälle wieder. Hierbei beinhaltet die Anzahl der Störungen sowohl Störungen mit Ausfall, als auch Störungen die während des Betriebs der Anlage behoben werden können und somit keinen Ausfall (Stillstand der Anlage) bedingen.

S - Schadensbild	U - Ursache	M - Maßnahme
0 = Bruch	0 = Alterung/Abnützung	0 = erneuert
1 = Festsitz/Fresser	1 = Bedienungs-/Einstellfehler	1 = überholt
2 = Funktion gestört	2 = Steuerung	2 = eingestellt/eingerichtet
3 = Verschleiß	3 = Überlastung	3 = gereinigt/gangbar gemacht
4 = Verbindung gelöst	4 = Verschmutzung/Umwelt	4 = überprüft
5 = Verformung	5 = Schmierung	5 = gelagert
6 = Leckage	6 = Hersteller-/Konstr.fehler	6 = geändert
7 = Qualitätsmängel	7 = Wartungseinheit/-mittel	7 = abgedichtet
8 = Meß- oder Maßschwankung	8 = Werkstück	8 = geschweißt, geschraubt, etc.
9 = Fertigungsparameter	9 = unbekannt	9 = Fremdmonteur

Tabelle 10-2　　SUM-Schlüssel (Mechanik)

S - Schadensbild	U - Ursache	M - Maßnahme
0 = Bruch	0 = Kabelbruch	0 = erneuert
1 = keine Grundstellung	1 = lose Verbindung	1 = überholt
2 = Funktion gestört	2 = Bauteil, Gerät	2 = eingestellt, eingerichtet
3 = Verschleiß	3 = Verschmutzung	3 = gereinigt, gangbar gemacht
4 = Verbindung gelöst	4 = Energieausfall	4 = überprüft
5 = Steuerung ausgefallen	5 = Überlastung	5 = Grundstellung hergestellt
6 = Kurzschluß	6 = Temperatur	6 = Programm geladen
7 = Leistungsausfall	7 = Bedienungsfehler	7 = Software überprüft
8 = Maßschwankung	8 = Übergangswiderstand	8 = Software ändern
9 = Fehlschaltung	9 = unbekannt	9 = Fertigungsparameter überprüft

Tabelle 10-3　　SUM-Schlüssel (Elektrik)

Mechanisch bedingte Ausfallzeiten, Störungen und Ausfälle			
	Ausfallzeit [h]	Störungen	Ausfälle
Kratzförderer	0	2	-
Zelle 1			
Peripherie	73,26	14	5
Baz 1	81,00	9	7
Baz 2	37,62	11	5
Baz 3	40,19	6	5
Baz 4	26,02	8	5
Baz 5	30,13	7	3
Baz 6	0	3	0
Förderband	373,84	36	20
Zelle 2			
Peripherie	132,02	19	6
Baz 1	24,00	2	2
Baz 2	7,90	3	1
Baz 3	3,69	3	2
Baz 4	33,28	7	3
Baz 5	84,62	7	3
Baz 6	3,75	3	1
Förderband	246,70	29	13
Flächenportal	64,81	8	6

Tabelle 10-4   Mechanisch bedingte Ausfallzeiten, Störungen und Ausfälle der einzelnen Komponenten

Elektrisch bedingte Ausfallzeiten, Störungen und Ausfälle			
	Ausfallzeit [h]	Störungen	Ausfälle
Kratzförderer	0	1	0
Zelle 1			
Peripherie	25,93	16	4
Baz 1	104,39	23	12
Baz 2	2,34	10	3
Baz 3	8,86	20	9
Baz 4	15,06	18	9
Baz 5	13,69	10	6
Baz 6	27,73	7	2
Förderband	7,79	9	2

Tabelle 10-5a   Elektrisch bedingte Ausfallzeiten, Störungen und Ausfälle der einzelnen Komponenten

Elektrisch bedingte Ausfallzeiten, Störungen und Ausfälle			
	Ausfallzeit [h]	Störungen	Ausfälle
Kratzförderer	0	1	0
Zelle 2			
Peripherie	115,55	29	10
Baz 1	18,62	5	3
Baz 2	4,89	11	5
Baz 3	4,11	8	4
Baz 4	5,81	18	6
Baz 5	18,49	25	12
Baz 6	0	6	0
Förderband	28,39	24	8
Flächenportal	218,24	21	10

Tabelle 10-5b   Elektrisch bedingte Ausfallzeiten, Störungen und Ausfälle der einzelnen Komponenten

Ein Fehlerschwerpunkt konnte bei den Werkzeugwechseleinrichtungen festgestellt werden. Die Ursachen sind sehr vielschichtig, wobei jedoch die zylindrische Aufnahme der Spindel und die Materialermüdung eine sehr große Rolle spielen. Bei einer zylindrischen Aufnahme ist es erforderlich, daß sowohl der Werkzeugwechsler als auch die Spindel genau in Position gebracht werden. Ist dies nicht der Fall, so kann der Werkzeugwechsel nicht ausgeführt werden. Nachfolgende Tabellen 10-6 und 10-7 charakterisieren diesen Fehlerschwerpunkt.

	Ausfallzeit [h]	Störungen	Ausfälle
Baz 1	25,58	3	2
Baz 2	23,65	4	2
Baz 3	14,30	1	1
Baz 4	11,66	3	2
Baz 5	8,00	2	1
Baz 6	-	1	-
Summen	83,19	14	7

Tabelle 10-6   Fehlerschwerpunkt Werkzeugwechseleinrichtung von Zelle 1

	Ausfallzeit [h]	Störungen	Ausfälle
Baz 1	16,00	1	1
Baz 2	-	-	-
Baz 3	-	-	-
Baz 4	8,00	2	1
Baz 5	30,26	1	1
Baz 6	-	-	-
Summen	54,26	4	3

Tabelle 10-7   Fehlerschwerpunkt Werkzeugwechseleinrichtung von Zelle 2

10.2.3 Ermittlung der Dauerverfügbarkeit

Anhand Bild 10-3 und der einzelnen Arbeitsgänge läßt sich leicht ein Zuverlässigkeits-Blockschaltbild für die flexible Fertigungsanlage entwickeln (Bild
10-4). Die Dauerverfügbarkeit (stationäre Verfügbarkeit) V_{Di} läßt sich leicht
anhand der Gleichung 10-1 ermitteln. Man erhält folgende numerische Ergebnisse:

Dauerverfügbarkeit	Zelle 1	Zelle 2
V_{DPer}	0,965	0,913
$V_{DBaz\,1}$	0,935	0,985
$V_{DBaz\,2}$	0,986	0,995
$V_{DBaz\,3}$	0,983	0,997
$V_{DBaz\,4}$	0,986	0,986
$V_{DBaz\,5}$	0,985	0,964
$V_{DBaz\,6}$	0,99	0,999
$V_{DFörd.}$	0,866	0,904

Ein Ausfall des Flächenportals wird grundsätzlich zu 100% durch die Hand-
bedienung ersetzt und erscheint folglich nicht in der numerischen Analyse.
Da es sich bei dem Zuverlässigkeits-Blockschaltbild nach Bild 10-4 um ein
einfaches Serien-Parallel-System handelt, läßt sich die Dauerverfügbarkeit
des Systems relativ leicht über die Dauerverfügbarkeit der Komponenten i
ermitteln.

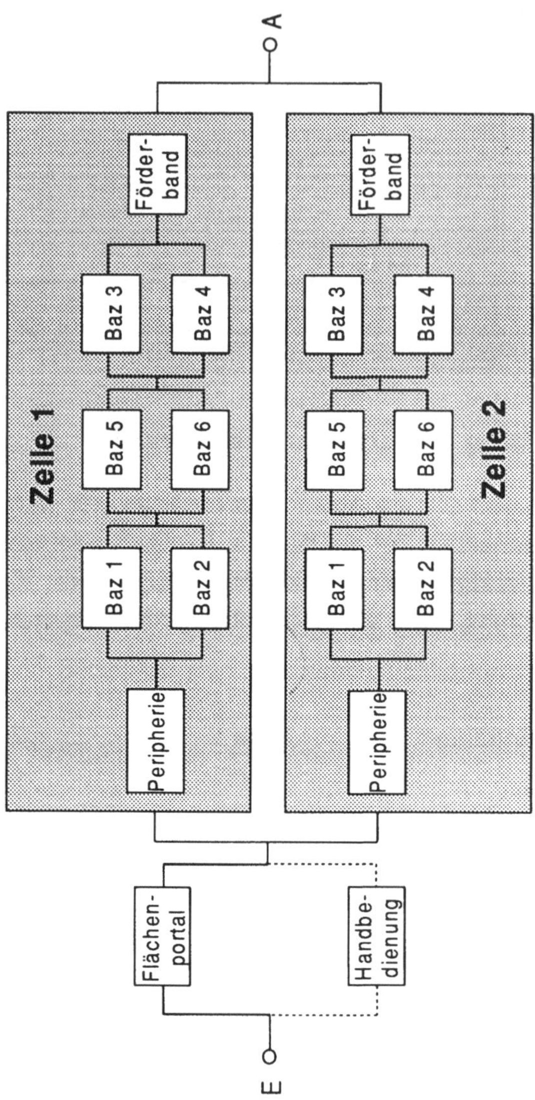

Bild 10-4   Zuverlässigkeits-Blockschaltbild der flexiblen Fertigungsanlage

Es folgt für die Zelle 1

$$V_{DZ1} = V_{DPer1} \cdot (V_{DBaz1} + V_{DBaz2} - V_{DBaz1} \cdot V_{DBaz2}) \cdot$$
$$(V_{DBaz5} + V_{DBaz6} - V_{DBaz5} \cdot V_{DBaz6}) \cdot$$
$$(V_{DBaz3} + V_{DBaz4} - V_{DBaz3} \cdot V_{DBaz4}) \cdot V_{DFör}$$

$$V_{DZ1} = 0{,}8346 \quad .$$

Da die Zelle 2 identisch und redundant zur Zelle 1 ausgelegt ist, gilt vorstehende Beziehung auch für die Zelle 2. Als numerischen Zahlenwert erhält man

$$V_{DZ2} = 0{,}8252 \quad .$$

Damit erhält man für die Dauerverfügbarkeit der betrachteten flexiblen Fertigungsanlage

$$V_{Dges} = V_{DZ1} + V_{DZ2} - V_{DZ1} \cdot V_{DZ2}$$

$$V_{Dges} = 0{,}971 \quad .$$

Dieser errechnete Zahlenwert für die Dauerverfügbarkeit der flexiblen Fertigungsanlage ist als überdurchschnittlich anzusehen und durch primär drei Faktoren begründet:
1. Entsprechende Ersatzteilhaltung für Teile mit langen Lieferzeiten.
2. Ständige Verbesserung von Abläufen und Funktionen.
3. Gute Zusammenarbeit der einzelnen Arbeits- und Funktionsbereiche.

11 Erfassung und Auswertung von empirischen Zuverlässigkeitsdaten

11.1 Allgemeine Betrachtungen

Nach Taguchi ist als "Qualität eines Produktes der minimale Verlust zu verstehen, den ein Produkt in der Gesellschaft verursacht, wenn es das Werk verlassen hat". Der Verlust resultiert dabei aus den Garantie- und Schadensersatzkosten bis hin zum Verlust von Marktanteilen (siehe Kapitel 3.5). Nicht nur unter diesem Gesichtspunkt besteht die Notwendigkeit, aus empirischen Felddaten Zuverlässigkeitskenngrößen zur zuverlässigkeitstechnischen Bewertung eines Produktes zu ermitteln. Hierzu wurden in den letzten Jahrzehnten zahlreiche statistische Methoden zur Zuverlässigkeitsanalyse entwickelt, die nachfolgend auch ansatzweise nicht dargestellt werden können.

Vielmehr ist beabsichtigt, anhand eines Beispiels, die prinzipielle Vorgehensweise zur Ermittlung von empirischen Zuverlässigkeitskenngrößen, Verteilungsfunktionen und deren Parameterschätzung zu erläutern. Als Beispiel dient eine Untersuchung, die für eine elektronische Getriebesteuerung für Nutzfahrzeuge durchgeführt wurde. Es handelt sich hierbei ausschließlich um Ausfälle, die bei Kunden auftraten und von diesen reklamiert wurden.

Datenerfassung

Bei einer geplanten Zuverlässigkeitsarbeit erfolgt eine systematische Datenerfassung mit Hilfe von Formblättern, die je nach Produkt alle zuverlässigkeitsrelevanten Daten enthalten sollten, die anschließend rechnergestützt ausgewertet werden. Einen Überblick über Zuverlässigkeits-Daten-Systeme (ZDS), Struktur, Planung, Verwendung und Betrieb ist in den VDI-Richtlinien 4010 Blatt 1 bis 4 ausführlich dargelegt.
Solche Zuverlässigkeits-Daten-Systeme sind im industriellen Bereich leider immer noch nicht weit verbreitet, obwohl deren Nutzen unbestreitbar ist. In der vorliegenden Untersuchung erfolgt die Datenerfassung über Werkauftragsmappen, die zu jedem Gerät eine bei Annahme des Gerätes vom Kun-

dendienst ausgefüllte Material-Rückliefer-Etikette und einen ebenfalls vom Kundendienst erstellten Garantielieferschein. Diesen Formularen konnte, außer den zur Bestimmung der Geräte benötigten Zahlencodes (Herst.-Nr., Zeichnungs-Nr., Stand, Serien-Nr.), auch das Datum der Reklamation entnommen werden. Das Auslieferungsdatum der reklamierten Geräte sowie die monatlichen Auslieferungen insgesamt wurden aus den entsprechenden Dateien der Geräteverwaltung entnommen.

Die Grundgesamtheit umfaßt 7170 Geräte, die sich auf 36 im Laufe der Jahre weiterentwickelten unterschiedlichen Baureihen beziehen. Als reklamierte Geräte konnten 657 eindeutig identifiziert werden.

Ausfallursachen

Die Untersuchung der reklamierten Geräte ergab, daß verschiedene Ausfallursachen Anlaß zur Reklamation waren (Tabbelle 11-1).

Fehlernummer	Beschreibung des Fehlers
1	kein Fehler feststellbar
2	noch kein Ergebnis
3	Diodenfehler (nur bei älteren Baugruppen)
4	Sporadischer Fehler
5	Sicherheitsrelais defekt
6	Hybridendstufe defekt
7	Pegelumsetzer defekt
8	Microcontroller defekt
9	Widerstand defekt
10	Leiterbahnen durch Korrosion defekt
11	EPROM defekt
12	EPROM falsch programmiert
13	Kurzschluß im Leistungsteil
14	Kurzschluß durch Lötbrücken
15	Spannungsregler defekt
16	IC defekt
17	Leistungstransistor T 201 defekt

Tabelle 11-1a   Ausfallursachen der elektronischen Getriebesteuerung

Fehlernummer	Beschreibung des Fehlers
18	Kurzschluß Flexstriptransistor T 104
19	IC 114, NOR-Gatter defekt
20	keine Übereinstimmung Grundgerät-EPROM
21	Rechenverstärker RV2 defekt
22	Endstufentransistor T 8 defekt

Tabelle 11-1b   Ausfallursachen der elektronischen Getriebesteuerung

Die 657 reklamierten Geräte können den in Tabelle 11-1 spezifizierten Fehlerarten wie folgt zugeordnet werden (Bild 11-1 und 11-2). Aufgrund der großen Unterschiede bei der Häufigkeit wurden die Fehler 4 bis 22 in Bild 11-2 dargestellt. Sie sind in Bild 11-1 unter dem Oberbegriff "Fehler festgestellt" zusammengefaßt.

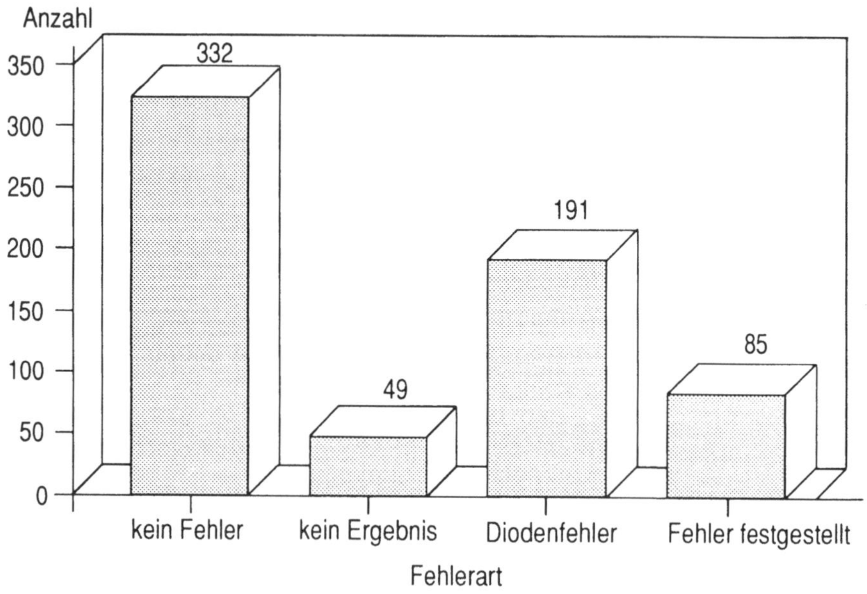

Bild 11-1   Verteilung der Fehlerarten

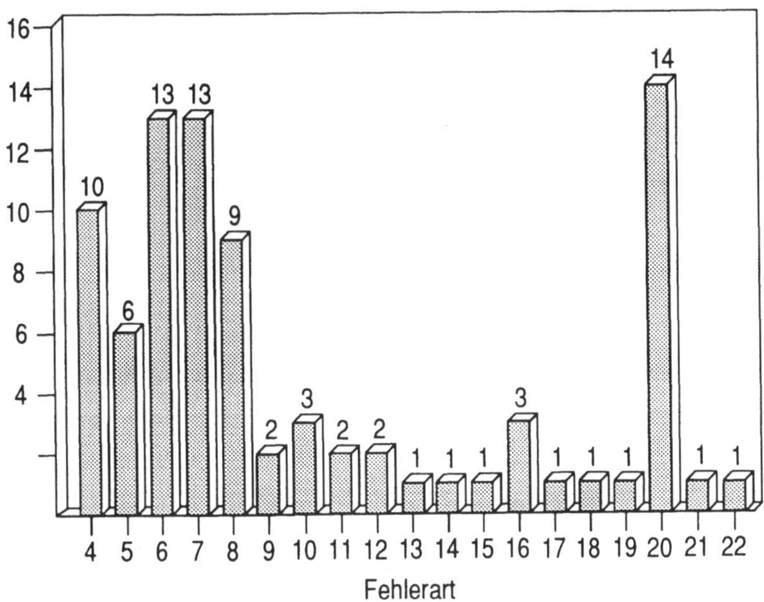

Bild 11-2   Verteilung der Fehler Nr. 4 bis 22

Prozentualer Anteil der Reklamationen bezogen auf die Auslieferungszahlen der einzelnen Baureihen

Die folgenden Bilder 11-3 und 11-4 stellen die Anteile der Reklamation an der Gesamtzahl der ausgelieferten Geräte jeder Baureihe dar. Dabei wurde die Auslieferungsmenge jeder Baureihe gleich 100% gesetzt. Ein Vergleich des Auslieferungsumfanges ist (in dieser Graphik) daher nicht möglich.

Die einzelnen Baureihen wurden abhängig vom Datum der ersten Auslieferung eines Gerätes jeder Baureihe angeordnet. Aus Gründen der Übersichtlichkeit wurden die Baureihen auf zwei Darstellungen verteilt, so daß die älteste Baureihe in der ersten Darstellung ganz links und die jüngste Baureihe in der zweiten Graphik ganz rechts erscheint. Unter der Voraussetzung, daß die so erhaltene Sequenz die Reihenfolge der Entwicklung der einzelnen Baureihen wiedergibt, ist eine Aussage über den Reklamationsanteil in Abhängigkeit vom Entwicklungsstand möglich.

Es zeigt sich, daß es gelungen ist, den Anteil der Reklamationen mit fortlaufender Entwicklung der Geräte zu reduzieren.

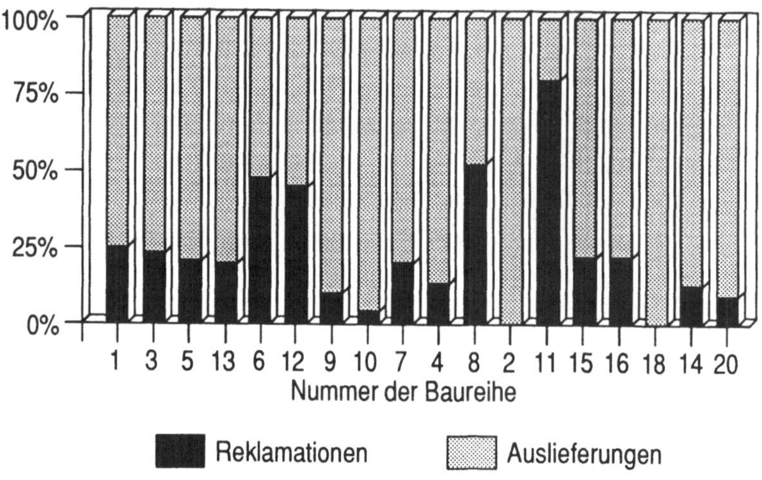

Bild 11-3   Anteil der Reklamationen an der Auslieferungsmenge je Baureihe (1)

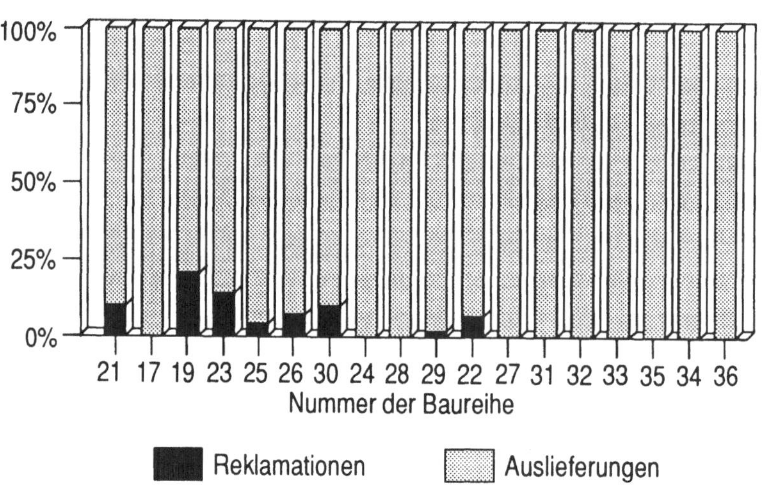

Bild 11-4   Anteil der Reklamationen an der Auslieferungsmenge je Baureihe (2)

Prozentuale Anteile der Fehlerarten bezogen auf die einzelnen Baureihen

Zur Bestimmung von Fehlerschwerpunkten ist die Betrachtung aller Geräte und Reklamationen ungeeignet, da die einzelnen Baureihen einen unterschiedlichen Entwicklungsstand repräsentieren.
Die Betrachtung der einzelnen Baureihen bietet die Möglichkeit, diese zu vergleichen.

Aus diesem Grunde wurden die prozentualen Anteile der auftretenden Fehler für jede Baureihe bestimmt, die Häufigkeiten aller bei einer Baureihe ermittelten Fehlerarten aufsummiert und als 100% gesetzt. Davon ausgehend, konnten die Anteile der verschiedenen Fehler bestimmt werden. Die Darstellung der Verteilungen erfolgt in Form von Histogrammen. Dabei wurden die Ausfallarten nach fallenden Anteilen geordnet, um die Hauptausfallgründe direkt ablesen zu können (Pareto-Verteilung).
Aufgrund der geringen Anzahl von Reklamationen ist bei einigen Baureihen eine Aussage über eventuelle Fehlerschwerpunkte nicht möglich.

Die Fehlerarten "kein Fehler feststellbar" und "noch kein Ergebnis" dominieren bei einigen Baureihen so sehr, daß die Bestimmung von Fehlerschwerpunkten behindert wird. Darum sind in jedem Histogramm die prozentualen Anteile der Fehlerarten unter Ausschluß der Fehler 1 und 2 der Verteilung aller Fehlerarten gegenübergestellt. Zur Ermittlung der prozentualen Anteile der Ausfallarten wurde die Summe der Häufigkeiten der übrigen Fehler gleich 100% gesetzt und die Anteile der auftretenden Fehlerarten bestimmt. Exemplarisch zeigt Bild 11-5 die Pareto-Verteilung für eine ältere (Nr. 3) und Bild 11-6 eine jüngere Baureihe (Nr. 26).

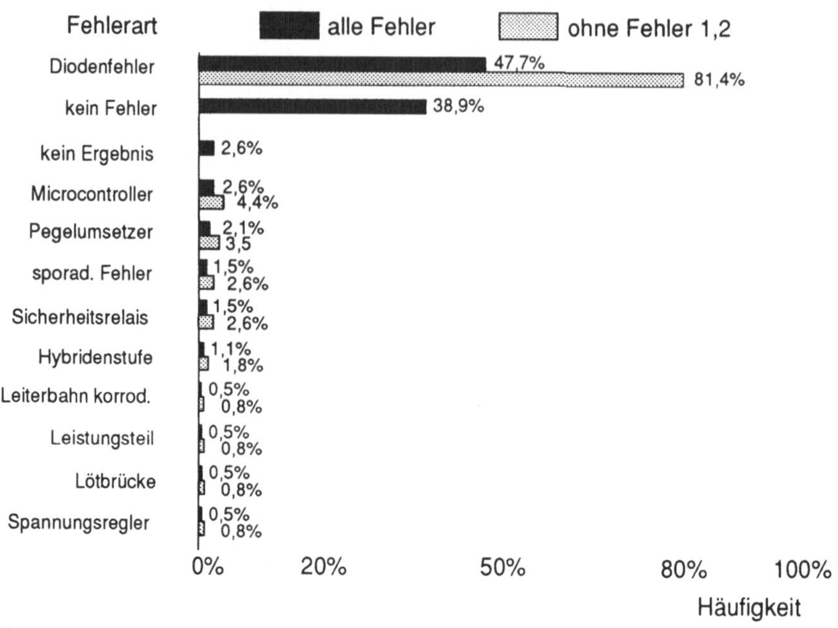

Bild 11-5   Pareto-Verteilung für die Baureihe Nr. 3, 193 bzw. 113 Geräte; Grundgesamtheit 964 Geräte

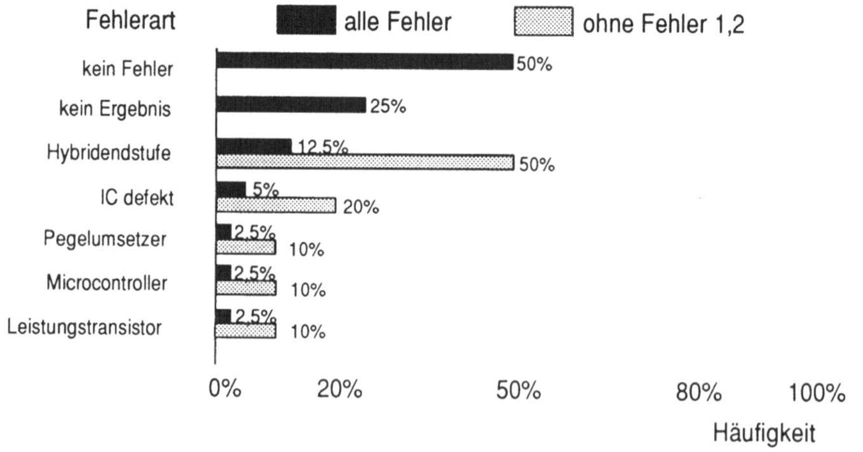

Bild 11-6   Pareto-Verteilung für die Baureihe Nr. 26, 40 bzw. 10 Geräte; Grundgesamtheit 2594 Geräte

Der Vorteil dieser Betrachtungsweise sei am Beispiel der Baureihe Nr. 26 (Bild 11-6) erläutert:

Berücksichtigt man alle Reklamationen dieser Baureihe, so ergibt sich für den Ausfall der Hybridendstufe ein Anteil von 12,5%. Beim Vergleich mit den Ausfällen, bei denen kein Fehler feststellbar war (50%), läßt sich dabei kaum ein Hauptausfallgrund vermuten. Betrachtet man dagegen nur die exakt bestimmten Fehler, so ergibt sich eine Quote von 50% für den Ausfall der Hybridendstufen. Der Vergleich mit den Anteilen der übrigen Aufallarten zeigt, daß bei dieser Baureihe der Ausfall der Hybridendstufe als Ausfallschwerpunkt angenommen werden kann.

Bei mehreren Baureihen war die Bestimmung eines Hauptausfallgrundes nicht möglich, da die Anzahl der vorliegenden Reklamationen zu gering war.

Darüber hinaus zeigt sich, besonders bei den neueren Baureihen, eine breite Streuung der auftretenden Fehler. Man kann erkennen, daß es bei der Entwicklung der neueren Baureihen gelungen ist, Ausfall-Schwerpunkte weitgehend zu reduzieren.

Mittlere Lebensdauer und Standardabweichung

Die Berechnung des Mittelwertes $\bar{t}$ der Lebensdauer erfolgt aus den Quotienten der aufsummierten Lebensdauer der jeweils betrachteten Geräte bezogen auf deren Anzahl. Die Standardabweichung s ist durch

$$s = \left(\frac{\displaystyle\sum_{i=1}^{n} x_i^2 - \frac{\left(\displaystyle\sum_{i=1}^{n} x_i\right)^2}{n}}{n-1} \right)^{\frac{1}{2}} , \tag{11-o1}$$

mit x_i = Lebensdauer des i-ten Gerätes, gegeben.

Die mittlere Lebensdauer wurde auf der Basis der reklamierten Geräte berechnet. Es besteht daher kein Zusammenhang zur mittleren Lebensdauer aller ausgelieferten Geräte.

Für alle reklamierten Geräte ergaben sich folgende Werte:
Anzahl der Geräte: n = 657 ;   mittlere Lebensdauer: $\bar{t}$ = 12060,96 h
                                    Standardabweichung: s = 7908,63 h

Für die exemplarisch ausgewählte Baureihe Nr. 3:
Anzahl der Geräte: n = 193 ;   mittlere Lebensdauer: $\bar{t}$ = 11534,16 h
                                    Standardabweichung: s = 6582,03 h

Für die neuere Baureihe Nr. 26:
Anzahl der Geräte: n = 40   ;   mittlere Lebensdauer: $\bar{t}$ = 9884,40 h
                                    Standardabweichung: s = 5168,65 h

Die Mittelwerte $\bar{t}$ und Standardabweichungen s für die einzelnen Fehlerarten gehen aus Tabelle 11-2 hervor.

Nr.	Fehler	Geräte	$\bar{t}$ [h]	s [h]
1	kein Fehler	332	13420,32	7596,94
2	kein Ergebnis	49	14614,56	10167,94
3	Diodenfehler	191	8356,32	5065,77
4	Sporadischer Fehler	10	6297,60	2685,77
5	Sicherheitsrelais	6	9196,08	3468,86
6	Hybridendstufe	13	12476,40	5395,97
7	Pegelumsetzer	13	13050,48	6070,23
8	Microcontroller	9	8738,64	6264,58
9	Widerstand	2	4644,0	627,91
10	Leiterbahnen korrodiert	3	9871,92	5448,65
11	EPROM defekt	2	10560,0	4005,05
12	EPROM, Programm	2	7716,0	729,73
13	Leistungsteil	1	4416,0	0
14	Lötbrücke	1	5328,0	0
15	Spannungsregler	1	5712,0	0
16	IC defekt	3	16584,0	4749,15
17	Leistungstransistor	1	7440,0	0
18	Flexstriptransistor	1	11712,0	0
19	NOR-Gatter	1	13128,0	0
20	Übereinstimmung G-E	14	32007,36	6960,87
21	Rechenverstärker	1	4080,0	0
22	Endstufentransistor	1	2520,0	0

Tabelle 11-2   Mittelwerte und Standardabweichung für die Fehlerarten

Bedingt durch die geringe Anzahl reklamierter Geräte einiger Baureihen und das seltene Auftreten mehrerer Ausfallursachen, lassen sich die errechneten Werte nur wenig miteinander vergleichen. Die relativ großen Standardabweichungen zeigen jedoch, daß die Lebensdauer der Geräte sowohl innerhalb der Baureihen als auch bei den einzelnen Fehlerarten sehr unterschiedlich ist.

11.2 Ermittlung empirischer Zuverlässigkeitskenngrößen

Empirische Zuverlässigkeitskenngrößen wurden in Kapitel 2 eingeführt. Sie werden als empirische Verteilungsfunktionen in sogenannten Histogrammen dargestellt und durch theoretische Verteilungsfunktionen approximiert. Die Klassenzahl für die Histogramme wird in Abhängigkeit vom Stichprobenumfang bestimmt. Hierzu liefert die Literatur verschiedene Ansätze (Bild 11-7).

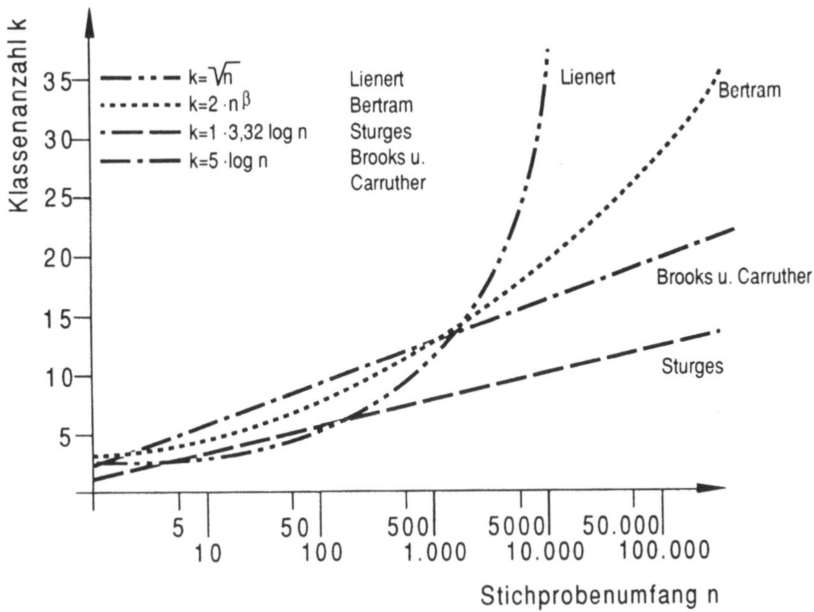

Bild 11-7   Berechnung der Klassenzahl in Abhängigkeit vom Stichprobenumfang /151/

Die Anzahl und Breite der Klassen sollte so gewählt werden, daß das Entstehen von Leerklassen vermieden wird. Für Stichproben n > 50 wird eine Einteilung in Klassen gleicher Breite empfohlen. Die Wahl der Klassenbreite ist von entscheidender Bedeutung, da bei einer zu groben Einteilung Informationen verloren gehen, während sich bei zu feiner Klasseneinteilung Zufälligkeiten in der Besetzung der einzelnen Klassen störend auswirken /266/

Nachfolgend wurde die Klassenzahl in Anlehnung an die Formeln von Sturges bzw. Brooks und Carruther bestimmt, da bei der Wahl einer anderen Methode die Klassenzahl im Verhältnis zur allgemeinen Empfehlung von 6 Klassen bei 25 bis 30 bis hin zu 25 Klassen bei 10000 oder mehr Werten zu groß geworden wäre.
Betrachtet man alle ausgefallenen Geräte, unabhängig von der Baureihe oder Ausfallursache, so ergibt sich das Histogramm nach Bild 11-8.

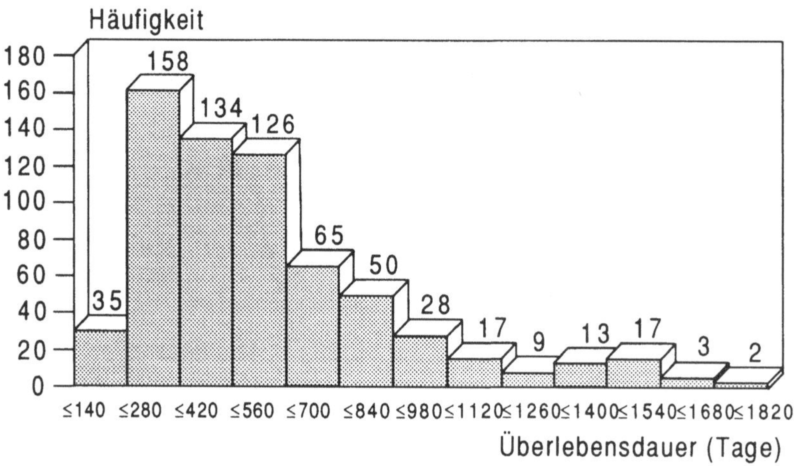

Bild 11-8   Klasseneinteilung der Überlebenszeiten

Modell Weibull-Verteilung

Das Ausfallverhalten technischer Produkte läßt sich, wie viele praktische Untersuchungen zeigen, sehr gut mit Hilfe der Weibull-Verteilung beschreiben. Die Weibull-Verteilung (Bild 11-10) wurde erstmalig in der Theorie der Werkstoffermüdung vom schwedischen Forscher W. Weibull (1939) angewendet. Später zeigte es sich, daß diese Verteilung sich dazu eignet, Lebensdauerverteilungen mit monoton fallender, konstanter und monoton wachsender Ausfallrate zu beschreiben. Ferner ist es üblich, die Weibull-Verteilung bei lebensdauerbeeinflussenden Lastmerkmalen wie Spannung, Kraft usw. zu verwenden. Bei dynamischen Festigkeitsversuchen werden häufig Weibull-Verteilungen höherer Ordnung angewendet.

Definition

Eine stetige, nicht-negative Zufallsgröße ist Weibull-verteilt, falls

$$F(t) = 1 - \exp\left(- (\lambda \cdot t)^b \right)$$

$$\text{mit } t \geq 0 \ , \ \lambda > 0 \ , \ b > 0 \tag{11-o2}$$

ist.

Der Parameter b heißt **Ausfallsteilheit** und der Parameter $T = 1/\lambda$ **charakteristische Lebensdauer**. Es ist auch üblich, die Weibull-Verteilung mit Hilfe von 3 Parametern zu beschreiben. Es gilt dann

$$F(t) = 1 - \exp\left(\frac{t - t_0}{T - T_0} \right)^b$$

$$\text{mit } b > 0 \ , \ t - t_0 \geq 0 \ , \ T - T_0 \geq 0 \ . \tag{11-o3}$$

Der Parameter b ist dann wiederum die Ausfallsteilheit (in der Praxis gilt $0{,}25 \leq b \leq 5$), der Parameter T die charakteristische Lebensdauer, definiert für die Ausfallwahrscheinlichkeit

$$F(t) = 1 - \exp(-1) = 0{,}632 \ , \tag{11-o4}$$

und der Parameter t_0 = **Ausgangswert** als Zeitpunkt für den Beginn der Auswirkung einer Beanspruchung.

Es wird deutlich, daß für b=1 die Weibull-Verteilung in die Exponentialverteilung, mit

$$\lambda = \frac{1}{T} \qquad\qquad (11\text{-}o5)$$

als konstante Ausfallrate, übergeht.
Die Weibull-Verteilung mit b=2 wird in der angelsächsischen Literatur auch mit Rayleigh-Verteilung bezeichnet.

Berechnung weiterer Zuverlässigkeitskenngrößen

Ausfalldichte

$$f(t) = \frac{d}{dt}\Big(1 - \exp\big(-(\lambda \cdot t)^b\big)\Big) \qquad\qquad (11\text{-}o6)$$

$$f(t) = \lambda \cdot b \cdot (\lambda \cdot t)^{b-1} \cdot \exp\big(-(\lambda \cdot t)^b\big) \qquad\qquad (11\text{-}o7)$$

Ausfallrate

$$h(t) = -\Big(\exp\big(-(\lambda \cdot t)^b\big)\Big)^{-1} \cdot (-\lambda) \cdot b \cdot (\lambda \cdot t)^{b-1} \cdot \exp\big(-(\lambda \cdot t)^b\big) \qquad (11\text{-}o8)$$

$$h(t) = \lambda \cdot b \cdot (\lambda \cdot t)^{b-1} \qquad\qquad (11\text{-}o9)$$

Im Bereich $1 < b < 2$ steigt die Ausfallrate anfangs schnell und dann langsamer an (Beispiel: Lebensdauer von Wälzlagern). Für $b > 2$ steigt die Aufallrate progressiv nach der Phase III der " Badewannenkurve " Bild 11-9 (Beispiel: Kokillenhaltbarkeit). Für Werte $b > 3$ kann die Weibull-Verteilung sehr gut auch durch die Gauß'sche Normalverteilung ersetzt werden. Ist $b > 5$, so wird die Weibull-Verteilung rechtsschief.

Mit einer Weibull-Verteilung können sogenannte **Frühausfälle** (Bereich I der "Badewannenkurve"), **Verschleißerscheinungen** (Bereich III der "Badewannenkurve") als auch **Zufallsausfälle** mit konstanter Ausfallrate (Bereich II der "Badewannenkurve") beschrieben werden. Aus diesem Grunde findet die Weibull-Verteilung große Anwendung im Rahmen der **Qualitätssicherung** (siehe Weibull-Papier).

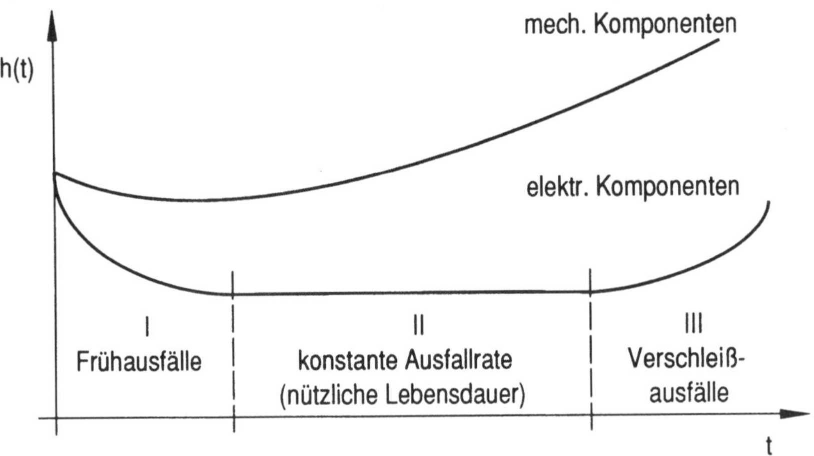

Bild 11-9   Zeitliches Verhalten der Ausfallrate ("Badewannenkurve")

Berechnung des Erwartungswertes

Mit Gleichung (2-22) folgt

$$E(T) = \int_0^\infty \exp\left(-(\lambda \cdot t)^b\right) dt \quad .$$

(11-10)

Mit Hilfe einer Substitution

$$(\lambda \cdot t)^b = u$$

(11-11)

und

$$\frac{du}{dt} = \lambda \cdot b \cdot (\lambda \cdot t)^{b-1}$$

(11-12)

sowie mit

$$t = \frac{1}{\lambda} \cdot u^{\frac{1}{b}}$$

(11-13)

und

$$\frac{du}{dt} = \lambda \cdot b \cdot u^{1 - \frac{1}{b}} \tag{11-14}$$

folgt

$$E(T) = \int\limits_{0}^{\infty} \exp(-u) \cdot (\lambda \cdot b)^{-1} \cdot u^{-(1 - \frac{1}{b})} \, du \quad . \tag{11-15}$$

Mit

$$\Gamma\left(\frac{1}{b}\right) = \int\limits_{0}^{\infty} \exp(-u) \cdot u^{(\frac{1}{b} - 1)} \, du \tag{11-16}$$

ergibt sich schließlich für den Erwartungswert die einfache Beziehung

$$E(T) = \frac{1}{\lambda \cdot b} \cdot \Gamma\left(\frac{1}{b}\right) \quad . \tag{11-17}$$

Aufgrund der Funktionalbeziehung

$$\Gamma(x + n) = x \cdot (x + 1) \cdot \ldots \cdot (x + n - 1) \cdot x \quad , \quad n \in \{1, 2, \ldots\} \tag{11-18}$$

folgt mit n=1

$$\Gamma(x + n) = x \cdot \Gamma(x) \tag{11-19}$$

und schließlich für den Erwartungswert

$$E(T) = \frac{1}{\lambda} \cdot \Gamma\left(\frac{1}{b} + 1\right) \quad . \tag{11-20}$$

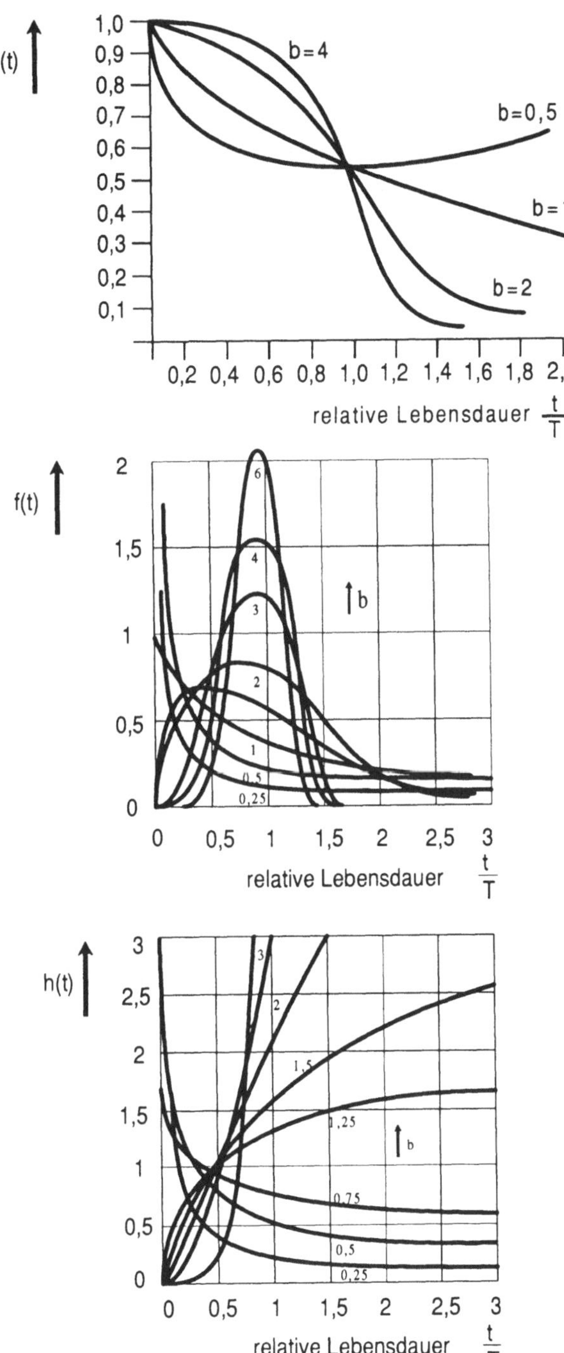

Bild 11-10 Zuverlässigkeitskenngrößen der Weibull-Verteilung

Berechnung der Varianz

Die Varianz ist durch

$$\sigma^2(T) = E(T^2) - (E(T))^2 \tag{11-21}$$

gegeben. Mit

$$E(T^2) = \int_0^\infty t^2 \cdot f(t)\, dt$$

$$= \int_0^\infty t^2 \cdot \lambda \cdot b \cdot (\lambda \cdot t)^{b-1} \cdot \exp\left(-(\lambda \cdot t)^b\right) dt \tag{11-22}$$

und der Substitution (siehe Berechnung des Erwartungswertes) folgt

$$E(T^2) = \frac{1}{\lambda^2} \cdot \int_0^\infty \exp(-u) \cdot u^{\frac{2}{b}}\, du \quad . \tag{11-23}$$

Weiter gilt

$$\Gamma\left(\frac{2}{b}+1\right) = \int_0^\infty \exp(-u) \cdot u^{\frac{2}{b}}\, du \quad . \tag{11-24}$$

Somit folgt

$$E(T^2) = \frac{1}{\lambda^2} \cdot \Gamma\left(\frac{2}{b}+1\right) \quad . \tag{11-25}$$

Eingesetzt in Gleichung (11-21) ergibt sich somit

$$\sigma^2{}_{(T)} = \frac{1}{\lambda^2} \cdot \Gamma\left(\frac{2}{b}+1\right) - \frac{1}{\lambda^2} \cdot \left(\Gamma\left(\frac{2}{b}+1\right)\right)^2 \quad ,$$

$$\sigma^2{}_{(T)} = \frac{1}{\lambda^2} \cdot \left(\Gamma\left(\frac{2}{b}+1\right) - \Gamma^2\left(\frac{2}{b}+1\right)\right) \quad . \tag{11-26}$$

Graphische Datenanalyse (Weibull-Papier)

Gleichung 11-o2 der Weibull-Verteilung wird durch Logarithmierung in eine lineare Geradengleichung

$$\ln \ln \frac{1}{1 - F(t)} = b \, \ln t - b \, \ln T \quad ,$$

$$y = b \cdot x + n \tag{11-27}$$

mit den beiden aus den Beobachtungswerten zu schätzenden Parametern b und T, überführt. Die Ausfallwahrscheinlichkeit F(t) läßt sich also, falls die Grundgesamtheit durch eine Weibull-Verteilung beschreibbar ist, durch eine Gerade darstellen.

In der Praxis wurden entsprechend Gleichung (11-27) Wahrscheinlichkeitsnetze entwickelt. Das bekannteste dürfte das von Steinecke, welches in /44/ ausführlich beschrieben ist, sein. Dabei stellt die Abszisse ln t und die Ordinate ln ln [1/(1-F(t)] dar.

Die zu schätzende charakteristische Lebensdauer T ergibt sich als Abszissenwert der Schnittpunkte der Lebensdauergeraden mit der 63,2%-Linie. Zur Bestimmung des Formparameters b (Steigung der Gerade, tan α) wird durch Parallelverschiebung die Ausgleichsgerade, in den Pol (α = 45°, b = 1) gelegt. Der Schnittpunkt der Parallelen mit der b-Skala des Lebensdauernetzes ergibt dann die geschätzte Ausfallsteilheit b (Bild 11-11). Die ermittelten Schätzwerte werden dann durch Bildung von Vertrauensbereichen und Anpassungstest überprüft.

Des weiteren kann die mittlere Lebensdauer t und die Standardabweichung s der betrachteten Stichprobe aus dem Lebensdauernetz geschätzt werden.

Die mittlere Lebensdauer ergibt sich als Produkt der charakteristischen Lebensdauer T und dem relativen arithmetischen Mittelwert a. Dieser Mittelwert a kann mit Hilfe der Gamma-Funktion,

$$a = \Gamma\left(1 + \frac{1}{b}\right)$$

berechnet werden. Im Lebensdauernetz kann a direkt durch eine waagerechte Verbindung von der b-Skala zur rechts davon angelegten a-Skala abgelesen werden. Die Standardabweichung s ergibt sich aus dem Produkt der charakteristischen Lebensdauer T und dem an einer weiteren Skala abzulesenden Wert der relativen Standardabweichung c.

Vertrauensgrenzen der Verteilungsfunktion

Für die empirisch ermittelte Verteilungsfunktion F(t) ist ein zweiseitiges Unsicherheitsband als obere und als untere Vertrauensgrenze zu bilden. In der Praxis wird die 5%-Vertrauensgrenze als untere und die 95%-Vertrauensgrenze als obere, die Verteilungsfunktion liegt dann mit einer Wahrscheinlichkeit von 90% innerhalb dieser Grenzen, bevorzugt.
Die Bestimmung des Vertrauensbereiches kann entweder unter Berücksichtigung von Stichprobenumfang n und Ausfallsteilheit b oder ausschließlich in Abhängigkeit vom Stichprobenumfang n erfolgen. In beiden Fällen wird der Vertrauensbereich mit wachsendem Stichprobenumfang immer kleiner, bis seine Konstruktion aus zeichnerischen Gründen nicht mehr möglich ist. Aus diesem Grunde sind in der Literatur vorgegebene Tabellen und Nomogramme nur für einen Stichprobenumfang von maximal 1000 Werten ausgelegt /153/, /263/.
Zur Bestimmung des Vertrauensbereiches mittels Stichprobenumfang und Ausfallsteilheit werden für verschiedene Häufigkeitssummenwerte (z.B. 1%, 3%, 5%, 10%, 30%) die zugehörigen Lebensdauern tq aus dem Lebensdauernetz sowie der entsprechenden Werte Fq für die gewählte Ausgangswahrscheinlichkeit abgelesen (siehe Nomogramme in /263/). Der untere Lebensdauergrenzwert ergibt sich zu:

$$t_{qu} = \frac{t_q}{F_q} \ .$$

Die obere Vertrauensgrenze berechnet sich zu:

$$t_{qo} = t_q \cdot F_q \ .$$

Der gesamte Vertrauensbereich ergibt sich, nachdem die in das Lebensdauernetz eingetragenen Punkte miteinander verbunden worden sind.

Vertrauensgrenzen des Formparameters b

Ebenfalls mittels eines Nomogramms (siehe /263/) läßt sich für eine gewählte Aussagewahrscheinlichkeit unter Berücksichtigung des Stichprobenumfangs n und der zuvor ermittelten Ausfallsteilheit b ein Faktor F_b ermitteln. Die untere b_u und obere Grenze b_o für b läßt sich dann aus $b_u = b \cdot F_b$ und $b_o = b/F_b$ bestimmen.

Beispiel Baureihe 11

Von insgesamt 21 ausgelieferten Geräten werden 13 reklamiert. Die den einzelnen Lebensdauern zugeordneten Häufigkeitssummen sind in der nachfolgenden Tabelle 11-3 aufgeführt

j	t_j [h]	$n_f(t_j)$	$n_s(t_j)$	$j(t_j)$	$H(t_j)$ [%]
1	4704	1	0	1,0	3,27
2	9744	1	0	2,0	7,94
3	10536	1	0	3,0	12,62
4	11112	1	0	4,0	17,29
5	12768	1	0	5,0	21,96
6	14064	1	0	6,0	26,64
7	15552	1	0	7,0	31,31
8	17232	1	0	8,0	35,98
9	17616	1	0	9,0	40,65
10	18600	1	0	10,0	45,33
11	20616	1	0	11,0	50,00
12	20952	1	0	12,0	54,67
13	24552	1	0	13,0	59,35

Tabelle 11-3   Häufigkeitssummen für die Ausfälle der Baureihe 11

In Tabelle 11-3 bedeuten:

j	:	Ordnungszahl
t_j	:	Lebensdauer in aufsteigender Folge
$n_f(t_j)$	:	Anzahl der schadhaften Geräte
$n_s(t_j)$	:	Anzahl der nicht schadhaften Geräte
$j(t_j)$	:	mittlere Ordnungszahl
$H(t_j)$	:	Häufigkeitssumme

Vorstehende Häufigkeitssummen wurden in das Lebensdauernetz eingezeichnet (Bild 11-11). Die Vertrauensgrenzen für die Verteilungsfunktion wurden mit Hilfe der Nomogramme (siehe /263/) bestimmt (Tabelle 11-4).

H_q [%]	t_q [h]	F_q	$t_{qo} = t_q \cdot F_q$ [h]	$t_{qu} = t_q / F_q$ [h]
3	4600	3,2	14720	1437
5	5900	2,6	15340	2269
10	8200	2,0	16400	4100
30	15000	1,5	22500	10000
50	21000	1,38	28980	15217
80	31500	1,33	41895	23308

Tabelle 11-4   Vertrauensgrenzen der Verteilungsfunktion

Aus Bild 11-11 können folgende Werte abgelesen werden: Charakteristische Lebensdauer $T = 25000$ h ; Ausfallsteilheit $b = 2,05$; arithmetischer Mittelwert $a = 0,8864$; relative Standardabweichung $d = 0,455$.

Die Ermittlung des Vertrauensbereiches für die Ausfallsteilheit b erfolgt mit Hilfe des entsprechenden Nomogramms (siehe VDA /263/) für F_b. Für die gewählte Aussagewahrscheinlichkeit von 90% folgt $F_b = 1,32$ und damit als untere Grenze $b_u = 1,55$ und obere Grenze $b_o = 2,71$. Abschließend zeigt Bild 11-12 die empirisch ermittelte Ausfallwahrscheinlichkeit und die überlagerte theoretische Funktion sowie Bild 11-13 die zugehörige Ausfallrate für die Baureihe 11. Die Ergebnisse für alle Baureihen sind in /105/ aufgeführt.

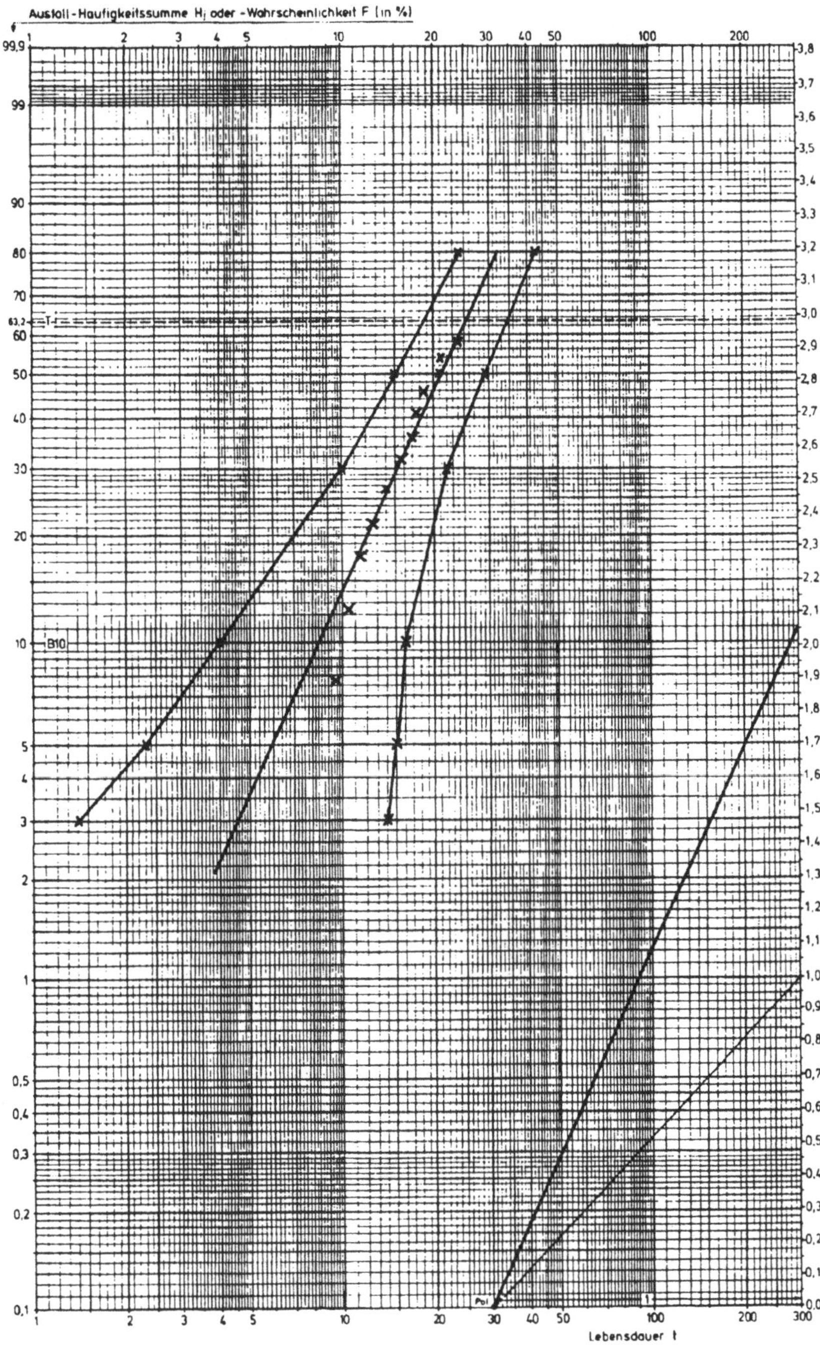

Bild 11-11   Lebensdauernetz mit empirischer Verteilungsfunktion der Baureihe 11

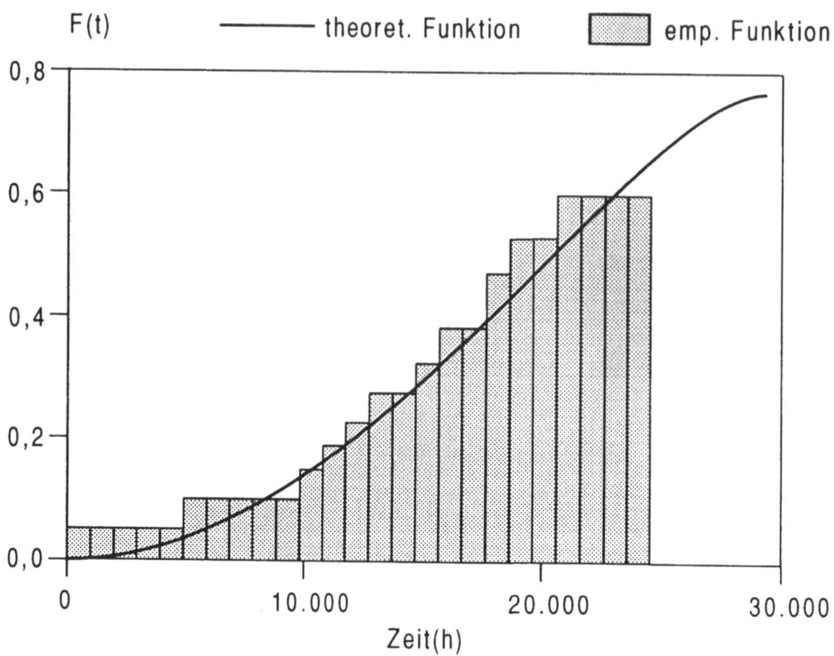

Bild 11-12   Empirische und überlagerte theoretische Funktion der Ausfallrate für die betrachtete Baureihe 11

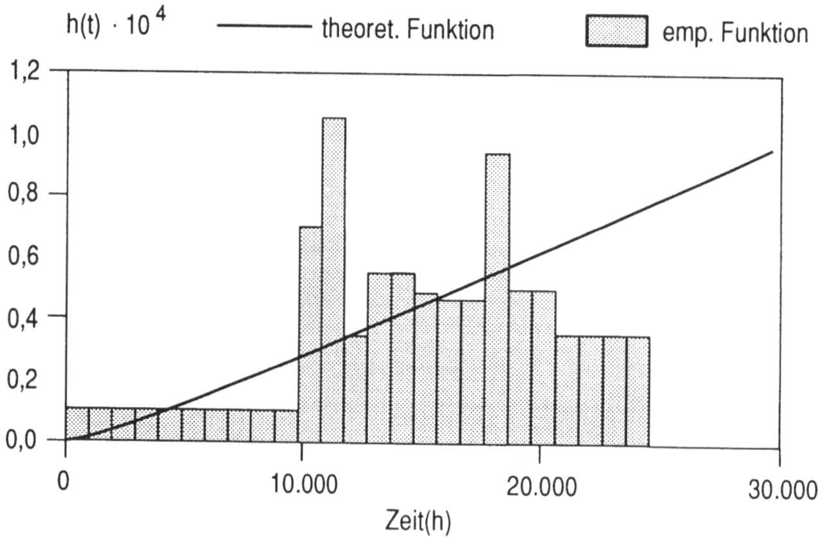

Bild 11-13   Empirische und überlagerte theoretische Funktion der Ausfallrate für die betrachtete Baureihe 11

Die vorstehend kurz behandelte einfache graphische Schätzung läßt sich auch rechnergestützt durchführen (siehe /223/). Dabei wird die Ausgleichsgerade mittels linearer Schätzverfahren an die empirischen Werte optimal angepaßt.

Die bekannteste Methode dürfte die Methode der kleinsten Quadrate sein. Neben dieser sind in /223/ weitere Methoden erläutert. Zur Schätzung der Parameter und deren Vertrauensbereiche der Weibull-Verteilung mittels Maximum-Likelihood-Schätzung und der Momenten-Methode einschließlich Repressionsanalyse siehe /93/, /223/, /161/, /162/, /168/, /236/. Eine ausführliche Darstellung des Rechenformalismus findet man auch in /208/.

Zur rechnergestützten Auswertung stehen heute Programmsysteme zur Verfügung, siehe u.a. /223/ der Bergischen Universität-Gesamthochschule Wuppertal.

12 Zuverlässigkeitswachstum

Technische Systeme müssen, um heutigen Anforderungen gerecht zu werden, einen hohen Sicherheits- und Zuverlässigkeitsstandard aufweisen. Dieses Ziel kann bei vielen komplexen Systemen nur durch einen hohen Entwicklungs- und Zeitaufwand erreicht werden.

Bei der Entwicklung solcher technischen Systeme ist es deshalb notwendig, Schätzungen zur Beurteilung des Zuverlässigkeitsfortschritts, d.h. den möglichen Verlauf bestimmter Zuverlässigkeitskenngrößen, zu prognostizieren. Dadurch ist es möglich, die Effizienz bestimmter zuverlässigkeitserhöhender Maßnahmen festzulegen und den Trend des Zuverlässigkeitswachstums zu erkennen.

Zuverlässigkeitswachstums-Modelle (reliability growth models) gehen davon aus, daß während der Systementwicklung und insbesondere bei Testläufen Fehlerquellen entdeckt werden. Die Ursachen dieser Fehler werden durch Analysen und durch Veränderungen am System beseitigt. Durch weitere Testläufe wird dann geprüft, ob die Fehlerursache tatsächlich eliminiert werden konnte oder noch weitere Fehlerquellen vorhanden sind.

Dieser sogenannte **Test-Redisign-Retest-Prozeß** ist der wichtigste Bestandteil eines Zuverlässigkeitswachstums-Programms und Voraussetzung bei der Anwendung von Zuverlässigkeitswachstums-Modellen. Dadurch wird gewährleistet, daß Fehlerquellen beseitigt oder reduziert werden und somit die Zuverlässigkeit eines Systems während der Entwicklungs- oder Einführungsphase steigt.

Zuverlässigkeitswachstums-Modelle sind statistische Methoden zur Bestimmung bestimmter Zuverlässigkeitskennwerte wie MTBF, Ausfallrate oder andere für das Zuverlässigkeitsmanagement wichtige Parameter.

Diese Modelle sind in der Lage, nicht nur den augenblicklichen Stand der Zuverlässigkeit eines Systems zu berechnen, sondern sie geben dem Projektleiter Anhaltspunkte dafür, ob die Entwicklungszeit bzw. der Entwicklungsaufwand ausreicht, um einen geforderten Zuverlässigkeitswert innerhalb eines bestimmten Zeitraums zu erreichen.

Zuverlässigkeitswachstums-Management (reliability growth management) ist bei größeren Projekten immer Teil eines umfangreichen **Zuverlässigkeitsprogramms** (reliability program).
Als wichtige Normen sind in diesem Zusammenhang MIL-STD-785 (reliability program for systems and equipment development and production) /171/ und MIL-HDBK-189 (military handbook reliability growth management) /169/ sowie VDI 4009 Blatt 8 (Zuverlässigkeitswachstum bei Systemen) /261/ mit einer umfangreichen Literaturzusammenstellung zu nennen.
Nachfolgende Ausführungen beziehen sich insbesondere auf die vorgenannten Quellen sowie auf das DARCOM-Pamphlet (DARCOM US Army Material Development and Readniss Command) /40/ sowie auf /118/.

12.1 Übersicht und Einteilung von Zuverlässigkeits-Wachstumsmodellen

Geht man davon aus, daß das Zuverlässigkeitswachstum (charakterisiert durch eine oder mehrere Zuverlässigkeitskenngrößen) eine Funktion der Zeit (Kalenderzeit, Testzeit, Anzahl der Testläufe, usw.) ist, so sind nach /261/, /40/, /169/ nachfolgende Modell-Grundtypen von grundsätzlicher praktischer Bedeutung für bestimmte Managementaktivitäten.

Unspezifische Modelle

Grundlage unspezifischer Modelle sind historische Daten gleichartiger Systeme, die mit gleichartigen Zuverlässigkeitsprogrammen entwickelt wurden. Ein unspezifisches Modell (Bild 12-1) ist eine graphische Darstellung beliebiger geeigneter Zuverlässigkeitsparameter (MTBF, Überlebenswahrscheinlichkeit, Ausfallrate, usw.) als Funktion geeigneter Zeitmaße (Testzeit, Anzahl der Testläufe, usw.).

Für Zuverlässigkeitsprogramme kann aber auch die Kalenderzeit als geeignetes Zeitmaß gewählt werden, insbesondere wenn es sich um Projektentwicklungsprogramme handelt. Die allgemeine Form unspezifischer Modelle ist ein kontinuierlicher Kurvenverlauf, der durch eine mathematische Gleichung, wie durch das AMSAA-Modell oder Duane-Modell (siehe Kapitel 12.3) beschrieben werden kann.

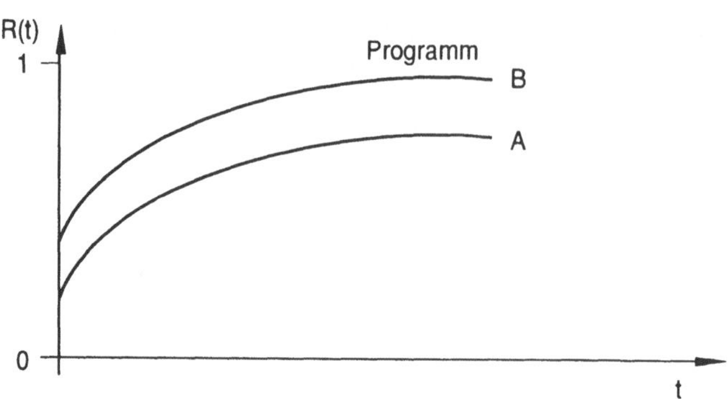

Bild 12-1   Unspezifisches Modell

Modell für geplantes Zuverlässigkeitswachstum (planned growth)

Bei diesem Modell werden die Zuverlässigkeitskenngrößen auf Zeitpunkte im Entwicklungsprogramm bezogen. Das geplante Modell kann vom unspezifischen Modell abgeleitet werden, indem bestimmte Werte wie Startpunkte, Kurvenanstieg oder Endpunkte festgelegt werden.

Diese Werte sind Funktionen bestimmter, die Systemzuverlässigkeit beeinflussender Faktoren wie Systemkomplexität, Stand der Technik, verfügbare Entwicklungszeit oder vorhandene Ingenieurkapazitäten. Modelle für geplantes Wachstum dienen dazu, dem Leiter eines Projektes Entscheidungshilfen zu geben, um zu bestimmen, ob weitere Resourcen eingesetzt werden müssen, damit ein System innerhalb einer bestimmten Zeit – den Forderungen gemäß – entwickelt werden kann.

Modell zur statistischen Schätzung des Zuverlässigkeitswachstums (assessed growth)

Aufgrund empirischer Daten wird mittels statistischer Methoden eine Schätzung bestimmter Zuverlässigkeitskenngrößen vorgenommen (Bild 12-2). Die Schätzung sollte mit aktuellen Testdaten durchgeführt und Unterschiede in der Testbeanspruchung und den Testumweltbedingungen berücksichtigt werden.

In der Literatur /169/ werden eine Reihe von Methoden zur Schätzung von Zuverlässigkeitsparametern vorgestellt. Das bekannteste ist das AMSAA-Modell (siehe Kapitel 12.3), welches sowohl auf elektronische als auf mechanische Systeme angewandt werden kann.

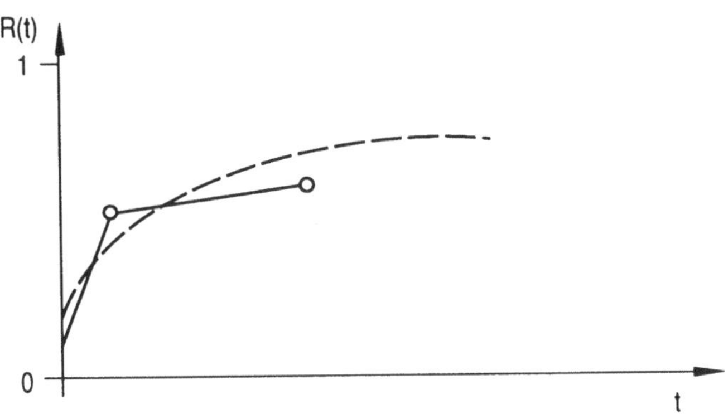

Bild 12-2   Modell mit statistischer Schätzung

Modell zur zeitlichen Projektion von Schätzwerten (growth projektion)

Diese Modellart wird benutzt, um bei Vorhandensein einiger Testerfahrung im laufenden Programm Vorhersagen über bestimmte Zuverlässigkeitsgrößen treffen zu können (Bild 12-3).

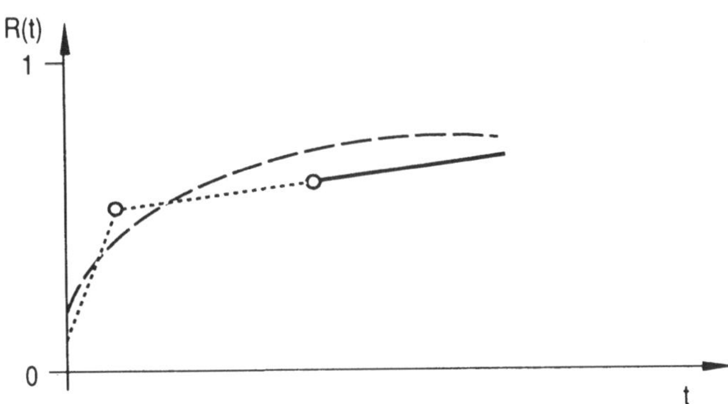

Bild 12-3   Modell mit Extrapolation

Hierbei wird unter Anwendung von parametrischen Zuverlässigkeitswachstums-Modellen eine Schätzung der entsprechenden Kenngröße vorgenommen, unter der Annahme, daß die Merkmale des entwickelten Zuverlässigkeitsprogramms für die zu berechnenden späteren Zeiträume beibehalten werden. Aus diesem Grund bleibt die Zuverlässigkeitswachstumsrate gleich.

Weitere Einteilung

Wie in der statistischen Schätztheorie üblich, unterscheidet man weiter zwischen

➤ **parametrischen** Zuverlässigkeitswachstums-Modellen und

➤ **nicht parametrischen** (verteilungsfreie) Zuverlässigkeitswachstums-Modellen.

Bekannt sind auch

➤ Modelle, die auf den Satz von Bayes (Bayes-Statistik)
beruhen.

Zu den wichtigsten parametrischen Zuverlässigkeitswachstums-Modellen, die nachfolgend ausführlich behandelt werden, zählt das **Duane**- und das **AMSAA**-Modell. Weitere Modelle siehe /169/, /261/, /265/, /272/ u.a.

Verteilungsfreie Modelle dienen der Kontrolle des Zuverlässigkeitswachstums; die Zuverlässigkeitskenngrößen werden für feste Zeiträume geschätzt, für die entsprechende Daten vorhanden sind. Bekannte Modelle sind die von Barlow und Scheuer /10/, Barlow, Proschan und Scheuer /9/ sowie /213/, /37/ u.a. zur Berechnung von Zuverlässigkeitskenngrößen während der Entwicklungsphase.

Während dieser Phase wird angenommen, daß die Ausfallrate sinkt, bzw. die MTBF oder MTTF ansteigt, nachdem Modifikationen (nach jeder Entwicklungsstufe) am System durchgeführt wurden. Ferner berücksichtigen diese Modelle die sogenannten Frühausfälle während der Einführungsphase eines technischen Systems.

Während dieser Phase werden Ausfälle und Fehlfunktionen des Systems korrigiert, so daß im allgemeinen die Zuverlässigkeit wächst. In der Praxis wird sich dieser Wert jedoch in der Regel einer konstanten Größe annähern.

Wird ein technisches System einem Testprogramm unterzogen, welches aus mehreren Testläufen besteht, so liegen diskrete Daten vor. Als Testresultat wird dann die Anzahl der Ausfälle oder die Anzahl der erfolgreich bestandenen Tests zugrunde gelegt. Ein bekanntes Modell ist das Modell von Lloyd und Lipow /147/.

Dieses Modell geht davon aus, daß die Zuverlässigkeit eines technischen Systems, nach n Teststufen und einer bestimmten Anzahl von Testläufen sowie durchgeführten Fehleranalysen und daraus resultierenden Designveränderungen, einem asymptotischen Wert zustrebt.

Reicht dieser Wert nicht aus, um einer bestimmten Forderung zu genügen, müssen am System größere Veränderungen (z.B. in der technischen Ausführung) durchgeführt werden.

Bayes-Modelle, die auf dem bekannten Satz von Bayes (in stetiger Formulierung) beruhen, werden aufgrund der subjektiven Annahme der Bayes-Statistik in der Praxis noch relativ selten angewendet /261/.

12.2 Das Duane-Modell

Das erste praxisgerechte und einfach handhabbare Zuverlässigkeitswachstums-Modell wurde 1962 von J.T. Duane /58/ entwickelt. Durch entsprechende Modifikation wird dieses grundlegende Modell noch heute in den verschiedensten Anwendungsbereichen angewendet.

Duane untersuchte die Ausfalldaten von einigen technischen Systemen (Strahltriebwerke, Generatoren und hydromechanischen Antriebe) während ihrer Entwicklung, um festzustellen, ob Änderungen in der Auslegung der Systeme, Einfluß auf die Systemzuverlässigkeit haben.

Duane fand heraus, daß ein linearer Zusammenhang zwischen der kumulativen Ausfallrate und der Testzeit besteht, wenn diese in einem doppelt logarithmischen Maßstab graphisch dargestellt werden (Bild 12-4).

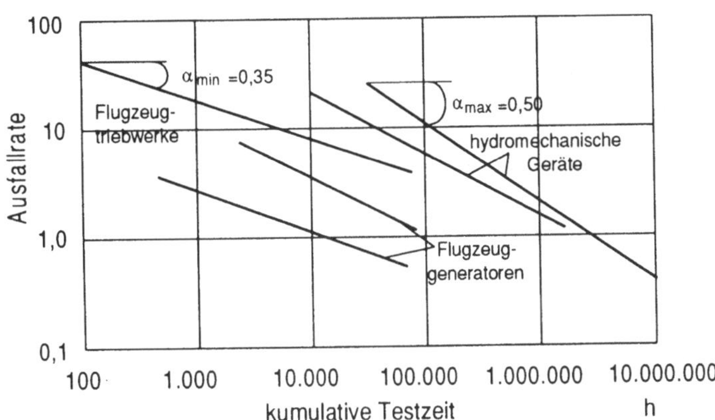

Bild 12-4   Duane-Modell /58/

Theorie des Modells

Duane definiert eine kumulative Ausfallrate C(t) aus den Quotienten der Anzahl der Systemausfälle bis zur Zeit t und der Intervallgrenze des Beobachtungszeitraums t.

$$C(t) = \frac{N(t)}{t} \quad , \quad t > 0 \tag{12-1}$$

Durch Logarithmierung erhält man eine Geradengleichung, die in doppeltlogarithmischem Papier dargestellt werden kann.

$$\ln C(t) = \ln \frac{N(t)}{t} = \ln \lambda - \alpha \ln t \tag{12-2}$$

mit

α = Neigung der Geraden der Wachstumsrate,

t = Beobachtete Zeit dividiert durch die Zeiteinheit,

λ = Ausfallrate

Aus Gleichung (12-2) folgt

$$C(t) = \lambda \cdot t^{-\alpha} = \lambda_\Sigma \tag{12-3}$$

mit λ_Σ = kumulative Ausfallrate.

Für die Anzahl der Systemausfälle N(t) bis zur Zeit t erhält man aus Gleichung (12-1) und (12-3)

$$N(t) = \lambda \cdot t^{-\alpha} \cdot t = \lambda \cdot t^{1-\alpha} \quad . \tag{12-4}$$

Differentation nach t ergibt die momentane Ausfallrate λ_i

$$\frac{d\,N(t)}{dt} = \lambda_i = (1-\alpha) \cdot \lambda \cdot t^{-\alpha} \quad . \tag{12-5}$$

Wie die kumulative kann entsprechend Gleichung (12-5) auch die momentane Ausfallrate gegen die Testzeit im doppelt-logarithmischen Papier als Ausgleichsgerade mit der Neigung α (unterhalb der kumulativen) dargestellt werden.

In der Praxis hat sich wegen des Ansteigens der Ausgleichsgeraden ("positives Denken") die Darstellung der MTBF = $1/\lambda$ bewährt.

Aus Gleichung (12-2) folgt dann für die kumulative $MTBF_\Sigma$

$$MTBF_\Sigma = \frac{1}{\lambda_\Sigma} = \frac{t}{N(t)} = \frac{t^\alpha}{\lambda} \qquad (12\text{-}6)$$

und für die momentane

$$MTBF_i = \frac{1}{\lambda_i} = \frac{t^\alpha}{(1-\alpha)\cdot\lambda} \qquad (12\text{-}7)$$

Die Darstellung der Gleichung (12-6) als Geradengleichung führt zu

$$MTBF_\Sigma = \alpha \cdot \ln t - \ln\lambda \qquad (12\text{-}8)$$

mit

α = positive Steigung der Geraden oder Wachstumsrate,

λ = Schnittpunkte der Geraden mit der Ordinate nach dem ersten Zeitintervall bzw. momentane MTBF nach dem ersten Zeitintervall.

Parameterschätzung

Gleichung (12-2) enthält die Parameter α und λ, die durch bekannte statistische Verfahren geschätzt werden können. Im vorliegenden Fall hat sich die "Methode der kleinsten Quadrate" bewährt.

Bei dieser Methode wird eine Näherungsfunktion gebildet, bei der die Summe der Quadrate der Abweichung der Funktionswerte y_i von den statistischen Werten s_i ein Minimum ergibt. D.h.:

$$S = \sum_{i=1}^{n} (s_i - y_i)^2 \;\rightarrow\; Minimum. \qquad (12\text{-}9)$$

Mit dem Ansatz

$$y_i = f(a_1, a_2, \ldots, a_n, x) \tag{12-10}$$

sowie der partiellen Ableitung nach den Parametern a_k und Nullsetzen der Gleichung (12-9), ergibt sich in der Regel ein lineares Gleichungssystem, welches zur Bestimmung der Parameter a_k benutzt wird.

Angewendet auf Gleichung (12-8) erhält man für die zu schätzenden Parameter α und λ folgende Gleichungen:

$$\alpha = \frac{\displaystyle\sum_{i=1}^{N} \ln\left(\frac{t_i/t_1}{N(t_i)}\right) \cdot \sum_{i=1}^{N} \ln\left(\frac{t_i}{t_1}\right) - N \cdot \sum_{i=1}^{N} \ln\left(\frac{t_i/t_1}{N(t_i)}\right) \cdot \ln\left(\frac{t_i}{t_1}\right)}{\displaystyle\sum_{i=1}^{N} \ln\left(\frac{t_i}{t_1}\right) \cdot \sum_{i=1}^{N} \ln\left(\frac{t_i}{t_1}\right) - N \cdot \sum_{i=1}^{N} \ln\left(\frac{t_i}{t_1}\right) \cdot \ln\left(\frac{t_i}{t_1}\right)} , \tag{12-11}$$

$$\lambda = \exp\left(\frac{\alpha \cdot \displaystyle\sum_{i=1}^{N} \ln\left(\frac{t_i}{t_1}\right) - \sum_{i=1}^{N} \ln\left(\frac{t_i/t_1}{N(t_i)}\right)}{N}\right) \tag{12-12}$$

mit N = Anzahl der Zeitintervalle, t_1 = Ende des ersten Zeitintervalls.

Beispiel

Ein System wurde einem Testprogramm unterzogen und 1000 Stunden getestet. Nach Beendigung des Tests standen folgende Daten zur Verfügung:

Testintervall	Testzeit	Anzahl der Ausfälle bis t_i
i	t_i	$N(t_i)$
1	100	3
2	200	6
3	500	13
4	800	18
5	1000	22

Aus Gleichung (12-11) und (12-12) erhält man für die Parameter α und λ
mit N = 5 und t_1 = 100
α = 0,147 und λ = 3,148 .
Mit diesen Werten läßt sich nun die MTBF für das System berechnen. Aus
Gleichung (12-7) erhält man unter der Berücksichtigung, daß die Parameter
auf t_1 bezogen sind, z.B. nach 1000 Stunden

$$MTBF(1000) = \frac{(1000/100)^{0,147}}{(1 - 0,147) \cdot 3,148} \cdot t_1 = 44,56 \text{ h}$$

und nach 2000 Stunden

$$MTBF(2000) = \frac{(2000/100)^{0,147}}{(1 - 0,147) \cdot 3,148} \cdot t_1 = 49,34 \text{ h} \ .$$

Bild 12-5 zeigt den Verlauf der ermittelten Wachstumsrate bis zur Zeit
t = 2000h

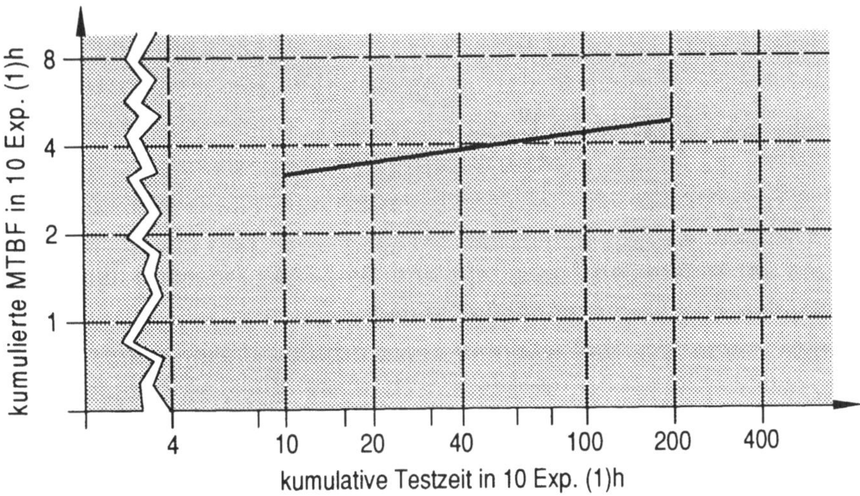

Bild 12-5   Wachstumsrate nach Duane

Verfahren zur Ermittlung der Vertrauensgrenze sind in /36/ publiziert.

12.3   Das AMSAA-Modell

Das AMSAA-Modell (U.S.Army Materiel System Analysis Activity) /261/, /40/, /169/, /38/ ist eine Weiterentwicklung des Duane-Modells dahingehend, daß das Zuverlässigkeitswachstum auch innerhalb einer bestimmten Testphase ermittelt werden kann. Ferner sind für dieses Modell Anpassungstests sowie Verfahren zur Ermittlung von Vertrauensbereichen für die zu schätzenden Parameter verfügbar.

Theorie des Modells

Grundlage des Modells ist der inhomogene Poisson-Prozeß.

Es wird angenommen, daß ein Entwicklungsprogramm zur Zeit $t = 0$ beginnt. $0 < S_1 < S_2 < ... < S_k < ...$ sind Zeitpunkte, an denen technische Modifikationen am System durchgeführt wurden.

Während der Zeitperiode $[S_{i-1}, S_i]$ ist die Ausfallrate konstant, da an der Konfiguration des Systems keine Veränderungen durchgeführt werden. Auf der Grundlage der konstanten Ausfallrate λ_i, $i = 1, 2, ...$ während der Zeitperiode i folgt die Anzahl der Ausfälle N_i innerhalb des Zeitintervalls i einer Poisson-Verteilung mit dem Erwartungswert $E = \lambda_i \cdot (S_i - S_{i-1})$. Damit folgt entsprechend der Dichte einer Poisson-Verteilung

$$P(N_i = n) = \left(\lambda_i \cdot (S_i - S_{i-1})\right)^n \cdot \frac{e^{-\lambda_i \cdot (S_i - S_{i-1})}}{n!} \ . \tag{12-13}$$

$n = 0, 1, 2, ... \ .$

Aufgrund der konstanten Ausfallrate sind die Zeiten zwischen den aufeinanderfolgenden Ausfällen exponentiell verteilt.

Geht man davon aus, daß während eines Entwicklungsprogramms mehrere Prototypen verschiedener Modifikationen eines Systems getestet werden, deren Ausfallrate konstant und identisch ist, so können die Zeiten S_i als kumulative Testzeit des i-ten Prototyps angesehen werden. D.h. N_i ist die totale Anzahl der Ausfälle während $[S_{i-1}, S_i]$.

Ist t die kumulative Testzeit und N(t) die Gesamtzahl der Ausfälle bis zur Zeit t, dann genügt N(t) – unter den vorstehenden Voraussetzungen – einer Poisson-Verteilung mit der Mittelwertfunktion

$$\Theta(t) = \int\limits_0^t r(y)\, dy \tag{12-14}$$

mit $r(y) = \lambda_i = \text{konst.}$ und $S_{i-1} \le y_i \le S_i$.

Damit läßt sich die Gleichung (12-13) in folgender Form darstellen:

$$P(N(t) = n) = \frac{\Theta(t)^n \cdot e^{-\Theta(t)}}{n\,!} \tag{12-15}$$

n = 0, 1, 2, ... Anzahl der Ausfälle in $[S_{i-1}, S_i]$.

Gleichung (12-15) beschreibt einen inhomogenen Poisson-Prozeß mit der Dichtefunktion r(t). Für ein hinreichend kleines Δt ist $r(t) \cdot \Delta t$ die Wahrscheinlichkeit eines Systemausfalls im Zeitintervall $[t, t + \Delta t]$.

Für $r(t) = \lambda$, bleibt die Wahrscheinlichkeit eines Systemausfalls innerhalb des untersuchten Testintervalls konstant. Die Dichtefunktion r(t) wird deshalb als Ausfallrate definiert. In der Praxis ist es jedoch üblich, auch während eines Testintervalls, Verbesserungen am System durchzuführen, die die Zuverlässigkeit erhöhen. Aus diesem Grund ist es angebracht, r(t) durch eine stetige, parametrische Funktion anzunähern.

Beim AMSAA-Modell wird nun angenommen, daß sich Systemausfälle durch einen inhomogenen Poisson-Prozeß mit der zeitabhängigen Weibull-Ausfallrate

$$r(t) = \lambda \cdot \beta \cdot t^{\beta - 1} \tag{12-16}$$

mit ß = Formparameter (hier Wachstumsrate), λ = Ausfallrate

für ß = 1 beschreiben lassen.

Man beachte, daß das AMSAA-Modell nicht die Weibull-Verteilung zur Grundlage hat. Demzufolge ergeben sich für die zu schätzenden Parameter λ und ß andere Gleichungssysteme als z.B. in /93/, /208/, wo eine Weibull-Verteilung zugrunde liegt.

Parameterschätzung

Zur Schätzung der Parameter λ und ß in Gleichung (12-16) wird die Maximum-Likelihood-Methode angewandt. Bei dieser Methode /147/, /13/ wird angenommen, daß die Zufallsvariablen x_1, x_2, ... , x_n einer bestimmten Verteilung mit der Dichtefunktion $f(x; a_1, a_2, ... , a_k)$ folgen. Hierbei sind die a_i unbekannte Parameter der Verteilungsfunktion.

Die Bestimmung der Parameter erfolgt durch folgende Rechenschritte:
Zunächst wird die sogenannte Likelihood-Funktion gebildet:

$$L(x_1, x_2, ... , x_n ; a_1, a_2, ... , a_k) = \prod_{i=1}^{n} f(x_i ; a_1, a_2, ... , a_k) \ . \tag{12-17}$$

Durch Logarithmieren der rechten Seite und partieller Ableitung nach a_i sowie Nullsetzen der so erhaltenen Gleichungen können die Parameter a_i bestimmt werden. Im Rahmen dieses Beitrages ist es – auch ansatzweise – nicht möglich, die einzelnen Schätzverfahren, Anpassungstest, Intervallschätzung für die Parameter λ und ß – entsprechend den zugrunde gelegten Daten – wie z.B. ausfallgestutzter Test, zeitgestutzter Test, bei Einfach- und Mehrfachsystemen usw. zu beschreiben (siehe hierzu /118/, /40/, /261/ u.a.).

12.4 Anwendung des Zuverlässigkeitswachstums-Modells AMSAA am Beispiel einer Flugzeughilfsturbine

12.4.1 Beschreibung des Systems

Die APU = Auxiliary Power Unit wurde bereits in Kapitel 6.3.1 kurz beschrieben. Eine ausführliche Systembeschreibung findet man in /117/ .

Zuverlässigkeitsanforderungen

Das komplette APU-System einschließlich des Generators soll, nach einem Jahr der Indienststellung des A/C, eine MTBF von 700 Betriebsstunden erreichen.

Wegen der Inkompatibilität zwischen Betriebs- und Flugstunden muß ein Umrechnungsfaktor definiert werden, der die Betriebsstunden der APU (OH) mit den Flugstunden des A/C (FH) in Relation bringt.
Das Passagierflugzeug wird jedoch als Kurzstreckenjet eingesetzt, so daß davon ausgegangen werden kann, daß

$$\frac{\text{Flugstunden A/C}}{\text{Betriebsstunden APU}} = \frac{FH}{OH} = 1$$

ist.

12.4.2 Datenauswahl

Zwischen den Fluggesellschaften und dem Flugzeughersteller sind Vereinbarungen getroffen, die besagen, daß während des ersten Jahres der Indienststellung des A/C jede Fehlfunktion oder nicht ordnungsgemäße Funktion der A/C-Systeme aufgezeichnet werden muß, um eventuelle Maßnahmen zur Designveränderung durchführen zu können.
Diese Daten werden gesammelt und können zur weiteren Auswertung von den zuständigen Abteilungen abgerufen werden. Für das System APU konnten für sechs Flugzeuge, für die bis November 1988 die Störmeldungen vorlagen, folgende Ausfallzeiten ermittelt werden (Tabelle 12-1).

Ausfallnr.	Ausfallzeiten der Maschine [Flugstunden]					
i	Nr. 1	Nr. 2	Nr. 3	Nr. 4	Nr. 5	Nr. 6
1	3	2	49	137	365	127
2	4	46	63	152	376	192
3	6	81	67	248	455	203
4	7	122	72	253	540	211
5	8	275	92	260	569	223
6			97	276		225
7			116	282		504
8			157	309		552
9			423	311		
10			446	317		
11			446	323		

Tabelle 12-1a   Ausfallzeiten der APU

Fortsetzung der Ausfallzeiten:

Ausfallnr.	Ausfallzeiten der Maschine [Flugstunden]					
	Nr. 1	Nr. 2	Nr. 3	Nr. 4	Nr. 5	Nr. 6
12			512	328		
13			661	373		
14			718	510		
15			724	708		
16			851	728		
17			892			

Tabelle 12-1b   Ausfallzeiten der APU

Es ist leicht zu erkennen, daß die Daten unvollständig sind, so daß eine Auswertung der Ausfallzeiten für die einzelnen A/C-Systeme nicht möglich ist

Aus diesem Grund müssen die APU-Systeme der verschiedenen A/C zu einem Gesamtsystem zusammengefaßt und einige Zusatzbedingungen aufgestellt werden.

12.4.3 Datenmanipulation

Um die Einzelsysteme zu einem Gesamtsystem zu transformieren, müssen zunächst die Beobachtungs- bzw. Testzeiträume definiert werden. Es werden deshalb fogende Zeitintervalle festgelegt:

Maschine Nr.1 → Testbeginn =   0 FH   Testende =   10 FH,

Maschine Nr.2 → Testbeginn =   0 FH   Testende = 300 FH,

Maschine Nr.3 → Testbeginn =   40 FH   Testende = 900 FH,

Maschine Nr.4 → Testbeginn = 100 FH   Testende = 800 FH,

Maschine Nr.5 → Testbeginn = 350 FH   Testende = 600 FH,

Maschine Nr.6 → Testbeginn = 100 FH   Testende = 600 FH.

Offensichtlich kann man im vorliegendem Fall von einem "Mehrfachsystem mit ungleicher Testzeit" ausgehen. Zur Theorie der Datenmanipulation und Schätzung der Parameter bei solchen Grundannahmen siehe /261/, /118/.

a) Transformation der Daten von Maschine Nr.1 und Nr.2

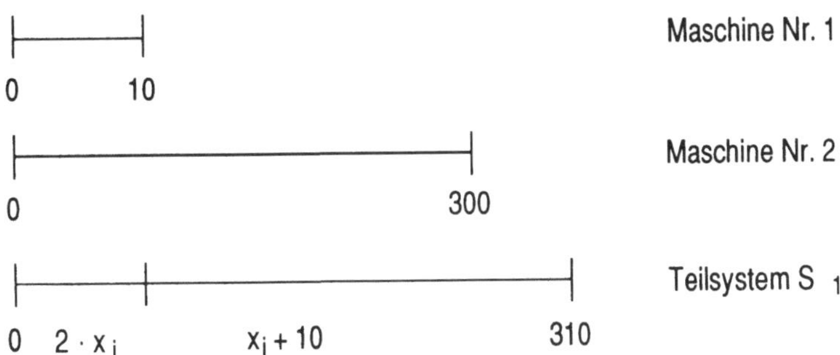

Es ergeben sich folgende transformierte Ausfallzeiten:

Ausfallnummer i	geordnete Ausfallzeit x_i der Systeme 1 u. 2	Anzahl der Systeme im Test	transformierte Ausfallzeit
1	2	2	4
2	3	2	6
3	4	2	8
4	6	2	12
5	7	2	14
6	8	2	16
7	46	1	56
8	81	1	91
9	122	1	132
10	275	1	285

Die Gesamtzeit nach der ersten Überlagerung ergibt für das transformierte Teilsystem S1 einen Wert von T' = 310 FH. Dieses transformierte Teilsystem wird mit den Ausfallzeiten der Maschine Nr.3 überlagert.

b) Transformation der Daten von Maschine Nr.3 mit Teilsystem S1

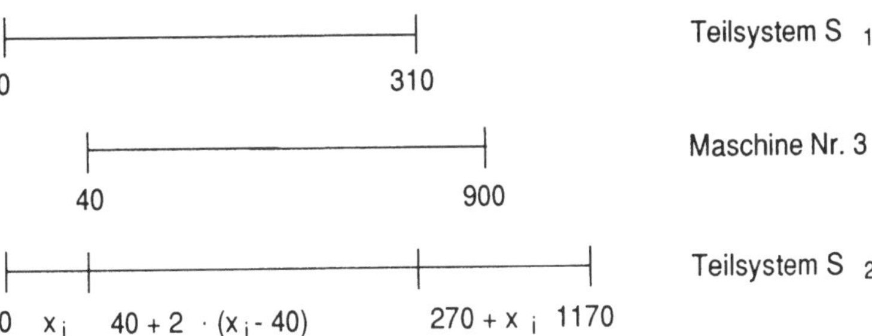

den Eintreffzeiten der verschiedenen Verkehrsteilnehmer sind vielfältige Kombinationen dieser Größen möglich. Sie macht das Problem der zweckmäßigen Verteilung von Fläche und Zeit zu einem sehr komplexen Problem. Zur Umsetzung der gestellten Aufgaben müssen Straßenverkehrs-Signalanlagen, die mit Hilfe elektrischer Betriebsmittel vorwiegend optische Signale – abgesehen von akustischen Signalen für Sehbehinderte an Fußgängerfurten – erzeugen, unmittelbar in den Verkehrsablauf eingreifen, indem sich kreuzende Verkehrsströme abwechselnd angehalten bzw. freigegeben werden. Die Signalsteuerung setzt einen Informationsfluß zwischen dem Verkehrsteilnehmer und der Straßenverkehrs-Signalanlage oder dem Verkehrslenkungssystem als Steuerungsorgan (Bild 9-1) voraus, durch das der Verkehrsablauf beeinflußt und mithin auch nach bestimmten Kriterien optimiert werden kann.

Dies läßt sich auf seiten des Steuerungsorgans nur unter Mitwirkung folgender Grundfunktionen erreichen: Verkehrsdetektoren erfassen Anwesenheit, Anzahl, Verweildauer, Geschwindigkeit, Größe der Kraftfahrzeuge, Linienerkennung usw.; Umweltdetektoren stellen Sicht (z.B. Nebel), Temperatur, Feuchtigkeit usw. fest. Aufgrund eines vorgegebenen Programmablaufs werden die erfaßten Daten verarbeitet, d.h. aufbereitet und ausgewertet. Entscheidungen werden nach vorgegebenen Kriterien getroffen. Sie werden in die Schalttechnik umgesetzt. Die Mitteilung an die Verkehrsteilnehmer erfolgt durch Signale und Zeichen.

Der als Regelkreis dargestellte Informationsfluß in Bild 9-1 gilt sowohl für eine mittelbare als auch für eine unmittelbare Datenerfassung und Datenverarbeitung. Während im Falle einer **zeitplanmäßigen** Signalsteuerung die Datenerfassung, -übertragung und -verarbeitung nur einmal bei der Entwurfsbearbeitung vorgenommen wird, erfolgt im Falle einer **verkehrsabhängigen** Signalsteuerung eine kontinuierliche Verarbeitung der Daten mit der Möglichkeit einer wechselweisen Beeinflussung zwischen Verkehrsteilnehmer und Steuerungsorgan. Auf der Seite des Steuerungsorgans werden Informationen von außen durch nicht steuerbare Größen aus Netz- und Knotenpunktgeometrie, gesetzlichen Vorschriften sowie Gesetzmäßigkeiten im Verkehrsablauf und auf der Seite des Verkehrsteilnehmers durch Umwelteinflüsse wie Wetter, Straßenzustand, Tageszeit usw. beeinflußt.

c) Transformation der Daten von Maschine Nr.4 mit dem Teilsystem S_2

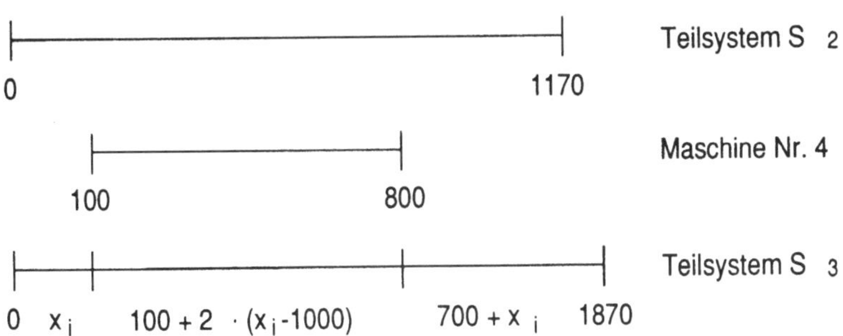

Es ergeben sich folgende transformierte Ausfallzeiten:

Ausfallnummer i	geordnete Ausfallzeit x_i der Systeme S_2 u. 4	Anzahl der Systeme im Test	transformierte Ausfallzeit
1	4	3	4
2	6	3	6
3	8	3	8
4	12	3	12
5	14	3	14
6	16	3	16
7	58	3	58
8	72	3	72
9	86	3	86
10	94	3	94
11	104	4	108
12	137	4	174
13	142	4	184
14	144	4	188
15	152	4	204
16	154	4	208
17	192	4	284
18	224	4	328
9	248	4	396
20	253	4	406
21	260	4	420
22	274	4	448
23	276	4	452
24	282	4	464
25	309	4	518

Fortsetzung der transformierten Ausfallzeiten:

Ausfallnummer i	geordnete Ausfallzeit x_i der Systeme S_2 u. 4	Anzahl der Systeme im Test	transformierte Ausfallzeit
26	311	4	522
27	317	4	534
28	323	4	546
29	328	4	556
30	373	4	646
31	510	4	920
32	530	4	960
33	693	4	1286
34	701	4	1302
35	708	4	1316
36	716	4	1332
37	728	4	1356
38	782	4	1464
39	931	3	1631
40	988	3	1688
41	1121	3	1821
42	1162	3	1862

Die Gesamtzeit nach der dritten Überlagerung ergibt für das transformierte Teilsystem S_3 einen Wert von T' = 1870 FH . Dieses transformierte Teilsystem wird mit den Ausfallzeiten der Maschine Nr.5 überlagert.

d) Transformation der Daten von Maschine Nr.5 mit dem Teilsystem S_3

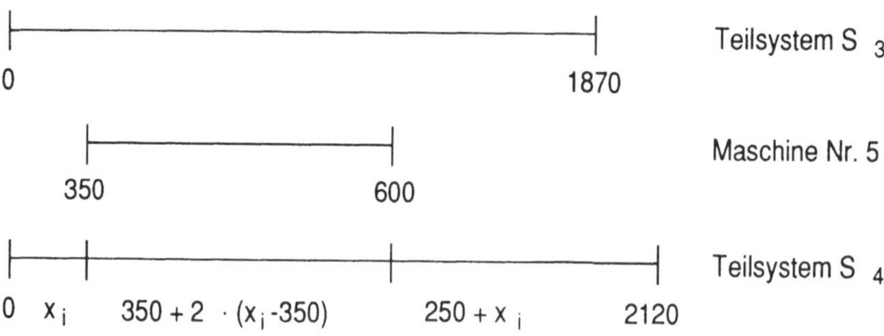

Es ergeben sich folgende transformierte Ausfallzeiten:

Ausfallnummer i	geordnete Ausfallzeit x_i der Systeme S_3 u. 5	Anzahl der Systeme im Test	transformierte Ausfallzeit
1	4	4	4
2	6	4	6
3	8	4	8
4	12	4	12
5	14	4	14
6	16	4	16
7	58	4	58
8	72	4	72
9	86	4	86
10	94	4	94
11	108	4	108
12	174	4	174
13	184	4	184
14	188	4	188
15	204	4	204
16	208	4	208
17	284	4	284
18	328	4	328
19	365	5	380
20	376	5	402
21	396	5	442
22	406	5	462
23	420	5	490
24	448	5	546
25	452	5	554
26	455	5	560
27	464	5	578
28	518	5	686
29	522	5	694
30	534	5	718
31	540	5	730
32	546	5	742
33	556	5	762
34	596	5	788
35	646	4	896
36	920	4	1170
37	960	4	1210
38	1286	4	1536

Fortsetzung der transformierten Ausfallzeiten:

Ausfallnummer i	geordnete Ausfallzeit x_i der Systeme S_3 u. 5	Anzahl der Systeme im Test	transformierte Ausfallzeit
39	1302	4	1552
40	1316	4	1556
41	1332	4	1582
42	1356	4	1606
43	1464	4	1714
44	1631	4	1881
45	1688	4	1938
46	1694	4	1944
47	1821	4	2071
48	1862	4	2112

Die Gesamtheit der vierten Überlagerung ergibt für das transformierte Teilsystem S_4 einen Wert von T' = 2120 FH. Dieses transformierte Teilsystem wird mit den Ausfallzeiten der Maschine Nr.6 überlagert.

e) Transformation der Daten von Maschine Nr.5 mit dem Teilsystem S4

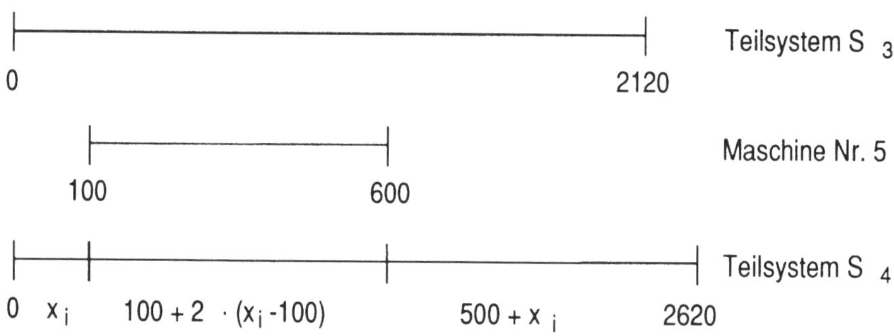

Es ergeben sich folgende transformierte Ausfallzeiten:

Ausfallnummer i	geordnete Ausfallzeit x_i der Systeme S_4 u. 6	Anzahl der Systeme im Test	transformierte Ausfallzeit
1	4	5	4
2	6	5	6
3	8	5	8
4	12	5	12

Fortsetzung der transformierten Ausfallzeiten:

5	14	5	14
6	16	5	16
7	58	5	58
8	72	5	72
9	86	5	86
10	94	5	94
11	108	6	116
12	127	6	154
13	174	6	248
14	184	6	268
15	188	6	276
16	192	6	284
17	203	6	306
18	204	6	308
19	208	6	316
20	211	6	322
21	223	6	346
22	225	6	350
23	284	6	468
24	328	6	556
25	380	6	660
26	402	6	704
27	442	6	784
28	462	6	824
29	490	6	880
30	504	6	908
31	546	6	992
32	552	6	1004
33	554	6	1008
34	560	6	1020
35	578	6	1056
36	686	5	1186
37	694	5	1194
38	718	5	1218
39	730	5	1230
40	742	5	1242
41	762	5	1262
42	788	5	1288
43	896	5	1396
44	1170	5	1670
45	1210	5	1710
46	1536	5	2036

Fortsetzung der transformierten Ausfallzeiten:

Ausfallnummer i	geordnete Ausfallzeit x_i der Systeme S_4 u. 6	Anzahl der Systeme im Test	transformierte Ausfallzeit
47	1552	5	2052
48	1556	5	2056
49	1585	5	2082
50	1606	5	2106
51	1714	5	2214
52	1881	5	2381
53	1938	5	2438
54	1944	5	2444
55	2071	5	2571
56	2112	5	2612

Die Gesamtzeit nach der fünften Überlagerung ergibt für das transformierte Gesamtsystem einen Wert von $T = 2620$ FH .

12.4.4 Berechnung der Wachstumsparameter und graphische Darstellung des Zuverlässigkeitswachstums

Die transformierten Ausfallzeiten aus vorstehender Tabelle werden nun benutzt, um die Zuverlässigkeitsparameter zu berechnen. Für das Gesamtsystem wurden demnach im Zeitintervall $[0, 2620]$ $N = 56$ Ausfälle beobachtet.

In Bild 12-5 sind die kumulativen Ausfälle gegen die Testzeit aufgetragen. Der Abbildung ist zu entnehmen, daß sich die Ausfälle mit zunehmender Testzeit weitgehend durch eine Gerade angleichen lassen.

Im nächsten Schritt werden die Zuverlässigkeitsparameter mit Hilfe eines Programms /118/ ermittelt. Mit dem Programm RELWACHS kann die Berechnung und graphische Darstellung des Zuverlässigkeitswachstums nach dem Duane- oder AMSAA-Modell durchgeführt werden.

Bei Anwendung des Duane-Modells können folgende Aufgaben bearbeitet werden:

➤ Berechnung der kumulativen MTBF,

➤ Graphische Darstellung der kumulativen MTBF.

Bei Anwendung des AMSAA-Modells werden nachstehende Aufgabenstellungen abgearbeitet:

➤ Berechnung der MTBF für ausfallgestutzte Daten,

➤ Berechnung der MTBF für zeitgestutzte Daten,

➤ Berechnung der Vertrauensbereiche,

➤ Berechnung der MTBF für unbekannte Ausfallzeiten,

➤ Berechnung der MTBF bei fehlerhaften oder fehlenden Ausfallzeiten über einen bestimmten Zeitraum,

➤ Durchführung des Cramer- v. Mises-Anpassungstest,

➤ Anwendung des Chi-Quadrat-Test,

➤ Graphische Darstellung des MTBF-Verlaufs,

➤ Graphische Darstellung der kumulativen Ausfälle in Abhängigkeit der Testzeit.

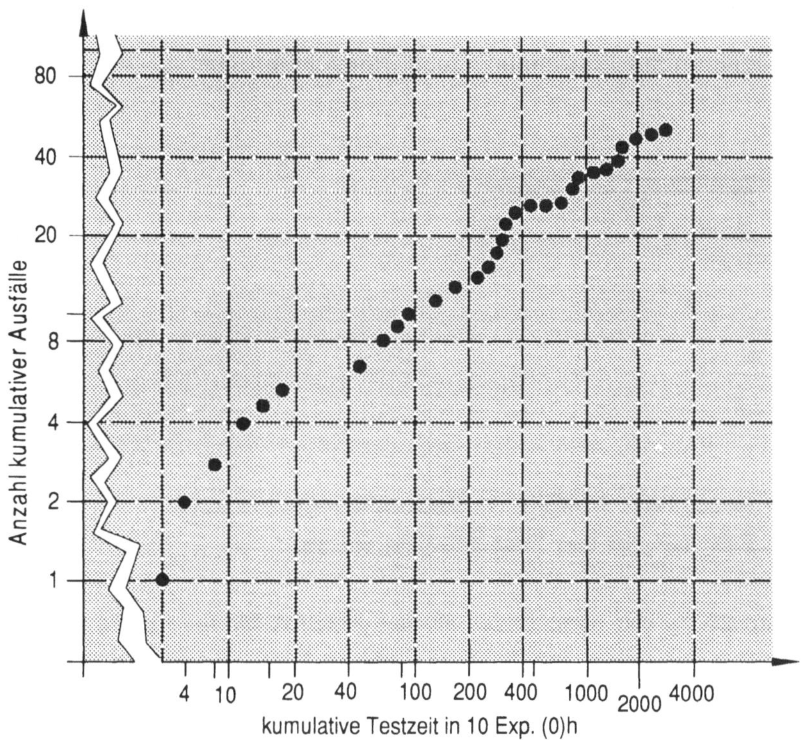

Bild 12-6   Darstellung der kumulativen Ausfallzeitpunkte

Für die Schätzung der Parameter $\hat{\lambda}$ und $\hat{\beta}$ wird ein "zeitgestutzter Test" zugrunde gelegt.

Ein zeitgestutzter Test beginnt bei $t = 0$ und wird zur Zeit T beendet. Während des Zeitintervalls [0, T] werden N Ausfälle beobachtet, die zu den Zeiten X_i auftreten mögen:

$$0 < x_1 < x_2 < \ldots < x_N < T$$

Nach jedem Ausfall wurde das System repariert und gegebenenfalls Verbesserungen am System durchgeführt.

Die Maximum-Likelihoodfunktion für diesen Fall lautet:

$$L = \prod_{i=1}^{N} \lambda \beta \, x_i^{\beta-1} \cdot e^{-\lambda T^{\beta}} \tag{12-18}$$

Die zu schätzenden Parameter $\hat{\lambda}$ und $\hat{\beta}$ errechnen sich zu /40/:

$$\hat{\beta} = \frac{N}{\sum\limits_{i=1}^{N} \ln\left(\dfrac{T}{x_i}\right)} \tag{12-19}$$

$$\hat{\lambda} = \frac{N}{T^{\hat{\beta}}} \tag{12-20}$$

mit

    N = Anzahl der Ausfälle im Beobachtungszeitraum,

    T = Zeit, bei der der Test beendet wurde.

Zur Überprüfung der Hypothese, ob das AMSAA-Modell für die vorhandenen Daten gültig ist, wird der Cramer-v.Mises-Test angewandt. Der Cramer-v.Mises-Anpassungstest /261/, /40/ berechnet den kritischen Wert C_M^2, der mit einem tabellarischen Wert zu vergleichen ist, nach der Gleichung

$$C_M^2 = \frac{1}{12 \cdot M} + \sum_{i=1}^{M} \left(\left(\frac{x_i}{y} \right)^{\overline{\beta}} - \frac{2 \cdot i - 1}{2 \cdot M} \right)^2 \quad . \tag{12-21}$$

Es bedeuten: M = Anzahl der Freiheitsgrade, x_i = i-ter beobachteter Wert, y = letzter beobachteter Wert bzw. Testende, N = Anzahl der beobachteten Werte und $\overline{\beta}$ = erwartungstreuer Schätzwert des Wachstumsparameter ß.

Kritische Werte für den Cramer-v.Mises-Test sind tabelliert, siehe z.B. /261/. Wird dieser kritische Wert überschritten, so muß die Hypothese, daß das AMSAA-Modell zutrifft, zurückgewiesen werden. Wie üblich bei einem Hypothesentest, wird ein berechneter mit einem tabellarischen Wert verglichen. Mit N = 56 und T = 2620 h folgt aus Gleichung (12-19) und (12-20)

$$\hat{\beta} = 0{,}563 \quad \text{und} \quad \hat{\lambda} = 0{,}665 \quad .$$

Der Cramer-v.Mises-Test ergibt

mit M = 56 , $\overline{\beta} = 55/56 \cdot \hat{\beta} = 0{,}553$ und   Y = T = 2620

den Wert $C_T^2 = 0{,}047$.

Der dazugehörige Tabellenwert für M = 56 Freiheitsgrade und einem Signifikanzniveau von 0,1 beträgt laut Tabelle (siehe z.B. /261/) $C_T^2 = 0{,}172$.

Wegen $C_T^2 > C_M^2$ wird die Hypothese, daß das AMSAA-Modell zutrifft angenommen.

Für die

$$\text{MTBF}(t) = \frac{1}{r(t)} \tag{12-22}$$

folgt mit Gleichung (12-16)

$$\text{MTBF}(2620) = 83{,}05 \text{ h} \quad .$$

Weiterhin werden die MTBF-Werte nach 3000, 4000, 5000 und 6000 Stunden berechnet und der zweiseitige Vertrauensbereich zu einem Signifikanzniveau von $\Gamma = 0,1$ ermittelt.

Der zweiseitige Vertrauensbereich zum Vertrauensniveau $(1 - \Gamma)$ wird mit den Perzentilen eines entsprechenden Tabellenwertes (siehe /261/) nach der Gleichung

$$\frac{N}{a \cdot (N - 1)} \cdot \hat{\text{MTBF}}(t) < \text{MTBF}(t) < \frac{N}{b \cdot (N - 1)} \cdot \hat{\text{MTBF}}(t)$$

$$\text{MTBF}_u(t) < \text{MTBF}(t) < \text{MTBF}_o(t)$$

$$(12\text{-}23)$$

berechnet. Die Faktoren a und b werden für ein bestimmtes Signifikanzniveau Γ und der Anzahl der Ausfälle N im Beobachtungszeitraum, aus der Tabelle /261/ ermittelt.

Für 56 Freiheitsgrade ergibt sich $a = 1,34$ und $b = 0,706$. Damit folgt

MTBF(t = 2620 h) ➛ 63,10 h < 83,05 h < 119,78 h,
MTBF(t = 3000 h) ➛ 66,95 h < 88,05 h < 127,08 h,
MTBF(t = 4000 h) ➛ 75,91 h < 99,91 h < 144,09 h,
MTBF(t = 5000 h) ➛ 83,68 h < 110,13 h < 172,00 h,
MTBF(t = 6000 h) ➛ 90,62 h < 119,26 h < 172,00 h.

Die graphische Darstellung des Zuverlässigkeitswachstums ist bis zu einer Testzeit von t = 6000 Stunden in Bild 12-7 dargestellt.

Diskussion der Ergebnisse

Die Ausfallzeiten, die zur Berechnung der Zuverlässigkeitsparameter benutzt wurden, erstrecken sich über einen Zeitraum von ca. 6 Monaten.

Wird angenommen, daß die Einsatzzeit der untersuchten A/C-Systeme für die kommenden sechs Monate gleichbleibt, so kann davon ausgegangen werden, daß sich die Anzahl der Flugstunden des Gesamtsystems, bestehend aus 6 A/C-Systemen, verdoppelt.

Aus diesem Grund erscheint die Annahme berechtigt, daß die mit Hilfe des AMSAA-Modells ermittelte MTBF nach 6000 Stunden Testzeit zur Schätzung der MTBF nach einem Jahr Indienststellung herangezogen werden kann. Der Vergleich mit der geforderten MTBF von 700 FH zeigt, daß das System APU mit dem zum damaligen Zeitpunkt betriebenen Entwicklungsaufwand keine zufriedenstellenden Zuverlässigkeitswerte erreicht. Es wurden deshalb weitere Maßnahmen getroffen, um die angestrebte Zuverlässigkeit des Systems zu gewährleisten.

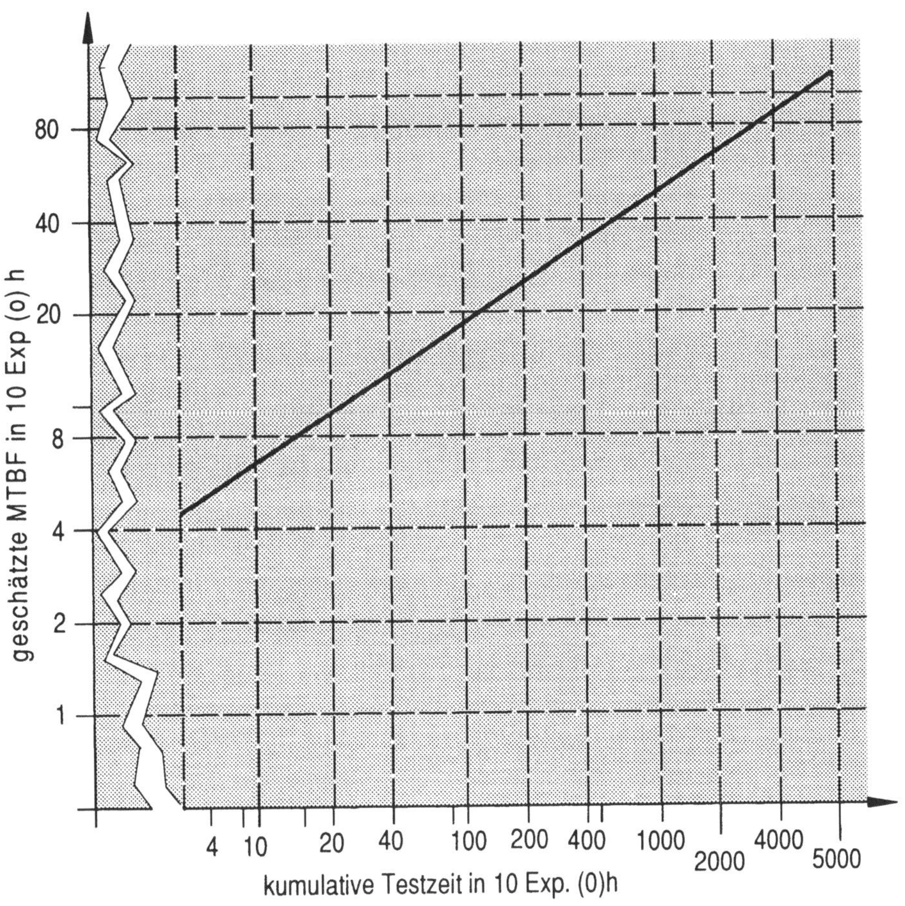

Bild 12-7   Zuverlässigkeitswachstum nach dem AMSAA-Modell

13 Zuverlässigkeit und Software

Software bildet heute in immer stärker zunehmendem Maße einen wesentlichen Bestandteil technischer Systeme, insbesondere als Steuer-, Regel- oder Kontrolleinheit, in industriellen Produkten und Anlagen, als unverzichtbares Hilfsmittel in der Verwaltung, im Bank- und Versicherungswesen, im Handel sowie anderen Branchen. Ein Ausfall der durch Software abgedeckten Funktionen kann vor allem in sicherheitsrelevanten Bereichen, wie z.B. Verkehr, Flugsicherung oder Energiewandlung und -verteilung, zu einer Gefährdung menschlichen Lebens und menschlicher Gesundheit führen sowie zu erheblichen Sach- oder Werteverlusten.

Damit sind auch die Anforderungen an die Software gestiegen. Es hat sich jedoch gezeigt, daß die dazu erforderliche Komplexität der Softwaresysteme erhebliche Probleme mit sich bringt. In den 60er Jahren führten diese zur sogenannten 'Software-Krise': Software-Vorhaben konnten aufgrund von Qualitätsproblemen nicht abgeschlossen werden. Software-Produkte kamen nicht zum Einsatz. Wartungskosten überstiegen die Entwicklungskosten um ein Vielfaches, und einfache Software-Fehler führten zu Fehlfunktionen und zum Ausfall wertvoller Produkte und Anlagen /6/, /238/.
Diese schlechten Erfahrungen und nachfolgende Untersuchungen rückten den Aspekt der Zuverlässigkeit von Software immer mehr in den Mittelpunkt der Software-Forschung. Die ersten Ansätze zur Behandlung der Softwarezuverlässigkeit erschienen Mitte der 60er Jahre.

Das Streben nach hoher Softwarezuverlässigkeit hat sich inzwischen als fester Bestandteil eines relativ jungen Teilgebietes der Technik, des **Software-Engineerings** etabliert. Unter Erweiterung der Zuverlässigkeitstheorie auf den Softwarebereich und Einbeziehung und Anwendung der Kenntnisse und Methoden der Datenverarbeitung bzw. Informatik werden dabei Maßnahmen zum Erzielen von Softwarezuverlässigkeit in allen Phasen eines Software-Produkts angewandt. Neben konstruktiven Maßnahmen wie z.B. **strukturierte Programmierung**, die im Rahmen einer vorbeugenden Soft-

ware-Qualitätssicherung eingesetzt werden, kommt für sicherheitsrelevante Systeme die Erstellung **fehlertoleranter Software** in Betracht.
Für eine Zuverlässigkeitsanalyse eines Softwaresystems ist es jedoch notwendig, neben diesen präventiven Maßnahmen zu einer Quantifizierung durch Zuverlässigkeitskenngrößen der Software zu gelangen.

Bei Hardwaresystemen lassen sich die Zuverlässigkeitskenngrößen (z.B. Ausfallrate) einzelner Hardwarekomponenten aufgrund einer Vielzahl von Erfahrungswerten und Berechnungsmodellen ermitteln. Mit Hilfe von bewährten Analyseverfahren (z.B. Fehlerbaumanalyse oder Ausfalleffektanalyse) läßt sich die Zuverlässigkeit des Gesamtsystems beurteilen.

Im Softwarebereich ist dies noch nicht der Fall, da empirische Werte oder Berechnungsvorschriften in nur unzureichendem Maße existieren, die es erlauben würden, in Abhängigkeit von bestimmten Softwareeigenschaften und -merkmalen, wie z.B. Komplexität, Zeilenzahl, Programmiersprache, Aussagen über Zuverlässigkeit von Softwaresystemen zu treffen.

Anmerkungen zur Verwendung der Begriffe "Softwareausfall" und Softwarefehler
Während man im Hardwarebereich unter dem Begriff "Ausfall" (failure) in der Regel die physikalische Änderung einer vorher fehlerfreien Hardwarekomponente, also den Übergang vom intakten in den nichtintakten Zustand, versteht, kann diesem Begriff im Softwarebereich nicht diese Bedeutung zukommen.
Da hier noch keine einheitliche Regelung besteht, bedient man sich häufig des Begriffs "Versagen", z.B. in /17/. Oft wird in der Literatur, wie z.B. in /172/, /18/, /12/, auch der Begriff "Ausfall", bzw. "failure", im erweiterten Sinne als

"Aussetzung der Ausführung einer festgelegten Aufgabe einer Betrachtungseinheit aufgrund einer in ihr selbst liegenden Ursache und im Rahmen einer zulässigen Beanspruchung"

verwendet.

Damit werden die Auswirkungen von Programm- und Datenfehlern innerhalb der betroffenen Komponente als Ausfälle erfaßt /84/.

In diesem Sinne sei auch hier die Beziehung zwischen Softwarefehlern und Softwareausfällen verstanden, nämlich daß es sich bei Softwareausfällen um das Sichtbarwerden von Entwurfsfehlern handelt. Diese wiederum beruhen auf menschlichen Irrtümern (errors) und offenbaren sich dann, wenn das Programm einer bestimmten **Umgebung** oder bestimmten **Eingangsdaten** ausgesetzt ist, für die das Programm nicht ausgelegt ist, oder auf die es nicht getestet worden ist (konnte).

Trotz dieser Definition werden Ausfälle im Softwarebereich als Zufallsereignisse angesehen. Obwohl Softwareausfälle vorherbestimmt erscheinen, wenn damit gemeint ist, daß auf bestimmte Umgebungsanforderungen und/oder Eingangsdaten, die den Entwurfsfehler ansprechen, auf jeden Fall ein Ausfall erfolgt.

Das Problem besteht darin, den Zeitpunkt zu ermitteln, an dem das Programm gerade mit den Umgebungsanforderungen oder Eingangsdaten konfrontiert wird, die einen Ausfall verursachen. Dieses Problem ist vor allem deswegen nicht zu lösen, weil man die kritischen Umgebungsbedingungen und Eingangsdaten nicht kennt oder mit vertretbarem Aufwand nicht ermitteln kann. Wären sie bekannt, würde man den Programmentwurf dahingehend ändern, daß kein Ausfall auftritt. Somit kann man das Ergebnis, daß das Programm auf kritische Bedingungen trifft, als zufälliges Ereignis ansehen.

Aus diesem Grund ist derzeit auch im Softwarebereich die Anwendung stochastischer Methoden sinnvoll und notwendig. Diese werden ausgehend von bestimmten Annahmen über die Einflußfaktoren auf die Softwarezuverlässigkeit, wie Fehlereinführung, Fehlerbeseitigung oder Softwareumgebung, entwickelt.

Grundsätzlich sind die Modelle zeitabhängig. Sie werden durch Erarbeiten präziser probabilistischer Beschreibungen der Zuverlässigkeit aufgestellt. Dabei stützt man sich auf a-priori-Annahmen über die Einflußfaktoren und auf Informationen aus Testdaten.

Heute existiert eine Reihe von Softwarezuverlässigkeitsmodellen, die je nach der Komplexität ihrer Annahmen mehr oder weniger anwendbar sind. Ein weiterer Aspekt ist die Ermittlung von Möglichkeiten zur geeigneten Einflußnahme auf den Entwicklungsprozeß, die zur Optimierung der Entwicklungsdauer, des Testaufwandes und des Einsatzes von Qualitätssicherungs-Maßnahmen führen können. Erwähnt sei noch, daß in den letzten Jahren eine Reihe Computerprogramme zur Quantifizierung und Darstellung von Zuverlässigkeitskenngrößen von Softwaresystemen entwickelt wurden (siehe z.B. /70/). Eine erfolgreich Anwendung dieser zeigt /69/.

13.1 Zuverlässigkeit als Softwarequalität

Bei allen Bemühungen um zuverlässige Software ist zu beachten, daß Zuverlässigkeit nur **eine** Eigenschaft – wenn auch eine wesentliche – des Softwareproduktes darstellt. Daneben existieren viele weitere Qualitäten, die bei der Softwareentwicklung anzustreben sind. Dadurch können Interessenkonflikte entstehen. In den meisten Fällen wird aber eine Erhöhung der Zuverlässigkeit auch zu einer Gütesteigerung anderer Softwarequalitäten führen. Insbesondere gilt dies auch umgekehrt.

Neben der Zuverlässigkeit sind nach /6/ folgende Qualitätsmerkmale von Software relevant:
- Benutzungsfreundlichkeit,
- Wartungsfreundlichkeit,
- Funktionserfüllung,
- Zeitverhalten, Verbrauchsverhalten und
- Übertragbarkeit.

Die meisten Softwareeigenschaften lassen sich den obengenannten Qualitätsmerkmalen zuordnen. Eine weitergehende Unterteilung geht aus Tabelle 13-1a/b hervor. Darin werden die Qualitätsmerkmale nach ihrem Einfluß auf die Art der Systemaktivität geordnet. Zudem werden Kriterien angegeben, die zu einer Beurteilung jedes einzelnen Qualitätsmerkmales herangezogen werden können.

Da Software in der Regel ein Wirtschaftsgut darstellt, sind die Faktoren Zeit und Geld, die für die Softwareentwicklung aufgebracht werden müssen, nicht zu vernachlässigen. Mit hohem Zeit- und Geldaufwand lassen sich qualitativ hochwertige Softwareprodukte, auch in bezug auf die Zuverlässigkeit erstellen. Oft liegen jedoch die einzuhaltenden ökonomischen Vorgaben unter dem wünschenswerten Maß, so daß genaue Kalkulation erforderlich ist.

Systemqualität		
System- aktivität	**Qualitäts- faktor**	**Qualtitäts- kriterien**
System- operation	Korrektheit	Nachprüfbarkeit Beständigkeit Vollständigkeit
	Zuverlässigkeit	Fehlertoleranz Beständigkeit Genauigkeit Einfachheit
	Effizienz	Ausführungseffizienz Speichereffizienz
	Integrität	Zugangssteuerung Zugangsprüfung
	Verwendbarkeit	Training Kommunikationsvermögen Durchführbarkeit
System- revision	Wartbarkeit	Beständigkeit Einfachheit Prägnanz Modularität Selbst-Beschreibbarkeit
	Flexibilität	Modularität Erweiterbarkeit Selbst-Beschreibbarkeit
	Testbarkeit	Einfachheit Modularität Ausstattung mit Hilfsmitteln Selbst-Beschreibbarkeit
System- übergang	Portabilität	Modularität Selbst-Beschreibbarkeit Maschinenunabhängigkeit Softwaresystem- Unabhängigkeit

Tabelle 13-1a   Qualitätsfaktoren und -kriterien von Softwaresystemen /256/

System- aktivität	Qualitäts- faktor	Qualitäts- kriterien
System- übergang	Wiederverwend- barkeit	Allgemeingültigkeit Modularität Softwaresystem- Unabhängigkeit Maschinenunabhängigkeit Selbst-Beschreibbarkeit
	Interoperabilität	Modularität Kommunikationsverbreitung Datenverbreitung

Tabelle 13-1b   Qualitätsfaktoren und -kriterien von Softwaresystemen /256/

Kosten der Softwarezuverlässigkeit

Die Softwarekosten sind in den letzten 20 Jahren sprunghaft gestiegen. Dies hat zu einer starken Veränderung der Kostenstruktur von technischen Systemen geführt. Während 1960 noch ca. 20% der Systemkosten für Software ausgegeben wurden, war der Prozentsatz 1985 bis auf 80% gestiegen /145/. Daher wird heute dem Kostenfaktor bei der Entwicklung und Wartung von Software große Aufmerksamkeit geschenkt.

Auch bei der Zuverlässigkeitsanalyse der Software spielen die Kosten eine große Rolle, da hauptsächlich die zur Verfügung stehenden Mittel darüber entscheiden, mit welchen Tests, wie lange und wie intensiv die Software getestet wird. Genaue Kenntnisse über das Verhältnis von eingesetzten Mitteln und resultierender Zuverlässigkeit ermöglichen wiederum erst korrekte Kosten-Nutzen-Analysen und eine optimale Verteilung der Mittel auf die einzelnen Phasen der Softwareentwicklung und -wartung.

Aus diesem Grund sind Modelle entwickelt worden, die den Kostenfaktor in die Zuverlässigkeitsanalyse einbeziehen oder direkt die Kosten für Entwicklung und Wartung der zuverlässigen Software berechnen.

Die Wartungskosten allein betragen ca. 60% der gesamten Kosten. Bei hochzuverlässiger Software treten in jeder Phase des Software-Lebenszyklus für die zu erbringende Zuverlässigkeit noch zusätzliche Kosten auf.

In der Tabelle 13-2 sind die Zuverlässigkeitskosten in jeder Lebenszykluspha-
se von normaler und hochzuverlässiger Software aufgeführt. Dabei versteht
man unter Walkthrough "Prüfung und Bewertung der spezifizierten Funktionen in einem Entwurfsobjekt oder Programm auf Widersprüche durch ge-
dankliches Ausführen der Funktion".
Einen Überblick über zuverlässigkeitsbezogene Kostenmodelle findet man in
/145/.

Phase	Zuverlässigkeitskosten gewöhnlicher Software	Zusätzliche Zuverlässigkeitskosten für hochzuverlässige Software
Entwicklung		
Anforderungen u. Spezifikationen	Grundsätzlicher Anforderungs- u. Spezifikations-Walkthrough	Parallele Entwicklung von Anforderungen u. Spezifikationen, Detaillierte Validation
Entwicklung	Grundsätzlicher Entwicklungs-Walkthrough	Parallele Entwicklung, Fehlertolerante Entwicklung, Detaillierte Verifikation
Codierung	Grundsätzlicher Codierungs-Walkthrough	Parallele Codierung der kritischen Module, Fehlertolerante Codierung, Detaillierter Codierungs-Walkthrough
Testen	Grundsätzlicher Test	Ausführlicher Test, Belastungstest, Zuverlässigkeitsbewertung
Wartung		
Vorbeugende Wartung	Ausgerichtet auf Fähigkeit zur Zuverlässigkeit	Größere Häufigkeit der vorbeugenden Wartung
Korrigierende Wartung	Ausgerichtet auf Zuverlässigkeit	Sofortige Korrektur und zusätzliches Testen
Anpassende Wartung	Testen	Zusätzliches Testen
Erweiterung	Entspricht Entwicklungsunterzyklus	
Wachstum	Entspricht Entwicklungsunterzyklus	

Tabelle 13-2   Zuverlässigkeitskosten in den Lebenszyklusphasen /145/

Maßnahmen zum Erzielen zuverlässiger Software
Grundsätzlich sind bei der Entwicklung zuverlässiger Software drei verschiedene Wege möglich:
- ➤ **konstruktive** Maßnahmen,
- ➤ **analytische** Maßnahmen und
- ➤ **fehlertolerante** Software.

Die beiden ersten Maßnahmen zielen darauf ab, möglichst fehlerfreie Software zu erhalten.

Die **konstruktiven** Maßnahmen sollen Fehler im Entwurf und im Betrieb der Software verhindern oder reduzieren und das Testen während der Entwicklung und Wartung erleichtern /250/. "Dazu gehören die Einhaltung von Entwurfs- und Programmierrichtlinien sowie die Verwendung von Entwurfs- und Spezifikationssystemen" /256/.

Analytische Maßnahmen dienen hingegen dazu, Fehler in der Software aufzudecken und zu beheben. Dazu stellt man Softwarezuverlässigkeitsmodelle auf, mit deren Hilfe — nach geeigneten Datenerhebungen — durch Softwaretests die Zuverlässigkeit quantifiziert werden kann.

In der Auswertung erfolgt die Verifikation — die Feststellung der Übereinstimmung zwischen dem Softwareprodukt und seiner Spezifikation. Ebenso wichtig ist die Validation — die Feststellung der Tauglichkeit des Softwareproduktes für den Einsatz unter realen Bedingungen. Nachdem man so die Fehler erkannt hat, erfolgt deren Beseitigung (engl.: debugging).

Bei der Entwicklung **fehlertoleranter** Software geht man davon aus, daß Fehler in der Software vorhanden sind, und diese auch zu Ausfällen führen können. Dies versucht man zu kompensieren, indem man redundante oder vorzugsweise diversitäre Softwaresysteme oder -komponenten aufbaut. Dadurch wird bei einem Ausfall eines Softwaresystems oder einer Komponente zumindest die Hauptfunktion des Softwaresystems aufrecht erhalten oder das System in einen ungefährlichen Zustand überführt.

13.2 Konstruktive Maßnahmen

Der gezielte Einsatz konstruktiver Maßnahmen legt den Grundstein für den Erhalt zuverlässiger Software. Sind Programme nach der Entwicklung nicht einigermaßen zuverlässig, können Fehlerbeseitigung und Fehlertoleranz, die mit vertretbarem Aufwand eingesetzt werden, die Zuverlässigkeit auch nicht mehr wesentlich erhöhen. Aus Kostengründen sind ebenfalls Fehlervermeidung und möglichst frühe Fehlerentdeckung notwendig (Bild 13-1):

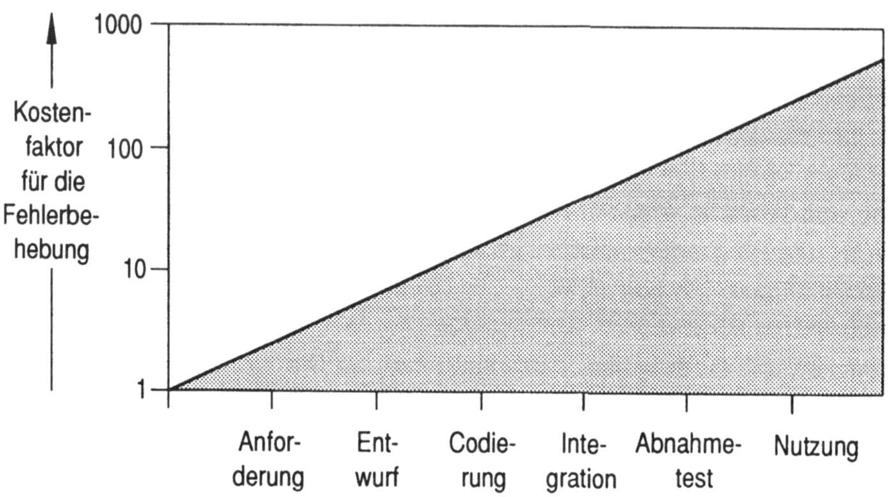

Bild 13-1   Relative Kosten für die Fehlerbehebung /153/

Konstruktive Maßnahmen werden bei der Softwareentwicklung in folgenden vier Phasen eingesetzt:

➣   **Anforderungsanalyse**

➣   **Spezifikation**

➣   **Entwurf**

➣   **Codierung** (Implementierung).

Anforderungsanalyse und -spezifikation zählen zur Definitionsphase. Ein Überblick über die Phasen der Softwareentwicklung mit den jeweils angewandten Maßnahmen zeigt Tabelle 13-3:

Phase	Aktivität	Fehlerverhütung	Fehlererkennung
Anforderungsanalyse	Klärung der Anforderungen, Planung des Software-projekts	Systematisierung der Anforderungsdefinition	Review der Anforderungsdefinition
Spezifikation	Dokumentation der Soll-eigenschaften der Software (Pflichtenheft)	Formale Spezifikation Rapid Prototyping	Pflichtenheft-Review
Entwurf	Dokumentation der Problemlösung (logische Gliederung der Funktionen und Daten)	Strukturierter Entwurf, Top-down/ Bottom-up-Entwurf	Entwurfs-Review -Inspektion -Walkthrough Testplan-Review
Codierung	Erstellung der Quelltexte in einer Programmiersprache	Strukturierte Programmierung	Code -Reading -Inspektion -Walkthrough Modultest

Tabelle 13-3 Phasen der Softwareentwicklung nach /153/, /5/

Die Zielsetzungen und Aktivitäten in den einzelnen Phasen sind unterschiedlich. Damit unterscheiden sich auch die konstruktiven Vorgehensweisen jeder Entwicklungsphase. Im Rahmen dieses Beitrages ist es nicht möglich, die konstruktiven Maßnahmen wie Anforderungsanalyse und Spezifikation, Software-Entwurf, Codierung, übergeordnete Prinzipien für die Entwurfs- und Codierungsphase, objektorientierte Softwareentwicklung, computergestützte Softwareentwicklung, auch nur ansatzweise darzustellen (siehe hierzu u.a. /68/, /262/).

13.3   Analytische Maßnahmen

Trotz wachsenden Interesses für konstruktive Maßnahmen und der Entwicklung fehlertoleranter Systeme, ist Fehlerbeseitigung (debugging) immer noch die primäre Methode, Softwarezuverlässigkeit zu erzeugen.
Voraussetzung für eine erfolgreiche Fehlerbeseitigung ist eine intensive Analyse der erstellten Software mit Hilfe von Zuverlässigkeitsmodellen. Beide zusammen – Analyse und Fehlerbeseitigung – nehmen gewöhnlich einen signifikanten Prozentsatz der Zeit des Lebenszyklus in Anspruch /18/.

Unter dem Lebenszyklus eines Softwareproduktes versteht man die Zeit, die vom Beginn der Erstellung der Software bis zum Ende ihres nützlichen Einsatzes vergeht. Dazu gehören insbesondere die Phasen der Software-Entwicklung, -Wartung, und -Weiterentwicklung.

Die Entwicklung von Softwarezuverlässigkeitsmodellen

Bevor man ein Zuverlässigkeitsmodell aufstellen kann, muß man sich Gedanken darüber machen, wie man Softwarezuverlässigkeit überhaupt definieren und messen will.

Theoretisch könnte man die Zuverlässigkeit als relative Häufigkeit d.h. als das Verhältnis der Programmdurchläufe ohne Ausfall zu der Gesamtzahl der Durchläufe definieren. Jedoch erscheint diese Definition wenig sinnvoll in all den Fällen, in denen es unmöglich ist, einzelne Durchläufe zu unterscheiden, wie z.B. in Echtzeit-Regel-Steuer- oder Kontrollsystemen.

"Einige Autoren schlagen vor, die Softwarezuverlässigkeit direkt mit dem Fehlergehalt des Programms zu verbinden. Zur Messung der Fehleranzahl im Programm bedient man sich dann der 'error-seedings'-Technik: Eine bekannte Anzahl erfundener Fehler wird absichtlich im Programm eingebaut. Danach wird die Software von einem Fehlerbeseitigungs-Team, dem die Orte der künstlichen Fehler unbekannt sind, getestet. Nach einiger Zeit wird eine bestimmte Fehleranzahl entdeckt worden sein. Aus dem Prozentsatz der entdeckten erfundenen Fehler an der Anzahl aller entdeckten Fehler kann auf die Gesamtzahl der ursprünglich im Programm vorhandenen Fehler extrapoliert werden. Allerdings besitzt dieses Verfahren drei gravierende Nachteile:

1. Der Testaufwand für das Debugging-Team wird ungleich höher, da Originalfehler und künstliche Fehler entdeckt werden müssen.

2. Es besteht die Schwierigkeit, die künstlichen Fehler gleichmäßig im Programm zu verteilen.

3. Insgesamt bleibt fraglich, ob die Fehleranzahl eine repräsentative Größe für die Zuverlässigkeit darstellt. Zumindest wird der unterschiedliche Beitrag der Fehler, die in unterschiedlichen Programmteilen vorkommen, vernachlässigt" /18/.

Man hat sich deshalb allgemeineren und akzeptableren Betrachtungsweisen zur Erstellung von Software-Zuverlässigkeitsmodellen zugewandt. Nach /172/ sind die primären Einflußfaktoren auf die Softwarezuverlässigkeit:

➤ Fehlereinführung,

➤ Fehlerbeseitigung und

➤ Umgebung.

Wegen der probabilistischen Natur der Faktoren werden Software-Zuverlässigkeitsmodelle als Beschreibung von Zufallsprozessen erstellt. Grundsätzlich sind die Modelle wie schon gesagt zeitabhängig. Sie werden durch Erarbeiten präziser probabilistischer Beschreibungen der Zuverlässigkeit aufgestellt. Dabei stützt man sich auf a-priori-Annahmen über die Einflußfaktoren und auf Informationen aus Testdaten.

Typischerweise wird ein Zuverlässigkeitsmodell erstellt, indem man geeignete Wahrscheinlichkeitsverteilungen für die interessierenden Zufallsvariablen annimmt und dann die freien Parameter bestimmt. Dies kann geschehen durch Schätzung und Vorhersage. Dazu gehört u. a. die Beschreibung der Entwicklung der Zuverlässigkeit während der Testphase. Solange der Test läuft, wird eine Zunahme der Zuverlässigkeit erwartet, da in dieser Zeit die entdeckten Fehler beseitigt werden. So sollen mit dem Modell die aktuellen Zuverlässigkeitskenngrößen errechnet und zukünftige Ausfallraten vorhergesagt werden können. Dies ist besonders wichtig, um den weiteren Testverlauf planen zu können. Ein Software-Zuverlässigkeitsmodell wird in der Regel in drei verschiedenen Schritten erstellt:

1. Auswahl einer Modellstruktur entsprechend einer allgemeinen Annahme oder spezifischen Hypothese über die Softwarecharakteristika und die Testumgebung.

2. Einstellung der freien Parameter des Modells auf der Grundlage experimentell gewonnener Daten (Schätzung) oder vorher gemachter Annahmen (Vorhersage).

3. Ausarbeitung einer Regel, nach der das Modell für Zwecke der Vorhersage benutzt werden kann.

Merkmale von Software-Zuverlässigkeitsmodellen

Software-Zuverlässigkeitsmodelle sollen möglichst einfache und gute Vorhersagen über das künftige Ausfallverhalten der Software ermöglichen. Die statistische Beschreibung des Ausfallprozesses der Software kann von zwei verschiedenen Sichtweisen ausgehen (Ausfallzeitintervall oder Ausfallanzahl).

Ausfallzeitintervallbeschreibung

Die durchschnittliche CPU-Zeit zwischen zwei aufeinanderfolgenden Ausfällen (MTTF = Mean Time To Failure) wird als signifikanter Zuverlässigkeitsindex verwendet. Die Zeit t bis zum nächsten Ausfall wird als Zufallsvariable T angesehen.

Daher folgt für die Zuverlässigkeit $R(t) = P\{T > t\}$, d.h. $R(t)$ ist die Wahrscheinlichkeit, daß bis zum Zeitpunkt t kein Ausfall erfolgt. Dies entspricht der Definition der Hardwarezuverlässigkeit (siehe Kapitel 2). Häufig verwendete Wahrscheinlichkeitsverteilungen sind:

➤   Exponential-Verteilung und

➤   Weibull-Verteilung.

Ausfallanzahlbeschreibung

Ein alternativer Weg zur Charakterisierung des zufälligen Auftretens von Ausfällen ist auf die Analyse der Ausfallwachstumskurve gegründet. Die Gesamtanzahl der Ausfälle bis zu einer bestimmten Zeit t wird als Zufallsvariable $n(t)$ bezeichnet. Da $n(t)$ nur ganzzahlige Werte annehmen kann, müssen die zugehörigen Wahrscheinlichkeitsverteilungen diskret sein. Gewöhnlich benutzt man zur Beschreibung von $n(t)$ die

➤   die Poisson-Verteilung oder

➤   die Binomialverteilung.

Beide Ansätze zur statistischen Beschreibung sind eng miteinander verbunden, da sie zwei verschiedene Wege darstellen, dasselbe Phänomen zu beobachten. Zuverlässigkeitswachstumsmodelle gehen in der Regel von exponentiell verteilten Lebensdauern aus, oder aber von Verteilungen, die die Exponential-Verteilung als Sonderfall enthalten, wie z.B. die Weibull-Verteilung oder Gamma-Verteilung.

Zum Nachweis über die Plausibilität dieser Annahme wird in /13/ ein idealisiertes Programm betrachtet. Das Programm verfügt über keine internen

Speicher, die es von der Vergangenheit abhängig machen. Zudem arbeitet es so schnell, daß die Dauer eines Laufs zu vernachlässigen ist. Anforderungen an das Programm treffen mit der Häufigkeitsdichte h ein.
Die Wahrscheinlichkeit, daß eine Anforderung zu einem Ausfall des Programms führt, sei p. In einem hinreichend großen Zeitraum t wird das Programm $k = h \cdot t$ mal aufgerufen werden. D.h.:

$$P\ \{\text{Ausfall in } (0,t)\} = 1 - P\ \{\text{kein Ausfall in } (0,t)\}$$
$$= 1 - (1 - p)^k$$
$$F(t) = 1 - (1 - p)^{ht} \quad .$$

Für die Ausfallrate folgt dann mit Gleichung 2-16

$$\lambda(t) = \frac{- h (1 - p)^{ht} \ln(1 - p)}{(1 - p)^{ht}} = - h \ln(1 - p) = \text{const.} \quad . \tag{13-1}$$

Damit weist das idealisierte Programm also eine exponentiell verteilte Ausfalldauer auf.
Nun sind reale Programme durchaus über Speicher von der Vergangenheit bis zu einem gewissen Grad abhängig. Der Grad der zeitlichen Ausdehnung hängt vom Programm selber bzw. von den im kontrollierten System vorhandenen Zeitkonstanten ab. Er wird in der Praxis höchstens einige Stunden ausmachen.

Einteilung der Softwarezuverlässigkeitsmodelle
Bei den klassischen Softwarezuverlässigkeitsmodellen handelt es sich in der Regel um sogenannte Software-Zuverlässigkeitswachstumsmodelle. Diese gehen von relativ einfachen Annahmen über die Einflußfaktoren auf die Softwarezuverlässigkeit und für die Modellierung des Softwareausfallprozesses aus. Ein Zuverlässigkeitswachstum der Software durch erfolgreiche Fehlerbeseitigung im betrachteten Zeitraum wird, zumindest auf längere Sicht, vorausgesetzt. Einen guten Überblick geben hier /18/, /172/, /13/.

Bei der Anwendung von Zuverlässigkeitswachstumsmodellen werden die strukturellen und funktionalen Eigenschaften des betrachteten Softwaresystems kaum berücksichtigt, da die Annahme getroffen wird, daß sich ein Fehler immer auf die gleiche Art und Weise auswirkt, unabhängig davon, in welcher Systemkomponente er entsteht.

Nach /172/ werden Softwarezuverlässigkeitsmodelle nach folgenden Eigenschaften eingeteilt:

1. **Zeitbeschreibung** - Kalenderzeit oder Ausführungszeit.

   Es hat sich als günstig erwiesen, bei der Zeitbeschreibung der Zuverlässigkeitsmodelle die Laufzeit (engl.: execution time), die Zeit, in der die CPU des Computers arbeitet, zu benutzen. Allgemein ist anerkannt, daß die Laufzeit am besten die zu Ausfällen führenden Belastungen und Anforderungen an die Software beschreibt. Für einige Betrachtungsweisen, z. B. für ökonomische Berechnungen, mag es günstiger erscheinen, die Kalenderzeit zu verwenden. Dann müssen die Zuverlässigkeitskenngrößen gemäß dem Verhältnis von CPU-Zeit zu Kalenderzeit umgerechnet werden.

2. **Kategorie** – die erwartete Ausfallanzahl in unendlich langer Zeit ist endlich oder unendlich.

   (Die unterschiedliche Klassifizierung für die beiden Kategorien wurde wegen der größeren Einfachheit gewählt.)

3. **Typ** – Ausfallanzahlverteilung.

4. **Klasse** (nur bei Kategorie endliche Ausfallanzahl) – funktionale Form der Ausfallrate in Zeiteinheiten.

5. **Familie** (nur bei Kategorie unendliche Ausfallanzahl) – funktionale Form der Ausfallrate in Einheiten des Erwartungswertes der Ausfälle.

Ein Schema zur Einteilung von Softwarezuverlässigkeitsmodellen geht aus Tabelle 13-4 hervor.

Klasse	Kategorie endliche Ausfallanzahl		
	Typ		
	Poisson	Binominal	Andere Typen
Exponential	Musa (1975) Moranda (1975) Schneidewind (1975)	Jelinski-Moranda (1972) Shooman (1972)	Goel-Okumto (1978) Musa (1979 a) Keiller-Littlewood (1983)
Weibull		Schick-Wolverton (1973) Wagoner (1973)	
C1		Schick-Wolverton (1973)	
Pareto		Littlewood (1981)	
Gamma	Yamada-Ohba-Osaki (1983)		

Familie	Kategorie unendliche Ausfallanzahl			
	Typ			
	T1	T2	T3	Poisson
Geome-trisch	Moranda (1975)			Musa-Okumoto (1984 b)
Invers linear		Littlewood-Verrall (1973)		
Invers poly-nominal			Littlewood-Verrall (1973)	
Power				Crow (1974)

Tabelle 13-4   Einteilungsschema der Softwarezuverlässigkeitsmodelle /172/

Im folgenden sollen lediglich zwei bekannte klassische Softwarezuverlässig-keitsmodelle kurz vorgestellt werden, um die grundlegenden Gedankengän-ge und Vorgehensweisen bei der Erstellung von Zuverlässigkeitsmodellen für Software aufzuzeigen.

In den letzten 15 Jahren sind in der Literatur eine große Anzahl von weite-ren Modellen vorgeschlagen worden. Ein 'bestes' Modell, das in jeder Umge-bung gute Ergebnisse liefert, konnte jedoch nicht gefunden werden. Heute geht man davon aus, daß es nicht wichtig ist, ein allgemeines Modell auszuwählen, vielmehr möchte man Mittel finden, mit denen es möglich ist, sich für das geeignetste Modell für jede Anwendung zu entscheiden.

13.3.1 Das Jelinski-Moranda-Modell

Das älteste und bekannteste Modell für Softwarezuverlässigkeit ist das 1972 von Jelinski und Moranda beschriebene und nach ihnen benannte Jelinski-Moranda-Modell (JM-Modell). Es geht von folgenden Annahmen aus:

➤   Am Anfang sind im Programm N Fehler vorhanden, die alle unbekannt sind.

➤   Jeder Fehler verursacht nach einer zufälligen Zeit einen Ausfall. Die Anzahl der aufgetretenen Ausfälle wird mit der Laufvariablen i angegeben.

➤   Die Ausfallzeiten T_i sind unabhängig voneinander und mit λ_i exponentiell verteilt.

Bei der Exponential-Verteilung besitzt bekanntlich die Zufallsvariable X folgende Wahrscheinlichkeitsdichte:

$$f(x) = \begin{cases} \lambda\, e^{-\lambda x} & \text{für } x \geq 0, \\ 0 & \text{für } x < 0, \end{cases} \qquad \lambda > 0 : \text{Parameter.} \tag{13-2}$$

mit dem Erwartungswert

$$E\{X\} = \frac{1}{\lambda} \tag{13-3}$$

Für das JM-Modell gilt:

$$f_i(t_i) = \lambda_i\, e^{-\lambda_i t_i} \tag{13-4}$$

Würde nach einem Softwareausfall der aufgetretene Fehler nicht beseitigt, bliebe die Ausfallrate über den gesamten Zeitraum t konstant: $\lambda_i = \lambda = \text{const.}$

Im JM-Modell gilt jedoch zusätzlich:

➤ Jeder Fehler wird, nachdem er einen Ausfall verursacht hat, unverzüglich und restlos beseitigt. Dabei werden keine neuen Fehler eingeführt, d.h. die Fehlerbeseitigung ist perfekt.

➤ Jeder Fehler trägt gleichermaßen mit der konstanten Rate Φ zum Ausfallgeschehen bei. Somit ist die Ausfallrate λ_i zwischen zwei aufeinanderfolgenden Ausfällen konstant und proportional zur Anzahl der verbleibenden Fehler. Die verbleibende Fehleranzahl zum Ausfallzeitpunkt i vor Beseitigung des i-ten Fehlers ergibt sich aus der Differenz aus Gesamtfehlerzahl N und der bis zu diesem Zeitpunkt beseitigten Fehler (i - 1).

Damit ist die Ausfallrate durch

$$\lambda_i = (N - (i - 1))\,\Phi$$
$$\lambda_i = (N - i + 1)\,\Phi \tag{13-5}$$

gegeben. Anders ausgedrückt: Die Ausfallrate wird nach Beseitigung eines Fehlers um Φ reduziert /12/, /13/, /18/.

Beim JM-Modell hat das Ausfallgeschehen die **Markoff-Eigenschaft**, d.h. die Zukunft des Fehlerentdeckungsprozesses ist unabhängig von der Vergangenheit und hängt nur vom jetzigen Zustand (der verbleibenden Fehleranzahl) ab. Die freien Parameter N und Φ werden durch statistische Verfahren (Maximum-Likelihood, Least-Square-Verfahren, Bayessche Schätzung) geschätzt.

Die Nachteile dieses Modells sind die vereinfachenden Annahmen, daß die Fehlerbeseitigung deterministisch ist, also auf jeden Fall zum Erfolg führt, und daß alle Fehler in gleichem Maße zur Unzuverlässigkeit beitragen.

13.3.2 Das Goel-Okumoto-Modell

Diese 1979 von Goel und Okumoto vorgestellte Modell (GO-Modell) /82/ geht davon aus, daß die Fehlerbeseitigung nicht immer perfekt ist.

Das Ausfallverhalten wird als ein nicht-homogener Poisson-Prozeß (engl.: Non-Homogeneous-Poisson-Process (NHPP)) betrachtet. Nicht-homogen bedeutet, daß sich die Charakteristika der Wahrscheinlichkeitsverteilungen, die den Zufallsprozeß beschreiben, mit der Zeit ändern. Dies zeigt sich in einer Veränderung der Ausfallraten.

Von einem Poisson-Prozeß kann man bekanntlich ausgehen, wenn man punktuelle Ereignisse mit kleiner Eintrittswahrscheinlichkeit im Zeitablauf betrachtet. Diese seltenen voneinander unabhängigen Ereignisse X sind nach Poisson verteilt, mit der Wahrscheinlichkeitsdichte

$$f(x) = \frac{\mu^x}{x!}\, e^{-\mu} \quad . \tag{13-6}$$

Dabei ist μ der Parameter der Poisson-Verteilung und stellt gleichzeitig den Mittelwert oder Erwartungswert und die Varianz dar.

$$\mu(x) = E\{X\} = VAR\{X\} \quad . \tag{13-7}$$

Beschreibt man das Softwareausfallverhalten durch einen Poisson-Prozeß, so ist die entscheidende Größe für das Ausfallverhalten nicht das Ausfall- bzw. Reparaturereignis, sondern die Zeit, so daß die Ausfallrate $\lambda(t)$ zeitabhängig ist. Das Fehleraufkommen der Software ist durch einen NHPP mit dem Parameter $\lambda(t)$ darstellbar, wenn für die Zufallsvariable $N(t)$, die die Anzahl der bis zum Zeitpunkt t aufgetretenen Fehler beschreibt, folgendes gilt:

$$N(0) = 0 \quad . \tag{13-8}$$

Für alle $n \in \text{IN}$ und für alle Zeitpunkte $t_0 ... t_n$ mit $0 \leq t_0 \leq t_1 \leq ... \leq t_n$ gilt:

$$N(t_0) - N(0), \ N(t_1) - N(t_0), \ N(t_n) - N(t_{n-1})$$

sind stochastisch unabhängige Zufallsvariablen.

$$P\{N(t + \Delta t) - N(t) \leq 2\} = o(\Delta t) \quad , \tag{13-9}$$

wobei o(Δt) bekanntlich eine Funktion mit der Eigenschaft

$$\lim_{\Delta t \to 0} \frac{o(\Delta t)}{\Delta t} = 0 \qquad\qquad (13\text{-}10)$$

ist. Das bedeutet, daß die Wahrscheinlichkeit für mehr als einen Ausfall in einem kleinen Zeitintervall Δt von kleinerer Größenordnung ist als Δt selbst. D.h., die Wahrscheinlichkeit für zwei oder mehr Ausfälle während (t, t + Δt) ist vernachlässigbar.

$$P\{N(t + \Delta t) - N(t) \geq 1\} = \lambda(t)\,\Delta t + o(\Delta t) \quad , \qquad\qquad (13\text{-}11)$$

d.h., die Wahrscheinlichkeit, daß mindestens ein Fehler im Zeitintervall Δt auftritt, ergibt sich aus der Summe der Wahrscheinlichkeiten, daß genau ein Fehler während des Zeitraums Δt auftritt [λ(t) · Δt (Ausfallrate · Zeit)] und der Wahrscheinlichkeit, daß mehr als ein Fehler im Zeitraum Δt auftritt [o(Δt)].

Aus diesen Grundannahmen läßt sich ableiten, daß die Zufallsvariable N(t) nach Poisson verteilt ist. Die allgemeine Gleichung für die Wahrscheinlichkeit des Auftretens einer Anzahl von n Ausfällen in der Zeit t ist:

$$P\{N(t) = n\} = P_n(t) = \frac{\mu(t)^n}{n!}\exp(-\mu(t)) \qquad\qquad (13\text{-}12)$$

mit

$$\mu(t) = \int_0^t \lambda(\tau)\,\mathrm{d}\tau \quad . \qquad\qquad (13\text{-}13)$$

Der NHPP besitzt einen Mittelwert und eine Varianz von μ(t). Deshalb wird μ(t) auch als Mittelwertsfunktion des Prozesses bezeichnet. Aus (13-13) geht hervor, daß die Fehlerrate die Ableitung der Mittelwertsfunktion ist. Es genügt also, eine der beiden Funktionen λ(t) oder μ(t) anzugeben, um den N(t)-Prozeß beschreiben zu können.

Mit Gleichung (13-12) und (13-13) lassen sich Beziehungen für die verschiedenen Zufallsgrößen eines NHPP ermitteln. So erhält man z.B. für die Softwarezuverlässigkeit R im Zeitintervall Δt_i = verstrichene Zeit seit dem letzten Ausfall und mit t_{i-1} = Zeitpunkt des letzten Ausfalls

$$R(\Delta t_i \mid t_{i-1}) = \exp\Big(-(\mu(t_{i-1} + \Delta t_i) - \mu(t_{i-1})) \Big) \quad . \tag{13-14}$$

Im GO-Modell, das einen Spezialfall des NHPP darstellt, wird der Erwartungswert der Softwareausfälle bis zum Zeitpunkt t mit m(t) bezeichnet, wobei m(t) eine nicht fallende Funktion von t innerhalb folgender Grenzen darstellt:

$$m(t) = \begin{cases} 0 & \text{für } t = 0 \\[2mm] a & \text{für } t \to \infty \end{cases} \quad . \tag{13-15}$$

Dabei ist a der Erwartungswert der gesamten Fehleranzahl. Der Erwartungswert der Softwareausfälle im Intervall $(t, t + \Delta t)$ wird als proportional zum Erwartungswert der verbleibenden Fehler angenommen

$$m(t + \Delta t) - m(t) = b\,(a - m(t))\,\Delta t + o(\Delta t) \quad . \tag{13-16}$$

In dieser Form genügt Gleichung (13-16) der letzten Grundannahme des NHPP (Gl. (13-11)). Dabei stellt b die Proportionalitätskonstante dar, und o(t) ist nur bei längeren Zeiträumen Δt von Bedeutung (s. Gl. (13-10)). Aus Gl. (13-13) folgt

$$\frac{m(t + \Delta t) - m(t)}{\Delta t} = a \cdot b - b \cdot m(t) + \frac{o(\Delta t)}{\Delta t} \quad . \tag{13-17}$$

Mit $\Delta t \to 0$ wird der Differenzenquotient auf der linken Seite der Gleichung zum Differentialquotienten, und $\dfrac{o(\Delta t)}{\Delta t}$ verschwindet, so daß sich folgende Differentialgleichung ergibt

$$m'(t) = a \cdot b - b \cdot m(t) \quad . \tag{13-18}$$

Als Lösung dieser DGL erhält man

$$m(t) = a\,(1 - e^{-bt})\ . \qquad\qquad (13\text{-}19)$$

Damit folgt für die Ausfallrate

$$\lambda(t) \equiv m'(t) = ab \cdot e^{-bt}\ . \qquad\qquad (13\text{-}20)$$

Da es sich um einen Poisson-Prozeß handelt, sind die Ausfälle N(t) nach Poisson verteilt mit dem Erwartungswert m(t)

$$P\{N(t) = n\}^{n} = \frac{m(t)}{n!}\, e^{-m(t)}\ . \qquad\qquad (13\text{-}21)$$

Aus Gleichung (13-19) und (13-20) erhält man schließlich die Gleichung der Zuverlässigkeitskenngröße des GO-Modells. Für die Zuverlässigkeit ergibt sich

$$\begin{aligned}
R(t \mid s) &= \exp\big(-(m(s+t) - m(t))\big)\\
&= \exp\big(-a\,(\exp(-bs) - \exp(-b\,(s+t)))\big)\ ,
\end{aligned} \qquad (13\text{-}22)$$

mit t = verstrichene Zeit seit dem letzten Ausfall
und s = Zeitpunkt des letzten Ausfalls.

Zur Herleitung der Zuverlässigkeitskenngröße
➤ aufgetretene Ausfallanzahl,
➤ verbleibende Ausfallanzahl,
➤ Ausfallzeiten und
➤ Zeiten zwischen den Ausfällen
siehe /69/, /172/. Zur Parameterschätzung siehe u.a. /69/.

13.3.3 Neuere Modelle

Im Kapitel 13.3.1und 13.3.2 wurden zwei klassische Softwarezuverlässigkeitsmodelle vorgestellt. Bei diesen handelte es sich fast ausschließlich um sogenannte **Makro-Modelle**. Unter Makro-Modellen versteht man Modelle, die die strukturellen und funktionellen Eigenschaften der Softwaresysteme nicht berücksichtigen. Die Modelle sind somit relativ einfach und basieren auf Ausfalldaten, die empirisch während der Systementwicklungs- und Testphase zu ermitteln sind.
Die Tauglichkeit und die Genauigkeit der Modelle sind abhängig von der Güte der Testdaten. Die besten Testdaten können üblicherweise erst dann erhalten werden, wenn das System bereits erstellt und in Betrieb genommen worden ist. Dann ist es allerdings unter dem Kostenaspekt meistens zu spät, um strukturelle und/oder funktionelle Änderungen am System vorzunehmen und so eine eventuelle Softwarezuverlässigkeitsoptimierung zu ermöglichen.

In den letzten zehn Jahren ist man häufiger von diesen starken Vereinfachungen und Verallgemeinerungen abgegangen. Dazu hat man Modelle entwickelt, die die spezifischen Eigenschaften der Software berücksichtigen, indem sie bestimmte Charakteristika des Softwaresystems als Parameter in ihre Modellierung einfließen lassen. Beschreibungen einzelner neuerer Softwarezuverlässigkeitsmodelle finden sich in /245/, /12/, /141/, /32/, /143/.
Solche Modelle werden auch **Mikro-Modelle** genannt, da sie eine detaillierte Beschreibung der Software erfordern. Sie können auch als **empirische Modelle** bezeichnet werden, da die Bestimmung und Quantifizierung der Softwarecharakteristika in der Regel nur durch den Rückgriff auf Erfahrungswerte möglich ist. Diese würden es – vergleichbar mit dem Vorgehen im Hardwarebereich – erlauben, in Abhängigkeit von bestimmten, noch zu definierenden Softwareeigenschaften und -merkmalen (wie z.B. Komplexität, Zeilenanzahl, Programmiersprache) Aussagen über die Zuverlässigkeit von Softwaresystemen zu treffen.

Ein sehr charakteristisches Merkmal eines Computerprogramms ist dessen Länge, ausgedrückt in Anzahl der Programmzeilen. Untersuchungen, inwieweit die Programmzeilenzahl einen Einfluß auf die Gesamtfehlerzahl und die

Zuverlässigkeit eines Programms hat, sind daher auch schon früher, z. B. in /146/, gemacht worden.

In /127/ werden Softwarezuverlässigkeitsbewertungen für militärische Systeme behandelt. Es werden Quellen zitiert, nach denen die Fehlerzahl pro 1000 Programmzeilen zwischen einem und 25 Fehlern für die Software liegt, die nach bestandenem Abnahmetest endgültig an den Kunden geliefert wird. Vor Beginn der Testphase werden sogar Werte bis zu 150 Fehlern pro 1000 Zeilen erreicht. Aus der großen Bandbreite folgert man, daß die Schätzungen für die Fehlerraten der Programmzeilen nicht besonders stabil sind, da sie von einer Vielzahl von Faktoren abhängen.
Weitere Größen, die in /127/ zur Bewertung der Softwarezuverlässigkeit herangezogen werden, sind die Anzahl der Fehler, die zu einem totalen Systemausfall führen (fatal errors), die Fehlerentdeckungsraten und die MTTR (Mean Time To Repair).

Die Anzahl der fatal errors wird aus Erfahrung mit mindestens 7% bis 10% der Fehlergesamtzahl angegeben. Weiterhin wird angenommen, daß alle Totalausfälle nur einen Warmstart zur Behebung des akuten Problems benötigen. Mangels besserer quantitativer Analysen wird die MTTR gemäß einer IBM-Studie von 1986 mit 10 Minuten festgesetzt. Die Fehlerentdeckungsrate (und damit die Fehlerbehebungsrate) wird ebenfalls von Zahlen einer Softwareentwicklungs-Firma mit 0.13 bis 0.25 Fehlern pro 1000 Zeilen, die pro Jahr entdeckt und beseitigt werden, übernommen. Somit erhält man dann z.B. mit:

Fehlerrate	= 25/1000 Zeilen
Fatal Errors	= 10%
MTTR	= 10 Minuten / Fatal Error
Fehlerentdeckungsrate	= 0.20/1000 Zeilen / Jahr
Programm mit	227000 Zeilen

und daraus folgend:

Gesamte Fehleranzahl	$= 25 \cdot 227 = 5675$
Entdeckte Fehleranzahl im ersten Jahr	$= 0.2 \cdot 5675 = 1135$
Fatal Errors	$= 10\% \cdot 1135 \approx 114$

$$\Rightarrow MTBF = \frac{8760\,h\ (1\,Jahr)}{114} \approx 76,84\,h \quad .$$

Mit einer

$$MTTR = 10\,Min. = 0,1\overline{6}\,h$$

erhält man eine stationäre Verfügbarkeit V_S von

$$V_S = \frac{MTBF}{MTBF + MTTR} = \frac{76,84\,h}{77,01\,h} \approx 0,9978 \quad .$$

Bei einer als realistisch geltenden Hardwareverfügbarkeit von $V_H = 0,9992$ ergibt sich die Gesamtverfügbarkeit des Systems zu:

$$V_G + V_H + V_S = 0,9992 \cdot 0,9978 \approx 0,9970 \quad .$$

In /127/ werden durch Variation von Fehlerrate und Fehlerentdeckungsrate in den oben angenommenen Grenzen Gesamtverfügbarkeiten zwischen 0.9963 und 0.9977 errechnet. Diese Werte können als Richtwerte für erreichbare Verfügbarkeiten unter Normalbedingungen angesehen werden. Unter Normalbedingungen versteht der Autor, daß für die Software eine ähnliche Umgebung, aus der die Wertebereiche für Fehlerrate, Fehlerentdeckungsrate und MTTR übernommen wurden, gewährleistet ist. Zum Problemkreis analytische Mikromodelle siehe weiter /256/, /143/, /141/, /12/, /245/ u.a.

13.4   Fehlertolerante Software

Trotz umfangreicher konstruktiver und analytischer Maßnahmen ist es bis heute kaum möglich, ein Programm für reale Anwendungen (d. h. mit einem Umfang von mehr als 1000 Befehlen) garantiert fehlerfrei zu erstellen /136/.

Daher stellt sich die Frage, ob es nicht in Betracht kommt, Software fehlertolerant zu gestalten.

Mit **Fehlertoleranz** wird die Eigenschaft eines Systems bezeichnet, trotz Ausfall oder Fehlfunktionen einer oder mehrerer Komponenten, seine spezifizierten Funktionen ohne Unterbrechung richtig zu erfüllen. Dazu gehört auch die Einhaltung notwendiger Qualitätsanforderungen wie eventuell Reaktionszeit oder Durchsatz. Fehlertoleranz umfaßt nur das Verhindern von Auswirkungen eines Fehlers. Die Beseitigung einer Fehlerursache stellt im allgemeinen kein Ziel der Fehlertoleranz dar.

Bei der Hardware wird Fehlertoleranz durch Redundanz wichtiger Hardwarekomponenten (siehe Kapitel 4), die als Reserve zur Verfügung stehen, erzeugt. Diese Vorgehensweise kommt bei der Software nicht in Betracht, da bei einer Vervielfältigung der gleichen Software auch die fehlerhaften Teile des Programms übernommen würden.

Vielmehr müssen hier Redundanzmaßnahmen in der Weise eingebracht werden, daß Programmteile **verschiedenartig** aufgebaut werden, jedoch so, daß sie bei gleichen Eingangsdaten die gleichen Ergebnisse liefern. Durch den verschiedenartigen Aufbau soll erreicht werden, daß die Wahrscheinlichkeit von gleichzeitig auftretenden Fehlern mit identischen Fehlerauswirkungen (koinzidente Fehler) sehr klein wird. Redundante Programme dieser Art werden als **diversitär** bezeichnet.

Mögliche Vorgehensweisen zum Erreichen einer Diversität bei gleicher Funktion sind:

➤ unabhängige Software-Entwickler, die unterschiedliche Wege zur Realisierung der Software beschreiten, sowie

➤ gezielte Anwendung verschiedener Strategien, Algorithmen und Software-Strukturen.

Allerdings sind mit der Erstellung diversitärer Programme keineswegs die Probleme gelöst. Denn "... Diversität kann die Tolerierung selbst von begrenzten Entwurfsfehlern nicht sicherstellen. Diesen liegen keine physikalischen Gesetze, sondern Schwächen des menschlichen Denkens zugrunde. Durch Erhöhung der Variantenzahl werden gemeinsame Fehler aller Varianten wohl seltener, aber nicht beliebig unwahrscheinlich. Legt ein Entwurfs-

problem eine einfache, aber falsche Scheinlösung nahe, so können durchaus alle Entwurfsgruppen unabhängig voneinander diese wählen.
Trotzdem neigt man zu der Ansicht, daß Diversität die einzige Methode zur Tolerierung von Entwurfsfehlern darstellt. Die Softwarezuverlässigkeit sollte aber primär durch Fehlervermeidung verbessert werden. Erst nach Ausschöpfen der Entwurfs- und Verifikationsmöglichkeiten ist Diversität als zusätzliches Mittel angezeigt" /59/.

Auch der Anwendungsbereich fehlertoleranter Software scheint im Moment noch eingeschränkt zu sein:
"Softwarefehlertoleranz bietet bisher nur die Möglichkeit, weiche Fehler zu tolerieren, Fehler zu isolieren und für harte Fehler in der Anwendungssoftware, die zum Absturz einer Funktion führen können, die Datenintegrität sicherzustellen" /155/.
Mit weichen Fehlern sind hier solche Fehler gemeint, die nur in einer bestimmten Situation auftreten, also in den meisten Fällen bei einem zweiten Versuch verschwinden. Fehlerisolation wird im wesentlichen durch konsequente Modularisierung erreicht und beschränkt die Auswirkungen von Fehlern auf die fehlerhafte Komponente.
Diversität weist zudem eine Reihe gravierender Nachteile auf:
➤   hohe Kosten insbesondere auch bei Pflege, Wartung und Änderungen,
➤   schwere Nachweisbarkeit von Diversität und
➤   aufwendige und schwierige Koordinierung des zeitlichen Ablaufs.
Daher wird diversitäre Software bisher nur in sicherheitsrelevanten Bereichen eingesetzt, wie in der Kern- und Luftfahrt- und Raumfahrt-Technik (z.B. bei der Raumfähre Space Shuttle oder beim Airbus 310 und der Boing 737-300).

Streng zu unterscheiden von der Softwarefehlertoleranz ist die weit häufiger eingesetzte **softwareimplementierte Fehlertoleranz**. Hierbei werden die notwendigen Maßnahmen zur Fehlertoleranz, wie z.B. Vergleich oder Mehrheitsbildung, die sonst von Hardwarekomponenten vorgenommen werden, durch Softwarekomponenten ausgeführt. Inzwischen wird die softwareimplementierte Fehlertoleranz als wichtige Alternative zur hardwareimplementierten Fehlertoleranz angesehen. Die Entscheidung über die Verwendung softwareimplementierter Fehlertoleranz wird vor allem durch die praktische Anwendbarkeit und die entstehenden Kosten bestimmt.

Außerdem ist es möglich, gleichartige Prozesse auf unterschiedlichen Rechnern ablaufen zu lassen. Auf diese Weise wird eine Fehlertoleranz im Hinblick auf die Ausfallmöglichkeiten der Hardware erreicht. Durch zusätzlichen
Einsatz softwareimplementierter Fehlertoleranz läßt sich eine fehlertolerante
Gesamtfunktion erreichen, wenn die Maßnahmen zur Mehrheitsbildung oder
zum Vergleich durch Softwareprozesse ausgeführt werden /83/.

Maßnahmen zur Erstellung fehlertoleranter Software

Hat man sich für die Verwendung fehlertoleranter Software entschieden, gibt
es hauptsächlich zwei Arten, fehlertolerante Software zu entwerfen:

➤   Rücksetzblocktechnik (engl.: recovery block scheme)
➤   N (oder Multi)-Versionen-Programmierung (engl.: n (multi)-version programming).

Beide Ansätze gehen davon aus, daß mindestens zwei diversitäre Programmversionen existieren. Das Prinzip besteht darin, daß die unterschiedlichen
Programmoduln Ergebnisse erzeugen, die eine Entscheidung durchlaufen
müssen, ehe sie nach außen wirksam werden.

Rücksetzblocktechnik

Diese Methode kann ähnlich der 'kalten Reserve' bei der Hardware betrachtet werden, d. h., die alternativen Programmoduln werden erst nach Ausfall
eines anderen eingesetzt.

Es existiert ein Akzeptanztest, der die Ergebnisse des gerade arbeitenden
Moduls überprüft. Wenn ein Modul den Abnahmetest nicht besteht, wird ein
anderer 'guter' Modul eingeschaltet, um den fehlerhaften zu ersetzen. Vorher wird das System in den Input-Zustand (Zustand, bei dem das System
Daten an den betreffenden Modul übermittelt) vor Durchlaufen des fehlerhaften Moduls zurückgesetzt. So werden inkorrekte Veränderungen, die eventuell durch Durchlaufen des fehlerhaften Programmoduls entstanden sind, rückgängig gemacht.

Diese Prozedur wird wiederholt, bis der Akzeptanztest bestanden wird, oder
der letzte Modul falsche Ergebnisse ausgibt, und so kein Modul den Test
bestanden hat. Dann wird eine Fehlermeldung abgegeben und das Programm
unterbrochen, bzw. das System in einen sicheren Zustand überführt.

Der Abnahmetest mit eventueller Rücksetzung kann auf unterschiedliche Art implementiert werden:

➤ Ein Testmodul überwacht alle alternativen Programmoduln. Dies kann sich allerdings nachteilig auswirken, da auch der Testmodul ausfallen kann. Dies äußert sich z. B. darin, daß der Testmodul Ergebnisse von Programmoduln als korrekt bewertet, während sie in Wirklichkeit aber fehlerhaft sind oder umgekehrt. Eine andere Ausfallart tritt dann auf, wenn fehlerhafte Ergebnisse zwar erkannt werden, der Testmodul aber nicht in der Lage ist, eine Rücksetzung vorzunehmen und so den nächsten Programmodul zu beauftragen.

➤ Eine Erweiterung ist dann gegeben, wenn jeder Programmodul einen eigenen Testmodul erhält, der kontrolliert, ob die Programminstruktionen vom Programmodul korrekt ausgeführt werden. Ist dies nicht der Fall, veranlaßt er eine Rücksetzung und Weiterschaltung zum nächsten Modulpaar (Programmodul und Testmodul). Nur der letzte Programmodul besitzt keinen Testmodul, da für diesen keine Ausweichmöglichkeit zu einem nächsten Modul existiert. Daher wird der Programmbenutzer, wenn möglich, darüber informiert, daß das Programm jetzt mit dem letzten, nicht getesteten Programmodul ausgeführt wird. Akzeptiert der Benutzer dies, wird das Programm auf dem letzten Programmodul aktiviert.

Ein Fehlerbaum für die erweiterte Rücksetzblocktechnik mit dem TOP-Ereignis "Programmausfall" PF geht aus Bild 13-2 hervor.

In der Praxis können als alternative Programmversionen weniger effiziente aber funktionell geeignete alte Versionen verwendet werden. Damit wird die Rücksetzblocktechnik weniger kostspielig. Allerdings besitzt sie einige Nachteile, z. B. in zusätzlichem Speicheraufwand zum Retten der Systemzustände, besonderer Vorsorge zur Koordination der parallelen Prozesse und irreversiblen Aktionen durch unmittelbare Ausgabe in einer Realzeitumgebung bestehen /250/.

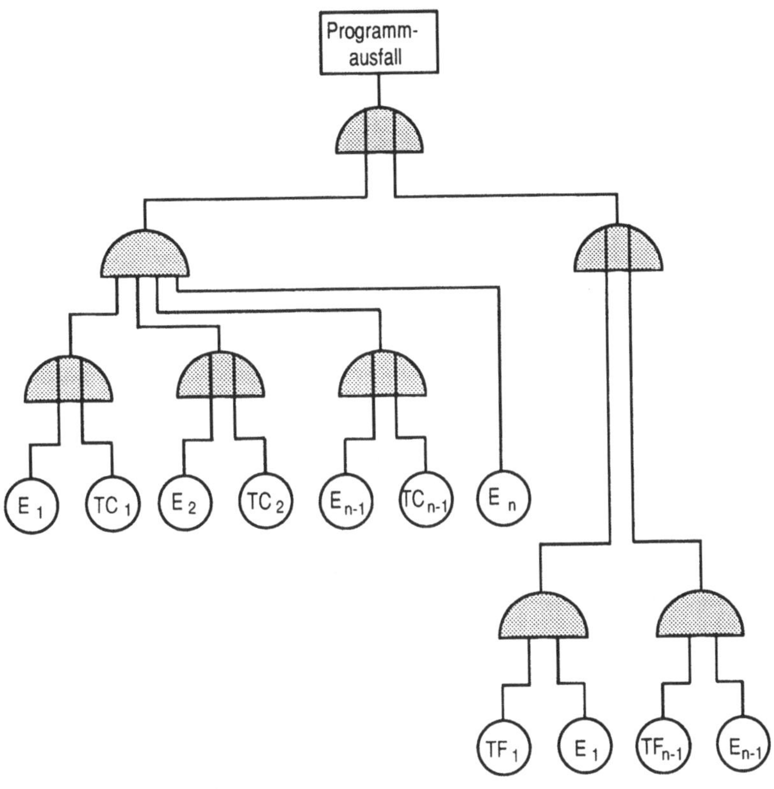

E_i = Ausfall des internen Programmoduls (i=1;...;n)

TC_i = Testmodul i bewertet korrekte Ergebnisse irrtümlicherweise als falsch (i=1;...;n-1)

TF_i = Testmodul i kann Rücksetzung nach Programmodulausfall
        nicht durchführen (i=1;...;n-1)

Bild 13-2   Fehlerbaum für erweiterte Rücksetzblocktechnik /15/

Multi-Versionen-Programmierung

Diese Methode hat Ähnlichkeit mit der 'heißen Reserve' der Hardware, da hierbei alle Programmversionen aktiviert sind.

Alle Programmversionen werden mit den entsprechenden Eingangsdaten versehen und aufgerufen. Die Ausführung der Programme kann gleichzeitig oder nacheinander geschehen. Wenn alle Ergebnisse der Programmversionen vorliegen, erfolgt ein Vergleich und eine Auswertung der Ergebnisse. Dann findet eine Mehrheitsentscheidung über die korrekten Ergebnisse statt.

Ein Fehlerbaum für ein Programm mit einem Entscheidungsalgorithmus, der mindestens zwei korrekte Resultate benötigt, ist in Bild 13-3 dargestellt.

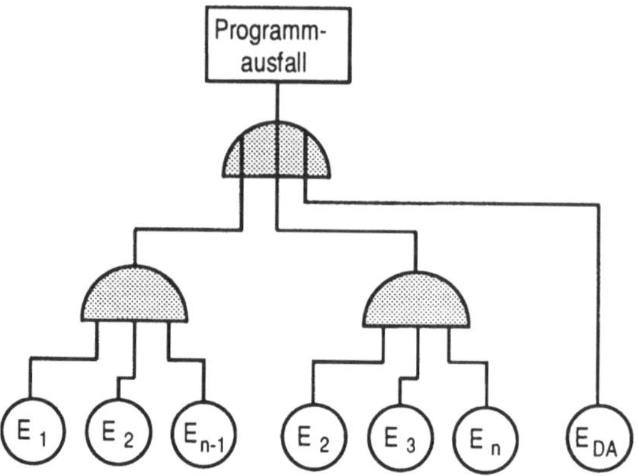

E_{DA} = Entscheidungsalgorithmus kann das Ergebnis nicht aus zwei oder mehr korrekten Resultaten auswählen.

Bild 13-3   Fehlerbaum für Multi-Versionen-Programmierung /15/

Dieses Verfahren entspricht also einem mvn-Hardware-System. Es erfordert besondere Maßnahmen zur Synchronisation in einem Einzelprozessor, zur Initialisierung und zum Vergleich innerhalb eines Toleranzbandes, da keine genau gleichen Ergebnisse erwartet werden können.

Dies ist damit zu erklären, daß individuelle Programmversionen unterschiedliche Algorithmen besitzen, die innerhalb eines bestimmten Bereiches verschiedene Ergebnisse liefern. Der Entscheidungsalgorithmus muß nun seine Entscheidung aus einer Gruppe von ähnlichen, aber nicht identischen Ergebnissen fällen. Wenn die Anzahl der falschen, aber innerhalb eines Toleranzbereiches liegenden Ergebnisse die der richtigen (auch innerhalb eines Toleranzbereiches liegenden) Ergebnisse übersteigt, führt dies zu einer Entscheidung für ein inkorrektes Resultat.

Der zusätzliche Aufwand zur Bewältigung dieser Probleme ist kostspielig, er kann aber gerechtfertigt werden für die Softwareteile, die kritische Bereiche beeinflussen /250/. Rücksetzblocktechnik und Multi-Versionen-Programmierung können auch miteinander kombiniert werden /15/.

Daneben existieren zwei weniger bekannte Verfahren,

➤ die Zeitüberwachung (Deadline-Mechanismus) und

➤ der System-Monitor.

Die erste dieser Methoden überwacht die Einhaltung einer Zeitgrenze, bis zu der die Ergebnisse zur Verfügung stehen müssen. Dadurch wird besonders die Systemausfallart erfaßt, die darin besteht, daß überhaupt keine Ergebnisse ausgegeben werden.
Beim System-Monitor-Verfahren dagegen erhält das Betriebssystem zusätzliche Überwachungsfunktionen, die ein Abweichen von der korrekten Befehlsfolge oder die Benutzung falscher Daten durch Ausnutzung von Informationsredundanz verhindern sollen /256/.

Software-Diversität
Die Voraussetzung zur Erstellung fehlertoleranter Software besteht in der Existenz diversitärer Programme. Leider ist dies in der Praxis aus verschiedenen Gründen schwer zu realisieren. Probleme treten schon in der Anfangsphase der Entwicklung bei der Spezifikation auf. Diese ist oft mit Unklarheiten behaftet, da sie unvollständig oder mißverständlich formuliert wurde. Zudem läßt sie einen ausreichenden Realitätsbezug vermissen, und sie kann sogar Widersprüche in sich selbst enthalten.
Die Ursachen liegen häufig in menschlicher Unzulänglichkeit.
Durch hohe Komplexität ist die Software nicht mehr überschaubar, so daß z. B. bestimmte Sonderfälle übersehen werden. Nachlässigkeiten bei den Eingaben, die zu Vorzeichenfehlern oder Tippfehlern führen, stellen ebenfalls eine nicht zu vernachlässigende Fehlerquelle dar.
Gegenwärtig versucht man, Entwurfsmethoden zu entwickeln, die eine konsistente Spezifikation ermöglichen. Dazu gehört auch die Aufstellung mathematisch als korrekt beweisbarer Spezifikationen /83/.

Diversitäre Programme sollen so beschaffen sein, daß in verschiedenen Programmversionen auftretende Fehler unabhängig voneinander sind. Damit werden koinzidente d.h. gleichzeitig auftretende Fehler extrem unwahrscheinlich. Die Praxis zeigt jedoch, daß dies oft keineswegs der Fall ist. So hat man bei den bisherigen Untersuchungen zur Software-Fehlertoleranz festgestellt, daß auch bei Verwendung verschiedener Algorithmen und einer Implementierung durch unabhängige Entwerfergruppen diversitär entworfene Programme koinzidente Fehler aufweisen. Die Ursachen für diese häufig auftretenden koinzidenten Fehler werden in /87/ näher untersucht:

"Das Problem bei der diversitären Programmierung ist, daß sämtliche Programmierer bestimmte Fehler bevorzugen und in der gleichen Weise begehen. Gegen solche Fehler hilft die diversitäre Programmierung wenig, da ein Programm in einem anderen Programm keinen Fehler entdecken kann, von dem es selbst befallen ist. ... Es stellt sich heraus, daß diese Fehler auf einige wenige Verhaltensweisen und Eigenheiten der menschlichen Wahrnehmung und Denkens zurückgehen und in diesem Sinne neigungsbedingt sind" /87/.

Der Autor spricht von Denkfallen und ist der Meinung, daß es möglich ist, Gegenmaßnahmen zu entwickeln, falls man die Ursachen der Fehler – die Denkfallen – genau erkennen kann. Daher stellt er im folgenden, abgeleitet von einem Modell der menschlichen Kognition, die Mechanismen und Prinzipien der Erkenntnis und des Verhaltens vor. Hierauf aufbauend zeigt er typische Programmierfehler auf, die auf eben diesen Prinzipien beruhen. Aus der Ursachenanalyse verspricht sich der Autor eine gezielte Bekämpfung der so identifizierten Fehlerklassen. Worin diese im einzelnen bestehen soll, wird jedoch nicht erwähnt.

14 Literatur

14.1 Zitierte Quellen

/1/ Airbus Industry: A320 - Joint Certification Basis Vol. I + II. Airbus Industry, August 1986.

/2/ Akao, Y.: Quality Function Deployment - Wie die Japaner Kundenwünsche in Qualität umsetzen. Übersetzung aus dem Amerikanischen von Prof. G. Liesegang, Verlag Moderne Industrie, Landsberg/Lech, 1992.

/3/ Andernacht, M.: Algorithmen zur Erzeugung einer disjointen, disjunktiven Normalform einer Booleschen Funktion. Studienarbeit, Fachbereich Sicherheitstechnik, Bergische Universität-Gesamthochschule Wuppertal, 1990.

/4/ Antiblockier-System im Vergleich. Auto, Motor und Sport, Heft 13 (1985), Seiten 56-64.

/5/ Arbeitsgruppe 143 'Qualitätssicherung der DV-Software': Software-Qualitätssicherung. VDE-Verlag, Berlin und Offenbach, 1986.

/6/ Asam, R.: Qualitätsprüfung von Softwareprodukten. Siemens AG, Berlin und München, 1986.

/7/ Bäldle, O.: Optimierung des Quality Function Deployment zur präventiven Qualitätssicherung sowie detaillierter Darstellung der methodischen Verknüpfung im Integrierten Methoden-System. Diplomarbeit, Fachbereich Sicherheitstechnik, Bergische Universität-Gesamthochschule Wuppertal, 1992.

/8/ Barduna, F.; Plümacher, F.: EDV-Unterstützte quantitative Sicherheitsanalyse von Einrechner- und Zweirechnersystemen mit Sicherheitsverantwortung. Diplomarbeit, Fachbereich Sicherheitstechnik, Bergische Universität-Gesamthochschule Wuppertal, 1991.

/9/ Barlow, R.E.; Proschen, F.; Scheuer, E.M.: Maximum - Likelihood estimation and conservativ confidence interval. Memorandum RM - 4749 - NASA. The RAND-Corporation, Santa Monica, California, 1966.

/10/ Barlow, R.E.; Scheuer, E.M.: Reliability Growth During a Development Testing Programm. Technometrics 8, No.1, 1966.

/11/ Barthel, H.: Fehlertolerante Prozeßperipherie in Speicherprogrammierbaren Steuerungen. VDI-Bericht 914, 1991.

/12/ Becker, G.: Ein Verfahren zur Bestimmung der Softwarezuverlässigkeit aufgrund eines bestandenen Abnahmetests. Zeitschrift Informationstechnik it 31 (1989), R. Oldenbourg Verlag, 1989.

/13/ Becker, G: Zuverlässigkeitswachstumsmodelle als Nachweisverfahren zur Softwarezuverlässigkeit. VDI-GIS /ATZ/ Arbeitsgruppe 4.1 Softwarezuverlässigkeit, 1989.

/14/ Belli, F.: Ein Ansatz zur Zuverlässigkeits-Optimierung fehlertoleranter Software. Zeitschrift Informationstechnik it 29 (1987), R. Oldenbourg Verlag, 1987.

/15/ Belli, F.; Jedrzejowicz, P.: Fault-tolerant programs. Zeitschrift Angewandte Informatik, 12/88, 1988.

/16/ Berens, N.: Anwendung der FMEA in Entwicklung und Produktion. Verlag Moderne Industrie, Landsberg/Lech, 1989.

/17/ Birkel, M. et al.: Ansätze zur Definition von Zuverlässigkeitskenngrößen für Systeme mit komplexer Software. Technische Zuverlässigkeit, 1991.

/18/ Bittanti, S. (Hrsg.): Software Reliability - Modelling and Identification. Springer-Verlag, Berlin, Heidelberg, 1987.

/19/ Blanks, H.W. et al: Failsafe requirements of road traffic signal equipment. ARPB Proceedings, Volume 8, 1976.

/20/ Bosch, R. (Hrsg.): Sicherheits- und Komfort-Elektronik im Kraftfahrzeug. Reihe Technische Unterrichtung, Stuttgart, 1987.

/21/ Bossert, James L.: Quality Function Deployment - A practitioner's approach. Hrsg. Schilling, Edward,G. innerhalb der Serie "Quality and Reliability". Nr. 21, ASQC Quality Press, 1991.

/22/ Brägas, P.: Leit- und Informationssystem im Kraftfahrzeug - ein Beitrag zur Verbesserung des Verkehrsablaufs und der Verkehrssicherheit. Internationales Verkehrswesen, 1985, Heft 5.

/23/ Brägas, P.: RDS/TCM - Das Europäische Verkehrskonzept. In: Entwicklungslinien in Kraftfahrzeugtechnik und Straßenverkehr - Forschungsbilanz 1991. Projektbegleitung TÜV-Rheinland, Köln, 1991.

/24/ Brägas, P.; Busch, F.; Mardus, Cl.: Die Übertragung von codierten Verkehrshinweisen über UKW-Rundfunksender mittels RDS. Bosch Technische Berichte, Heft 8, 1986.

/25/ Braess, H.-H.: Steuerungen und Regelungen im Kfz. Automobil Industrie, Heft 5, 1987.

/26/ British Standard, BS 5760: Reliability of Systems, Equipments and Components. British Standards Institution, London.

/27/ Brunner, F.J.: Angewandte Zuverlässigkeit bei der Fahrzeugentwicklung. Teil 1 Automobiltechnische Zeitschrift 89, Heft 6. Teil 2 Automobiltechnische Zeitschrift 89, Heft 7/8, 1987.

/28/ Brunner, F.J.: Qualitätsverbesserungen meßbar machen. Qualität und Zuverlässigkeit, QZ 38, Heft 11, 1993.

/29/ Brunner, F.J.: Wirtschaftlichkeit industrieller Zuverlässigkeitssicherung. Vieweg-Verlag, Wiesbaden, 1992.

/30/ Burckhardt, M.: Die Sicherheit von Anti-Blockier-Systemen für Pkw. Verkehrsunfall und Fahrzeugtechnik, Heft 12, 1985.

/31/ Burkhardt, J. et al.: Qualitätssicherung in Entwicklung und Fertigung von Antiblockier-Systemen (ABS). Bosch -Technische Berichte, Heft 4, 1986.

/32/ Chi, D. - H.; Kuo, W.: Optimal design for software reliability and development cost. IEEE Journal on Selected Areas in Communications, Vol. 8, No. 2, 1990.

/33/ Compes, Th.: Zuverlässigkeitsanlyse der Central Lock-/ Double Lock-Einrichtung für Kraftfahrzeuge. Diplomarbeit, Fachbereich Sicherheitstechnik, Bergische Universität-Gesamthochschule Wuppertal, 1993.

/34/ Coza, G.: Untersuchung der Fehlertoleranz und Zuverlässigkeit eines Antiblockiersystems mit Antriebsschlupfregelung. Diss. TU-München, 1990.

/35/ Coza, G.: Verläßlichkeitsmodell bei elektronischen Steuer- und Regelsystemen für Kraftfahrzeuganwendungen. VDI-Bericht Nr. 687,1988.

/36/ Crow, L.H.: Estimation Procedures for the Duare Model. Reliability Symposium, AM-SAA, Maryland, 1972.

/37/ Crow, L.H.: On the Initial System Reliability. Proceedings Annual Reliability and Maintainanility Symposium, 1986.

/38/ Crow, L.H.: Reliability Growth Modeling. Technical Report No. 55. US Army Material System Analysis Agency, Aberdeen Poving Ground, Maryland, 1972.

/39/ Crow, L.H.: Reliability Growth Estimation with Missing Data. Proccedings Annual Reliability and Maintainability Symposium, 1988.

/40/ Darcom US Army Material Development and Readness Command. Reliability Growth Management DARCOM-P-702-4, 1976.

/41/ Demel, H.: Möglichkeiten und Grenzen verschiedener Brems- und Antriebsschlupfregelsysteme für Pkw. Automobil Industrie, Heft 5, 1987.

/42/ Dernoschek, F.: Sicherheitsrelevante Rechnersysteme. Elektronik, Heft 26, 1982.

/43/ Deutsche Bundesbahn Bundesbahn-Zentralamt München: Grundsätze zur technischen Zulassung in der Signal- und Nachrichtentechnik. München, 1992 (nur eingeschränkt zugänglich).

/44/ Deutsche Gesellschaft für Qualität (DGQ): Das Lebensdauernetz. Erläuterung und Handhabung. Deutsche Gesellschaft für Qualität e.V. Frankfurt, 1975.

/45/ DIN 25419, Störfallablaufanalyse. Beuth Verlag, Berlin 1981.

/46/ DIN 25424, Fehlerbaumanalyse, Teil 1: Methode und Bildzeichen. DIN Deutsches Institut für Normung e. V., Berlin Beuth Verlag, Berlin, 1981.

/47/ DIN 25448, Ausfalleffektanalyse, FMEA. Beuth Verlag, Berlin, 1990.

/48/ DIN 40041, Zuverlässigkeit (Begriffe). Entwurf, Beuth Verlag, Berlin, November 1988.

/49/ DIN 40042, Zuverlässigkeit elektrischer Geräte, Anlagen und Systeme - Begriffe. Beuth Verlag, Berlin.

/50/ DIN 40839 Teil 1, Elektromagnetische Verträglichkeit im Kraftfahrzeug (Entwurf). Beuth Verlag, Berlin, 1986.

/51/ DIN 57832 / VDE 0832, Straßenverkehrs-Signalanlagen (SVA). Beuth Verlag, Berlin.

/52/ DIN V 19250, Grundlegende Sicherheitsbetrachtungen für MSR-Schutzeinrichtungen. Vornorm, Beuth Verlag, Berlin, Januar 1989.

/53/ DIN V VDE 0801, Grundsätze für Rechner in Systemen mit Sicherheitsaufgaben. Vornorm, Beuth Verlag, Berlin, 1990.

/54/ DIN VDE 0116, Elektrische Ausrüstung von Feuerungsanlagen. Beuth Verlag, Berlin, 1989.

/55/ DIN VDE 0831, Elektrische Bahn-Signalanlagen. VDE-Bestimmung, Beuth Verlag, Berlin, 1983.

/56/ DIN VDE 31000, Allgemeine Leitsätze für das sicherheitsgerechte Gestalten technischer Erzeugnisse; Begriffe der Sicherheitstechnik; Grundbegriffe. Beuth Verlag, Berlin, 1987.

/57/ DIN VDE 3542, Sicherheitstechnische Begriffe für Automatisierungssysteme; Qualitative Begriffe, Beuth Verlag, Berlin, 1988.

/58/ Duane, C.T.: Learning Curve Approach to Reliability Monitoring. IEEE Transactions on Aerospace, Vol. 2, No. 2, 1964.

/59/ Echte, K.: Ansätze zur Fehlertoleranz von Rechnergrößen. Handbuch der modernen Datenverarbeitung, Fehlertolerante Systeme, Heft 144, Forkel-Verlag, 1988.

/60/ Ehlers, K.: Automobilelektronik - Start gelungen, wie geht es weiter? Strategische Überlegungen für die nächste Dekade. VDI-Bericht Nr. 612, 1986.

/61/ Ehlers, K.; Stamm, K.: Automobilelektronik - immer mehr, immer komplexer, immer sicherer? VDI-Bericht 780, VDI-Verlag, Düsseldorf, 1989.

/62/ Ehrenberger, W.; Kleinemeyer, W.: Konstruktive Maßnahmen zur Steigerung der Softwarezuverlässigkeit. VDI-GIS /ATZ/ Arbeitsgruppe 4.1 Softwarezuverlässigkeit, 1989.

/63/ Eue, W.; Gronemeyer, M.: SIMIS-C - Die Kompaktversion des Sicheren Mikrocomputersystems SIMIS. Signal und Draht, Heft 4, 1987.

/64/ Fischer, K.; Hultsch, K.-H.: Wege zur Sicherung der Verfügbarkeit von Lichtsignalanlagen. Die Straße 18, Heft 1, 1978.

/65/ Fisher, R.A.: The Design of experiments. 7. Auflage, Oliver & Boyd, London, 1960.

/66/ Florescu, R.A.: A new approach to reliability prediction is needed. Quality and Reliability Engineering International, vol 2, 1986.

/67/ Form, P.: Verkehrssicherung in der Luftfahrt und Unterschiede zur Schiffahrt. Ortung und Navigation, Heft 2, 1986.

/68/ Freckmann, M.: Maßnahmen zum Erstellen zuverlässiger Software für den Einsatz in sicherheitsbezogenen Systemen. Studienarbeit, Fachbereich Sicherheitstechnik, Bergische Universität-Gesamthochschule Wuppertal, 1991.

/69/ Freckmann, M.: Zuverlässigkeitsanalyse eines Softwaresystems der Luftfahrtindustrie. Diplomarbeit, Fachbereich Sicherheitstechnik, Bergische Universität-Gesamthochschule Wuppertal, 1992.

/70/ Freckmann, M.: Zwei Computerprogramme zur Quantifizierung und Darstellung von Zuverlässigkeitskenngrößen reiner Software- und integrierter Hardware/Softwaresysteme. Studienarbeit, Fachbereich Sicherheitstechnik, Bergische Universität-Gesamthochschule Wuppertal, 1991.

/71/ Fricke, H.; Pierick, K.: Verkehrssicherung. B. G. Teubner Verlag, Stuttgart, 1990.

/72/ Fussel, J.B.; Veseley, W.E.: A New Methodologie for Obtaining Cut Sets from Fault Trees. Trans. American Nuclear Society, 1972.

/73/ Gall, H.; Melchers, W.: Sicherheitsanforderungen beim Einsatz von Rechnersystemen in automatisierungstechnischen Einrichtungen. GMA-Fachbericht 4, VDE-Verlag, Berlin, 1993.

/74/ Gayen, J. T.: Grundlegende Aspekte der Sicherheit spurgebundener Verkehrssysteme. In Peters, O. H.; Meyna, A.: Handbuch der Sicherheitstechnik, Band 1, Carl Hanser Verlag, München, Wien, 1985.

/75/ Gehnen, E.: Funktionssicherheit elektronischer Steuergeräte gegenüber elektromagnetischen Störstrahlungen. TÜV Kolloquium - Mehr Sicherheit durch Elektronik im Automobilbau, 1987.

/76/ Gehnen, E.: EMV - Elektromagnetische Verträglichkeit. PVT, Heft 9, 1989.

/77/ Geiger, W.: FMEA - Unentbehrlich für Planung eines QS-Systems. Qualität und Zuverlässigkeit, QZ-Heft 8, 1991.

/78/ Gerlach, A.: Theoretisches Konzept einer einkanaligen speicherprogrammierbaren Steuerung für Sicherheitsschaltungen in Fördermaschinen. Forschungsberichte VDI, Reihe 8, Nr.208, VDI-Verlag, Düsseldorf, 1990.

/79/ Gerlach, A.; Meyna, A.: Fehlerbaumanlyse einer sicherheitsgerichteten Speicherprogrammierbaren Steuerung in Schachtförderanlagen. Glückauf-Forschungshefte 54, Nr. 3, 1993.

/80/ Gerlach, A.; Meyna, A.: Probabilistische Sicherheitsbeurteilung elektrischer Steuerungen für Schachtförderanlagen. Glückauf-Forschungshefte 52, Nr. 6, 1991.

/81/ Gerstenmeier, J.: Moderne Mikroelektronik für den Einsatz im ABS-Steuergerät. VDI-Bericht Nr. 515, 1984.

/82/   Goel, A. L.; Okumoto, K.: Time-Dependent Error-Detection Rate Model for Software
       Reliability and Other Performance Measures. IEEE Transactions on Reliability, Vol. R-
       28, No. 2, 1979.

/83/   Görke, W.: Fehlertolerante Rechensysteme. R. Oldenbourg Verlag, München, 1989.

/84/   Görke, W.: Fehlertoleranz in komplexen Systemen - mit Hardware oder Software?
       Tagung Technische Zuverlässigkeit, Nürnberg, 1985.

/85/   Graband, M.; Günther, H.: Sicherheitsphilosophie und Prüfung. Signal und Draht, Heft
       9, 1988.

/86/   Grams, T.: Software-Zuverlässigkeit, gibt es das? Informationstechnik it 32, Nr. 2,
       1990, R. Oldenbourg Verlag, 1990.

/87/   Grams, T.: Ursachen häufiger Programmierfehler - Vermeidung kritischer Entwurfs-
       und Programmfehler als Voraussetzung fehlertoleranter Software. Handbuch der mo-
       dernen Datenverarbeitung, Fehlertolerante Systeme, Heft 144, Forkel-Verlag, 1988.

/88/   Greiner, B.; Weidlich, St.: Anlagensicherung mit Mitteln der MSR-Technik. Automati-
       sierungstechnische Praxis 33, Nr. 1, 1991.

/89/   Gronemeyer, M.: SIMIS-3116 - Sicheres Mikrocomputersystem für den Fahrzeugein-
       satz. Signal und Draht 84, Heft 1/2, 1992.

/90/   Groth, G.; Kumm, W.: Verfahren und Vorrichtungen zur individuellen Verkehrslenkung
       und Übermittlung von Warnungen und Geschwindigkeitsempfehlungen auf Schnellstra-
       ßen. Deutsche Offenlegungsschrift 2 214 770, 1972.

/91/   Gudat, W.; Oberjatzas, G.: Erfahrungen aus EMV-Tests zur Ermittlung der Einstrahl-
       festigkeit von Kfz-Elektroniksystemen. VDI-Bericht, Nr. 780, 1989.

/92/   Günter, J.: Prüfung von Software der Sicherungsebene des El L-Stellwerks. Signal
       und Draht 7/8, 1989.

/93/   Härtler, G.: Statistische Methoden für die Zuverlässigkeitsanalyse. VEB Verlag Tech-
       nik, Berlin, 1983.

/94/   Höfflinger, B.: Teilprojekt - Custom Hardware for Intelligent Processing - Pro-Chip des
       EUREKA-Programms PROMETHEUS. VDI-Bericht Nr. 687, 1988.

/95/   Hölscher, H.; Rader,J.: Microcomputer in der Sicherheitstechnik. Verlag TÜV Rhein-
       land, Köln, 1989.

/96/   Hörz, E.: Der Einfluß von Bremskraftreglern auf die Brems- und Führungskraft eines
       gummibereiften Fahrzeugrades. Deutsche Kraftfahrtforschung und Straßenverkehrs-
       technik, Heft 199, 1968.

/97/   Hövel, R.v.: Zur Klassifizierung von Software unter Berücksichtigung der Systeman-
       forderungen. Qualität und Zuverlässigkeit, QZ 36, Heft 3, 1991.

/98/   Halang, W.: Verifikation leittechnischer Software für sicherheitskritische Anwendun-
       gen. GMA-Fachbericht 4, VDE-Verlag, Berlin, 1993.

/99/ Hamm, L.; Stäbler, M.: PROMETHEUS. Systemkonzepte zur Fahrerinformation und Fahrerunterstützung. In: Entwicklungslinien in Kraftfahrzeugtechnik und Straßenverkehr. Forschungsbilanz 1991, TÜV-Rheinland, 1991.

/100/ Hartung, J.; Jöckel, K.-H.: Zuverlässigkeit- und Wirtschaftlichkeitsüberlegungen bei Straßenverkehrs-Signalanlagen. Qualität und Zuverlässigkeit, Heft 3, 1982.

/101/ Hartung, J.; Kalin, D.: Zur Zuverlässigkeit von Straßenverkehrs-Signalanlagen. Qualität und Zuverlässigkeit, Heft 10, 1980.

/102/ Hoffmann, G.; Sparmann, J.; Tomkewitsch, R.v.: Von LISB zu EURO-SCOUT. Entwicklungslinien in Kraftfahrzeugtechnik und Straßenverkehr. Forschungsbilanz 1991. Projektbegleitung TÜV-Rheinland, Köln, 1991.

/103/ Hohmann, D.: EMV - Erfahrungen und Erkenntnisse aus der Avionik. VDI-Bericht 780, 1989.

/104/ Holzinger, O.: Elektronik im Kraftfahrzeug. Elektrotechnik und Maschinenbau, Heft 3, 1986.

/105/ Holzmüller, U.: Ermittlung empirischer Zuverlässigkeitskenngrößen für eine elektronische Getriebesteuerung. Studienarbeit, Fachbereich Sicherheitstechnik, Bergische Universität-Gesamthochschule Wuppertal, 1991.

/106/ Honrath, K.: Flexibles Fertigungssystem – Baustein der automatisierten Produktion. FTK 85, Fertigungstechnisches Kolloquium, Springer Verlag, Berlin, 1985.

/107/ Hulscher, F.R.: Reliability aspects of road traffic control signals. Traffic Engineering & Control, 1977.

/108/ IEC 65 A (Sec) 123, Functional Safety of Electrical (Electronic) Programmable Electronic Systems, Generic Aspects. Part 1: General Requirements, Draft, 1992.

/109/ International Standards Organisation: Estelle: A Formal Description Technique based on an Extended State Transition Model. ISO Draft International Standard 9074, 1987.

/110/ International Standards Organisation: Information Processing Systems - OSI-LOTOS - A Formal Description Technique for the Temporal Ordering of Observational Behavior. ISO Draft International Standard 8807, Oct. 1987.

/111/ Jacobi, O.: Quantitative Sicherheitsanalyse eines Airbag-Steuergerätes. Studienarbeit, Fachbereich Sicherheitstechnik, Bergische Universität-Gesamthochschule Wuppertal, 1992.

/112/ Jansen, H.: Sicherheitsaspekte beim Einsatz von Mikrorechnern in sicherheitsrelevanten Anwendungen. Handbuch zum Seminar sichere Anwendung von Maschinen und Anlagen, VDI Bildungswerk, Düsseldorf, 1991.

/113/ Joint Airworthiness Requirements - APU; Airworthiness Authorities Steering Comittee, 1983.

/114/ Käsgen, B.; Wenter, A.: SIMIK - Signalsicherung mit Mikroschaltkreis. Siemens AG, München.

/115/ Kackar, R.N.: An Introduction to Taguchi. Quality Progress, 1986.

/116/ Kasedorf, J.: Service-Fibel für die Sicherheitselektronik im Kraftfahrzeug. Vogel-Buchverlag, Würzburg, 1987.

/117/ Kasper, M.: Gefahrenanalyse der Flugzeughilfsturbine (APU) des A 320. Studienarbeit, Fachbereich Sicherheitstechnik, Bergische Universität-Gesamthochschule Wuppertal, 1988.

/118/ Kasper, M.: Theoretische Untersuchung und praktische Anwendung von Zuverlässigkeitswachstums-Modellen am Beispiel einer Flugzeughilfsturbine. Diplomarbeit, Fachbereich Sicherheitstechnik, Bergische Universität-Gesamthochschule Wuppertal, 1989.

/119/ Kersten, G.: FMEA - Eine wirksame Methode zur präventiven Qualitätssicherung. VDI-Z 132, Nr. 10, 1990.

/120/ Kersten, G.: Integriertes Methoden-System. Arbeitsunterlagen der Robert Bosch GmbH, Abt. K1/EQS.

/121/ Kersten, G.: Steuerung und Unterstützung von Produkt- und Prozeßentwicklung durch Methoden der präventiven Qualitätssicherung. Steuerungen, 1991.

/122/ Kindler, W.; Engler, G.: Stand und Entwicklungstendenzen von Antiblockiersystemen. Kraftfahrzeugtechnik, Heft 12, 1981.

/123/ Kleppmann. W.G.: Statistische Versuchsplanung - Klassisch, Taguchi oder Shainin? Qualitätszeitung 37-2, Carl Hanser Verlag, München, 1992.

/124/ Knepper, R.: Die Anwendung der Semi-Markoff- und verwandten Prozesse als sicherheits- und zuverlässigkeitstechnisches Analyseverfahren zur quantitativen Bewertung technischer Systeme. VDI-Fortschritt-Berichte, Reihe 8, Nr. 198, VDI-Verlag, Düsseldorf, 1989.

/125/ Knepper, R.; Meyna, A.; Peters, O.H.: Entwicklung und Implementierung eines Verfahrens zur Berechnung Semi-Markoffscher und verwandter Prozesse in der Sicherheitstechnik. Endbericht zum DFG-Projekt, Bergische Universität-Gesamthochschule Wuppertal, 1987.

/126/ Konakovsky, R.: Sichere Prozeßdatenverarbeitung mit Mikrorechnern. R. Oldenbourg Verlag, München, 1988.

/127/ Koss, W.E.: Software-reliability metrics for military systems. 1988 Proceedings Annual Reliability and Maintainablility Symposium, S. 190 - 194, IEEE, 1988.

/128/ Krämer, M.: Speicherprogrammierbare Steuerungen in der Sicherheitstechnik. Der Elektroniker, Nr. 10, 1990.

/129/ Krekeler, W.: Methodenkonzept der Off-Line-Qualitätssicherung. Studienarbeit, Fachbereich Sicherheitstechnik, Bergische Universität-Gesamthochschule Wuppertal, 1990.

/130/ Krekeler, W.: Zuverlässigkeitsmodell für die elektrische Zugausrüstung des "Metro Shanghai Rolling Stock" mit Hilfe der Fehlerbaumanalyse. Diplomarbeit, Fachbereich Sicherheitstechnik, Bergische Universität-Gesamthochschule Wuppertal, 1991.

/131/ Krottmaier, J.: Versuchsplanung – Der Weg zur Qualität des Jahres 2000. 2. überarbeitete Auflage, 1991, Verlag Industrielle Organisation, Zürich. Verlag TÜV Rheinland, Köln.

/132/ Kusak, V.H.:Einsatz von Mikrocomputertechnik bei der selbstätigen Zuglenkung. Eisenbahningenieur, Heft 12, S. 532 - 540, 1982.

/133/ Löwemann, J.P.; Reichart, G.; Kramer, U.: Sicherheit und Zuverlässigkeit von PROMETHEUS-Fahrzeugen. VDI-Bericht, Nr. 687, Düsseldorf, 1988.

/134/ Lapierre, R.; Steierwald, G. (Hrsg.): Verkehrsleittechnik für den Straßenverkehr. Band I - Grundlagen und Technologien der Verkehrsleittechnik. Band II - Verkehrsleittechnik für innerörtliche Straßen, Springer Verlag, Berlin, 1987 u. 1988.

/135/ Lauber, R. (Hrsg.): Safety of Computer Control Systems. International Federation of Automatic Control, Pergamon Press, 1980.

/136/ Lauber, R.: Prozeßautomatisierung. Bd. 1, 2. Auflage, Springer Verlag, Berlin, 1989.

/137/ Lawless, J.F.: Statistical Models and Methods for Lifetime Data. John Wiley & Sons, New York, 1982.

/138/ Leiber, H.; Czinczel, A.: Antiblockiersystem für Personenwagen mit digitaler Elektronik - Aufbau und Funktion. Automobiltechnische Zeitschrift, Heft 11, 1979.

/139/ Leiber, H.; Czinczel, A.; Anlauf, J.: Antiblockiersystem (ABS) für Personenkraftwagen. Bosch - Technische Berichte, Heft 2, 1980.

/140/ Leist, K.: Sicherheitsgerichtete speicherprogrammierbare Steuerung. Automatisierungstechnische Praxis, Heft 6, 1987.

/141/ Lennselius, B.; Rydström, L.: Software fault content and reliability estimations for telecommunication systems. IEEE Journal on selected areas in communications, Vol. 8, No. 2, 1990.

/142/ Lenz, K.-H.: Das Straßeninfrastrukturprogramm der EG zur Verkehrssicherheit in Europa - DRIVE. Straßenverkehrstechnik, Heft 1, 1990.

/143/ Levendel, Y.: Reliability analysis of large software systems: defect data modelling. IEEE Transactions on Software-Engineering, Vol. 16, No. 2, 1990.

/144/ Liermann, P.: Sicherheit bei ABS und ASR. TÜV-Kolloquium: Mehr Sicherheit durch Elektronik im Automobilbau, 1987.

/145/ Lin, H. H.: Kuo, W.: Reliability cost in software life-cycle models. 1987 Proceedings Annual Reliability and Maintainability Symposium, IEEE, 1987.

/146/ Lipow, M.: Number of Faults per Line of Code. IEEE Transactions on Software Engineering, Vol. SE-8, No. 4, 1982.

/147/ Lloyd, D.K.; Lipow, M.: Reliability: Management, Methods and Mathematics Published by the Authors. 201 Calle Miramar, Redondo Beach, Cal. 90277, 1977.

/148/ Logothelis, N.; Wynn, H.P.: Quality Through Design. Clarendon Press, Oxford, 1989.

/149/ Lohmann, H.-J.: Elektrische und elektronische Sicherheitssysteme bei Eisenbahnsignalgeräten. In Peters, O. H.; Meyna, A.: Handbuch der Sicherheitstechnik, Band 1, Carl Hanser Verlag, München, Wien, 1985.

/150/ Lohmann, H.-J.:Mikroelektronik im modernen Stellwerk. GME - Fachbericht 10. Mikroelektronik, Basis für innovative Verkehrskonzepte. VDE-Verlag GmbH, Berlin, 1993.

/151/ Lorenz, W.: Entwicklung eines arbeitsstundenorientierten Warteschlangenmodells zur Prozeßabbildung in der Werkstattfertigung. VDI Fortschritt-Berichte, Reihe 2, Nr. 72, VDI-Verlag, Düsseldorf, 1978.

/152/ Maisch, W.: Heutige Entwicklungstendenzen bei elektronischen Systemen für Sicherheitsaufgaben im Kraftfahrzeug. TÜV-Kolloquium: Mehr Sicherheit durch Elektronik im Automobilbau, 87.

/153/ Masing, W.: Handbuch der Qualitätssicherung. 2. Auflage, Carl Hanser Verlag, München, Wien, 1988.

/154/ Mecklenburg, H.: Methodische Entwicklung sicherheitsbezogener Mikrocomputer-Anwendungen im Kfz. VDI-Bericht 780, VDI-Verlag, Düsseldorf, 1989.

/155/ Meinl, P.: Fehlertolerante Anwendungssysteme - Möglichkeiten und Probleme. Handbuch der modernen Datenverarbeitung, Fehlertolerante Systeme, Heft 144, Forkel-Verlag, 1988.

/156/ Meyna, A.: Mathematische Grundlagen aus Wahrscheinlichkeitsrechnung und Statistik. In: Fortgeschrittene Sicherheitsanalyse, Schweizerische Vereinigung für Atomenergie, Bern, 1991.

/157/ Meyna, A.; Böhm, St.: Probabilistische zuverlässigkeits- und sicherheitstechnische Bewertung einer zweikanaligen speicherprogrammierbaren Steuerung mittels Fehlerbaum. Bergische Universität-Gesamthochschule Wuppertal, 1993 (unveröffentlicht).

/158/ Meyna, A.; Bönisch, G.: Anforderungen an die Zuverlässigkeit sicherheitsrelevanter Elektroniksysteme im Kraftfahrzeug. Entwicklungslinien in Kraftfahrzeugtechnik und Straßenverkehr. Forschungsbilanz 1991. 14. Statusseminar, Dresden, Herausgeber TÜV Rheinland e.V., 1991.

/159/ Meyna, A.; Gerstenmeier, J.: Probabilistische Zuverlässigkeits- und Sicherheitsanalyse für die redundante Steuereinrichtung eines Antiblockiersystems. VDI-Bericht 1009, Elektronik im Kraftfahrzeug, VDI-Verlag, Düsseldorf, 1992.

/160/ Meyna, A.; Goymann, M.: Fehlerbaumanalyse für eine sicherheitsgerichtete speicherprogrammierbare Steuerung. Fachbereich Sicherheitstechnik, Bergische Universität-Gesamthochschule Wuppertal, 1991 (unveröffentlicht).

/161/ Meyna, A.; Möck, R.; Tietze, A.: Statistische Untersuchungen zum Ausfallverhalten von Komponenten des Versuchskernkraftwerkes der AVR. Spezielle Berichte der Kernforschungsanlage Jülich - Nr.514 Bd. II, 1989.

/162/ Meyna, A.; Mock, R.; Tietze, A.: Vergleichende Abschätzung von Zuverlässigkeitskenngrößen von Komponenten und Systemen in Kernkraftwerken - Vorstudie - Wuppertal, Februar 1988.

/163/ Meyna, A.; Mock, R.; Tietze, A.; Schuster, R.I.: Quantifizierung von Daten zur Ermittlung, Auswertung, Bewertung und Anwendung von Zuverlässigkeitskennwerten zur Verwendung in Risikoanalysen für HTR-Anlagen. Endbericht zum Forschungsvorhaben im Auftrag der KFA-Jülich, zwei Bände, Wuppertal, 1989.

/164/ Meyna, A.; Peters, O.H.: Verfügbarkeitsanalysen von Straßenverkehrs-Signalanlagen. VDI-Bericht Nr. 771, 1989.

/165/ Meyna, A.; Schöter, J.; Peters, O.H.: Zuverlässigkeit von Straßenverkehrs-Signalanlagen. Straßenverkehrstechnik, Heft 2, 1988.

/166/ Meyna, A.; Schuster, I.: Anforderungen an die Zuverlässigkeit derzeitiger Elektroniksysteme im Kraftfahrzeug. Endbericht zum Forschungsprojekt FP 8922 (BAST), Wuppertal, 1992.

/167/ Meyna, A.; Knepper, R.: Analysemöglichkeiten Regenerativer Prozesse mit einigen Nicht-Regenerationszuständen am Beispiel eines Seriensystems mit Speichereinheit. Automatisierungstechnik, at, Heft 8 und Heft 9, 1989.

/168/ Meyna, A.; Mock, R.; Tietze, A.: Erweiterte anwendungsorientierte Interpretation des Ausfallverhaltens von Komponenten des AVR-Reaktors. Endbericht zum Forschungsvorhaben im Auftrag der KFA-Jülich, Wuppertal, 1989.

/169/ MIL-HDBK-189: Reliability Growth Management. National Technical Information Service, Springfield, Virginia, 1981.

/170/ MIL-MDBK-217-F: Reliability Prediction of Electronic Equipment US-RADS-AFC. ATTN: RBE-2, Griffiss Air Force Base, New York 13441.

/171/ MIL-STD-785: Reliability Programs for Systems and Equipments - Development and Production. National Technical Information Service, Springfield, Virginia.

/172/ Musa, J. D.; Iannino, A.; Okumoto, K.: Software Reliability: Measurement, Prediction, Application. Mc-Graw-Hill, Inc., Singapore, 1987.

/173/ N.N.: Abschlußbericht zum VdTÜV-Forschungsvorhaben Nr. 302. Phase I Prüfung von Elektronik-Systemen in Kraftfahrzeugen. Vereinigung der TÜV e.V., 1988.

/174/ N.N.: Fehler-Möglichkeits- und Einflußanalyse. Qualitätskontrolle in der Automobilindustrie; Sicherung der Qualität von Serieneinsatz. Band 4, Verband der Automobilindustrie e.V., Frankfurt/M., 1986.

/175/ N.N.: FMEA-Grundseminar 1992. Robert Bosch GmbH, Stuttgart, 1992.

/176/ N.N.: Kommission der Europäischen Gemeinschaften. DRIVE-Fortschrittsbericht 89, 1989.

/177/ N.N.: Richtlinien für Lichtsignalanlagen (RILSA). Forschungsgesellschaft für Straßen- und Verkehrswesen, Köln, 1992.

/178/ N.N.: Technical Note Nr. 466.024/84-A: Preliminary Hazard Analysis and Data for Equipment Certification. Aerospatiale, 1984.

/179/ Nedeß, Ch.; Holst, G.: Hilfen für die statistische Versuchsplanung? Qualität und Zuverlässigkeit, QZ 37, Heft 2/3/4, 1992.

/180/ Nemec, D.: Möglichkeiten komfortabler Testgeräte zur Auswertung der Eigendiagnose von Steuergeräten im Kraftfahrzeug. VDI-Bericht Nr. 687, 1988.

/181/ Neukirchner, E.P.; Pilsak, O.; Schloegl, D.: EVA-Ortungs- und Navigationssystem für Landfahrzeuge. NTZ 36, Heft 4, 1983.

/182/ Neukirchner, E.P.; Zechnall, W.: EVA - ein autarkes Ortungs- und Navigationssystem für Landfahrzeuge. Bosch, Technische Berichte 8, 1986.

/183/ Obermaier, A.: Sicherheitsmaßnahmen bei Signalanlagen für den Straßenverkehr. Straße und Technik, Heft 2, 1972.

/184/ Opgen-Rhein, H.: Einflußgrößen und Maßnahmen zum Erhöhen der Verfügbarkeit bei Geräten und Anlagen der Verkehrssignaltechnik. Grünlicht 14 und 15, 1982.

/185/ Panik, F. et al.: Einfluß der Elektronik auf den Automobilverkehr der Zukunft. In: Mehr Sicherheit durch Elektronik im Automobil. Verlag TÜV-Rheinland, Köln, 1988.

/186/ Panik, F. et al.: PROMETHEUS, ein europäisches Forschungsprojekt zur Gestaltung des Straßenverkehrs der Zukunft. Automobil-Industrie, Heft 2, 1987.

/187/ PC-RISA: Version D1.3, RISA GmbH, Berlin, 1991.

/188/ Peters, O. H.; Meyna, A.: Rechnerische Ermittlung der Anlagenzuverlässigkeit und Verfügbarkeit. Bergische Universität-Gesamthochschule Wuppertal, 1979 (unveröffentlicht).

/189/ Peters, O. H.; Meyna, A.: Handbuch der Sicherheitstechnik, Band 1. Carl Hanser Verlag, München, Wien, 1985.

/190/ Peters, O. H.; Meyna, A.: Sicherheitstechnik. In Masing, W.: Handbuch der Qualitätssicherung. 2. Auflage. Carl Hanser Verlag, München, Wien, 1988.

/191/ Pfaff, W.R.: EMV im Kraftfahrzeug - von der Komponente bis zum Fahrzeug. VDI-Bericht Nr.: 780, 1989.

/192/ Pfeufer, H.-J.: System-FMEA in Zusammenarbeit von Automobilhersteller und -Ausrüster. Vortrag "Erster Anwendertag zur FMEA", Techno Kongreß, München, 1990.

/193/ Phadke; Madhav, S.: Deutsche Übersetzung von Prof. Dr. D. Günter Liesegang. Quality Engineering - Using Robust Design. Robuste Prozesse durch Quality Engineering. gfmt München, 1991.

/194/ Pierick, K.; Glöe, G; Walther, H.: Softwareprüfung - Grundsätzliche Aussagen zu aufsichtsbehördlichen Prüfungen von Software-Produkten mit Sicherheitsverantwortung im spurgeführten Verkehr. Signal und Draht, 5, 1990.

/195/ Pignatiello, J.J.; Ramberg, J.S.: Top Ten Triumphs and Tragedies of Genichi Taguchi. Quality Engineering 4 (2), 1991-92.

/196/ Pilsak, O.: Ortung und Navigation im Straßenverkehr. Bosch-Zünder 2, 1985.

/197/ Pilsak, O.: Zielführung und Informationsystem ALI. Ergebnis der Felderprobung. Entwicklungslinien in Kraftfahrzeugtechnik und Straßenverkehr. Bundesminister für Forschung und Technologie, 1981.

/198/ Pottgießer, H.: Sicher auf den Schienen. Birkhäuser Verlag, Berlin, 1988.

/199/ PROMETHEUS (verschiedene Beiträge): Elektronik im Kraftfahrzeug. VDI-Bericht 687, VDI-Verlag, Düsseldorf, 1988.

/200/ PROMETHEUS: Programme for European Traffic with Highest Efficiency and Unprecedented Safety. PROMETHEUS Office, Stuttgart, 1990.

/201/ Quentin, H.: Grundzüge, Anwendungsmöglichkeiten und Grenzen der Shainin-Methoden. Qualität und Zuverlässigkeit 37, Heft 6 und 7, 1992.

/202/ Rakowsky, U.: Theorie und Anwendung Mehrwertiger Modelle in der technischen Zuverlässigkeit. VDI-Fortschritt-Berichte, Reihe 8, Nr. 286, VDI-Verlag, Düsseldorf, 1991.

/203/ Rakowsky, U.; Meyna, A.: Redundanzformen für Mehrwertige Modelle. Technische Zuverlässigkeit 1991, ITG-Fachbericht 116, VDE-Verlag, Berlin, 1991.

/204/ Rakowsky, U.; Meyna, A.; Peters, O.H.: Sicherheits- und Zuverlässigkeitsanalyse bei endlich vielen Betriebsarten/Ausfallarten eines technischen Systems unter Zugrundelegung Mehrwertiger Modelle. Endbericht zum DFG-Projekt, Bergische Universität-Gesamthochschule Wuppertal, 1992.

/205/ Rath, J.: Anwendung des integrierten Methoden-Systems in der Qualitätssicherung am Beispiel eines Kunststoffspritzgießteils. Diplomarbeit, Fachbereich Sicherheitstechnik, Bergische Universität-Gesamthochschule Wuppertal, 1993.

/206/ Rath, J.: Integrierte Methodik zur Planung von robusten Konstruktionen und Prozessen sowie der statistischen Prozeßregelung. Studienarbeit, Fachbereich Sicherheitstechnik, Bergische Universität-Gesamthochschule Wuppertal, 1991.

/207/ Reer, B.: Entscheidungsfehler des Betriebspersonals von Kernkraftwerken als Objekt probabilistischer Risikoanalysen. Diss., Bergische Universität-Gesamthochschule Wuppertal, 1992.

/208/ Reichelt, C.: Rechnerische Ermittlung der Kenngrößen der Weibull-Verteilung. VDI-Verlag, Düsseldorf, 1978.

/209/ Reichow, D.: Auswirkungen moderner Technologie in der Avionik-Ausrüstung von Flugzeugen. Ortung und Navigation, Heft 2, 1987.

/210/ Reinert, D.; Grigulewitsch, W.: Der Einsatz von SPS in Systemen mit Sicherheitsaufgaben. VDI-Bericht 914, VDI-Verlag, Düsseldorf, 1991.

/211/ Reister, D.; Glathe, H.-P.: PROMETHEUS - aktueller Stand und weitere Strategie. In: Entwicklungslinien in Kraftfahrzeugtechnik und Straßenverkehr. Forschungsbilanz 1991, TÜV-Rheinland, Köln, 1991.

/212/ Reithofer, N.: Nutzungssicherung von flexibel automatisierten Produktionsanlagen. IWB 10. Springer Verlag, Berlin, 1987.

/213/ Robinson, D.G.; Duane, D.: A New Nonparametric Growth Model. IEEE Transaction on Reliability, Vol R-36, No4, 1987.

/214/ Rosenthal, A.: Approches to Comparing Cut Sets Enumaration Algorithmus. IEEE Transaction on Reliability, 1979.

/215/ Sandera, J.; Oismüller, F.: Zuverlässigkeit elektronischer Verkehrs-Signalanlagen. Bundesminister für Bauten und technische Straßenforschung, Heft 201, Wien, 1982.

/216/ Schütz, H.: Sicherheitsgerichtete, zweifach-redundante SPS. In VDI-Berichte 914 "Fortschrittliche Automatisierung mit SPS", Tagung Bad Soden, 1991.

/217/ Schäfer, Y.: Probabilistische Zuverlässigkeits- und sicherheitstechnische Bewertung einer speicherprogrammierbaren Steuerung mittels Kombination aus Funktionsplan-, Ausfalleffekt- und Fehlerbaumanalyse. Studienarbeit, Fachbereich Sicherheitstechnik, Bergische Universität-Gesamthochschule Wuppertal, 1993.

/218/ Schöter, J.: Anwendung Markoffscher Modelle zur Abschätzung stationärer zeitabhängiger Verfügbarkeiten mit Hilfe fiktiver Systemzustände, sowie Ermittlung von Pareto-Verteilungen aufgetretener Störungs- und Ausfallursachen für Straßenverkehrs-Signalanlagen. Fachbereich Sicherheitstechnik, Bergische Universität-Gesamthochschule Wuppertal, 1989.

/219/ Schöter, J.: Empirisch Ermittlung von Zuverlässigkeitskenngrößen für Straßenverkehrs-Signalanlagen unter besonderer Berücksichtigung ihrer technologischen und sicherheitsrelevanten Entwicklung. Fachbereich Sicherheitstechnik, Bergische Universität-Gesamthochschule Wuppertal, 1987.

/220/ Schneeweiss, W.G.: Zuverlässigkeitstechnik - von den Komponenten zum System. Datakontext-Verlag, Köln, 1992.

/221/ Schneider, J.; Diehl, G.: Diagnose in automatisierten Fertigungseinrichtungen - Anforderungen, Verfahren und zukünftige Möglichkeiten. In: Instandhaltungspraxis 1988, Forum, Ausschuß "Instandhaltung" des VDI und Ausschuß für Anlagentechnik.

/222/ Schuler, W.: FMEA - Das "Geheimnis" der ersten beiden Spalten. Qualität und Zuverlässigkeit QZ 36, Heft 8, 1991.

/223/ Schuster, R.I.: Theoretische Untersuchung und Implementierung von Schätzverfahren zur Berechnung von Zuverlässigkeitsparametern für sicherheitsrelevante Komponenten in Hochtemperatur-Reaktoranlagen. Band 1: Theorie und Anwendung. Band 2: Programmbeschreibung. Diplomarbeit, Fachbereich Sicherheitstechnik, Bergische Universität-Gesamthochschule Wuppertal, 1990.

/224/ Schwab, M.; Bieber, G,; Schwarz, J.: Elektronische Getriebesteuerungen- Erfahrungen und künftige Anwendungen. VDI-Bericht Nr. 579, 1986.

/225/ Schwier, W.: Anwendungen der Mikroelektronik in der Eisenbahntechnik. Elektronik und Maschinenbau, Heft 3, 1982.

/226/ Schwier, W.: Vergleich von signaltechnischen Sicherheitsprinzipien für Relaistechnik und Elektronik. Archiv für Eisenbahntechnik, Folge 35, 1980.

/227/ Schwier, W.: Wirtschaftliche Überlegungen und ihre Grenzen bei der Auslegung von Eisenbahnsteuerungs- und -sicherungseinrichtungen. VDI-Bericht 237, Nürnberg, 1975.

/228/ Seckelmann, W.: Zuverlässigkeitstechnische Untersuchung einer Produktionsanlage anhand ihrer Stillstands- und Instandsetzungszeiten. Studienarbeit, Fachbereich Sicherheitstechnik, Bergische Universität-Gesamthochschule Wuppertal, 1988.

/229/ Seifert, U.; Walter, P.: Automobiltechnik der Zukunft. VDI-Verlag, Düsseldorf, 1989.

/230/ Shainin, D.; Shainin, P.: Better than Taguchi orthogonal tables. Quality and Reliability Engineering International 4, 1988.

/231/ Siemens AG, Bereich Verkehrstechnik: SIMIS - Sichere Mikrocomputersysteme für den Bahnbetrieb. Siemens AG, Bereich Verkehrstechnik, Braunschweig, Bestell-Nr. A19100-V100-B408.

/232/ Siemens: Elektronische Signalsicherung. Siemens Straßenverkehrstechnik, Bestell-Nr. F-337/7837, München.

/233/ Siemens: Geräte-Handbuch Simatic S5. U-Peripherie, Bestell-Nr. 6ES5998-OPC 12.

/234/ Siemens: Geräte-Handbuch Simatic S5. Band 1-3, Bestell-Nr. 6ES5998-246 11.

/235/ Siepmann, R.; Weiser, J.: Optimierung von Kontaktmaterialien in Relais für den Einsatz in speziellen Lastfällen des Automobils. Kontaktverhalten und Schalten, 9. Kontaktseminar, 1987.

/236/ Sinha, S.K.: Reliability and Life Testing. John Wiley & Sons, New York, 1986.

/237/ Smuszynski, T.; Scholz, S.: Seminararbeit, Fachbereich Sicherheitstechnik, Bergische Universität-Gesamthochschule Wuppertal, 1990.

/238/ Sommerville, I.: Software-Engineering. Addison Wesley, 1987.

/239/ Sonnenberg, W.: Prüfung der Software von Eisenbahnsicherungssystemen. GMA-Fachbericht 4, Leit- und Automatisierungstechnische Einrichtung. Zuverlässigkeit, Sicherheit und Qualität, VDE-Verlag, Berlin, 1993.

/240/ Spöttl, G.: ABC der Kfz-Technik. Verlag H. Stam, Köln-Porz, 1985.

/241/ Spannhaus, R.: Zuverlässigkeit von Lichtsignalanlagen beim Einsatz von Mikrorechnern. Die Straße, Heft 3, 1981.

/242/ Stalder, O.: Vergleich der Sicherheitsphilosophie europäischer Bahnen. Elektrotechnik und Informationstechnik, Heft 11, 1988.

/243/ Stall, E.: Konzepte für sichere Elektronik in Kraftfahrzeugen. Automobil-Industrie, Heft 6, 1986.

/244/ Stamm, K ; Theuerkauf, H.; Walzer, P.: Elektronik im Automobil.   Elektrotechnik und Maschinenbau, Heft 3, 1986.

/245/ Stark, G. E.: Dependability Evaluation of Integrated Hardware/Software Systems. IEEE Transactions on Reliability, Vol. R-36, No. 4, 1987.

/246/ Staufenbiel, R.: Die Sicherheit von Flugzeugen. Lufthansa Jahrbuch, 1987.

/247/ Sträter, B. et al.: Sicherheit und Zuverlässigkeit von Elektroniksystemen in der Luftfahrt. Anlage zum VDI-Bericht 780, 1989.

/248/ Streifinger, E.: Verfügbarkeit komplexer, flexible automatisierter Fertigungssysteme. HFG-Kurzberichte, Girardet-Verlag, Essen, 1985.

/249/ Suwe, K. H.: Wirtschaftliche Sicherungstechniken für moderne Bahnen. Eisenbahningenieur, Heft 6, 1988.

/250/ Syrbe, M.; Thoma, M.; Ernst, D.: Meß- und Automatisierungstechnik. Fachberichte Messen, Steuern, Regeln 5, Springer-Verlag, Berlin, 1980.

/251/ Tafel, H.J.; Kumm, W. (Arbeitsgruppe Verkehr): Entwicklung eines automatischen optimalen Verkehrsbeeinflussungssystems auf Schnellstraßen. Forschungsberichte Straßenbau und Straßenverkehrstechnik, BMV, Heft 241, 1987.

/252/ Taguchi, G.: Introduction to Quality Engineering. Asian Productivity Organisation, 1986.

/253/ Taguchi, G.: System of Experimental Design. Vol. I und II. American Supplier Institute Inc., Dearborn, Michigan 1979.

/254/ Taguchi, G.; Konishi, S.: Orthogonal Arrays and Linear Graphs. American Supplier Institute Inc., Dearborn, Michigan 1987.

/255/ Technical Note Nr. 466.024/84-A: Preliminary Hazard Analysis and Data for Equipment. Certification; Aerospatiale, Februar 1984.

/256/ Technische Zuverlässigkeit: Tagung 1985 Nürnberg: Softwarequalität und Systemzuverlässigkeit. VDE-Verlag, Berlin und Offenbach, 1985.

/257/ Tibken, M.: Ein neues ABS nach dem Plunger Prinzip. Automobiltechnische Zeitschrift, Heft 1, 1990.

/258/ Tomkewitsch, R.v.: AUTO-SCOUT, a universal traffic guidance and information system. Ortung und Navigation Nr. 126, Düsseldorf, 1989.

/259/ Tomkewitsch, R.v.: LISB-Ergebnisse, und wie es weitergeht. VDI-Bericht Nr. 817, 1980.

/260/ Trier, H.: Methode zur Planung von Systemsicherheit beim Einsatz von Elektronik im Kraftfahrzeug. VDI-Bericht 687, 1988.

/261/ VDI 4009 Blatt 8: Zuverlässigkeitswachstum bei Systemen. 1985.

/262/ VDI-Gemeinschaftsausschuß; Industrielle Systemtechnik (VDI-GIS) (Hrsg): Softwarezuverlässigkeit, konstruktive Maßnahmen, Nachweisverfahren. VDI-Verlag, Düsseldorf, 1992.

/263/ Verband der Automobilindustrie e.V. (VDA): Zuverlässigkeitssicherung bei Automobilherstellern und Lieferanten. VDA e.V., 2. Auflage, Frankfurt, 1984.

/264/ Vetter, H.: Zuverlässigkeit trotz steigender Komplexität der Anforderungen (Verfügbarkeit, Wirtschaftlichkeit, Sicherheit). Tagung Technische Zuverlässigkeit, Nürnberg, 1979.

/265/ Virene, E.P.: Reliability Growth and its upper Limit. Proceedings of 1968. Annual Symposium on Reliability (IEEE Catalog No. 68 C33-R) 265-270, 1968.

/266/ Wagner, G.; Lang, R.: Statistische Auswertung von Meß- und Prüfergebnissen. Deutsche Gesellschaft für Qualität e.V. Berlin-Frankfurt/M., 2. Auflage, 1974.

/267/ Walther, H.; Lennartz, K.: Elektronische Stellwerke - Sicherheits-, Betriebs- und Zuverlässigkeitserprobung. Signal und Draht 12, 1988.

/268/ Warnecke, H.J.; Wek, H.: Erfahrungen und Ergebnisse aus Zuverlässigkeitsuntersuchungen in der Fertigungstechnik. In: Instandhaltung und Zuverlässigkeit. Fachtagung Instandhaltung, Wiesbaden, 1983.

/269/ Weber, W.: Elektronisches Steuergerät für die Antriebsschlupfregelung. Eine Erweiterung des Antiblockiersystems. Vortrag Technische Akademie Esslingen, 1989.

/270/ Wehner,L.: Fortschritt mit Sicherheit und Zuverlässigkeit der Signaltechnik. Schienen der Welt, Heft 6, 1987.

/271/ Weinspach, K.: Verkehrsplanung in der Bundesrepublik Deutschland für die neunziger Jahre. Bosch Technische Berichte, Heft 54, 1991.

/272/ Weiss, H.K.: Estimation of Reliability Growth in a Complex System with a Poisson-Type Failure. Operations Research, p.532/45, 1956.

/273/ Wolman, W.W.: Problems in System Reliability Analysis in Marvin Zelen (ed.). Statistical Theory of Reliability, p. 149/60. University of Wiscons in Press, Madison, Wisconsin.

/274/ Wratil, P.: Speicherprogrammierte Steuerung in der Automatisierungstechnik. Vogel Verlag, Würzburg, 1989.

/275/ Zechnall, W.: Individuelle Verkehrsleittechnik. Bosch Technische Berichte, Heft 54, 1991.

/276/ Zender, P.: TÜV-geprüfte speicherprogrammierbare Steuerung bis Anforderungsklasse 6 mit konfigurierbaren Sicherheits- und Verfügbarkeitsanforderungen. GMA - Fachbericht 4, VDE-Verlag, 1993.

/277/ Ziersch, W.D.: Grundlagen der Zuverlässigkeit und Systematik der Stördatenerfassung und -analyse. In: Nutzungsverbesserung automatischer Montageanlagen. Konferenz-Einzelberichte: Universität Hanover, Institut für Fabrikanlagen, 1985.

14.2   Bücher

Abdel-Hameed, M.S.; Cinlar, E.J.; Quinn, J.: Reliability Theory and Models. Academic Press, Inc., New York, 1984.

Aeronautical Radio Inc.: Reliability Engineering. Prentice-Hall, Inc., Englewood Cliffs, New York, 1964.

Amstadter, B.L.: Reliability Mathematics. Mc Graw Hill, New York, 1971.

Anders, G.J.: Probability Concepts in Electric Power Systems. John Wiley & Sons, New York, 1990.

Arsenault, J.E.; Roberts, J.A.: Reliability and Maintainability of Electronic Systems. Computer Science Press, 1979.

Bain, Lee J,: Statistical Analysis of Reliability and Life-Testing Models. Marcel Dekker, Inc. New York, 1978.

Bajenescu, T.I.: Zuverlässigkeit elektronischer Komponenten. VDE-Verlag, Berlin, 1985.

Bunday, B.D.: Statistical Methods in Reliability Theory and Practice. Ellis Harwood, New York, 1991.

Barlow, R.E.; Proschan, F.: Mathematical Theory of Reliability. John Wiley & Sons, Inc., New York, 1965.

Barlow, R.E.; Proschan, F.: Statistische Theorie der Zuverlässigkeit. Verlag Harri Deutsch Thun, Frankfurt/Main, 1978.

Bazowsky, I.: Reliability Theory and Practice. Prentice Hall, Inc., Englewood Cliffs, New York, 1961.

Beichelt, F.; Franken, P.: Zuverlässigkeit und Instandhaltung. VEB Verlag Technik, Berlin, 1983.

Beichelt, F.: Zuverlässigkeits- und Instandhaltungstheorie. B.G. Teubner-Verlag, Stuttgart, 1993.

Bertsche, B.; Lechner, G.: Zuverlässigkeit im Maschinenbau. Springer-Verlag, Berlin, 1990.

Billington, R.: Power System Reliability Evaluation. Gordon & Breach, London, 1976.

Billington, R.; Allan, R.N.: Reliability Evaluation of Engineering Systems. Pitman Books Limited, London, 1984.

Birolini, A.: On the Use of Stochastik Processes in Modeling Reliability Problems, Springer-Verlag, 1985.

Birolini, A.: Qualität und Zuverlässigkeit technischer Systeme. Springer Verlag, Berlin, 1985, 3. Auflage, 1991.

Brunner, F.J.: Wirtschaftlichkeit industrieller Zuverlässigkeitssicherung. Vieweg-Verlag, Wiesbaden, 1992.

Bunday, B.D.: Statistical Methods in Reliability Theory and Practice. Ellis Horwood, New York, 1991.

Calabro, S.R.: Reliability Principles and Practices. McGraw-Hill Book Company, New York, 1962.

Camarinopoulos, L.; Becker, A.: Zuverlässigkeit und Risikoanalsen. Verlag TÜV-Rheinland, Köln, 1983.

Carter, A.D.: Mechanical Reliability. Mac Millan Press, London, 1972.

Catuneanu, V.M.; Mihalache, A.N.: Reliability Fundamentals. Elsevier, Amsterdam, 1989.

Cluley, J.C.: Electronic Equipment Reliability. Mac Millan Press, London, 1974.

Cox, D.R.: Renewal Theory. John Wiley & Sons, Inc., New York, 1962.

Dal Cin, M.: Fehlertolerante Systeme. Teubner, Stuttgart, 1979.

Dhillon, B.S.; Singh, Ch.: Engineering Reliability. John Wiley & Sons, New York, 1981.

Dhillon, B.S.: Quality Controll, Reliability, and Engineering Design. Marcel Dekker, New York, 1985.

Dhillon, B.S.: Mechanical Reliability: Theory, Models and Applications. AIAA Education Series, American Institute of Aeronautics and Astronautics, Inc., Washington DC, 1988.

Dhillon, B.S.: Robot Reliability and Safety. Springer Verlag, Berlin, 1991.

Div. Autoren: Zuverlässigkeit elektronischer Bauelemente. Deutscher Verlag für Grundstoffindustrie, Leipzig, 1974.

Div. Autoren: Automotiv Electronics Reliability Handbook. Published by: Society of Automotive Engineers, Inc., Warrendale, 1987.

Dombrowski, E.: Einführung in die Zuverlässigkeit elektronischer Geräte und Systeme. AEG-Telefunken, Berlin, 1970.

Dummer, G.; Griffin, N.: Electronic Equipment Reliability. John Wiley & Sons, Inc., New York, 1960.

Dummer G.W.; Griffin, N.B.: Zuverlässigkeit in der Elektronik (Electronics Reliability, Pergamon Press, Ltd.). VEB Verlag Technik, 1968.

Endrenyi, J.: Reliability Modeling in Electric Power Systems. John Wiley & Sons, New York, 1978.

Etzrodt, A.: Technische Zuverlässigkeit in Einzeldarstellungen. Heft 1-10, R. Oldenbourg Verlag, München 1964-67.

Eurick, N.L.: Qualitätssicherung und Zuverlässigkeit. Technischer Verlag Resch, Gräfeling, München, 1980.

Evans, D.H.: Probability and its Applications for Engineers. Marcel Dekker, Inc., New York, 1992.

Fleischer, G.; Gröger, H.; Thum, H.: Verschleiß und Zuverlässigkeit. VEB Verlag Technik, Berlin, 1980.

Fuqua, N.B.: Reliability Engineering for Electronic Design. Marcel Dekker, Inc. , New York, Basel, 1987.

Gaede, K.-W.: Zuverlässigkeit-Mathematische Modelle. Hanser Verlag, München, 1977.

Gericke, E.: Verfügbarkeitsberechnung für komplexe Fertigungseinrichtungen. Springer-Verlag, Berlin, Heidelberg, New York, 1981.

Gnedenko, B.W.; Beljajew, J.K.; Solowjew, A.D.: Mathematische Methode der Zuverlässigkeitstheorie. Band 1 & 2, Akademie Verlag, Berlin, 1968.

Goldberg, H.: Extending the Limits of Reliability Theory. John Wiley & Sons, New York, 1981.

Görke, W.: Zuverlässigkeitsprobleme elektronischer Schaltungen. BI-Taschenbuch 820/820a, Bibliograph. Institut, Mannheim, 1969.

Görke, W. (Hrsg): Zuverlässigkeit von Rechnersystemen. R. Oldenbourg Verlag, München, Wien, 1979.

Green, A.E.; Bourne, A.J.: Reliability Technology. John Wiley & Sons, Ltd., New York, 1977.

Haviland, R.P.: Engineering Reliability and Long Life Design. D. Van Nostrand Company, Inc., New York, 1964.

Howard, R.A.: Dynamik Probabilistic Systems. Volume I: Markov Models, Volume II: Semi-Markov- and decision Processes. John Wiley & Sons, Inc.; New York, 1971.

Härtler, G.: Statistische Methoden für die Zuverlässigkeitsanalyse. VEB Verlag Technik, Berlin, 1983.

Henley, E.J.; Kumamoto,H.: Reliability Engineering and Risk Assessment. Prentice-Hall, Inc., Englewood Cliffs, 1981.

Höfle-Isphording, U.: Zuverlässigkeitsrechnung, Springer-Verlag, Berlin, 1978.

Hölscher, H.; Rader, J.: Mikrocomputer in der Sicherheitstechnik. Verlag TÜV-Rheinland, Köln, 1984.

Hunger, A.: Untersuchungen zur Wirksamkeit von Rechentests. Verlag TÜV-Rheinland, Köln, 1987.

Ireson, W.G.: Reliability Handbook. Mc Graw-Hill Book Company, New York, 1966. Mann, N.R.:, Schäfer, R.E., Singpurwalla, N.D.: Methods for Staistical Analysis of Reliability and Life Data. John Wiley & Sons, New York, 1974.

Martz, H.F.; Waller, Ray A.: Bayesian Reliability Analysis. John Wiley & Sons, New York, 1982.

MBB (Herausgeber): Technische Zuverlässigkeit. Springer-Verlag, Berlin, 3. Auflage, 1986.

Mc Cormick, N.J.: Reliability and Risk Analysis. Academic Press, New York, 1981.

Meyna, A.: Einführung in die Sicherheitstheorie. Carl Hanser Verlag, 1982.

Misra, K.B.: Reliability Analysis and Prediction. Elsevier, Amsterdam, 1992.

Müller, R.; Schwarz, E.: Zuverlässigkeitssicherung. Siemens AG, 1982.

Myers, R. et al.: Reliability Engineering for Electronic Systems. John Wiley & Sons, Inc., New York, 1964.

Nelson, W.: Applied Life Data Analysis. John Wiley & Sons, New York, 1982.

Nett, E.; Schwärtzel, H. (Hrsg.): Fehlertolerante Rechnersysteme. Springer-Verlag, Berlin, Heidelberg, New York, 1982.

Niebel, B.W.: Engineering Maintenance Management. Marcel Dekker, Inc., New York, 1985.

Omdahl, T.P.: Reliability, Availability, and Maintainability (RAM) Dictionary. ASQC Quality Press, Milwankee, 1988.

Osaki, S.; Nishio, T.: Reliability Evaluation of some Fault-Tolerant Computer Architectures. Springer-Verlag, Berlin, 1980.

O'Connor; Patrick, D.T.: Practical Reliability Engineering. Heyden, London, Philadelphia, Rheine, 1981.

O'Connor; Patrick, D.T.: Zuverlässigkeitstechnik. Grundlagen und Anwendungen. VCH Verlagsgesellschaft, Weinheim, 1990.

Pages, A.; Gondran, M.: System Reliability Evaluation & Prediction in Engineering. Springer Verlag, Berlin, 1986.

Pieruschka, E.: Principles of Reliability. Prentice-Hall, Inc., Englewood Cliffs, New York, 1963.

Peters, O.; Meyna, A.: Handbuch der Sicherheitstechnik. Band 1 und 2, Carl Hanser Verlag, 1985 und 1986.

Polovko, A.M.: Fundamentals of Reliability Theory. Academic Press, New York, London, 1968.

Preuß, H.: Zuverlässigkeit elektronischer Einrichtungen. Verlag Technik, Berlin, 1976.

Priest, J.W.: Engineering Design for Producibility and Reliability. Marcel Dekker, Inc., New York, Basel, 1988.

Ravichandran, N.: Stochastik Methods in Reliability Theory. John Wiley & Sons, New York, 1990.

Reinschke, K.: Zuverlässigkeit von Systemen. Band 1 und 2. Verlag Technik, Berlin, 1973.

Reinschke, K.; Usakov, I.A.: Zuverlässigkeitsstrukturen. R. Olenbourg, München, 1988.

Rosemann, H.: Zuverlässigkeit und Verfügbarkeit technischer Anlagen und Geräte. Springer-Verlag Berlin, 1981.

Schäfer, E.: Zuverlässigkeit, Verfügbarkeit und Sicherheit in der Elektronik. Vogel-Verlag, Würzburg, 1979.

Schneeweiss, W.G.: Zuverlässigkeitstheorie. Springer-Verlag Berlin, 1973.

Schneeweiss, W.G.: Zufallsprozesse in dynamischen Systemen. Springer-Verlag, Berlin, 1974.

Schneeweiss, W.G.: Grundbegriffe für praktische Zuverlässigkeitsanalysen. Datakontext-Verlag, Köln, 1981.

Schneeweiss, W.G.: Boolean Functions with Engineering Applications and Computer Programs. Springer-Verlag, Berlin, 1989.

Schneeweiss, W.G.: Zuverlässigkeitstechnik: von den Komponenten zum System. 2. neu überarbeitete Ausgabe, Datakontext-Verlag, 1992.

Schwertner, I.-R.: Systemtechnische Darstellung der Sicherheitsarbeit im Lebenszyklus von Maschinen und Anlagen. Verlag TÜV-Rheinland, Köln, 1984.

Schrüfer, E.: Zuverlässigkeit von Meß- und Automatisierungseinrichtungen. Hanser Verlag, München, 1984.

Shoomann, M.L.: Probabilistic Reliability. Mc Graw-Hill, New York, 1968.

Shoomann, M.L.: Probabilistic Reliability: an Engineering approach. Robert E. Krieger Publishing Company, Malabar, Florida, 1990.

Sinha, S.K.; Kale, B.K.: Life Testing and Reliability Estimation. Wiley Eastern Limited, New Dehli, 1980.

Sinha, S.K.: Reliability and Life Testing. John Wiley & Sons, New York, 1986.

Smith, D.J.: Reliability and Maintainability in Perspective. Second Edition. Mac Millan, London, 1985.

Srinivasan, S.K.; Subramanian, R.: Probabilistic Analysis of Redundant Systems Reliability. Springer-Verlag, Berlin, Heidelberg, New York, 1980.

Störmer, H.: Mathematische Theorie der Zuverlässigkeit. R. Oldenbourg, München, 1970.

Störmer, H.: Semi-Markoff-Prozesses mit endlich vielen Zuständen. Springer-Verlag, Berlin, 1970.

Tillmann, F.A.; Hwang, Ch.L.; Kuo, W.: Optimization of Systems Reliability. Marcel Dekker, Inc., New York, 1980.

Trived, K.S.: Probability and Statistics with Reliability, Quening and Computer Science Applications. Prentice-Hall, Inc. Englewood Cliffs, New York 07632, 1982.

Uebing, D.; Schlegel, D.: Einflußgrößen der Zeitsicherheit bei technischen Anlagen. Friedr. Vieweg & Sohn, Verlag TÜV-Rheinland, 1985.

VDI-Gemeinschaftsausschuß Industrielle Systemtechnik (VDI-GIS) Hrsg.: Software-Zuverlässigkeit. Grundlagen, konstruktive Maßnahmen, Nachweisverfahren, VDI-Verlag, Düsseldorf, 1993.

Zelen, M.: Statistical Theory of Reliability. The University of Wisconsin Press, Madison, Wis., 1963.

Register